科学出版社"十四五"普通高等教育本科规划教材

遥感原理与应用
（第二版）

主　编　周廷刚

副主编　何　勇　刘　睿　罗红霞

重庆市高校普通本科重点建设教材

U0287193

科学出版社

北　京

内 容 简 介

本书在介绍遥感基本概念与特点的基础上，从遥感物理基础、遥感平台、传感器、遥感影像及其特征等几方面讲述了遥感信息获取原理、主要遥感影像特征，然后简要论述了遥感图像处理以及目视解译的基本内容与方法。针对数字图像处理发展特点，对遥感数字图像计算机解译的原理、基本方法、精度评价等内容进行了阐述。同时，对遥感制图的基本内容、遥感的典型应用进行了介绍。在全书的组织体系上，既介绍遥感的基本内容，又注重反映现代遥感技术的最新成果与发展动态，并结合社会发展与经济建设实际，反映遥感应用内容，力求结构合理、体系完整、内容丰富。

本书可作为地理科学类、测绘类、自然保护与环境生态类、地质类、林学类专业以及水利、农业、资源类专业的本科生教材，也可作为相关专业硕士研究生的教学参考用书和从事遥感、地理信息科学教学、科研和生产的技术人员的参考用书。

图书在版编目（CIP）数据

遥感原理与应用 / 周廷刚主编. —2 版. —北京：科学出版社，2022.4
ISBN 978-7-03-072001-6

Ⅰ. ①遥… Ⅱ. ①周… Ⅲ. ①遥感技术-高等学校-教材 Ⅳ. ①TP7

中国版本图书馆 CIP 数据核字（2022）第 052000 号

责任编辑：杨 红 郑欣虹 / 责任校对：杨 赛
责任印制：霍 兵 / 封面设计：迷底书装

科 学 出 版 社 出版

北京东黄城根北街 16 号
邮政编码：100717
http://www.sciencep.com

保定市中画美凯印刷有限公司印刷
科学出版社发行 各地新华书店经销

*

2015 年 1 月第 一 版 开本：787×1092 1/16
2022 年 4 月第 二 版 印张：18
2024 年 11 月第十九次印刷 字数：440 000

定价：**69.00 元**

（如有印装质量问题，我社负责调换）

《遥感原理与应用》（第二版）
编写委员会

主　编：周廷刚（西南大学）

副主编：何　勇（重庆交通大学）

刘　睿（重庆师范大学）

罗红霞（西南大学）

编　委（按姓名笔画排序）：

史　展（西南大学）

许　斌（内江师范学院）

牟凤云（重庆交通大学）

李　军（重庆师范大学）

李成范（上海大学）

杨　华（重庆师范大学）

盛耀彬（西南大学）

第二版前言

《遥感原理与应用》自 2015 年出版以来，受到广大本科生、硕士研究生及相关专业技术人员的普遍认可，并被全国部分高校相关专业作为教材使用。

随着遥感科学技术的进步和发展，新型平台及传感器的研制开阔了人们的视野，拓展了遥感的应用。特别是我国一系列遥感应用卫星的发射，为遥感研究和应用提供了丰富的遥感资料和数据，极大地促进了我国遥感事业的发展。党的二十大报告明确指出："坚持为党育人、为国育才，全面提高人才自主培养质量，着力造就拔尖创新人才，聚天下英才而用之。"因此，为了适应遥感技术的发展，满足不同专业人员的需求，进一步提高人才培养质量，有必要对原版部分内容进行修订和补充，以保证本书内容的先进性和完整性。

本书第二版由周廷刚、何勇、刘睿、罗红霞进行修编。本次修订完善了相关内容，增加了我国自主研发的典型遥感卫星的系统特点、数据参数，补充了典型遥感应用。结合使用过程中读者的建议，对章节结构进行了适当调整，特别是考虑到本书的适用性以及高光谱遥感应用的特殊性，删除了高光谱遥感及其应用部分，同时对遥感平台和遥感传感器两章内容进行了整合。考虑到部分专业仅学习遥感基本原理及其应用，没有后续遥感数字图像处理内容，因此本书适当增加了遥感数字图像处理及计算机解译的部分内容，并补充了遥感产品的相关知识。为适应数字化教学需要，作者团队建设了重庆市一流本科线上课程"遥感概论"，课程网址：https://www.xueyinonline.com/，欢迎各位读者学习。

本书在修订过程中，得到了西南大学教学改革重点项目（2017JY102）和西南大学质量工程项目的资助；西南大学地理科学学院马明国教授、汤旭光教授、赵龙副教授、于文凭副教授等对本书的修订提出了不少建设性建议，并给予了多方面的关心和指导；硕士研究生任彦霓、尹振南、谢舒蕾等同学协助收集、整理相关资料、图表；自然资源部重庆测绘院提供了部分应用案例资料；许多高等院校的师生对本书提出了很多宝贵的意见和有益建议，在此一并致以衷心的感谢！再版书中仍然难免有不足之处，恳请读者继续批评指正。

作 者

2023 年 12 月

第一版前言

遥感是在 20 世纪 60 年代兴起并迅速发展起来的一门综合性对地观测技术，尤其是 90 年代以来在我国得到蓬勃发展。半个多世纪以来，遥感技术在理论和应用方面都得到了迅速发展，在全球变化监测、资源调查与勘探、环境监测与保护、气候研究与气象预报、城乡规划、农作物估产、防灾减灾以及国防建设等诸多领域显示了极大的优越性，扩展了人们的观测视野及领域，形成了对地球资源和环境进行探测和监测的立体观测体系，揭示了地球表面各要素的空间分布特征与时空变化规律，已成为地球科学、资源环境科学以及生态学等学科的基本支撑技术，并逐渐融入现代空间信息技术的主流，成为信息科学的重要组成部分。

遥感技术在国民经济与社会发展中发挥着越来越重要的作用，日益为人们所重视，各高校纷纷开设遥感技术类课程以满足社会对遥感日益增长的需要，所开专业涉及地理、地质、土地、林业、农业、环境、海洋、矿业、测绘、军事等。现在，遥感已经成为这些领域的必修课和主干课，在遥感教学中及时更新和完善教学内容是遥感科学教学工作者义不容辞的责任和义务。鉴于此，我们组织编写了《遥感原理与应用》一书，作为高等院校各类相关专业遥感概论课程教材，以期将遥感的基本原理、处理方法、应用前景等展现给广大读者。在编写过程中，重点阐述遥感的基本原理、主要遥感平台、传感器及其遥感影像特征、遥感数据处理、目视解译与计算机解译、制图以及遥感应用基本内容，注重遥感技术发展及其前沿，加强遥感数据计算机处理及其信息分析方法，强调遥感数据的信息理念，以满足教学需要，为学生今后更进一步深入学习和工作打下坚实基础。

本书主要面向遥感的初学者，使学生掌握遥感的基础知识，所以在内容上着重于遥感基本原理和方法介绍。因为遥感的应用非常广泛，教材不能面面俱到，所以只讲解遥感的主要应用方面，授课时可根据自己的科研经验给予补充。

本书为集体编写，由西南大学周廷刚任主编，重庆交通大学何勇、牟凤云，重庆师范大学刘睿、李军、杨华，西南大学罗红霞、盛耀彬、史展，上海大学李成范，内江师范学院许斌为编委共同完成编写工作。全书由周廷刚、罗红霞共同拟定编写提纲，编委会分工编写，最后由周廷刚统稿、定稿。具体编写分工为：绪论，李成范、盛耀彬；遥感物理基础，刘睿、杨华、盛耀彬；遥感平台，周廷刚；遥感传感器，周廷刚、盛耀彬；遥感影像及其特征，周廷刚；遥感图像处理，何勇；遥感图像目视解译，许斌、罗红霞；遥感数字图像计算机解译，李军、杨华、刘睿；遥感专题制图，牟凤云、何勇；遥感应用，史展、牟凤云、何勇、盛耀彬、罗红霞、周廷刚。

在编写过程中，硕士研究生朱晓波、欧阳华璘、杨婷等同学协助收集、整理国内外资料、图表，并做了一些插图编辑和文字校对工作。

本书得到科学出版社普通高等教育"十二五"规划教材专家组的审定与支持，同时得到了重庆市教育委员会教学改革项目（1203114）、西南大学教学改革重点项目（2010JY004、2012JY003）和西南大学质量工程项目的资助。中国矿业大学测绘遥感与地理信息专家郭达志教授、电子科技大学何彬彬教授、北京师范大学陈云浩教授、南京大学杜培军教授、西南大学地理科学学院杨庆媛教授、沈敬伟副教授、陈萍博士等对本教材的编写提出了不少建设性建议，并给予了多方面的关心和指导。科学出版社杨红编辑对本教材的编写、编辑也提供了大力支持并付出了辛勤劳动。在此一并致以衷心的感谢。

　　本书是我们在长期教学实践过程中所编写的教学讲义的基础上，进一步修订而成。在编写过程中，参考了国内外大量优秀教材、专著、研究论文等文献和相关网站资料，在此我们表示衷心感谢。虽然作者试图在参考文献中全部列出，但仍难免有疏漏之处，对部分未能在参考文献中列出的文献，在此表示深深的感谢。教材虽几易其稿，但不当之处仍在所难免，我们诚挚希望各位同行专家和读者提出宝贵意见和建议。由于遥感技术的迅速发展和编者水平的限制，本书也许不能全面反映最新成果，内容和体系尚存缺点和不完善之处，恳请读者批评指正并提出宝贵意见，以便我们以后修订完善。

作　者

2014 年 10 月

目 录

第一章 绪 论

遥感（remote sensing，RS）技术是 20 世纪 60 年代兴起并迅速发展起来的一门综合性探测技术，它是建立在现代物理学（光学、红外线技术、微波技术、激光技术、全息技术等）、空间技术、计算机技术以及数学方法和地学规律基础之上的一门新兴科学技术。遥感的功能价值引起了许多学科和部门的重视，特别是在资源勘查、环境管理、全球变化、动态监测等方面得到越来越广泛的应用，极大地扩展了人们的观测视野及研究领域，形成了对地球资源和环境进行探测和监测的立体观测体系，揭示了地球表面各要素的空间分布特征与时空变化规律，并成为信息科学的重要组成部分。

第一节 遥感的基本概念

遥感，顾名思义，遥远的感知，泛指一切无接触的远距离探测。遥感在不同的学科中有着不同的定义。根据全国科学技术名词审定委员会对遥感的定义，在测绘学中，遥感被定义为不接触物体本身，用传感器收集目标物的电磁波（electromagnetic wave）信息，经处理、分析后，识别目标物，揭示其几何、物理性质和相互关系及其变化规律的现代科学技术；在地理学中，遥感被定义为非接触的、远距离的探测技术，一般指运用传感器对物体的电磁波的发射、反射特性的探测，并根据其特性对物体的性质、特征和状态进行分析的理论、方法和应用的科学技术。尽管遥感的定义种类较多，但是目前国内广泛采用的定义为：遥感是在远离探测目标处，使用一定的空间运载工具和电子、光学仪器，接收并记录目标的电磁波特性，通过对电磁波特性进行传输、加工、分析和识别处理，揭示出物体的特征性质及其变化的综合性探测技术。

从定义来看，遥感有广义和狭义之分。

一、广义的遥感

广义的遥感是指各种非直接接触、远距离探测目标的技术，往往是通过间接手段来获取目标状态信息。例如，遥感主要根据物体对电磁波的反射和辐射特性来对目标进行信息采集，包括利用声波、电磁场和地震波等。但在实际工作中，只将电磁波探测划入遥感范畴。

而《不列颠百科全书》对遥感的定义为：不直接接触物体本身，从远处通过探测仪器接收来自目标物体的信息（电场、磁场、电磁波、地震波），经过一定的传输和处理分析，以识别目标物体的属性及其分布等特征的技术。遥感不仅可以将地球的大气圈、生物圈、水圈、岩石圈作为观察对象，也可以扩大到地球以外的外层空间。

二、狭义的遥感

狭义的遥感是指利用搭载在遥感平台（remote sensing platform）上的可见光、红外、微波等各种传感器（sensor），通过摄影、扫描等方式，从高空或远距离甚至外层空间接收来自地球表层或地表以下一定深度的各类地物发射或反射的电磁波信息，并对这些信息进行加工处理，进而识别地表物体的性质和运动状态。

遥感技术利用电磁波探测地物，并由此判读和分析地物目标和现象。因此，从电磁波的角度，狭义的遥感还可以看作一种通过利用和研究物体反射或辐射电磁波的固有特性，达到识别物体及其环境的技术。

第二节　遥感的类型与特点

一、遥感的类型

因为遥感技术应用领域广，涉及学科多，不同领域的研究人员所持立场不同，所以对遥感的分类方法也不同，目前还没有一个完全统一的分类标准。但总的来讲主要有以下几种类型。

1. 根据遥感平台分类

遥感平台是指搭载传感器的工具，主要包括人造地球卫星、航天/航空飞机、无线电遥控飞机、气球、地面观测站等。表1.1中列出了遥感中常用的平台及高度和使用目的。根据传感器的运载工具和遥感平台的不同，遥感可以分为地面遥感、航空遥感、航天遥感和航宇遥感。

表 1.1　常见的遥感平台

遥感平台	高度	目的、用途	其他
静止轨道卫星	36000km	定点地球观测	气象卫星（FY-2、FY-4、GMS等）
圆轨道（地球观测）卫星	500~1000km	定期地球观测	Landsat、SPOT、ZY-3、GF等
航天飞机	240~350km	不定期地球观测、空间实验	
超高度喷气飞机	10~12km	侦察、大范围调查	
中低高度飞机	500~8000m	各种调查、航空摄影测量	
无线电遥控飞机	500m以下	各种调查、摄影测量	飞机、直升机
气球	800m以下	各种调查	
吊车	5~50m	地面实况调查	
地面测量车	0~30m	地面实况调查	车载升降台

地面遥感：将传感器设置在地面平台之上，常用的遥感平台有车载、船载、手提、固定和高架的活动平台，包括汽车、舰船、高塔、三脚架等。地面遥感是遥感的基础阶段。

航空遥感：将传感器设置在飞机、飞艇、气球上面，从空中对地面目标进行遥感。主要遥感平台包括飞机、气球等。

航天遥感：将传感器设置在人造地球卫星、航天飞机、空间站、火箭上面，从外层空间对地球目标进行遥感。

航宇遥感：将星际飞船作为传感器的运载工具，从外太空对地-月系统之外的目标进行遥感探测。主要传感器平台包括星际飞船等。

航天遥感和航空遥感一起构成了目前遥感技术的主体。不同平台各有其特点和用途，依据任务需要可以单独或配合使用，组成多层次立体观测系统。

2. 根据遥感对象分类

根据遥感对象的不同，遥感可以分为以下三种类型。

对地遥感：通过对地观测技术，从空中（或宇宙空间）对地球（包括地球体及大气空间）进行遥感观测，获取地球表面（陆圈、水圈、生物圈和大气圈）反射或发射的电磁辐射能量的数据，定性或定量地研究地球表层的物理、化学、生物及地学过程，为资源调查、环境监测等服务。

月球遥感：获取月球表面的三维立体影像，分析月球表面有用元素和物质类型的分布特点，探测月壤特性和地月空间环境。月球探测是众多高新技术的高度综合，也是各国综合科技实力的体现。

行星遥感：空间探测卫星所携带的传感器提供了大量有关行星天气、表面特征的图像和数据，可以用来研究行星的大气组成、大气层结构、表面温度与形态、成分与结构、岩石矿物、地质构造以及行星内部结构等特征。

3. 根据传感器的探测波段分类

根据传感器所接收的电磁波谱（也称光谱）不同，遥感可分为以下五种类型。

紫外遥感：探测波段在 0.05～0.38μm，主要探测目标地物的紫外辐射能量，目前对其研究较少。

可见光遥感：探测波段在 0.38～0.76μm，主要收集和记录目标地物反射的可见光辐射能量，常用的传感器主要有扫描仪、摄影机、摄像仪等。

红外遥感：探测波段在 0.76～1000μm，主要收集和记录目标地物发射和反射的红外辐射能量，常用的传感器有扫描仪、摄影机等。根据探测波段的差异，红外遥感又可分为反射红外遥感和热红外遥感。反射红外遥感探测波段在 0.76～3μm，与可见光遥感共同的特点是其辐射源为太阳，在此波段上只反映地物对太阳辐射的反射，根据地物反射率的差异区分不同的地物类型。热红外遥感探测波段在 6～15μm，它通过红外敏感元件探测物体的热辐射能量，显示目标的辐射温度或热场分布。地物在常温（约 300K）下热辐射的绝大部分能量位于此波段。在此波段地物的热辐射能量大于太阳的反射能量。热红外遥感具有昼夜工作的能力。

微波遥感：探测波段在 1mm～1m，主要收集和记录目标地物发射和反射的微波能量，常用的传感器有扫描仪、雷达、高度计、微波辐射计等。

多波段遥感：探测波段在可见光波段和红外波段范围内，把目标地物辐射的电磁辐射细分为若干窄波段，同时得到一个目标物不同波段的多幅图像。常用的传感器有多光谱扫描仪、多光谱摄影机和反束光导管摄像仪等。

4. 按工作方式分类

根据传感器工作方式不同，遥感可以分为主动遥感和被动遥感。

主动遥感：传感器主动发射一定电磁能量并接收目标地物的后向散射（scattering）信号的遥感方式，常用传感器包括侧视雷达、微波散射计、雷达高度计、激光雷达等。

被动遥感：指传感器不向目标地物发射电磁波，仅被动接收目标地物自身辐射和对自然辐射源的反射能量，因此被动遥感也被称为他动遥感、无源遥感。

5. 按数据的显示形式分类

根据数据的显示形式不同，遥感可以分为成像遥感和非成像遥感。

成像遥感：是指传感器接收的目标电磁辐射信号可以转换为图像，电磁波能量分布以图像色调深浅来表示，主要包括数字图像和模拟图像两种类型。

非成像遥感：是指传感器接收的目标地物电磁辐射信号不能转换为图像，最后获取的资料为数据或曲线图，主要包括光谱辐射计、散射计和高度计等。

6. 按波段宽度和波谱连续性分类

根据成像波段宽度以及波谱的连续性不同，遥感可以划分为高光谱遥感（hyperspectral

remote sensing）和常规遥感两种类型。

高光谱遥感：是利用很多狭窄的电磁波波段（波段宽度通常小于10nm）产生光谱连续的图像数据。

常规遥感：又称宽波段遥感，波段宽度一般大于100nm，且波段在波谱上不连续。例如，一个专题制图仪（thematic mapper，TM）波段内只记录一个数据点，而用机载可见光/红外成像光谱仪（airborne visible infrared imaging spectrometer，AVIRIS）记录这一波段范围的光谱信息需用10个以上数据点。

7. 按遥感的应用领域分类

宏观上，遥感按其应用领域可分为外层空间遥感、大气层遥感、陆地遥感和海洋遥感等。

微观上，即从遥感的具体应用领域来分，可分为资源遥感、环境遥感、林业遥感、渔业遥感、城市遥感、农业遥感、水利遥感、地质遥感、军事遥感等。这里重点介绍资源遥感和环境遥感。

资源遥感是指以地球资源作为调查研究对象的遥感方法和实践。其中，调查自然资源状况和监测再生资源的动态变化，是遥感技术应用的主要领域之一。利用遥感信息勘测地球资源，成本低、速度快，能有效克服自然界环境恶劣的影响，大大提高了工作效率。

环境遥感是指利用各种遥感技术对自然与社会环境的动态变化进行监测、评价或预报。由于人口的增长与资源的开发、利用和自然社会环境都在发生变化，利用多源、多时相遥感信息能够迅速为环境监测、评价和预报提供可靠的技术支撑。

8. 按遥感应用的空间尺度分类

根据遥感应用的空间尺度不同，遥感可以划分为全球遥感、区域遥感和城市遥感等类型。

全球遥感是指利用遥感技术全面系统地研究全球性资源与环境问题，主要针对自然和人为因素造成的全球性环境变化以及整个地球系统行为。全球遥感是研究地球系统各组成部分之间的相互作用及发生在地球系统内的物理化学和生物过程之间的相互作用的一门新兴学科。

区域遥感是指以区域资源开发和保护为目的的遥感信息工程，主要针对区域规划和专题信息提取的遥感行为。一般情况下，区域遥感根据行政区划和自然区划范围进行划分。虽然区域遥感的研究区域比全球遥感小，但是其应用性与人类的关系更为紧密。

城市遥感是指以城市资源和环境作为主要调查对象的遥感工程。城市作为一个地区的物质流、能量流和信息流的枢纽中心，往往需要借助遥感技术来对城市绿地、城市空间形态、城市热岛效应以及大气污染等方面进行动态监测。

近年来，还出现了一种新型的激光遥感技术。激光遥感是指运用紫外线、可见光和红外线的激光器作为遥感仪器进行对地观测的遥感技术，属于主动式遥感。地面激光扫描仪和配套的专业数码照相机融合了激光扫描和遥感等技术，可以同时获取三维点云（point cloud）和彩色数字图像（color digital image）两种数据，扫描精度达到5～10mm。激光遥感是高效率空间数据获取方面的研究热点所在，目前，广泛应用于古代建筑重建与城市三维景观、虚拟现实和仿真、资源调查和灾害管理等方面。

目前，较统一的遥感技术分类如图1.1所示。首先，按照传感器记录方式不同，遥感技术划分为成像遥感和非成像遥感两大类；其次，根据传感器工作方式不同，把成像遥感和非成像遥感划分为主动遥感和被动遥感两种；最后，把主动遥感和被动遥感按照各自成像方式和特点进行进一步划分。例如，主动遥感中的侧视雷达又可以分为真实孔径雷达（real aperture radar，RAR）和合成孔径雷达（synthetic aperture radar，SAR）；光学摄影分为框幅摄影机、缝隙摄影机、全景摄影机、多光谱摄影机；电子扫描分为 TV 摄像机、扫描仪、电荷耦合器件（charge-coupled device，CCD）。

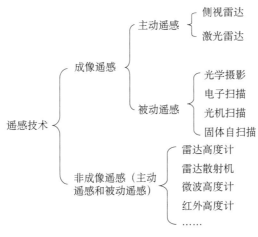

图 1.1 遥感技术分类

二、遥感的特点

1. 遥感的优势

遥感作为一门综合性的对地观测技术，具有其他技术手段无法比拟的优势，主要包括以下方面。

1）空间覆盖范围广阔，具有综合、宏观特性，有利于同步观测

遥感的空间覆盖范围非常广阔，可以实现大面积的同步观测。遥感平台越高，视角越宽广，可以同步观测到的地面范围就越大。当航天飞机和卫星在高空中对地球表面目标进行遥感观测时，所获取的卫星图像要比近地面航空摄影所获取的视场范围大得多，并且不受目标地物周围地形的影响。

目前，已发现的地球表面目标物的宏观空间分布规律往往是借助于航天遥感来发现的。例如，一幅美国 Landsat TM 影像，覆盖面积为 185km×185km，覆盖我国全境仅需 500 余景影像即可；MODIS 卫星图像的覆盖范围更广，一幅图像可覆盖地球表面的 1/3，能够实现更宏观的同步观测。因此，遥感技术为各种宏观现象及其相互关系研究提供了有力支撑。

2）光谱覆盖范围广，信息量大

遥感技术的探测波段范围包括紫外线、可见光、红外线、微波等，可以实现从可见光到不可见光全天候监测。遥感技术不但可以用摄影方式获得信息，而且还可以用扫描方式获取信息。遥感所获取的地物电磁波信息数据综合反映了地球表面许多人文、自然现象。红外线能够探测地表温度的变化，并且红外遥感可以昼夜探测；微波具有穿透云层、冰层和植被的能力，可以全天候、全天时地进行探测。因此，遥感所获取的信息量远远超过了常规传统方法所获得的信息量。

3）获取信息快，更新周期短，时效性强

获取信息速度快、周期短，具有动态和连续监测能力。遥感能动态反映地面事物的变

化，尤其是航天遥感，可以在短时间内对同一地区进行重复性、周期性的探测，有助于人们通过所获取的遥感数据，发现并动态地跟踪地物目标的动态变化。不同高度的遥感平台，其重复观测的周期不同。太阳同步轨道卫星每天可以对地球上同一地区进行 2 次观测。例如，NOAA 气象卫星和我国的风云（FY）系列气象卫星可以探测地球表面大气环境的短周期变化。美国 Landsat、法国 SPOT 和中巴合作生产的中巴地球资源卫星（CBERS）等地球资源卫星系列分别以 16 天、26 天和 4～5 天为周期对同一地区重复观测，以获得一个重访周期内的地物表面的目标变化数据。Meteosat 气象卫星每 30 分钟可获得 1 次同一地区的图像，可及时为灾情的预报和抗灾救灾工作提供可靠的科学依据和相关资料。同时，遥感还被用来研究自然界的变化规律，尤其是在监测天气状况、自然灾害、环境污染等方面，充分体现了其优越的时效性。

目前，随着遥感技术的快速发展，遥感还呈现出以下特点。

（1）高空间分辨率。ETM+卫星影像空间分辨率最高可达 15m，SPOT-6 卫星影像空间分辨率全色波段现在最高可达 1.5m，多光谱波段达 6m；IKONOS 影像数据分辨率可达 1m 和 4m；QuickBird 影像数据空间分辨率最高可达 0.61m；而中国的资源三号卫星正视相机空间分辨率可达 2.1m，多光谱数据可达 6m。

（2）高光谱分辨率。光谱分辨率在 $10^{-2}\lambda$ 的遥感信息为高光谱遥感，其光谱分辨率高达纳米（nm）数量级，在可见光到近红外光谱区，光谱通道往往多达数十甚至数百个。例如，机载的成像光谱仪整个波段数可达到 256 个。随着光谱分辨率的进一步提高，当光谱分辨率达到 $10^{-3}\lambda$ 时，高光谱遥感就进入了超高光谱遥感（ultra hyperspectral remote sensing）领域。

（3）高时间分辨率。不同高度的遥感平台其重复观测的周期不同，地球同步轨道卫星和风云二号（FY-2）气象卫星可以每 30 分钟对地观测一次，NOAA 气象卫星和风云一号（FY-1）气象卫星可以每天 2 次对同一地区进行观测。这种卫星可以探测地球表面大气环境在一天或几小时之内的短期变化。而传统的地面调查则需要大量的人力、物力，用几年甚至几十年时间才能获得地球上大范围地区动态变化的数据。

此外，与传统方法相比，遥感还具有以下优点：①受地球限制条件少，能获取地球表面自然条件恶劣、地面工作难以开展的地区的信息；②经济性，可以大大节省人力、物力、财力和时间，具有很高的经济效益和社会效益；③数据的综合性，遥感探测所获取的是同一时段、覆盖大范围地区的遥感数据，综合展现了地球上许多自然与人文现象，宏观反映了地球上各种事物的形态与分布，全面揭示了地理事物之间的关联性；④遥感数据的可比性，因为遥感的探测波段、成像方式、成像时间、数据记录等均可按照要求设计，并且新的传感器和信息记录都可向下兼容，所以其获得的数据具有同一性和可比性。

2. 当前遥感技术的局限性

目前，遥感技术正在不断地向高光谱、高空间分辨率和高时间分辨率的方向发展。虽然遥感技术具有其他技术不可替代的优势，但是仍存在一定的不足之处，主要表现在以下方面。

1）遥感技术本身的局限性

由于地球表面和传感器的复杂性，遥感技术自身也存在一定的局限性。

第一，传感器的定标、遥感数据的定位、遥感传感器的分辨力等存在一定的局限性，这就需要在实际应用中，采取针对性措施以减少遥感技术的局限性带来的问题。

第二，遥感技术在电磁波谱中仅反映地物从可见光到微波波段电磁波谱的辐射特性，而不能反映地物的其他波谱段的特性。因此，它不能代替地球物理和地球化学等方法，但它可与其集成，发挥信息互补效应。

第三，遥感主要利用电磁波对地表物体特性进行探测，目前遥感技术仅仅是利用其中一部分波段范围，许多电磁波有待开发，且在已经利用的这一部分电磁波光谱中，并不能准确地反映地物的某些细节特征。

第四，遥感所获取的是地表各要素的综合光谱，主要反映地物的群体特性，并不是地物的个体特性，细碎的地物和地物的细节部分并不能得到很好地反映。

第五，卫星遥感信息主要反映的是近地表的现象、区域和运动状态等。这一局限性与人类在地球科学和其他科学研究中不断向地下深处发展之间产生了矛盾。这一矛盾使得遥感技术在不同行业和领域的应用程度可能会因应用领域的深入而受到影响。

第六，卫星遥感信息获取过程的确定性与信息应用反演时的不确定性产生了明显的矛盾，使卫星遥感技术在各领域的深入应用受到一定的影响。

2）工作量大，周期长

一般来说，遥感图像的自动解译要比人工目视解译误差大，精度也较低，但是如果全部采用人工目视解译，则工作量较大，周期也较长。此外，遥感应用中通常需要地物的社会属性，但是遥感技术并不能直接获取地物的社会属性，仅能通过实地调查等间接手段来获取，同样也存在较大的工作量和较长的周期。

3）现有遥感图像处理技术不能满足实际需要

遥感图像解译后获得的往往是对地物的近似估计信息，导致解译的信息与地物实际状况之间存在一定的误差。此外，因为同一地物在不同时间、不同地点和不同天气状况下的反射率并不完全相同，所以同一遥感传感器获取的地物信息也并不相同。一方面，由于遥感数据的复杂性，数据挖掘技术等遥感信息提取方法并不能满足遥感快速发展的要求，大量的遥感数据信息无法有效利用；另一方面，遥感图像的自动识别、专题信息提取以及遥感定量反演地学参数的能力和精度等，还不能达到完全满足实际应用的需要。

4）易受天气条件影响

由于大气对电磁波的吸收和散射作用以及大气辐射传输模型不确定等因素，天气条件显著影响遥感数据质量。例如，大雾、浓云等天气条件下，可见光遥感就会受到很大的限制，遥感数据质量会较差。

5）遥感数据共享和集成难度较大

各国获取遥感数据的难易程度不一，且不同的应用领域都有针对性较强的遥感数据需求，因此遥感数据在数据共享方面存在一定的难度。此外，遥感作为一种非常有效的数据获取手段，还需要与地理信息系统（geographic information system，GIS）、全球导航卫星系统（global navigation satellite system，GNSS）和专家系统（expert system，ES）进行集成，构建多功能型遥感信息技术，提高遥感应用的精度。

第三节 遥感过程与遥感技术系统

一、遥感过程

一个完整的遥感过程通常包括信息的收集、接收、存储、处理和应用等部分（图1.2）。

遥感之所以能够根据收集到的电磁波信息来识别地物目标，是因为有信息源的存在。信息源是遥感探测的依据，任何物体都具有发射、反射和吸收电磁波的特性，目标地物与电磁波之间的相互作用构成物体的电磁波特性。因此，遥感技术主要是建立在物体辐射或反射电磁波的原理之上。目标物体的电磁波特性由传感器来获取，通过返回舱或微波天线传至地面接收站。地面接收站将接收到的信息进行存储和处理，转换成用户可以使用的各种数据格式。用户再按照不同的应用目的对这些信息进行分析处理，以达到遥感应用的目的。

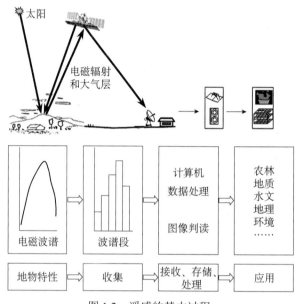

图 1.2　遥感的基本过程

1. 信息收集

信息收集是指利用遥感技术装备接收、记录地物电磁波特性，并将接收到的地物反射或发射的电磁波转化为电信号的过程。目前最常用的遥感技术装备包括遥感平台和传感器。常用的遥感平台有地面平台、气球、飞机和人造卫星等；传感器是用来探测目标物电磁波特性的仪器设备，常用的有照相机、扫描仪和成像雷达等。

2. 信息接收和存储

传感器将接收到的地物电磁波信息记录在数字磁介质或胶片上。其中，胶片由人或返回舱送回地球，而数字磁介质上记录的信息可以通过传感器上携带的微波天线传输到地面接收站。卫星遥感影像的接收、储存在卫星地面接收站完成。收集的数据通过数/模转换变成数字数据。目前，遥感影像数据均以数字形式保存，且随着计算机技术的快速发展，数据保存格式也趋于标准化和规范化。

3. 信息处理

信息处理是指运用光学仪器和计算机设备对卫星地面接收站接收的遥感数字信息进行信息恢复、辐射和卫星姿态校正、投影变换以及解译处理的全过程。其目的是通过对遥感信息的恢复、校正和解译处理，降低或消除遥感信息的误差，并依据用户需求从中识别并提取出所需的感兴趣信息。目前，遥感影像的处理都是基于数字的，因此还产生了一门新兴的遥感数字图像处理技术，其主要依靠计算机硬/软件和数字图像处理技术发展而来。

4. 信息应用

信息应用是指专业人员按不同目的将从遥感影像数据中提取的专题信息应用于各个领域的过程。目前，遥感技术已经广泛地应用于军事、地图测绘、地质矿产勘探、自然资源调查、环境监测以及城市规划和管理等领域。此外，不同的行业由于应用背景和需求不同，如农业部门获取农作物的信息，测绘部门主要制作地形图和 4D 产品，林业部门获取林业的分布、蓄积量等信息，都有着各自领域独特的应用规范。但是在一般情况下，遥感应用的最基本方法就是将遥感信息作为地理信息系统的数据源，方便人们对其进行查询、统计和分析等。

二、遥感技术系统

遥感是一项复杂的系统工程，既需要完整的技术设备，又需要多学科交叉。遥感技术系统主要包括遥感平台系统、传感器系统、数据的接收记录和处理系统及基础研究和应用系统等。

1. 遥感平台系统

遥感平台包括卫星、飞机、气球、高塔、高架车等，种类繁多。在不同高度的遥感平台上，可以分别获得不同的面积、分辨率、特点和用途等遥感信息（表 1.2）。在实际的遥感应用中，不同高度的遥感平台既可以单独使用，又可以相互配合使用，组成立体的遥感探测网。

表 1.2　遥感平台系统

类型		高度	特性
地面平台	地面平台	距地面 2m 左右	进行地物的波谱特性测试
	遥感塔	距地面 6m 左右	进行单元景观波谱测试
	遥感车（船）	距地面 10m 左右	
航空平台	飞机 低空	一般在 2km 以下	
	飞机 中空	2～6km	用于获取 1∶5 万的影像
	飞机 高空	12～30km	
	气球 低空	12km 以下	定位遥感监测地面动态变化，覆盖面积 500～1000km²
	气球 高空	12～40km	
航天平台	卫星 低轨	150～300km	大比例尺、高分辨率影像，主要用于侦察
	卫星 中轨	350～1800km	主要用于环境监测，如 Landsat、SPOT、ZY-3 等
	卫星 高轨	36000km	随地球运转，周期为 23 小时 56 分钟 4 秒，如 FY-4 等
	火箭	300～400km	
	航天飞机	可垂直起飞，有航空航天的能力，可重复使用	
航宇平台	星际飞船	从外太空对地-月系统之外的目标进行遥感探测	
立体遥感	地面、航空、航天和航宇综合构成遥感系统		

2. 传感器系统

遥感传感器是指收集、探测并记录地物电磁波辐射信息特性的仪器，是整个遥感技术系统的重要组成部分。目前，常见的传感器有雷达、摄影机、扫描仪、摄像机、光谱辐射计等。同时，传感器还是遥感技术系统的核心部分，其性能直接制约着遥感数据质量和应用精度。

3. 数据的接收记录和处理系统

数据的接收记录和处理系统接收来自地面上各种地物的电磁波信号，同时收集各地面数据收集站发送的信息，将这两种信息发回地面数据接收站，并对接收到的数据进行加工处理，以提供给不同的用户。经过多年的努力，我国目前已经建成了 5 个国家级遥感卫星数据接收和服务系统，分别是气象卫星、海洋卫星、资源卫星、北京一号卫星和国外卫星地面接收、处理与分发系统。在遥感技术系统中，数据的接收记录和处理系统主要包括地面接收站和地面处理站两部分，此外还包括地面遥测数据收集站、跟踪站、控制中心、数据中继卫星和培训中心等子系统。下面重点介绍地面接收站和地面处理站。

1）地面接收站

对于卫星遥感而言，地面接收站主要以视频传输的方式接收遥感信息。接收记录的数据通常通过若干磁带机记录在高密度数字磁带（high density digital tape，HDDT）上，随后送往地面处理站处理成可供用户使用的数字磁带和胶片等。地面接收站由大型抛物面的主、副反射面天线和磁带机组成，主要任务是搜索、跟踪卫星，接收并记录卫星遥感数据、遥测数据及卫星姿态数据。为了获取这个范围以外的遥感图像信息，研究人员早期在卫星上装载宽频磁带机，以便将记录接收站视场以外的地表信息延时发送回来，即在卫星飞越接收站接收覆盖范围内时，将范围内和范围外的遥感图像信息一起发送到接收站。例如，美国陆地卫星最初就安装了两台宽频磁带机，但是磁带机有时会丢失信息。目前，常采用中继卫星以实时发送的方式向地面接收站发送遥感信息。

地面接收站可以建立在卫星发射国，也可以建立在其他国家。其中，建立在卫星发射国的地面接收站，功能更加全面，责任也更加重大。地面接收站在处理接收遥感信息之外，还需要发送控制中心的指令，以指挥星体的运行和星上设备的工作，同时接收卫星发回的有关星上设备工作状态的遥测数据和地面遥测数据收集站发送给卫星的数据。而建立在其他国家的地面接收站则只负责接收遥感图像信息。

目前，美国、加拿大、日本、中国等国家均建有卫星地面接收站。

美国陆地卫星地面接收站主要有格林贝尔地面站、戈德斯通地面站和费尔班克斯地面站。为了进行全球范围的研究，美国在全世界设置了覆盖大陆的陆地卫星地面接收站。在 1982～1983 年已经有 16 个地面接收站在运行中，目前地面接收站已经达 21 个，全球陆地仅剩南极洲、中亚、西伯利亚等少数空白区。各国的地面接收站每接收一幅图像，都要在当天用微波回送到美国地球资源观测与科学（Earth Resources Observation and Science，EROS）中心，故美国掌握着全球性的地球资源信息资料。覆盖全球的卫星系统，遍布全世界的地面站，使美国可优先获得全球性的地球资源信息资料，为其全球研究提供了可能。在遥感应用研究方面，美国一直侧重于全球范围问题的研究，与之相比，对本国的研究相对较弱，这是为其全球战略目标服务的。美国选择了 276 个地面实况观测点，建立地面实验站网，包括沙漠、盐湖、沼泽、海滩等地区，并设置了 35 个地面辐射校准站为发射资源卫星积累了多年的数据。在美国近 2000 个经纬点上，加设反光镜为影像定位、座位控制点和精加工几何校正提供依据。

中国遥感卫星地面站于 1986 年年底在北京建成并投入使用，是为全国提供遥感卫星数据及空间遥感信息服务的非营利性社会公益型机构，也是我国对地观测领域的国家级核心基础设施。中国遥感卫星地面站作为国际资源卫星地面站网成员，是世界上接收与处理卫星数量最多的地面站之一，数据分发服务量居于世界前四位，目前存有 1986 年以来的各类对地观测卫星数据资料达 250 余万景、250TB，是我国最大的对地观测卫星数据历史档案库。目前，中国遥感卫星地面站主要包括北京密云接收站、喀什接收站和三亚接收站。北京密云接收站覆盖了以北京为中心、半径约 2400km 的地区（新疆、西藏、云南的部分地区除外），可接收覆盖我国 80%地区的美国 Landsat、加拿大 Radarsat、欧洲空间局 ERS、日本 JERS 和法国 SPOT 等遥感图像信息。喀什接收站位于我国新疆喀什。喀什接收站建成所带来的最根本的改变是：提供西部和周边国家地区的遥感数据，填补我国民用遥感数据接收的空白。在卫星数据服务方面，按照国家任务分工，喀什接收站将提供卫星原始数据，种类涵盖多光谱与合成孔径雷达，空间分辨率为 3～10m。在卫星应用工程方面，按照国家任务分工，喀什接收站将通过严密的技术组织与运行管理，支撑我国自主研发的对地观测技术体系运行。在信息应用方面，喀什接收站以其独特的地理位置，解决了 20 年来我国西部 20%地区缺乏遥感数据的问题，完善了我国民用对地观测卫星的地面系统，支持了遥感科学技术与应用的发展。三亚接收站是国家统筹规划建设的我国地理空间信息基础设施地观测卫星数据全国接收站网的重要组成部分，承担着我国环境与灾害监测卫星、中巴地球资源卫星、资源三号卫星、国外重要陆地卫星等的数据接收运行任务。三亚接收站的建成使我国陆地观测卫星数据直接获取能力首次伸展到南部海疆，实现了该区域的完全覆盖，解决了我国南海和周边区域长期缺乏遥感卫星数据的状况，填补我国民用对地观测接收空白。新疆喀什、海南三亚两个接收站与北京密云接收站一起，最终形成覆盖全国的民用接收站网，形成了覆盖全国疆土的卫星地面接收站网格局，并形成了完整的卫星数据接收、传输、存档、处理和分发体系，具备对环境与灾害监测预报小卫星星座、中巴地球资源卫星后续星及国际重要陆地观测卫星的运行性数据接收能力，并形成与之配套的站网运行管理和数据传输能力，实现高效的运行与服务，使系统整体框架可满足未来国内外陆地观测卫星数据接收、处理与分发服务的需要，为我国经济建设、社会发展和国家安全提供较全面的空间遥感数据支撑。

2）地面处理站

我国卫星图像的地面处理站设在北京市。遥感数据地面处理站主要由计算机图像处理系统和光学图像处理系统组成。计算机处理系统以两台 VAXII/780 计算机和 AP180 阵列机为核心，配有独立的胶片成像计算机系统，完成数据输入、分幅、快视、辐射校正和几何校正。照像处理系统将上述胶片做进一步处理，生产多种类型的正负胶片、像片等产品。计算机图像处理系统的主要功能是对地面接收站接收记录的数据进行转换，生产可供用户使用的计算机兼容磁带（computer compatible tape，CCT）和 70mm 的图像产品，并由高密度数字磁带上提供的星历参数、辐射校准参数等对图像进行几何校正和辐射校正。几何校正的主要任务是改正地球曲率、地球自转、扫描角速度不均匀等造成的图像几何变形；辐射校正的任务是根据传感器内部校准参数和地面遥感测试资料进行辐射亮度值的改正。光学图像处理系统的主要功能是对数据处理后生成的潜影胶片进行冲洗、放大、合成、分割，从而产生各种类型和规格的正负胶片和像片等产品。

卫星遥感地面处理站除了主要进行遥感数据加工处理和生产外，同时还是卫星遥感数据管理和分发中心，它必须将数据和资料进行编目、制卡，把高密度磁带存入数据库。采用计算机进行管理和检索，使巨量的图像资料得到很好的管理，为用户查询、购买提供方便。此外，卫星遥感地面处理站还面向用户提供服务，其中主要的用户就是各政府部门所属的遥感应用中心，它们负责将遥感图像直接用于本部门的工作。这些部门利用遥感图像进行土地资源调查、林业资源调查、生态环境调查以及重点城市扩展情况监测、荒漠化监测、农作物估产、灾害监测与评估、地质与资源勘探、地形图测绘等，使遥感在国民经济中发挥巨大的作用。

4. 基础研究和应用系统

遥感应用就是通过对遥感图像所反映的地物电磁波信息进行分析、研究，以完成地球资源调查、环境分析和预测预报工作，为农林、地质、矿产、水电、军事、测绘和国防建设等部门服务。因此，遥感应用必须以切实的基础研究作保证。目前，除了传感器、测控和通信等方面的基础研究外，还应加强卫星和航空遥感的模拟试验、遥感仪器设备的性能试验、地物的波谱特性、遥感图像解译理论和应用理论等研究，这些也是遥感基础研究的重要组成部分。

为了更好地检验各种遥感传感器和设备的性能，还需要建立一定数量且具有一定代表性的遥感试验区，以便测试传感器等仪器是否能满足探测地物的要求，通过研究试验区各类地物的波谱特性，为解译和识别提供依据，并为图像的处理提供参量。其中，遥感试验区有大小、类型之分。仅为了满足某一方面需要而设立的试验区，面积一般较小，只有数十平方千米；而为了满足多学科、多专业和多要素试验而设立的综合遥感试验区，面积则通常较大，可达到数万平方千米。例如，美国洛杉矶试验区就是一个典型的遥感综合试验区，其面积达60000km^2，陆地卫星上的多光谱扫描仪（multispectral scanner，MSS）中的四个波段正是在该试验区进行大量深入的研究和观测的基础上，通过掌握各种气候环境条件下各种地物的波谱特性和大量的模拟试验才确定的。

此外，为了验证某一试验精度，有必要建立相当数量的观测站或点。例如，在美国已建立的数千个观测站、点中，有35个是地面辐射校准站，因为这些校准站点具有单一的地面目标地物，反映在卫星图像上信号也比较一致，所以常用来作为遥感图像亮度的校准参照物；还有276个位于荒芜的沙漠、沼泽、盐湖、海滩的地面遥测数据收集站，这些遥测站能够自动观测温度、湿度、雨量、风速等环境数据，并发送给卫星，通过卫星把信息转发至接收站，为遥感图像的校正和分析提供参考。

在我国，一方面，国家遥感中心自从1985年在唐山建立综合试验基地开始，逐渐建成了长春净月潭、山东禹城、江苏宁武、广东珠海及新疆阜康等多个不同类型的遥感试验场。另一方面，许多政府部门和研究院所都分别成立了专门的遥感应用中心或遥感研究所。这些机构是各个部门开展遥感应用的核心。众多试验场和遥感应用中心的建成及分布表明，我国地大物博，建立和发展各类遥感试验区和遥感研究单位是一项基础工作，具有重要的战略意义。

第四节　遥感发展简史

一、国外遥感发展简史

近代遥感是伴随着传感器技术、通信技术、宇航技术以及电子计算机技术的发展而形成的。20世纪50年代以来，人类对电磁辐射能力的认识从可见光扩展到了紫外线、红外线、微波等，遥感平台也由汽车、飞机发展到了卫星、火箭等，应用领域也由军事领域扩展到了几乎所有的社会领域。1960年，美国海军研究局的Pruitt提出了"遥感"这一专业术语，并在1962年美国密歇根大学的"国际环境科学遥感讨论会"上被正式通过，标志着遥感学科的正式形成。此后，在世界范围内，遥感作为一门新兴的独立学科，获得了飞速发展。

但是，遥感学科的发展和形成却经历了几百年的技术积累，发展至今，大体经过了无记录的地面遥感阶段、有记录的地面遥感阶段、常规航空摄影阶段、航空遥感阶段和航天遥感阶段。

1. 无记录的地面遥感阶段

无记录的地面遥感阶段大概从 1608 年开始，持续到 1838 年。1608 年，荷兰的眼镜制造商汉斯·李波尔塞制造出了世界上第一架望远镜，1609 年意大利科学家伽利略成功研制了科学望远镜，从而开辟了远距离观测目标的先河。但是，望远镜不能够把所观测到的事物用图像的方式记录下来。

2. 有记录的地面遥感阶段

有记录的地面遥感阶段大概从 1839 年开始，持续到 1857 年。对探测目标的记录与成像开始于摄影技术的发明，并与望远镜相结合发展成了远距离摄影。1839 年，法国人 Daguarre 发表了他和 Niepce 拍摄的照片，第一次成功地把他拍摄到的事物记录在胶片上。1849 年，法国人 Laussedat 制定了摄影测量计划，成为有目的的、有记录的地面遥感发展阶段的标志。这个阶段主要是进行地面摄影。

3. 常规航空摄影阶段

1858 年，法国人 Touranachon 用系留气球拍摄了巴黎的鸟瞰像片。1859 年，Black 和 King 乘气球在空中拍摄了美国波士顿的像片。1903 年，Neubronner 设计了一种捆绑在鸽子身上的微型相机。1906 年，Laurence 通过风筝成功地拍摄到了旧金山大地震后的像片。这段时期所用的平台主要为气球、风筝、鸽子等，影像质量较差。

1903 年，莱特兄弟发明了飞机，为航空遥感创造了条件。20 世纪 20 年代以来许多摄影测量仪相继出现，1924 年产生了彩色胶片，航空摄影正式问世。初期，航空摄影主要用于摄影测量和军事，后来资料应用逐渐向民用部门发展，像片判读技术开始出现并得到了迅速的发展。

4. 航空遥感阶段

从 20 世纪 30 年代开始，航空像片除用于军事外，还被广泛地应用于包括地理环境监测和各种专题地图编制等地学领域。1930 年美国开始进行全国航测，编制中小比例尺地形图和为农业服务的大比例尺专题地图。随后，西欧和苏联也相继大力发展航空遥感技术。第二次世界大战期间，雷达和红外探测技术开始得到应用。到了 50 年代，非摄影成像的扫描技术和侧视雷达技术开始产生并应用，打破了用胶片所能响应的波段范围限制，使遥感技术发展到了航空遥感阶段。第二次世界大战以后，一些遥感领域的著作，如《摄影测量工程》等出版，在理论上为遥感发展成为独立的学科奠定了坚实的基础。

自从航空遥感技术问世以来，在国民经济的各个领域，尤其是环境科学、地质学、地理学、农学以及军事侦察方面的应用，取得了很大的成绩。但是，这个阶段的航空遥感传感器覆盖范围较小，获取资料速度慢且数量少。

5. 航天遥感阶段

1957 年 10 月 4 日，苏联的第一颗人造地球卫星成功发射，从此，遥感平台从飞机时代发展到了卫星、航天飞机和宇宙飞船时代。1959 年 9 月美国发射的"先驱者 4 号"探测器拍摄到了地球云图。同年 10 月，苏联的"月球 3 号"航天器拍摄到了月球背面的照片。20 世纪 60 年代初，美国从 TIROS-1 和 NOAA-1 太阳同步气象卫星和 Apollo 飞船上拍摄了地面像片。这一时期遥感的发展主要表现为：航空遥感逐步业务化，航天遥感平台已成系列。在传感器方面，探测的波段范围不断延伸，波段的分割越来越精细，从单一谱段向多谱段发展；在遥感信息处理方面，大容量、高速度的计算机与功能强大的图像处理软件相结合，大大促进了信息处理的速度和效率。在遥感应用方面，遥感技术已广泛渗透到国民经济的各个领域，有力地推动了经济建设、社会进步和国防建设。

目前，全球在轨的人造卫星达到 3000 颗，其中，提供遥感、定位、通信传输和图像服务的将近 500 颗。现有的卫星系统大体上可以分为气象卫星、资源卫星和测图卫星三类。至此，航天遥感已取得了瞩目的成绩，从试验到应用，从单学科到多学科综合，从静态到动态，从区域到全球，从地表到太空，无不表明航天遥感已经发展到了相当成熟的阶段。

二、中国遥感事业的发展

与遥感技术发达的美国、法国、加拿大等国相比，我国的遥感技术起步较晚。我国真正意义上的遥感技术大约是从 20 世纪 70 年代起步的，经过几十年的艰苦努力，逐渐具备了为国民经济建设服务的实用化能力和全方位地开展国际合作以及走向世界的国际化能力，目前已经发展到遥感的实用化和国际化阶段。总体来看，中国遥感事业的发展大概可以分为以下几个阶段。

1. 近现代遥感的萌芽和形成阶段

中华人民共和国成立以前，我国只在极少数城市进行过航空摄影，如 20 世纪 30 年代曾在北京、上海等地进行过城市的航空摄影测量。系统的遥感技术发展则开始于 50 年代初期，当时国家专门组建了专业的航空摄影飞行队伍，通过引进常规航空摄影技术积极开展大面积航空摄影研究，并尝试综合利用航测图和航空像片进行自然资源勘测和地形图的制作、更新等。直到 60 年代，才形成一套较为完整的综合航空摄影与航空像片的应用体系。

2. 20 世纪 70 年代至 80 年代中期的起步阶段

20 世纪 70 年代以来，我国遥感事业有了长足的发展。我国第一颗人造地球卫星"东方红 1 号"于 1970 年 4 月 24 日成功发射，自此，我国逐渐开始研究和利用现代遥感技术。一方面，随着国际遥感技术的飞速发展，我国开始从国外购进一批陆地卫星影像和少量仪器设备，尝试开展遥感图像解译和专题信息提取研究；另一方面，积极开展我国自己的遥感研究工作。其间，我国还连续发射了几十颗不同类型的对地观测卫星（科学探测与技术试验卫星、气象卫星、地球资源卫星和海洋卫星等）；开展了不同自然地理区域的航空遥感试验和地物波谱测试工作；成功研制了多光谱相机、微波辐射计、多光谱扫描仪、红外扫描仪和合成孔径侧视雷达等多个类型的遥感传感器；建立了卫星遥感处理系统，初步形成了接收和处理遥感数据的能力。

与此同时，在遥感理论研究和人才培养上，中国科学院、高等院校和一些应用部门陆续成立了遥感研究、教育机构，从事遥感基础理论研究和应用工作，设置了专门培养遥感技术人才的遥感专业，在许多交叉学科还开设了遥感课程，并积极开展与国外的技术和人才交流。此外，国家也成立了遥感中心，负责领导、组织和协调全国的遥感工作。

3. 20 世纪 80 年代后期至 90 年代前期的试验应用阶段

进入 20 世纪 80 年代，我国遥感技术空前活跃。从"六五"计划到"九五"计划，遥感技术一直被列入国家重点科技攻关项目和国家优先项目，由此可见国家对遥感事业的重视。期间，我国也开始尝试利用遥感技术在不同领域进行试验应用研究。

从 1980 年开始，我国曾利用美国陆地卫星 MSS 数据实现了全国范围的土地资源调查，并按 1∶50 万比例尺成图。从 1984 年开始，采用航片和地面实地测量相结合的方法开展了全国范围土地资源详查工作，并对不同土地覆盖类型按照不同应用需要和不同所处区域分别采用不同的比例尺成图。在 20 世纪 80 年代中后期，还开展了一系列重大的国家级遥感工程，其中包括黄土高原水土流失遥感调查、三北防护林带综合遥感调查和遥感技术在西藏自治区土地利用现状调查中的应用，以及北方多省份冬小麦遥感估产和试验工作等。但是，受限于当时的遥感技术水平，再加上重大遥感工程研究区域通常面积巨大，此类大型遥感应用工程的监测能力较弱。

4. 20 世纪 90 年代后期进入实用化和产业化阶段

从 20 世纪 90 年代后期开始，随着新型传感器和遥感平台的成功研制以及遥感理论和应用研究的稳步推进，我国遥感事业逐渐进入了实用化和产业化阶段，在各个方面都取得了举世瞩目的成绩。1986 年，我国建成了遥感卫星地面接收站，能够接收 Landsat、SPOT、Radarsat 和 CBERS 等多颗卫星数据。1994 年 2 月 22 日，中国第一座海事卫星地面站通过验收，同时，还建成了多个分布于全国各地的气象卫星接收站，能够接收地球同步和太阳同步气象卫星数据。

在遥感平台方面，大量新型的遥感平台不断出现。1988 年 9 月 7 日，中国成功发射第一颗"风云 1 号"气象卫星。1999 年 10 月 14 日成功发射中国和巴西联合研制的中巴地球资源卫星（资源一号卫星）。1999 年 11 月 20～21 日，中国成功地发射并回收了第一艘"神舟"号无人试验飞船，标志着中国已突破了载人飞船的基本技术，在载人航天领域迈出了重要的一步。

在遥感图像处理方面，我国已经从最初全部采用国际先进的商品化软件开始逐步向国产化转变。在科技部及工业和信息化部的倡导下，我国也逐渐开始研制国产遥感软件，如 Photo Mapper 和 Tiantu Image 等。目前，各大高校师生和研究院所从业人员在熟练掌握 ERDAS、PCI、ENVI 和 Intergraph 等国际著名遥感软件的同时，还大量采用国产软件进行遥感应用工作。此外，随着遥感图像处理软件的国产化和新型遥感传感器的出现，我国还提出了一些新的遥感图像处理方法（如专门针对 SAR 图像的软件和处理方法等），并结合不同的应用领域，扩展了遥感应用范围，提升了遥感应用精度。

在遥感应用方面，1992～1995 年，我国利用最新的陆地卫星 TM 图像完成了全国资源环境调查，并建立了完整的资源环境数据库，同时，还使用多颗国产卫星的高分辨率图像，在大兴安岭、秦岭、横断山脉一线以东和以西地区分别采用 1∶25 万和 1∶50 万比例尺进行图像解译、制图和数据库建库工作。此外，在"八五"期间，我国还逐步建立了重大自然灾害遥感监测评估系统。自 1987 年以来，我国先后在黄河、长江、淮河等流域先后开展了大规模的防汛遥感综合试验，其技术已达到实用化水平。1987 年 5 月，利用 NOAA 气象卫星图像对我国东北大兴安岭的特大森林火灾进行了及时的早期预警、灾中动态监测和灾后损失评估以及后期的生态恢复调查观测，产生了重大的经济效益和社会效益。1992～1995 年，利用遥感技术对黄淮海地区冬小麦进行估产试验，结果表明其对大面积农作物估产的精度达到 95% 以上，能够满足实际需要。1995 年，中国科学院遥感应用研究所编制出版了《中国农业状况图集》；1999 年，建成网络型国家级信息服务体系，能够为各项重大工程提供必要的资源环境信息和辅助决策支持。

此外，在不同的应用领域，我国还广泛开展了各种遥感应用试验研究。例如，云南腾冲遥感综合试验研究、山西太原盆地农业遥感试验研究、长江下游地物光谱试验研究以及专门用于地震灾害预测监测的地震试验场研究等。这些不同类型的遥感试验场为特定的遥感研究和新型遥感传感器的成功运用提供了保障。

5. 进入 21 世纪之后的蓬勃发展阶段

进入 21 世纪，我国的遥感事业蓬勃发展，卫星、载人航天、探月工程等技术成果已硕果累累。我国遥感已跨入"白银时代"，受高分辨率对地观测系统重大专项（简称高分专项）等重大项目的推动，中国的遥感事业正迎来"黄金时代"。

在卫星和运载火箭方面，我国主要的卫星类型包括科学探测与技术试验、气象、对地观测、通信广播、定位和中继卫星等，已基本形成了比较完备的卫星体系。2000 年 9 月，我国自行研制的资源二号 01 星发射成功，此后，又分别成功发射 02 星和 03 星，形成了三星联网，表明我国卫星研制技术实现了历史性跨越。2007 年 4 月～2012 年 10 月成功发射了 16 颗导航卫星，建成覆盖亚太区域的"北斗"导航定位系统。从 2006 年 4 月成功发射我国首颗微波遥感卫星——遥感卫星一号以来，目前已经连续发射到遥感卫星三十一号。2010 年 8 月 24 日，成功发射我国首颗传输型立体测绘卫星"天绘一号 01 星"，2012 年 5 月 6 日成功发射 02 星，首次实现测绘卫星的组网运行。

在空间探测器方面，我国当前主要开展的是利用嫦娥工程系列卫星进行的月球探测。2007 年 10 月 24 日成功发射"嫦娥一号"探月卫星，标志着我国探月工程迈出了第一步。2010 年 10 月 1 日成功发射"嫦娥二号"卫星。2013 年 12 月 2 日成功发射"嫦娥三号"卫星，它携带了我国的第一艘月球车，并实现了我国首次月球面软着陆。

在载人航天和空间站方面，2003 年 10 月 15 日，中国成功发射第一艘载人飞船"神舟五号"，标志着中国已成为世界上继苏联和美国之后第 3 个能够独立开展载人航天活动的国家。截至 2021 年 10 月，我国成功发射了神舟一至十三号飞船。此外，2011 年 9 月 29 日成功将我国第一个目标飞行器和空间实验室——"天宫一号"送入太空，并分别于 2011 年 11 月 3 日、2012 年 6 月 18 日、2013 年 6 月 13 日和神舟八号、九号和十号飞船实现成功对接。2016 年 10 月 17 日，中国神舟计划的载人航天飞行神舟十一号在酒泉卫星发射中心发射，这是中国第六次载人航天任务。发射两天后，神舟十一号与 2016 年 9 月 15 日发射的天宫二号空间实验室成功实施自动交会对接，形成组合体，组合体在轨飞行 30 天。航天员按计划开展有关科学实验。2021 年 6 月 17 日，10 月 16 日相继发射了神舟十二号和神舟十三号载人飞船。神舟十三号载人飞船最大的特点是飞行乘组将在轨驻留长达 6 个月的时间，这也是我国迄今为止最长的一次载人飞行。

随着我国遥感平台类型的不断丰富，其所携带的传感器类型不断增多，性能也不断增强。

在无人机方面，近年来，由于体积小、重量轻、使用机动灵活、回收方便、信息获取及时、探测精度高等优点，无人机迅速成为新兴的遥感手段。随着航空、微电子、计算机、导航、通信、传感器等技术的迅速发展，无人机技术从研究开发阶段迅速发展到实用化阶段，并在各个领域得到了广泛应用。此外，无人机续航时间可以从一小时到几十个小时，任务载荷也从几千克到几百千克，这为长时间、大范围的遥感监测提供了保障，同时也为搭载多种传感器和执行多种任务创造了有利条件。

我国的无人机遥感监测技术研究和开发已有二十余年历史。中国测绘科学研究院于 1999 年完成了"无人机海监遥感系统关键技术研究与验证试验"项目，研制出以遥控方式为主的 UAVRS-Ⅰ型无人机遥感监测系统，并通过后续改进实现了无人机遥控、半自主、自主三种控制方式以及通过车载方式起飞。从 2003 年开始，中国测绘科学研究院还自行研制开发了适合城市地区应用、可低空低速飞行、能获取优于高分辨率遥感影像的"UAVRS-F型无人飞艇低空遥感系统"。2006 年，青岛天骄无人机遥感技术有限公司研制了我国首个50kg 级"TJ-1 型无人机遥感快速监测系统"，该系统也是我国首套用于民用遥感监测的专业级小型无人机系统。随着无人机起飞重量的降低和传感器监测效果的改善，无人机的控制精度和飞行性能能够满足实际遥感监测要求。无人机已成为未来航空器的重要发展方向之一。

三、微波遥感的发展

1. 国外微波遥感的发展

自从赫兹在 1886 年采用频率为 200MHz 的谐振器在实验室验证了麦克斯韦的电磁理论后，Hiilsmeyer 第一个证实了雷达可以检测舰船。其后，美国海军研究实验室 Taylor 等于 20世纪 20 年代研制了雷达和脉冲雷达，并尝试用脉冲雷达检测目标。雷达最初主要用于军事，第二次世界大战期间，美国利用雷达图像搜索以发现目标或进行导航等工作。雷达用于地球科学领域则是 20 世纪 60 年代的事情。如今，微波遥感在理论和技术上具备了一定的积累，基本上形成了较完整的技术科学体系。在气象研究、海洋研究、陆地探测及国家安全应用中，微波遥感已经成为重要手段。在已发射的各种地球轨道卫星和深空探测器中，近一半的平台上载有微波遥感探测设备。

自 1967 年美国第一次用双频道微波辐射计测量金星表面温度以来，微波传感器开始用于空间遥感。美国、苏联等国在发射的许多宇宙飞行器和气象卫星上，不断地进行微波传感器的尝试。1968 年苏联发射"宇宙-243"卫星，第一次用微波辐射计进行对地球的微波遥感。1972 年开始，美国相继发射"雨云"气象卫星系列、"天空试验室"和"Seasat-A"等，进行了一系列空间微波遥感试验。特别是 1978 年，美国国家航空航天局喷气推进实验室（NASA JPL）发射的"Seasat-A"是一颗综合性微波遥感卫星，装载了多波段微波扫描辐射计、微波高度计、微波散射计和合成孔径侧视雷达，获得了大量有价值的数据，其中微波高度计测量大洋水准面的精度已达到 7cm，超过了 10cm 的设计指标，标志着微波遥感技术进入了一个新的阶段。

在国际微波遥感技术的发展中，发展最为迅速和最有成效的微波传感器之一就是 SAR。1981 年 11 月，美国在哥伦比亚航天飞机第二次飞行时装载了成像雷达 SIR-A，1984 年利用航天飞机又将 SIR-B 载入太空。这些微波遥感成像系统提供了大量的地面数据，甚至从撒哈拉沙漠的图像中解译出古尼罗河道，取得了举世瞩目的成果，为推动微波遥感的进一步发展奠定了基础。

20 世纪 90 年代，微波遥感发展到了新的重要阶段。欧洲空间局于 1991 年发射的 ERS-1卫星、苏联于 1991 年发射的 Almaz-1 卫星与日本于 1993 年发射的 JERS-1 标志着微波遥感广泛应用阶段的到来。1993 年法国和欧洲空间局利用 ERS-1 卫星获取的 SAR 数据，进行差分干涉处理获得 Landers 地震同震位移，其成果发表在 *Nature* 上，引起了国际地震学界的震惊。1995 年欧洲空间局发射了 ERS-2，加拿大发射了 Radarsat-1，这表明到 20 世纪末，微波遥感已与可见光、红外遥感并驾齐驱，成为遥感中非常重要的一部分。

进入 21 世纪，随着 SAR 数据的广泛应用和 InSAR 技术的发展，越来越多的国家开始研制和发射 SAR 传感器。2000 年 2 月 11 日，美国发射的"奋进"号航天飞机上搭载了航天飞机雷达地形测绘飞行任务（shuttle radar topography mission，SRTM）系统，共计进行了 222小时 23 分钟的数据采集工作，获取了 60°N 至 60°S 总面积超过 1.19 亿 km^2 的雷达影像数据，覆盖地球 80%以上的陆地表面，并用其生成了地球 80%以上陆地表面的数字高程模型（digital elevation model，DEM），再一次展现了微波遥感的能力。随后，欧洲空间局于 2002年发射了 ENVISAT-ASAR，日本于 2003 年发射了 ALOS-PALSAR，加拿大于 2007 年发射了 Radarsat-2，德国先后于 2007 年和 2010 年发射了 TerraSAR-X 和 TanDEM-X，意大利在 2007～2008 年先后发射了 4 颗 COSMO-SkyMed 卫星并组成了雷达卫星星座，印度于 2012年发射了 RISAT-1，欧洲空间局于 2014 年 4 月 3 日发射了 Sentinel 小卫星星座中第一颗搭载 C 波段 SAR 的卫星 Sentinel-1A，日本于 2014 年 5 月 24 日发射了 ALOS-2 卫星。

2. 中国微波遥感的发展

我国的微波遥感技术工作起步较晚，至今仅有 30 多年的历史。在国家科技攻关计划中，一直将微波遥感列为重点研究领域，特别是经过"七五"国家攻关计划后，国内科学家们在硬件方面已成功研制了微波散射计、真实孔径雷达和 SAR 等主动式微波遥感器和多种频率的微波辐射计。在"八五"期间又研制出了机载微波高度计。从 20 世纪 80 年代起，进行了合成孔径高度计的预研，于 20 世纪 90 年代初进行了工程样机研制，目前已完成初样研制。

除此之外，我国还抓紧进行星载 SAR 和星载微波成像仪的研制工作。20 世纪 70 年代中期，中国科学院电子学研究所率先开展了 SAR 技术的研究，1979 年成功研制了机载 SAR 原理样机。干涉式合成孔径成像技术的研究工作起步于 20 世纪 90 年代中期。1999～2001年，中国科学院空间科学与应用研究中心成功研制了 C 波段合成孔径微波辐射计样机，并于 2001 年 4 月机载校飞成功。

2002 年 12 月，我国第一个多模态微波遥感器（multiple model microwave remote sensor，M³RS）由神舟四号送入太空，包括了多频段微波辐射计、雷达高度计、雷达散射计和 SAR，实现了我国星载微波遥感器的突破。2007 年，我国发射的"嫦娥一号"月球探测卫星上搭载的微波探测仪分系统由 4 个频段的微波辐射计组成，主要用于对月球土壤的厚度进行估计和评测，这也是国际上首次采用被动微波遥感手段对月球表面进行探测。2012 年 11 月 19 日，环境一号卫星 C 星（HJ-1C）成功入轨，其工作频率为 S 波段，这是我国发射的第一颗星载 SAR 卫星。2016 年 8 月 10 日成功发射了 GF-3 卫星，是中国首颗分辨率达到 1m 的 C 频段多极化 SAR 成像卫星，它包括 12 种成像模式，是世界上成像模式最多的 SAR 卫星。

目前，我国微波遥感的发展仍处于研究和部分应用阶段，在有些应用中已初见成效，然而在仪器种类、性能指标等方面仍有待改进。在地物微波波谱特性、电磁波与地物相互作用、微波遥感数据定标处理以及基于微波遥感数据的应用研究有关理论模型的建立等方面尚需要大量的、深入的研究工作。

第五节　遥感技术发展趋势

遥感技术的应用已经相当广泛，在地球科学、农业、林业、城乡规划、国土空间规划、地理国情监测、考古、生态环境监测、地质灾害监测、资源调查与评价等领域正在不断深化应用。GIS 技术、全球导航卫星定位技术、虚拟现实技术、计算机技术等的快速发展，为遥感技术的更广、更深层次的应用提供了技术支持。遥感技术的快速发展，将人类带入了立体化、多层次、多角度、全方位和全天候的对地观测新时代。

1. 遥感卫星及其载荷的传感器向高分辨率、多模式、多角度的方向发展

随着遥感卫星对地观测技术的进步以及人们对地球资源和环境认识的不断深化，用户对高分辨率遥感数据的质量、数量和时效性要求不断提高。随着更多数量、更高分辨率的卫星发射，可以利用的高分辨率卫星影像资源也将更加丰富，卫星影像应用市场也将日益成熟，将极大地促进其应用技术的不断发展。有关专家预测在未来几年内，在 1∶5000 甚至更大比例尺地图的测绘方面，高分辨率遥感卫星将取代传统的航空摄影测量，同时新的应用领域也将不断出现。

目前，高空间分辨率卫星影像产品空间分辨率已优于 0.4m（WorldView 3），已基本可以取代航空遥感摄影测量的功能，但因为价格较高，重访周期较长等一些不足，所以其难以得到广泛应用。因此，未来高空间分辨率卫星的发展在不断提高空间分辨率的同时，将更加注重降低成本、提高时间分辨率和加强功能多样化等方面。高光谱分辨率卫星的光谱分辨率已经达到了比较理想的情况，但其空间分辨率相对较低，不容易与其他数据融合，且存在价格较高、周期较长等不足。因此，高光谱分辨率卫星的发展也将朝着低成本、短周期方向发展。高时间分辨率卫星主要是气象卫星，其时间分辨率已经从几天缩小到几十分钟。我国从 2014 年发射第一代风云二号 C 星到 2018 年第二代风云四号 A 星正式投入业务运行，实现了我国高时间分辨率气象卫星从"并跑"到"领跑"的跨越。地球同步轨道静止气象卫星具有很高的时间分辨率，可以观测到大气中生命周期为几个小时的中小尺度天气系统及其演变过程，对中小尺度天气系统所造成的灾害性天气的动态监测具有独特的优势。

传感器的模式、角度等方面也将有新的发展。传感器的功能将从过去单一的成像模式或采集功能向数据采集、处理、监测和传输等功能综合发展。传感器的模式，尤其是微波遥感传感器的模式将从过去单一的观测模式，发展至现在可相互切换的多模式观测方式。如微波遥感从过去的单一极化方式（垂直极化或水平极化）向多极化方式发展，而且可以相互切换，但不影响原来的极化方式，进一步扩大了传感器的应用范围。传感器的观测角度从正射单一角度观测向多角度全方位观测发展，并综合运用合成孔径雷达、微波遥感、光学遥感和红外遥感等技术手段，实现对陆地、海洋和大气环境的综合观测。通过不同空间分辨率和时间分辨率的观测配合，以及空间水平和垂直观测的综合，保证了遥感卫星科学探测任务的实现。

2. 遥感卫星向小型化、星座化、系统化的方向发展

小卫星具有功能性强、技术含量高、研制和发射成本低、体积小、质量轻、研制周期短、发射手段灵活和易于组网等特点，特别是小卫星星座化和系统化可以使遥感卫星集成使用，使其功能更加强大，从而满足用户更高的需求，因此各国对小卫星技术及小卫星产业的发展极为重视。自 20 世纪 80 年代后半期以来，小卫星逐渐活跃起来。特别是随着微电子和微机械技术的快速发展，全球掀起了一股"小卫星热"，很多国家开始研制小卫星。

小卫星是指质量小于 500kg 的小型近地轨道卫星，其地面分辨率可优于 1m。小卫星的数字图像具有多谱段、大范围、高精度、准实时、高频率重复成像等多种优势，吸引了广大的商业用户，在未来的发展中具有较强的竞争力。为协调时间分辨率和空间分辨率这对矛盾，小卫星群将成为现代遥感的另一发展趋势。例如，可用 6 颗小卫星在 2～3 天完成一次对地重复观测，可获得优于 1m 的高分辨率成像数据。各国都以发射高分辨率小卫星作为推动本国遥感卫星的机遇和起点，未来遥感卫星的发展趋势将是大、小卫星并存，多星组网，协作发展。Space Works 公司预计在未来 5 年内小卫星发射量将迅猛增长，其中低轨商业微小卫星的比例将迅速上升。

任何一颗卫星都不可能满足用户的所有需求，所以需要多星组合成星座网络的形式来共同发挥作用。遥感卫星技术的快速发展，将形成多层次、立体、多角度、全方位和全天候的由高、中、低轨道相结合，大、中、小卫星相协同，高、中、低分辨率相弥补的方式组成的全新的全球遥感卫星星座系统，可以为全球用户提供准确有效、快速及时的多分辨率遥感数据。

全球小卫星行业有几个发展趋势：卫星小型化、微型化趋势明显，星座规模不断扩大，低成本、批量化、快速制造是未来发展方向；卫星星座的设计理念、应用模式和运行管理全面创新。采用天地一体化全链路设计理念，简化星上功能，强化地面处理；注重与信息技术深度融合，面向更广泛的非专业用户；卫星星座应用能力进一步实用化，轨道立体化，应用领域进一步全面化，从局部应用向全体系扩展已成为必然趋势；应用轨道进一步立体化，立足低轨、迈向中高轨发展格局已露端倪。

3. 轻小型无人机遥感载荷正朝着小型、多样、多功能、多组合方向发展

无人机是未来网络环境下一种数据驱动的空中移动智能体，而无人机遥感则是无人机应用最重要的引领性产业。无人机遥感系统是在无人机等相关技术发展成熟之后形成的一种新型的航空遥感系统。它利用无人机作为遥感平台，集成小型高性能的遥感传感器和其他辅助设备，形成灵活机动、续航时间长、全天候作业的遥感数据获取和处理系统。无人机所能搭载的传感器也是多样的，澳大利亚利用美国研制出的"全球鹰"无人机搭载的光电（EO）/红外（IR）/SAR 一体化集成载荷可应用于海洋监测等。美国国家航空航天局也将多种无人机应用于海洋遥感（包括监测飓风和龙卷风）等研究项目。进入 21 世纪以后，无人机逐步进入民用领域并形成产业，美国能源部在大气辐射测量（ARM）计划中应用 Altus 无人机对大气对流层中的云层进行辐射和散射测量，以研究云层与来源于太阳和大地的辐射的相互作用，为准确预测二氧化碳引起的地表温室效应研究服务。2012 年开始国内消费级无人机市场出现了爆炸性增长，深圳市大疆创新科技有限公司将多旋翼的无人机飞行平台推向消费市场，将航拍变成了普通大众的一种爱好。

伴随着轻小型无人机平台的发展，涌现了大量的轻小型无人机遥感载荷，如光学载荷、红外谱段载荷、激光雷达载荷、成像光谱及合成孔径雷达载荷、偏振载荷等，在抗震救灾、环境治理、农业植保等领域得到很好应用。因为小型无人机复杂程度降低，开发成本较低，所以有较大的应用需求。

自"十一五"计划实施以来，基于我国无人机遥感的技术突破，遥感技术产业在我国军事应用、国土安全方面实现重大突破，在国防、地理与海洋监测、国土测绘与海洋岛礁测绘上具有巨大应用效益。在民生安全、社会发展上也带来技术变革，在地质灾害监测、应急救援及各行业普及层面具备不可替代的作用。

未来无人机遥感技术的发展趋势主要为：融合 5G 低空通信技术的低空覆盖与网络切片的组网智能控制；智能感知、智能认知、智能行动一体化；云计算、物联网、移动通信、人工智能（AI）相结合的一体化。实现由单机向组网的跨越，由人为控制向实时化、智能化的跨越，由区域局部观测向全球多层次观测的跨越。

对于高分辨率对地观测体系而言，未来无人机遥感的跨越发展需要面向两个重大需求：第一是建立起满足区域和全国的生态环境资源监测、灾害应急响应监测以及国土安全突发事件监测的无人航空器组网技术；第二是在能开展上述监测的遥感应用业务网的基础上实现系统集成和有效验证。

4. 遥感卫星向商业化、市场化、产业化方向发展

遥感卫星商业化可以把遥感卫星真正转换为一种产业，为其实现良性循环提供必要条件，并可刺激遥感卫星技术的进一步创新和广泛应用。遥感技术的商业化驱动力主要是市场需求和商业利益，一方面，随着市场经济的快速发展，各行业用户已经注意到空间信息的重要性，进而涌现出大批新用户和潜在市场；另一方面，遥感图像进入市场将会应用于交通、新闻、娱乐、地籍管理、保险业等众多新领域，这将会给遥感卫星商业化发展注入新契机。可以预知，随着遥感卫星商业化程度的不断提高，遥感卫星技术的工程实际应用水平也将会大幅度提高，应用范围将越来越广泛，全球将又一次掀起遥感应用的高潮。

相较于国外成熟的遥感卫星发展阶段及运营模式，中国目前的卫星遥感行业发展还处于初级阶段，商业模式以民用遥感卫星为主，以政府为主导。商业遥感卫星发展刚刚起步，行业内企业数量有限，产业集群还未形成，规模以上的企业更是凤毛麟角，产业规模和整体行业竞争力相对于国际巨头还存在明显差距，完整产业链的形成还有待进一步的发展和完善。

中国商业航天市场前景广阔，根据卫星产业历年统计数据推算，遥感服务份额将达到200亿~300亿元。在遥感数据基础上的行业数据应用存在更大的蓝海空间，中国海洋、电力、应急等行业主管单位都将空间数据服务于本行业作为未来5~10年的发展重点。

5. 遥感的应用功能向综合应用和协作应用发展

卫星遥感技术在它的最初应用领域，如基础测绘、土地、资源等方面仍有坚实的用户群，得到了充分的应用。随着遥感技术的不断提升，一些新的应用领域也崭露头角，如交通、公安、电力、电信、铁路、石油、房地产等。

遥感卫星的应用能力不再是单一的针对某个观测领域，而是向着各个领域的综合应用方向发展。因为单颗卫星无法发现相互关联的整体诸多因素，所以，对于快速变化的情况，单颗卫星只能观测到现象，而缺乏分析原因的资料。通常为了预测变化趋势，需要有连续观测数据，对某些观测对象需要进行快速、重复观测。这就需要把各种轨道、各种遥感器结合起来，同时观测具有相关性的诸多要素，从而使获得的数据可以非常方便地进行融合、集成、外推，使"信息"的形成周期大大缩短。遥感卫星与数据中继、通信、导航定位等卫星功能融合，不仅可以快速重访，大大提高观测频度，而且还可以实现快速定性、定量和定位。例如，遥感、GIS、GNSS密切结合及一体化的发展将使高精度遥感数据的需求成倍增加，今后拥有高分辨率遥感卫星的国家和地区将日益增多。这些对地观测卫星夜以继日、源源不断地向人们提供丰富的高质量遥感数据和动态信息。从这一点上来说，遥感卫星的应用功能将不再仅仅局限于对地观测这一方向，而是协作其他各类卫星对更大范围的领域进行综合研究。

人们对于地球系统的认知还很不全面。当前观测和认识地球系统的活动需要从现在的单独的遥感卫星计划，发展成为综合的、同步的、实时的、高质量的、长期的、全球的遥感卫星观测系统，同时要采取一致的标准，作为将来决策和行动的基础。所以，加快遥感卫星的综合应用和协作应用功能的发展是当前遥感卫星功能发展的重要方向之一。

第二章　遥感物理基础

电磁辐射是遥感传感器与远距离目标联系的纽带。不同类型的地物具有不同的电磁辐射，遥感技术正是利用地物的不同辐射特征，将其转变成数据或影像，达到探测地面目标的目的。因此，要应用遥感技术，必须了解电磁辐射的基本性质及地物的波谱特征。

第一节　电磁波谱与电磁辐射

电磁波是遥感技术的重要物理理论基础。自然界的任何物体本身都具有发射、吸收、反射以及折射电磁波的能力，其区别在于不同物体对于不同的电磁波存在着不同的特性。

一、电磁波及其性质

1. 电磁波

根据麦克斯韦电磁场理论，假定在空间中某个区域有变化的电场，那么在邻近区域内会产生变化的磁场；这一变化的磁场又在较远区域内引起新的变化电场，并进一步在更远的区域引起新的变化磁场。变化的电场与磁场交替产生，并以有限的速度在空间内传播。这种由同相振荡且相互垂直的电场与磁场在空间中以波的形式传递能量与动量的过程称为电磁波，也称为电磁辐射。光波、热辐射、微波、无线电波等均属于电磁波。在电磁波里，电场强度矢量 E 和磁场强度矢量 B 相互垂直，并且都垂直于电磁波的传播方向 K，故电磁波是一种横波，如图 2.1 所示。

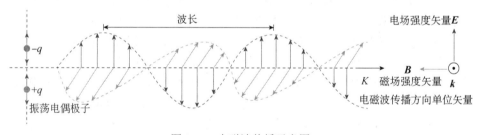

图 2.1　电磁波传播示意图

2. 电磁波的性质

电磁波不同于水波、地震波等由震源发出的震动在介质中进行传播，电磁波的传播不需要任何介质。在量子方式的描述中，电磁波又以光子（photon）的方式传播。事实上，电磁波的载体为光子，在真空中的传播速度为光速，其值被定义为：$c=299792458\mathrm{m/s}$。

电磁波表现出波动性与粒子性两种性质。在传播过程中主要表现为波动性，与物质相互作用时又表现出粒子性，称为电磁波的波粒二象性。连续的波动性与不连续的粒子性是相互排斥、相互对立的，然而两者又相互联系，在一定的条件下可以相互转化。波是粒子流的统计平均，而粒子是波的量子化。

不同波长的电磁波波动性与粒子性所表现出的程度也不同。一般而言，波长越长的电磁波，其波动性特征就越明显；反之，波长越短的电磁波，其粒子特征越明显。

电磁波的波长、传播方向、振幅等性质与实际物体的结构密切相关，且具有一定的对应关系。遥感技术正是利用这些对应关系，来探测并获取目标物的电磁辐射特性。

二、电磁波谱

1. 电磁波谱的概念与划分

电磁波通常以频率 f、波长 λ 来进行描述，它们的关系可以表示为

$$c = f \cdot \lambda \tag{2.1}$$

将不同波长的电磁波，按照其在真空中传播波长的长短或频率的大小递增或递减的顺序依次排列得到的图表称为电磁波谱（electromagnetic spectrum），如图 2.2 所示。

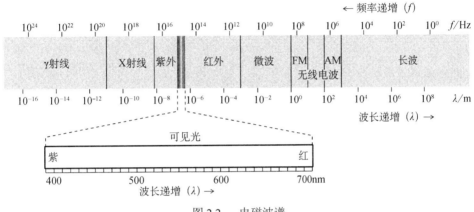

图 2.2　电磁波谱

电磁波是连续的，一般按照电磁波波长与频率的不同，可以将电磁波划分为 γ 射线、X 射线、紫外线、可见光、红外线、微波、无线电波以及长波等类型。不同类型的电磁波的单位也存在差异，一般波长 λ 的单位取千米（km）、米（m）、微米（μm，10^{-6}m）或纳米（nm，10^{-9}m），而频率 f 的单位取赫兹（Hz）、兆赫兹（MHz，10^3Hz）以及千兆赫兹（GHz，10^9Hz）。习惯上电磁波波段的划分见表 2.1。

表 2.1　常见的电磁波波段划分

波段		波长
长波		>3000m
无线电波		1～3000m
微波		1mm～1m
红外线 0.76～1000μm	超远红外	15～1000μm
	远红外	6.0～15μm
	中红外	3.0～6.0μm
	近红外	0.76～3.0μm
可见光 0.38～0.76μm	红	0.62～0.76μm
	橙	0.59～0.62μm
	黄	0.56～0.59μm
	绿	0.50～0.56μm
	青	0.47～0.50μm
	蓝	0.43～0.47μm
	紫	0.38～0.43μm

续表

波段		波长
紫外线 0.01～0.38μm	近紫外	0.31～0.38μm
	中紫外	0.20～0.31μm
	远紫外	0.01～0.20μm
X 射线		0.01～10nm
γ 射线		<0.01nm

注：因波长范围与相应谱的划分没有统一标准，作者仅采用一般划分。

2. 遥感技术常用电磁波谱的主要特性

目前，遥感使用的电磁波谱范围主要包括紫外线、可见光、红外线和微波，各波段的主要特性如下。

1）紫外线

紫外线是电磁波谱中波长从 0.01～0.38μm 辐射的总称，主要源于太阳辐射。太阳辐射通过大气层时被吸收，只有 0.3～0.38μm 波长的光能穿过大气层到达地面，且散射严重。由于大气层中臭氧对紫外线的强烈吸收与散射作用，紫外遥感通常在 2000m 高度以下的范围进行。因为大多数地物在该波段的反射率较小，所以目前主要用于测定碳酸盐岩的分布以及对油污的检测。

2）可见光

可见光波长范围为 0.38～0.76μm，主要源于太阳辐射。尽管大气对它有一定的吸收和散射作用，但它仍然是遥感成像所使用的主要波段之一。在该波段，大部分地物具有良好的亮度反差特性，不同地物的图像易于区分。为进一步探测地物间的细微差别，可将此波段细分为红（0.62～0.76μm）、绿（0.50～0.56μm）、蓝（0.43～0.47μm），以及仅有几纳米波长差的百余个不同波段并分别对地物进行探测，这种分段成像的方法一般称为多光谱遥感。利用可见光成像有摄影（黑白摄影、红外摄影、彩色摄影、彩色红外摄影、多波段摄影）和扫描两种方式，其探测能力得到了极大的提高。

3）红外线

红外线的波长范围为 0.76～1000μm，根据性质可分为近红外、中红外、远红外和超远红外。近红外主要源于太阳辐射，中红外主要源于太阳辐射及地物热辐射，而远红外和超远红外主要源于地物热辐射。红外波段较宽，在此波段地物间不同的反射特性和发射特性均可较好地表现出来，因此该波段在遥感成像中有重要的作用。在整个红外线波段内进行的遥感称为红外遥感，按其内部波段的详细划分可将红外遥感分为近红外遥感和热红外遥感。中红外、远红外和超远红外是产生热感的原因，因此又统称为热红外。热红外遥感是通过红外敏感元件，探测物体的热辐射能量，显示目标的辐射温度或热场图像的遥感技术的总称。遥感中应用的热红外主要指 8～14μm 波段范围。地物在常温（约 300K）下热辐射的绝大部分能量位于此波段，在此波段地物的热辐射能量大于太阳的反射能量。热红外遥感最大的特点是具有昼夜工作的能力。由于摄影胶片感光范围的限制，除近红外波段可用于摄影成像外，其他波段不能用于摄影成像，而整个红外波段均可用于扫描成像。红外线波段可用于航空遥感和航天遥感。

4）微波

微波的波长范围为 1mm～1m，其波长比可见光和红外线长，受大气层中云、雾的散射影响小，穿透性好，因此能全天候进行遥感。使用微波的遥感称为微波遥感，它通过接收地面物体发射的微波辐射能量，或接收遥感仪器本身发出的电磁波束的回波信号，对物体进行探测、识别和分析。由于微波遥感采用主动方式进行，其特点是对云层、地表植被、松散沙层和干燥冰雪具有一定的穿透能力，且不受光照等条件限制，白天、晚上均可进行地物微波成像，因此微波遥感是一种全天候、全天时的遥感技术。微波波段在航空、航天遥感中均能应用。

三、电磁辐射的度量

电磁波的传播过程是电磁波能量的传递。在遥感探测过程中，需要测量从目标地物反射或辐射的电磁波能量。为了定量描述电磁辐射，一般需要了解电磁辐射度量的基本术语及其含义。

（1）辐射能量（radiant energy）。电磁辐射能量的度量，记作 W，单位为 J。

（2）辐射通量（radiant flux）。单位时间内通过的辐射能量，记作 $\Phi = \mathrm{d}W/\mathrm{d}t$，单位为 W。辐射通量也称为辐射功率（radiant power），强调单位时间内的能量大小，它是一个关于波长 λ 的函数，即不同波长的电磁波具有不同的辐射通量。如果是对应某一波长的辐射通量，则记作 $\Phi(\lambda)$。总辐射通量是所有波长电磁波的辐射通量之和或辐射通量积分。

（3）辐射通量密度（radiant flux density）。单位时间内通过单位面积的辐射能量，或描述为通过某单位面积的辐射通量，记作 $E = \mathrm{d}\Phi/\mathrm{d}S$，单位为 W/m^2，$S$ 为面积。

（4）辐照度（irradiance）。被辐射物体表面的辐射通量密度，即被辐射物体表面单位面积上的辐射通量，记作 $I = \mathrm{d}\Phi/\mathrm{d}S$，单位为 W/m^2，$S$ 为面积。

（5）辐射出射度（radiant exitance）。向外发出辐射的辐射源物体表面的辐射通量密度，记作 $M = \mathrm{d}\Phi/\mathrm{d}S$，单位为 W/m^2，$S$ 为面积。

辐照度与辐射出射度均表达为辐射通量密度，其中辐照度描述物体接收到的辐射，辐射出射度描述物体向外发出的辐射，它们都与波长 λ 有关。

（6）辐射亮度（radiance）。对于某一向外发出辐射的辐射源物体，向外辐射的强度随方向存在不同。辐射亮度定义为辐射源在某一特定方向 θ，单位投影面积、单位立体角（steradian）内的辐射通量密度，记作 L，单位为 W/（sr·m^2）：

$$L = \frac{\mathrm{d}^2\Phi}{\mathrm{d}A \cdot \mathrm{d}\Omega \cdot \cos\theta} \approx \frac{\Phi}{\Omega \cdot A \cdot \cos\theta} \tag{2.2}$$

式中，Ω 为立体角；θ 为方向角度。

辐射源向外辐射电磁波时，辐射亮度 L 往往随着 θ 角的变化而变化，而与距离无关。辐射亮度 L 与 θ 角无关的辐射源称为朗伯源。

四、电磁辐射源

1. 太阳辐射与太阳光谱

1）太阳辐射

太阳是被动遥感中最重要的辐射源，也是遥感中最主要的辐射源之一。太阳辐射是维持地球表面温度，促进地球上水、大气以及生物活动的能源基础。太阳与地球之间的距离被定义为149597870700m（2012 年国际天文学联合会大会标准），太阳辐射到达地球约需要 500s。

地球表面不同区域接收到的太阳辐射大小是不相等的。不受地球大气的影响，在垂直于太阳辐射的方向，单位时间内单位面积的黑体接收到的太阳辐射辐照度总量的大小 $I_\Theta=1.36\times10^3\text{W/m}^2$。这个数值被称为太阳常数，是地球大气层顶端接收到的辐射能量，不受地球大气的影响。由于太阳表面存在黑子活动等影响，太阳常数并不是固定不变的。以日地距离作为半径，计算出该距离上的太阳辐射球面积，再乘以太阳常数，可以计算出太阳的总辐射通量约为 $3.86\times10^{26}\text{W}$。

2）太阳光谱

太阳发出的辐射不仅包含最常见的可见光，也包含紫外线、红外线等所有形式的电磁波。经过测量，太阳辐射与温度为5777K的黑体辐射十分相似，如图2.3所示。

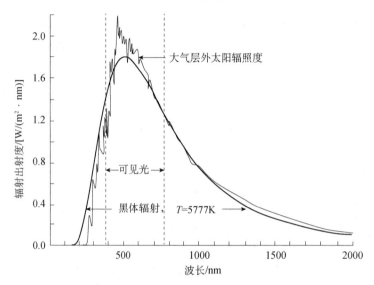

图2.3　平均日地距离大气层外垂直入射太阳辐射度

从图2.3可以看出，太阳辐射的光谱是连续的，且辐射特性与黑体辐射特征基本一致，包含所有形式的电磁波，大部分能量都集中在可见光波段，最强辐射对应的电磁波波长约为0.47μm。同时，太阳辐射出射曲线不光滑，存在着许多吸收带，这是由太阳表面及大气中所存在的已经探测到的69种元素作用形成的。这些离散的暗谱线被称为夫琅禾费吸收谱线（Fraunhofer lines），目前已经测量得到超过25000条太阳光谱中的夫琅禾费吸收谱线。

太阳辐射中各波段所占能量比例见表2.2。

表2.2　太阳辐射能量中各波段所占比例

波段	波长	波段能量比例/%
长波	>3000m	
无线电波	1～3000m	
微波	1mm～1m	0.41
超远红外	15～1000μm	
远红外	6～15μm	

续表

波段	波长	波段能量比例/%
中红外	3～6μm	12.00
近红外	0.76～3μm	36.80
可见光	0.38～0.76μm	43.50
近紫外	0.31～0.38μm	5.32
中紫外	0.20～0.31μm	1.95
远紫外	0.01～0.20μm	0.02
X 射线	0.01～10nm	
γ 射线	<0.01nm	

可以看出，从近紫外到中红外的范围内，太阳辐射能量相对集中（太阳辐射能量主要集中在 0.3～3μm 波段范围），而且相对稳定，变化幅度较小。在其他波段，如 γ 射线、X 射线、远紫外以及微波等，虽然其在太阳辐射中能量占比不足 1%，但存在很大的变化。在太阳活动剧烈时期，如太阳黑子或耀斑爆发，其强度会剧烈增长，进而影响地球的磁场，中断或干扰地球的无线电波的传播，也会对空间飞行造成较大的影响。

在遥感中，被动遥感主要是利用太阳的可见光与近红外波段，处于太阳辐射中能量集中且相对稳定的区间，因此太阳活动对被动遥感的影响一般可以忽略不计。

2. 地球辐射

地球辐射可分为短波辐射（0.3～2.5μm）和长波辐射（6μm 以上）。图 2.4 显示了地球的短波辐射以地球表面对太阳的反射为主，地球自身的热辐射可以忽略不计。地球的长波辐射主要指地球自身的热辐射，在此区域内太阳辐照的影响极小，是热红外遥感的主要辐射源。地球辐射的能量分布在近红外到微波的范围内，主要集中在 6～30μm。各波段所占能量的比例大约为：0～3μm 占 0.2%，3～5μm 占 0.6%，5～8μm 占 10%，8～14μm 占 50%，14～30μm 占 30%，30～1000μm 占 9%，1mm 以上微波占 0.2%。地球辐射与地球表面的热状态密切相关，因此也称为热红外遥感，被广泛应用于地表地热异常的探测、城市热岛效应以及水体的热污染研究等。

3. 太阳辐射与地球辐射的关系

地球除了接收太阳辐射以外，自身也同时向外不断发出辐射。太阳辐射近似于温度为 6000K 的黑体辐射，而地球辐射则是接近 300K 的黑体辐射，太阳辐射出射曲线最大值对应的波长为 0.47μm，而地球辐射出射曲线最大值对应的波长为 9.66μm，属于远红外波段，如图 2.4 所示。

地表物体反射的太阳辐射与自身向外发出的辐射共同被遥感传感器接收，在实际应用中需要对太阳辐射与地球自身辐射加以区分。表 2.3 给出了太阳辐射与地球辐射的分段特性。

太阳辐射能量主要集中在 0.3～2.5μm，属于紫外线、可见光与近红外的范围。遥感传感器在这些波段接收到的辐射能量以地表物体反射太阳辐射为主，此时来自地球自身的辐射可以忽略不计。

在 2.5～6μm 的中红外波段，遥感传感器接收到的辐射能量同时包含反射的太阳辐射以及地球自身发出的热辐射，两者均不能忽略。在该波段的应用中，一般采用夜间成像，以排除太阳辐射的影响。

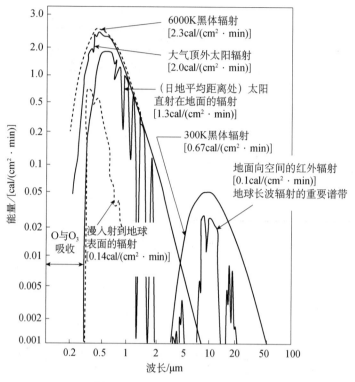

图 2.4　太阳与地球的辐射波谱

表 2.3　太阳辐射与地球辐射的分段特性

波长/μm	波段	辐射特性
0.3～2.5	可见光与近红外	以反射太阳辐射为主
2.5～6	中红外	反射太阳辐射与地球自身热辐射共同作用
>6	远红外	以地表物体自身热辐射为主

　　地球自身发出的辐射集中在>6μm 的远红外波段，此时太阳辐射的能量几乎可以忽略不计，遥感传感器接收到的辐射能量全部为地球自身的辐射。远红外波段被广泛用于地表的地热状态探测。

4. 人工辐射源

　　人工辐射源是指人为发射的具有一定波长（或一定频率）的波束，主动式遥感采用人工辐射源。工作时根据接收地物散射该波束返回的后向反射信号强弱从而探测地物或测距的过程称为雷达探测。雷达可分为微波雷达和激光雷达。在微波遥感中，侧视雷达是目前常用的微波遥感方式。

　　微波辐射源在微波遥感中常用的波段为 0.8～30cm。由于微波波长比可见光、红外光波长要长，受大气散射影响小，微波遥感具有全天候、全天时的探测能力，在海洋遥感及多云多雨地区得到广泛应用。

　　激光辐射源在遥感技术中逐渐得到应用，其中应用较为广泛的为激光雷达。激光雷达使用脉冲激光器，可精确测量卫星的位置、高度、速度等，也可测量地形、绘制地图、记录海面波浪情况，还可利用物体的散射性及荧光、吸收等性能进行污染监测和资源勘查等。

第二节 物体的发射辐射特征

一、黑体辐射

所有的物体都是辐射源，在向外发出辐射的同时，也在不断接收其他物体的辐射。当电磁波入射到一个不透明的物体上时，该物体对接收到的电磁波具有吸收与反射的作用。吸收作用表现为物体的吸收系数 $\alpha(\lambda, T)$，反射作用表现为物体的反射系数 $\rho(\lambda, T)$，且两者之和恒等于 1，即 $\alpha(\lambda, T) + \rho(\lambda, T) = 1$。同时，吸收系数与反射系数均为电磁波波长 λ 与物体温度 T 的函数，即不同波长的电磁波在不同温度下，吸收系数与反射系数存在差异。

1. 绝对黑体

如果一个物体在任何温度对任何波长的电磁辐射都全部吸收，而没有任何反射，则这个物体是绝对黑体，简称黑体。黑体的吸收系数 $\alpha(\lambda, T) = 1$，反射系数 $\rho(\lambda, T) = 0$，与物体的温度以及电磁波的波长无关。

自然界中最接近黑体的物体是黑色的烟煤，其吸收系数接近 0.99。太阳以及恒星也被认为是接近黑体的辐射源。理想的绝对黑体在实验中是一个带有小孔的空腔，空腔壁由不透明的材料制成，对于辐射只有吸收与反射作用。从小孔进入的辐射照射到空腔壁时，大部分被吸收，少于 5% 的辐射能量被反射。经过多次反射后，假设仍有辐射通过小孔射出腔外，其能量为（5/100）^{n}，当 $n=10$ 时，可以认为物体已经吸收了几乎所有的能量。

2. 黑体的辐射规律

黑体的辐射特性是由其温度唯一决定的，且向外发出的辐射光谱连续。同时，黑体是典型的朗伯源，向外发出的辐射亮度 L 与 θ 角无关。

1）普朗克定律（Planck law）

黑体的辐射出射度 M 由普朗克公式描述：

$$M_\lambda(\lambda, T) = \frac{2\pi hc^2}{\lambda^5} \cdot \frac{1}{e^{hc/\lambda kT} - 1} \tag{2.3}$$

式中，c 为光速，$c=299792458\text{m/s}$；h 为普朗克常量，$h=6.625\times10^{-34}\text{J·s}$；$k$ 为玻尔兹曼常量，$k=1.38\times10^{-23}\text{J/K}$；$T$ 为物体的温度。

黑体的辐射出射度是波长 λ 与温度 T 的函数，即不同温度的黑体，在不同波长电磁波处发出的辐射能量是不相等的，如图 2.5 所示。

可以看出，某一温度的黑体在不同波长的辐射出射度并不相等，将所有波长的辐射出射度连成一条光滑的曲线，即得到黑体的辐射出射度曲线。对于某一温度黑体而言，存在着一个最大的辐射出射度。

从图 2.5 可以看出黑体辐射具有以下特性。

第一，辐射通量密度随波长连续变化，每条曲线只有一个最大值。

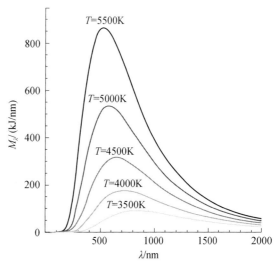

图 2.5 不同温度黑体的辐射出射度曲线

第二，温度越高，辐射通量密度越大，不同温度的曲线不同。

第三，随着温度的升高，辐射最大值所对应的波长向短波方向移动。

普朗克定律的重要意义在于可以通过它得到以下重要且被实验证明过的黑体辐射规律。

2）斯特藩-玻尔兹曼定律（Stefan-Boltzmann law）

某一温度 T_0 的黑体在波长 λ_0 电磁波处，存在一个辐射出射度 $M(\lambda_0, T_0)$，则黑体在整个电磁波谱上的总辐射出射度 M_λ 是各个波长辐射出射度的总和，即对波长 λ 从 0 到无穷大的积分：

$$M = \int_0^\infty M_\lambda \mathrm{d}\lambda \tag{2.4}$$

用普朗克公式对波长积分，可以得到斯特藩-玻尔兹曼定律，即

$$M = \sigma \cdot T^4 \tag{2.5}$$

式中，σ 为斯特藩-玻尔兹曼常量，$\sigma = 5.67032 \times 10^{-8}[\mathrm{W/(m^2 \cdot K^4)}]$。

黑体的总辐射出射度与黑体温度的四次方成正比。由图 2.5 可以看出，每条曲线所围成的图形面积，即为该温度时黑体的总辐射出射度 M_λ。黑体的温度越高，则总辐射出射度也就越大。

3）维恩位移定律（Wien's displacement law）

由普朗克定律可知，某一温度下黑体存在一个辐射出射度的最大值，该最大值对应一个波长。不同温度的黑体，其辐射出射度最大值对应的波长与黑体的温度成反比，即黑体温度越高，最大值对应的波长越短，这被称为维恩位移定律：

$$\lambda_{\max} \cdot T = b \tag{2.6}$$

式中，b 为常数，$b = 2.8983 \times 10^{-3}$（$\mathrm{m \cdot K}$）。

从图 2.5 也可以看出，黑体的温度越高，则辐射出射曲线的峰值越往短波方向（左边）偏移。表 2.4 给出了不同温度黑体最大辐射出射度对应的波长。如果辐射最大值落在可见光波段，物体的颜色就会随着温度升高而变化，波长逐渐变短，颜色由红外到红色再逐渐变蓝变紫。

表 2.4　黑体温度与最大辐射出射度对应波长

T/K	300	500	1000	2000	3000	4000	5000	6000	7000
$\lambda_{\max}/\mu m$	9.66	5.80	2.90	1.45	0.97	0.72	0.58	0.48	0.41

一般情况下，认为太阳与地球以及其他恒星都是绝对黑体，则可以用与这些天体同样大小以及同样辐射出射度的黑体温度作为其有效温度。如经过测量得到太阳最强辐射对应的波长 $\lambda_{\max}$ 为 0.47μm，则可以用维恩位移定律推算出太阳表面的有效温度为 6150K。

与之类似，地球在温暖季节的白天最强辐射对应的波长 $\lambda_{\max}$ 为 9.66μm，可以推算出地球表面温度约为 300K，所以地球的辐射以红外热辐射为主，人眼难以看见。这一定律在红外遥感中有重要作用。

二、实际物体的发射辐射

1. 实际物体的辐射

普朗克定律、玻尔兹曼定律以及维恩位移定律仅适用于黑体，然而自然界中黑体并不存在，因此需要研究实际物体的辐射特性。任何物体都是辐射源，然而实际物体的辐射性质与黑体辐射存在区别。黑体的吸收系数 $\alpha(\lambda, T) = 1$，反射系数 $\rho(\lambda, T) = 0$，而实际物体的吸收系数则 <1，反射系数 >0，可以用基尔霍夫定律（Kirchhoff law）来进行描述。

物体在向外发出辐射的同时，也在接收来自周围物体的辐射。在一个给定的温度下，任何物体对某一波长电磁波的发射能力与它的吸收能力成正比，这个比值与物体的性质无关，仅与物体的温度以及电磁波的波长有关，可以表示为

$$\alpha = \frac{M}{I} \tag{2.7}$$

式中，α 为物体的吸收系数；M 为辐射出射度；I 为物体的辐照度。

对于黑体而言，吸收系数=1，即黑体的辐照度与辐射出射度相等，吸收的辐射能量与发射的辐射能量相等。

实际物体吸收辐射能量的能力不如黑体，根据基尔霍夫定律，其发出的电磁辐射能量也不如黑体，即对于实际物体的吸收系数 α_i 而言，$0<\alpha_i<1$。有时吸收系数也称为比辐射率或发射率，记作 ε，表示实际物体与黑体辐射出射度之比：

$$\varepsilon = \frac{M}{M_0} \tag{2.8}$$

式中，M 为实际物体的辐射出射度；M_0 为黑体的辐射出射度。

可以看出，ε 越大，该实际物体的性质越接近黑体。好的辐射吸收体同时也是好的辐射发射体。

需要注意，对于实际物体而言，不同波长的比辐射率 ε 也存在差异。图 2.6 给出了石英在不同波长的辐射出射度 M_λ，此时石英岩的温度为250K，图中的实线代表250K温度的黑体辐射出射曲线以及石英岩的辐射出射曲线。虚线是石英岩的光谱辐射出射度，其线下面积是石英岩在整个电磁波谱的总辐射出射度。可以看出，石英岩的辐射出射度显然弱于相同温度下的黑体，且该辐射出射度随着波长的变化而存在较大的差异。

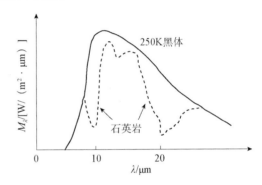

图 2.6 石英岩的辐射出射曲线

自然界中的物体辐射出射度与石英岩类似，弱于相同温度的黑体辐射出射度，且存在着较大的差异。黑体的吸收能力最强，其发射能力也最强。当温度一定时，物体对某一波长的电磁波吸收能力越强，则发出这一波长的电磁辐射能力也就越强。表 2.5 给出了常温（20℃）下一些实际物体在 8～14μm 处的比辐射率。

表 2.5 常温下自然物体的比辐射率

物体	温度	比辐射率	物体	温度	比辐射率
橡木平板	常温	0.90	石英岩	常温	0.627
蒸馏水	常温	0.96	长石	常温	0.819
光滑的冰	−10℃	0.96	花岗岩	常温	0.780
雪	−10℃	0.85	玄武岩	常温	0.906
沙	常温	0.90	大理石	常温	0.942
柏油路	常温	0.93	麦地	常温	0.93
土路	常温	0.83	稻田	常温	0.89
混凝土	常温	0.90	黑土	常温	0.87
粗钢板	常温	0.82	黄黏土	常温	0.85
碳	常温	0.81	草地	常温	0.84
铸铁	常温	0.21	腐殖土	常温	0.64
铝（光面）	常温	0.01	灌木	常温	0.98

地物的发射率与地物自身的性质以及表面状况（如粗糙度、颜色等）有关，且是温度与波长的函数。同一地物，其表面粗糙或颜色较深时，发射率往往较高，这也是部分散热器需要进行表面发黑处理的原因。

地面物体发射率的差异也是应用遥感技术进行探测的重要基础与出发点。

2. 地物的发射波谱特征

自然界中的一切物体都在不断向外发出电磁辐射，且发射率随着波长的变化而变化。将所有波长的发射率连接起来形成一条曲线（横坐标为电磁波波长，纵坐标为发射率），则该曲线称为地物发射波谱曲线。

图 2.7 显示了各种岩浆岩的发射光谱曲线。可以看出，岩浆岩中造岩硅酸盐矿物的吸收峰值主要出现在 9~11μm 波段。岩石中二氧化硅（SiO_2）的含量对发射光谱具有重要影响，随着 SiO_2 含量的减少，发射率的低值向长波方向移动。不同的岩石发射光谱特征不同，是热红外遥感探测波段选择的重要依据，也是识别地物的重要方法。

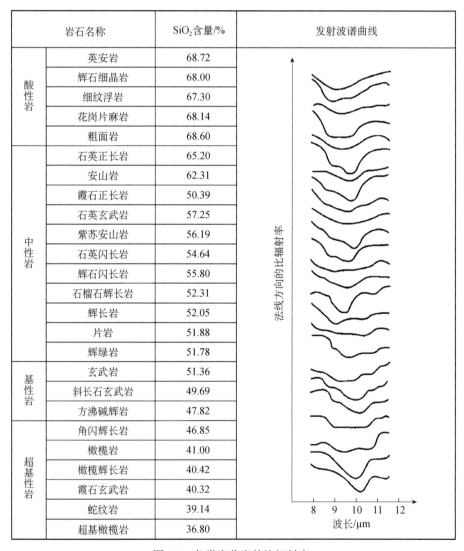

岩石名称		SiO_2含量/%	发射波谱曲线
酸性岩	英安岩	68.72	
	辉石细晶岩	68.00	
	细纹浮岩	67.30	
	花岗片麻岩	68.14	
	粗面岩	68.60	
中性岩	石英正长岩	65.20	
	安山岩	62.31	
	霞石正长岩	50.39	
	石英玄武岩	57.25	
	紫苏安山岩	56.19	
	石英闪长岩	54.64	
	辉石闪长岩	55.80	
	石榴石辉长岩	52.31	
	辉长岩	52.05	
	片岩	51.88	
	辉绿岩	51.78	
基性岩	玄武岩	51.36	
	斜长石玄武岩	49.69	
	方沸碱辉岩	47.82	
超基性岩	角闪辉长岩	46.85	
	橄榄岩	41.00	
	橄榄辉长岩	40.42	
	霞石玄武岩	40.32	
	蛇纹岩	39.14	
	超基橄榄岩	36.80	

图 2.7　各类岩浆岩的比辐射率

第三节 物体的反射辐射特征

一、地物的反射率与反射波谱

太阳辐射经过大气层到达地球表面，与地表物体的相互作用主要分为三部分：一部分入射能量被地物反射，一部分入射能量被地物吸收，还有一部分入射能量被地物透射，即

$$P_0 = P_\rho + P_\alpha + P_\tau \tag{2.9}$$

式中，P_0 为入射总能量；P_ρ 为反射能量；P_α 为吸收能量；P_τ 为透射能量。

一般而言，绝大多数的物体都不具备透射能力，透射能量几乎为 0。在遥感科学中，使用最普遍的是地物的反射性质。

1. 反射率

物体反射的辐射能量 P_ρ 占入射总能量 P_0 的比率称为反射率 ρ，公式为

$$\rho = \frac{P_\rho}{P_0} \times 100\% \tag{2.10}$$

反射率的值域范围是 [0，1]，不同物体对不同电磁波的反射率不同。相同物体对不同的电磁波，其反射率同样存在差异。一般而言，反射率越大的物体，遥感传感器接收到的能量也越大，呈现在遥感影像上的色调越浅；反之，反射率越小的物体在影像上呈现出的色调越深。正是这些色调的不同，体现出地面物体的差异。

物体表面的粗糙程度不同，产生的反射效果也不相同。一般来说，根据物体表面的粗糙程度，将反射分为三种类型。

1）镜面反射（specular reflection）

物体反射太阳辐射时，满足反射定律，即入射电磁波与反射电磁波在同一平面内，且入射角与反射角相等。当发生镜面反射时，如果入射波为平行入射，那么只有在反射方向上才能探测到电磁波，而在其他方向上探测不到。对于可见光而言，其他方向上都是黑色的。自然界中极少有真正的镜面反射，某些非常平静的水面可以近似认为是镜面反射。

2）漫反射（diffuse reflection）

表面粗糙的物体，对电磁波的反射不遵从反射定律，在物体表面的各个方向上都有反射，将入射能量分散到各个方向。当入射的强度一定时，任何角度的反射率 ρ 为常数，即与方向角、高度角的变化无关。这种发生漫反射的表面称为朗伯面。

自然界中同样极少存在真正的朗伯面，新鲜的氧化镁（MgO）、硫酸钡（$BaSO_4$）以及碳酸镁（$MgCO_3$）等表面可以近似看作朗伯面，并用于地面光谱测量时的标准板。

3）实际物体反射

地球表面的物体既非镜面，也非朗伯面，而是介于两者之间。一般而言，实际物体表面在各个方向上均存在反射能量，但不同的方向其反射能量大小不一定相同。反射辐射能量的大小与入射辐射的方位角、天顶角，以及反射方向的方位角、天顶角均存在相关关系，其关系相当复杂。

2. 反射波谱

不同地物的反射率各不相同，相同地物对不同波长的电磁波的反射率同样存在差异，如植物的叶片在可见光绿光波段的反射率较高，对其他波长的可见光反射率相对较低，因此叶片一般情况下看起来是绿色的。

　　地物的反射率随入射波长变化而变化的规律称为反射波谱。以波长为横坐标，以反射率为纵坐标，将所有测量得到的地物在每一个波长处的反射率连接起来，可以得到一条曲线，该曲线称为地物的反射波谱曲线（spectral reflectance curve）。

　　不同地物的反射波谱曲线不同，相同地物在不同状态下的反射波谱曲线同样存在差异。同一地物的反射波谱曲线反映出不同波段的反射率，与遥感传感器的对应波段接收的辐射数据对照，可以得到遥感数据与对应地物的识别规律。一般来说，地物的反射波谱曲线有规律可循，从而为遥感影像的判读提供依据。图 2.8 给出了四种不同地物的反射波谱特征曲线。

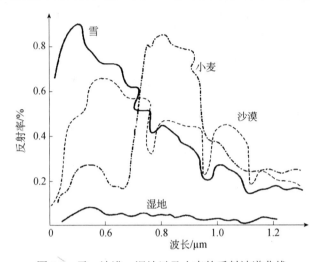

图 2.8　雪、沙漠、湿地以及小麦的反射波谱曲线

　　从图 2.8 中可以看出：不同的地物其反射波谱特征并不相同。雪在 0.4～0.6μm 处存在一个很强的反射峰，其反射率接近 100%，在蓝绿波段上看上去近乎白色。随着波长的增加，反射率逐渐降低。沙漠在 0.6μm 附近，即黄橙色波段存在反射峰，因此沙漠看起来呈现出黄橙色。沙漠在波长超过 0.8μm 的红外波段，其反射率仍然较强。小麦的反射光谱特征表现为典型的植被光谱特征，在 0.5μm 附近有一个小的反射峰，因此小麦呈现绿色。在近红外波段，小麦存在较大的反射峰。湿地的反射率在整个波段范围内都小于 10%，在遥感影像上表现为暗色调。

　　不同的波谱特征是地物分类的基础。可以看出，利用蓝绿波段，可以非常明显地区分出雪与其他三种地物。同样的道理，利用遥感的近红外波段，可以将小麦与其他三种地物进行区分。因此，在利用遥感数据区分不同地物时，必须根据不同的地物，选择合适波段的遥感影像。同时，利用遥感数据时，必须有地面监测的地物波谱数据进行对比。

　　由于各种物体的结构和组成成分不同，反射光谱特性是不同的，即各种物体的反射特征曲线的形状不一样，即使是在某些波段相似，甚至相同，但在另外的波段仍会存在较大差别。如图 2.9 所示的柑橘、棉花、玉米和番茄四种地物的反射光谱曲线，在 0.6～0.7μm 很相似，而其他波长（如 0.8～1.2μm 波段）的光谱反射曲线差别较大。不同波段地物的反射率不同，这也是利用多波段数据进行地物探测的理论基础。

　　正是因为不同地物在不同波段具有不同的反射特性，地物的反射光谱曲线才可作为判断和分类的基础，并广泛应用于遥感影像的分析和评价。

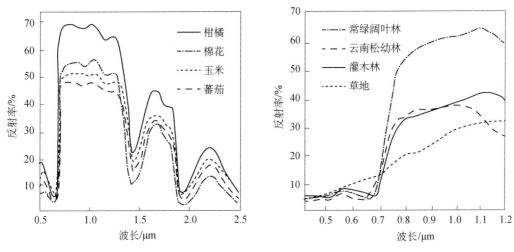

图 2.9 不同植物反射光谱曲线比较

二、典型地物的反射波谱特性

1. 植被的反射波谱特征

植被是生长在地球表层的各种植物类型的总称，在地球系统中扮演着重要的角色。与其他地物相比，植被具有非常明显而独特的反射波谱特征，如图 2.10 所示。

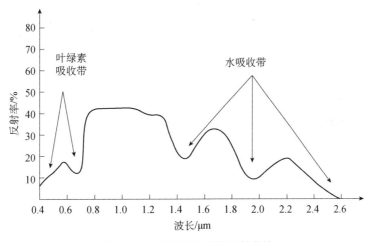

图 2.10 典型植被的波谱反射曲线

植被在可见光的 0.55μm，即绿光处有一个小的反射峰，反射率为 10%~20%，因此植被从视觉上看起来是绿色的。在可见光的 0.45μm（蓝光）以及 0.65μm（红光）处有两个明显的吸收谷，这是由于植被叶片中的叶绿素的影响，叶绿素将蓝、红光波段以及部分绿光波段吸收以进行光合作用。从近红外开始，植被的反射率急剧升高，植被中的多孔薄壁细胞组织对近红外波段有较强的反射作用。这个反射峰一般介于 0.8~1.3μm（近红外），反射率能够达到 40%或者更高。在 1.45μm、1.95μm 以及 2.6~2.7μm 处，植被的反射波谱曲线存在着三个波谷，主要由水分的吸收带造成。

2. 水体的反射波谱特征

水体构成地球表层的水圈，包括一定时间内水的数量、分布以及物理化学性质。水体反射率较低，小于 10%，远低于大多数的其他地物，水体在蓝绿波段有较强反射，在其他可见光波段吸收都很强。纯净水在蓝光波段反射率最高，随波长增加反射率降低，在近红外波段反射率近似为 0，因此在近红外影像上水体一般呈现出黑色或深色调，与周围的植被和土壤有明显的反差，很容易识别和判读。但当水体中含有其他物质时，反射光谱曲线会发生变化。含泥沙时，由于泥沙的散射作用，可见光波段反射率会增加，峰值出现在黄红波段区域。如图 2.11 所示，浑浊水、泥沙水反射率高于清澈水体，峰值出现在黄红区。含叶绿素的清水反射率峰值在绿光波段，水中叶绿素越多时，近红外波段抬升越明显，这一特征可监测和估算水藻浓度。

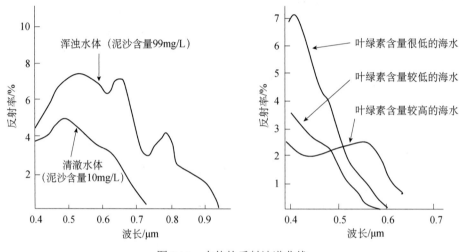

图 2.11　水体的反射波谱曲线

3. 土壤的反射波谱特征

土壤是覆盖地球表面的具有农业生产力的资源，能够为植物生长提供营养成分、水和自然支撑。自然条件下土壤表面反射率不存在明显的波峰与波谷，曲线一般比较平滑。因此，不同波段的遥感影像上，同一类型土壤的亮度区别并不明显。图 2.12 为三种土壤的反射波谱曲线。

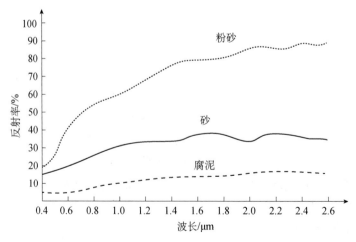

图 2.12　三种土壤的反射波谱曲线

影响土壤反射率的内在、外在因素有很多，包括水分含量、土壤结构（砂、粉砂、黏土的比例）、有机质含量、氧化铁的存在以及表面粗糙度等。这些因素是复杂的、变化的和相关的。

土壤水分含量与土壤结构密切相关。一般情况下，粗砂质土壤因易于排水，水分含量较低，反射率相对较高；而排水能力相对较差的细结构土壤，则反射率较低。但是，在水分缺乏的情况下，土壤本身则显示相反的趋势，即粗结构土壤比细结构土壤色调更暗。

土壤有机质含量也是影响土壤光谱特性的一个重要参数。一般来说，有机质含量增加会导致土壤反射率下降。但有研究表明，有机质含量和整个可见光波段的土壤反射率呈非线性关系。不同的气候环境，以及有机质分解程度等均对反射率有影响。氧化铁含量也会导致土壤反射率明显下降，特别是在可见光波段比较明显。土壤表面粗糙度的减少会导致反射率上升，土壤颗粒细会使土壤表面更趋于平滑，其结果是反射率增高。

4. 岩石的反射波谱特征

图 2.13 为几种岩石的反射波谱曲线。不同岩性反射光谱的差异性决定了它们具有各自特定的影像色调特征，这也是遥感影像识别的基础。岩石反射曲线无统一特征，矿物成分、矿物含量、风化程度、含水状况、颗粒大小、表面光滑度、色泽都对其有影响。例如，浅色矿物与暗色矿物对其影响较大，浅色矿物反射率高，暗色矿物反射率低。

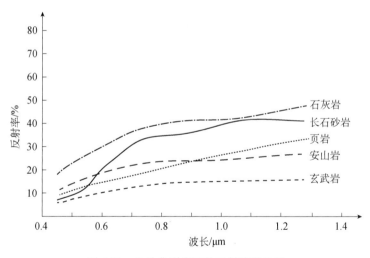

图 2.13 几种典型岩石的反射波谱曲线

自然界岩石多被植被、土壤覆盖，所以岩石反射波谱特征与其覆盖物也有较大关系。

5. 人工地物目标的反射波谱特征

人工地物目标主要包括各种建筑、道路、广场、人工林、人工河等。人工林和人工河的反射光谱特征与自然状态下的植被和水体的光谱特征相同。各种建筑、广场、道路等人工目标的反射光谱曲线总体相似，但由于建筑材料的不同而存在一定的差异。如道路类型中水泥路反射率最高，土路次之，沥青路最低（图 2.14）。在城市遥感影像中，通常只能看到建筑物的顶部或部分墙面，不同建筑材料构成的屋顶的光谱特性不同（图 2.15）。铁皮屋顶表面呈灰色，反射率较低且起伏较小，光谱曲线较平缓。石棉瓦顶反射率最高，色调最浅。因为沥青黏砂屋顶表面铺着反射率较高的砂石，所以其反射率高于灰色的水泥屋顶。绿色塑料棚顶的光谱曲线在绿光波段有一反射峰值，与植被类似，但它在近红外波段没有反射峰值，有别于植被的反射光谱特征。

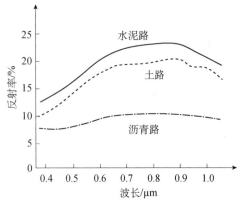

图 2.14 典型道路的反射波谱曲线

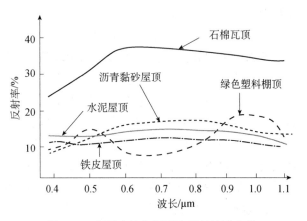

图 2.15 典型建筑物屋顶的反射波谱曲线

三、影响地物反射率变化的主要因素

1. 主要影响因素

地物反射光谱特性非常复杂，它与地物入射通量和地物本身性质有关，而很多因素会引起入射通量及地物性质的变化，如太阳位置、传感器位置、地理位置、地形、季节、气候变化、地面湿度变化、地物本身的差异、大气状况等。

（1）太阳位置的影响。太阳位置是指太阳高度角和方位角。如果太阳高度角不同，太阳辐射经大气层到达地物所经过的路径就不同，而传递过程中的能量损失与路径有关。太阳方位角不同，太阳光线在地物表面的入射角就不同，也会引起地物反射能量的变化。入射能量和反射能量的变化则会引起反射率的变化。为了尽量减少太阳高度角和方位角对地物反射率变化的影响，遥感卫星轨道大多设计成与太阳同步，在每天的同一地方时通过同一地方上空。但季节变化和地理纬度的差异造成太阳高度角和方位角的变化是不可避免的，从而引起反射率的变化。

（2）传感器位置的影响。传感器的位置是指传感器的观测角和方位角，通常传感器多设计成垂直指向地面以减小影响，但卫星姿态变化会引起传感器指向偏离垂直方向，仍会造成反射率的变化。

（3）不同的地理位置，太阳高度角和方位角也不同。地理景观不同也会引起反射率的差异。此外，海拔、大气透明度等因素也会造成反射率的变化。

（4）地物本身的差异也会使其反射率有较大的变化。如植物的病虫害会造成反射率发生较大的变化；土壤含水量也直接影响着土壤的反射率，含水量越高，红外波段的吸收就更严重。

（5）时间、生长周期的影响。随着时间的推移、季节的变化，同一种地物波谱反射率曲线也会发生变化。例如，植物在不同的生长期其反射率会有明显的变化。即使是在很短的时间内，由于各种随机因素的影响（包括外界的随机因素和仪器的响应偏差）也会引起反射率的变化，使得同一幅影像中相同地物的光谱反射率在某一区间发生变化。

2. 典型地物反射率变化影响因素

1）影响植被反射波谱曲线的因素

影响植被反射波谱曲线的因素较多，主要包括植被类型、植被生长状态和植被病虫害以及含水量。

植被类型的影响：不同的植被类型，其反射波谱曲线存在较大的差异，这些差异也是遥感应用中区分植被类型的重要依据，如区分是森林、草场还是农田，进而包括是什么类型的森林，如针叶林或阔叶林等。

植被生长状态的影响：控制植被反射率的主要因素包括植物叶子的颜色、叶子的细胞构造和植物的水分等。植物的生长发育、植物的不同种类、灌溉、施肥、气候、土壤、地形等因素都对有机物的光谱特征产生影响，使其光谱曲线的形态发生变化。

植被病虫害以及含水量的影响：主要包括植被的健康状况、植物含水量的变化、植株营养物质的缺乏与否等。

2）影响水体反射波谱曲线的因素

水体是一个开放环境，水中含有其他物质时，水体的反射波谱曲线会发生变化。影响水体反射率的主要因素是水的浑浊度、水中叶绿素的含量以及水中有机物质的含量等。同时，波浪的起伏以及水面的污染同样对水体的反射波谱曲线存在着极大的影响，可以利用水体反射波谱曲线的变化监测水体的污染状况以及清澈程度等。

3）影响土壤反射波谱曲线的因素

土壤是岩矿的风化产物，其主要物质组成与岩矿一脉相承。一般而言，土质越细密，其反射率越高。有机质含量与水分含量越高，则反射率越低。可以利用土壤的波谱特性定量分析土壤的含水量与养分状况。

4）影响岩石反射波谱曲线的因素

影响岩石反射光谱曲线的主要因素是矿物化学成分、矿物晶体结构和矿物粒度等，其中矿物化学成分是最重要的因素。总体而言，岩石的反射波谱曲线没有统一的规律可循，岩石的矿物成分、含量、含水量、表面粗糙程度等都会对岩石的反射波谱曲线产生影响。

第四节 大气对太阳辐射的影响

对于被动遥感而言，太阳辐射首先通过大气层到达地球表面，与地球表面的物体相互作用后，再次经过大气层被航空或航天平台上的遥感传感器接收。而大气对电磁辐射的吸收、散射、反射和透射作用，对遥感传感器接收信号影响很大。

一、大气结构与大气成分

地球的大气层对太阳辐射存在很大的影响，主要体现为大气的吸收、散射以及反射作用。图2.16显示了在大气层外测量得到的太阳辐照度与地球表面海平面上测量得到的太阳辐照度的区别。大气层外太阳辐射与海平面太阳辐射的差异是由地球的大气层造成的。

1. 大气分层

大气层一般是受到重力作用吸引，聚拢在地球表面的一层气体。地球上的大气层随着高度的增加而逐渐稀薄。大气层的上界并没有明显的界线，一般将大气层的厚度定义为1000km，从地球表面往上分别为对流层、平流层、电离层以及外大气层。大气分层区间及各种航空、航天器在大气层中的垂直位置示意如图2.17所示。

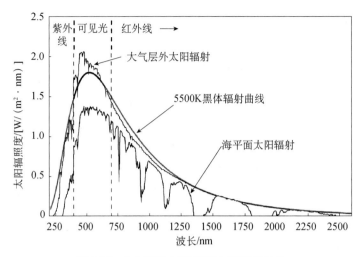

图 2.16 大气层外与海平面太阳辐射对比

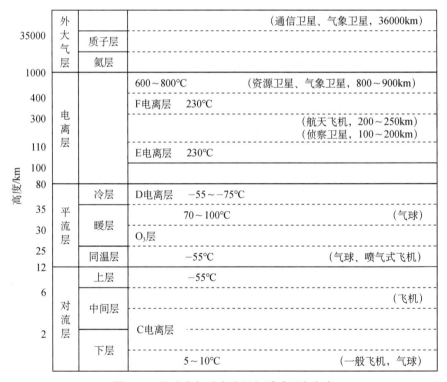

图 2.17 地球大气垂直分层与遥感平台高度

1）对流层

对流层从地表到平均高度 12km 处，是地球大气层中最靠近地面的一层，也是地球大气层中密度最大的一层。对流层的上界并不固定，随地球纬度、季节的不同而发生变化。在低纬度地区平均为 16～18km，在中纬度地区为 9～12km，而在高纬度地区只有 7～8km。

对流层包含了整个大气层约 75%的质量，以及几乎所有的水蒸气及气溶胶，温度随着高度的升高而降低。对流层是地球大气层中天气变化最复杂的层，几乎所有的气候现象都发生在对流层。

2）平流层

平流层在 12～80km 的垂直区间，可分为同温层、暖层和冷层。空气密度继续随高度的上升而下降。这一层中不变成分的气体含量与对流层的相对比例关系一样，只是绝对密度较小，平流层中水蒸气含量很少，可忽略不计。臭氧含量比对流层大，在 25～30km 处，臭氧含量很大，因此这个区间又称为臭氧层，再向上又减少，至 55km 处趋于零。

3）电离层

80～1000km 为电离层，空气稀薄，因太阳辐射作用而发生电离现象。电离层中气体成分为氧、氦、氢及氧离子，无线电波在电离层中发生全反射现象。电离层温度很高，上层达 600～800℃。

4）外大气层

1000km 以上为外大气层，温度可达 1000℃以上。

2. 大气成分

大气由多种气体以及固态、液态悬浮的微粒组合而成。大气成分主要包括氮、氧（两者占大气气体成分的 99%以上）、臭氧、二氧化碳、一氧化氮、甲烷以及水蒸气、液态和固态水（雨、雾、雪、冰）、盐粒、尘烟（这些成分的含量随高度、温度、位置而变，称为可变成分）等组成。

二、大气对太阳辐射的影响

太阳辐射进入地球表面之前必然通过大气层，其中约 30%的能量被云层和其他大气成分反射回宇宙空间，约 17%的能量被大气吸收，约 22%的能量被大气散射，仅有 31%左右的太阳辐射能量到达地面。大气以两种方式影响传感器记录地面目标的"亮度"或"辐射亮度"。一是大气的吸收、散射作用使到达地面目标的太阳辐射能量和从目标反射的能量均衰减；二是大气本身作为一个反射体（散射体）的程辐射（path radiance）使能量增加，但它与所探测的地面信息无关。图 2.18 为大气综合效应示意图，反映了太阳辐射与大气、地面相互作用后到达传感器的太阳反射辐射能的基本状况。

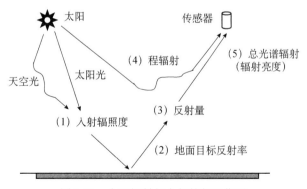

图 2.18　太阳辐射与大气的相互作用

大气反射对太阳辐射的影响最大，对遥感信息的接收造成严重影响。因此，目前在大多数遥感方式中，都只考虑在无云天气情况下的大气散射、吸收的衰减作用。

1. 大气对太阳辐射的反射作用

大气的反射作用表现为云层以及大气中较大颗粒的尘埃对太阳辐射的反射，其中云层的反射作用更加明显。不同的云量、云状以及厚度对太阳辐射的反射作用也各不相同。对于遥感技术而言，在较低、较厚的云层状态下，光学遥感传感器几乎接收不到任何地面实际物体的信息。

2. 大气对太阳辐射的散射作用

辐射在传播过程中遇到小颗粒而使传播方向发生改变，并向各个方向散开，这种现象称为散射。散射作用使得辐射在原传播方向减弱，其他方向的辐射增强。对于遥感技术而言，太阳辐射在经过大气到达地球表面时，存在着散射作用。太阳辐射经过与地球表面物体的相互作用，反射回遥感传感器时，再次经过大气，同样存在着散射作用。同时，经两次散射的辐射同样会进入遥感传感器。散射强度依赖于微粒的大小、微粒的含量和能量传播穿过大气的厚度。散射的结果是改变辐射方向，产生天空光，其中一部分上行能量被传感器接收，一部分下行能量到达地表。不同过程的散射作用增加了遥感传感器接收的噪声信号，造成了遥感影像质量的下降，因此在遥感图像处理的过程中，需要对数据进行辐射校正。

散射作用的实质是电磁波传输过程中产生的一种衍射现象，一般分为三种情况。

1）瑞利散射（Rayleigh scattering）

瑞利散射发生于大气中的微小颗粒直径（d）比电磁波的波长（λ）小很多的情况（$d \ll \lambda$），一般由大气中的原子与分子，如氮、二氧化碳、臭氧等分子引起，因此也称为分子散射。波长越短，散射越强，且前向散射（指散射方向与入射方向夹角小于 90°）与后向散射强度相同。瑞利散射的散射系数与波长的四次方成反比：

$$I_{(\lambda)\text{scattering}} \propto \frac{I_{(\lambda)\text{incident}}}{\lambda^4} \tag{2.11}$$

由此可以得到以下结论。

（1）散射率与波长的四次方成反比，因此，瑞利散射的强度随着波长变短而迅速增大。紫外线是红光散射的 30 倍，$0.4\mu m$ 的蓝光是 $4\mu m$ 红外线散射的 1 万倍。

（2）瑞利散射对可见光的影响较大，当电磁波波长大于 $1\mu m$ 时，对红外辐射的影响很小，对微波的影响可以不计。

图 2.19 显示了不同波长可见光的瑞利散射能力，表 2.6 定量反映了不同波长电磁波的散射能力。

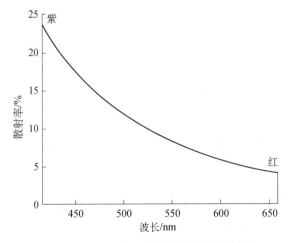

图 2.19　可见光中瑞利散射与波长的关系

表 2.6　不同波长电磁波散射率

颜色	波长/nm	散射率%
红	0.7	1
橙黄	0.62	1.6
黄	0.57	2.2
绿	0.53	3.3
青蓝	0.47	4.9
紫	0.4	5.4
紫外线	0.3	30.0

白天时，太阳辐射经过大气层与空气分子发生瑞利散射，因为蓝光比红光波长短，散射率较大，被散射的蓝光布满了整个天空，从而使天空呈现蓝色。朝霞与夕阳时，因为此时太阳为斜射，太阳辐射经过的大气路径更长，波长较短的蓝光等大量被散射殆尽，只剩下橙红色光，所以朝霞与夕阳时太阳及其附近呈现红色，天空是非常昏暗的蓝黑色。

瑞利散射多在晴朗（无云，能见度很好）的高空（9～10km）发生，辐射衰减几乎由它引起，它是造成遥感图像辐射畸变、图像模糊的主要原因。瑞利散射降低了图像的"清晰度"或"对比度"。对于彩色图像则使其带有蓝灰色，特别是对高空摄影图像的影响更为明显。因此，摄影机等遥感仪器多利用特制的滤光片，阻止蓝紫光透过，以消除或减少图像模糊，提高影像的灵敏度和清晰度。

2）米氏散射（Mie scattering）

与瑞利散射不同，当微粒直径的大小接近于或者大于入射光线的波长时（$d \cong \lambda$），大部分的入射光线会沿着前进的方向进行散射，这种现象被称为米氏散射。米氏散射主要由大气中的微粒引起，如烟、尘埃、霾、微生物、水滴、火山灰等气溶胶，这些小颗粒的大小与太阳辐射中的红外线的波长接近，这也是米氏散射往往影响到比瑞利散射更长波段的原因，因此米氏散射对红外线的影响作用不能忽视。米氏散射的效果依赖于波长，但不同于瑞利散射的模型，其前向散射大于后向散射。

米氏散射与大气中微粒的结构、数量有关，其强度受气候影响较大，在大气低层（0～5km）散射强度大。尽管在一般大气条件下，瑞利散射起主导作用，但米氏散射能叠加于瑞利散射之上，使天空变得阴暗。

3）非选择性散射（nonselective scattering）

当大气中的粒子直径远大于电磁波的波长时（$d \gg \lambda$），会发生非选择性散射。大气中的云、雾、小水滴、大颗粒的尘埃都会导致非选择性散射，其散射强度与电磁波的波长无关，即任何波长的电磁波散射强度都相等。云雾看起来是白色就是因为所有颜色的可见光大致等量散射，组合在一起即形成白色、灰白色。

太阳辐射中包含电磁波的所有波段，各个波段均会出现各种类型的散射作用，造成太阳辐射到达地球表面时的衰减。散射的强度与电磁波的波长密切相关。大气中的分子以及原子直径较小，形成瑞利散射，主要影响可见光与近红外波段。大气中的小微粒直径增大，主要形成米氏散射，对紫外线到红外线都存在影响，且对红外线的影响超过瑞利散射。大气中的云雾、小水滴等直径最大，会形成非选择性散射，且云层越厚，散射作用越强。

大气散射辐射对遥感、遥感数据传输的影响很大。大气散射降低了太阳光直射的强度，改变了太阳辐射方向，削弱了到达地面或地面向外的辐射，产生了漫反射的天空散射光（又称天空光或天空辐射），增强了地面的辐照和大气层本身的"亮度"。散射使地面阴影呈现暗色而不是黑色，使人们有可能在阴影处得到物体的部分信息。此外，散射使暗色物体表现得比它自身要亮，而亮物体表现得比它自身要暗。因此，它降低了遥感影像的反差、图像的质量以及图像上空间信息的表达能力。

对于微波遥感而言，波长较长，大气中的小水滴仅能形成瑞利散射，且散射强度很小，因此微波遥感具有极强的穿透云层的能力。

3. 大气对太阳辐射的吸收作用

太阳辐射经过大气层时，大气中的某些成分对太阳辐射中的某些电磁波会产生吸收作用，表现为部分太阳辐射转换为分子的内能，使温度升高，从而引起太阳辐射的衰减。不同的成分对不同的电磁波吸收作用与吸收特性存在差异，对于部分波段形成了大气吸收带。在某些波段，其吸收作用能够导致这些波段完全不能通过大气到达地面，形成电磁波的缺失带。大气中吸收太阳辐射的成分主要有水汽、氧、臭氧以及二氧化碳等，如图 2.20 所示。

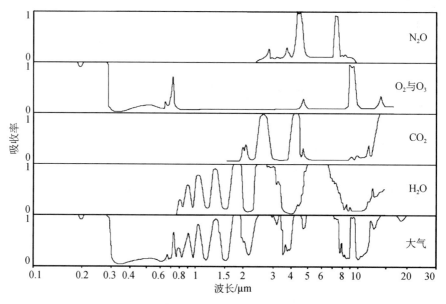

图 2.20　大气的吸收作用

1）氧气

大气中氧气（O_2）的含量大约为 21%，主要吸收波长 <0.2μm 的太阳辐射能量，在波长为 0.155μm 处吸收能力最强。氧气在 0.6μm 以及 0.76μm 附近各有一个较窄的吸收带，吸收能力较弱。太阳辐射中的波长 <0.2μm 的紫外线几乎全部被氧气吸收。因此，在高空遥感中很少应用紫外波段。

2）臭氧

臭氧（O_3）是氧气的同素异形体，在大气中的含量较少，只占 0.01%～0.1%，但对太阳辐射能量的吸收很强，主要存在于距地球表面 30km 的平流层中下部的臭氧层中。臭氧层对波长 0.2～0.36μm 的电磁波存在强吸收带，同时在 0.6μm 与 9.6μm 附近存在很强的吸收作用。该吸收带处于太阳辐射的最强部分，因此该吸收带吸收作用最强。臭氧主要分布在距地表 30km 高空附近，因此，对高度小于 10km 的航空遥感影响不大，主要影响航天遥感。

氧气与臭氧共同构成了对紫外线的强烈吸收，导致绝大部分（平均 97%～99%）的紫外线很难穿过地球的大气层到达地面，到达地面的紫外线中，超过95%的是近紫外线。

3）二氧化碳

大气中的二氧化碳（CO_2）含量约0.035%，在2.8μm、4.3μm和14.5μm附近为强吸收带。二氧化碳的吸收作用主要在红外区域，而太阳辐射在红外区辐射能量很少，因此，对太阳辐射而言，二氧化碳的吸收可忽略不计。

4）水

水（H_2O）是大气中最重要的吸收介质，在大气中以气态与液态的形式存在。水的吸收带主要集中在红外以及微波部分，具体包括2.5～3.0μm、5.0～7.0μm、0.94μm、1.13μm、1.38μm、1.86μm、3.24μm以及24μm以上的微波。水汽对遥感的影响很大，其含量随时间、地点以及天气的变化而变化。

图2.20最下面一条曲线综合了大气中主要分子的吸收作用，反映出大气吸收带的综合规律。对比图2.16中海平面的太阳辐射，可以看出海平面上太阳辐射减小的波段恰恰位于大气中吸收率较高的波段。因此，在遥感应用中，为了减小大气吸收对遥感探测的影响，需要选择吸收率较低的波段进行探测，即遥感中的大气窗口（atmospheric window）。

三、大气窗口

地球的大气层对太阳辐射的反射、吸收与散射作用共同造成了太阳辐射的衰减，剩余部分即为太阳辐射能够透过的部分。对于遥感技术而言，选择透过率较高的电磁波段进行观测才有意义。

通常把电磁波通过大气层时，较少被反射、吸收或散射，透过率较高的电磁辐射波段称为大气窗口，如图2.21所示。

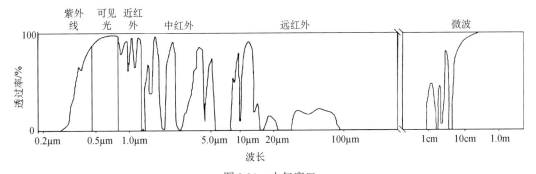

图2.21 大气窗口

遥感传感器的探测波段应该选择包含在大气窗口内的。主要大气窗口及目前常用的遥感探测光谱段见表2.7。

表2.7 主要大气窗口与遥感应用

大气窗口	波段范围	透过率/%	应用举例
紫外、可见光、近红外	0.3～1.3μm	>90	TM_{1-4}, $ETM+_{1-4}$, OLI_{1-5}, HRV, HRG, CBERS
近红外	1.5～1.8μm	80	TM_5, $ETM+_5$, OLI_6, HRV, HRG, AVHRR-3A
近-中红外	2.0～3.5μm	80	TM_7, OLI_7
中红外	3.5～5.5μm	60～70	AVHRR-3B, FY-1、2、3
远红外（热红外）	8.0～14.0μm	60～70	TM_6, TIRS, CBERS-IRS, AVHRR-4、5, FY-1、2、3
微波	0.8～25.0cm	100	Radarsat

（1）0.3～1.3μm 为紫外、可见光与近红外波段，称为地物的反射光谱。该窗口对电磁辐射的透过率达 90%以上。这一波段是遥感成像的最佳波段，可以采用摄影或扫描方式成像，也是目前许多遥感卫星传感器的常用波段。

（2）1.5～1.8μm、2.0～3.5μm 为近红外与近-中红外波段，仍然属于地物反射光谱，但不能用胶片摄影，仅能用光谱仪或扫描仪成像。该波段在白天日照条件好的情况下，常用于探测植物含水量、云雪分布以及地质制图等。

（3）3.5～5.5μm 为中红外波段。在这一波段地面物体除了反射太阳辐射外，自身也在向外辐射能量，因此属于混合光谱范围。中红外窗口目前应用很少，只能用扫描方式成像，如 NOAA 气象卫星的 AVHRR 传感器用这一波段探测海面温度，获得昼夜云图。

（4）8.0～14.0μm 为远红外波段，是热辐射光谱，主要用于接收地球表面物体自身向外发出的热辐射，一般适用于夜间成像、测量目标的温度等。

（5）0.8～25.0cm 为微波波段，属于发射光谱范围，该窗口的电磁波穿透云雾的能力比较强，透过率可达 100%，可以全天候作业。一般而言该波段均为主动遥感方式，如侧视雷达等。

第五节　微波的散射特性

微波遥感是指利用微波的散射和辐射信息来分析、识别地物或提取专题信息。地物对微波的散射有三种常见的类型，如图 2.22 所示。第一种为面散射，微波信号由上而下照射到两个半无限介质的分界面上时，入射能量的一部分散射回来，剩下的一部分透射进下层均匀或近似均匀介质中，这时仅仅在两种介质的分界面上发生散射现象。第二种为体散射，即当微波穿透目标地物时产生。当微波穿透树冠后，微波能量经过树叶、细枝以及树干等多路径散射，由于多个散射体的分布随机性，整片树林从整体上可起到某种同向同性散射的作用。第三种为强散射，在多种情况下均可能会产生，当其出现时，雷达回波信号非常强。

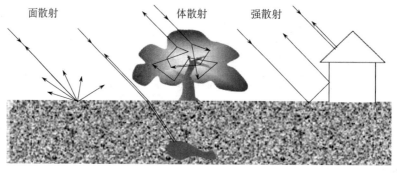

图 2.22　微波遥感散射类型

虽然微波散射类型大概可分为以上三种，但在现实中，雷达图像某个像素对应的雷达回波信号中可能同时包含多种散射信号。

一、面散射

为了更清晰地将面散射与体散射区分开来，这里采用澳大利亚国立大学教授 Richards 对面散射的定义：面散射是微波信号在传输过程中仅发生了一次明显的介电常数变化的散射现象（如从空气到水、从空气到土壤等）。而在体散射现象中，其包含多次的类似面散射的过程（如从空气到树叶、空气到树枝等），但雷达传感器最终获取的后向散射信号（散射回入射方向的信号）中无法将这些单个的散射过程区分开来。

面散射信号的强度与反射面的粗糙度和反射面的介电常数 ε_r 等因素有关，根据反射面的粗糙度又可以将面散射分为镜面散射和粗糙表面反射两种类型。

1. 镜面散射

当微波能量波束（E^i）从空气垂直照射到镜面时，部分能量 E^r 被散射回来，还有部分能量（E^t）透射入镜面下面的介质中。如果下层介质中含有介电常数不一样的其他媒介，则 E^t 还会继续发生散射与透射，其情况比较复杂，在体散射部分再详细介绍。

在讨论镜面散射时，假设镜面以下的介质是均匀的，透射进去的能量不再发生散射，最终会直接消失。此时可以根据散射回来的能量 E^r 与入射的能量 E^i 计算该镜面的菲涅耳（Fresnel）散射系数 ρ。

$$\rho = \frac{E^r}{E^i} \tag{2.12}$$

假设微波在空气中传输时能量没有任何损耗（一般情况下在空气中传输时其能量损耗也忽略不计），则菲涅耳散射系数还可以用公式（2.13）计算（Kraus and Fleisch，2000）。

$$\rho_{\text{normal}} = \frac{1 - \sqrt{\varepsilon_\gamma}}{1 + \sqrt{\varepsilon_\gamma}} \tag{2.13}$$

需要注意的是，根据式（2.13），当介电常数 $\varepsilon_\gamma \geqslant 1$ 时，菲涅耳散射系数为负数，这意味着散射回去的微波信号与入射信号相比在相位上发生了 180° 的变化。

用菲涅耳散射系数还可以进一步计算镜面所在媒介的能量散射系数 R：

$$R = \left| \rho^2 \right| \tag{2.14}$$

例如，干燥土壤的介电常数大约为 4，其能量散射系数则等于 0.11，即仅 11% 的入射能量会被散射回微波传感器；水体的介电常数为 81，其能量散射系数为 0.64，即约 64% 的入射能量会被散射回微波传感器。因此，当微波从空气中分别垂直入射到干燥土壤和水体上时，在雷达影像中，水体部分比干燥土壤部分更亮。因为水的介电常数比干燥土壤的介电常数大得多，所以用微波遥感可以检测土壤湿度的变化。

需要注意的是，因为无法获得距离向分辨率，微波信号垂直入射到地物的情况在实际应用中很少见。实际使用的雷达一般都是侧视雷达，当侧视雷达将微波信号以入射角 θ 照射到光滑表面时，其菲涅耳散射系数不仅与介电常数有关，还与微波信号的极化状态有关。

虽然雷达通过侧视方式获得了距离向分辨率，但是在镜面散射情况下，水平极化和垂直极化信号都被散射到远离雷达的方向，因此在侧视情况下，镜面散射回到雷达的能量为 0，此时在雷达图像上对应的亮度很暗。

2. 粗糙表面散射

当一定波长的微波波束，以一定入射角照射到粗糙地物表面，且散射过程满足面散射条件时发生的散射称为粗糙表面散射。按照地物表面粗糙度的差异，粗糙表面散射主要可分为轻微粗糙面散射 [图 2.23（b）] 和非常粗糙面散射 [图 2.23（c）] 两种。理论上，地物表面越粗糙，后向散射信号越强，对应的雷达影像中像素亮度值越高。与镜面散射 [图 2.23（a）] 相比，轻微粗糙面散射大部分散射信号仍为镜面散射信号，仅有小部分后向散射信号；而非常粗糙面散射的散射信号在各个方向分布比较平均，其后向散射信号强度在面散射中最高。

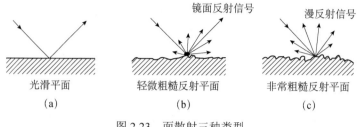

图 2.23　面散射三种类型

在微波遥感中，散射面越粗糙，其后向散射系数与入射角的相关度越小；在侧视情况下，光滑散射面在雷达图像中亮度比粗糙面散射低，且入射角越大，光滑面散射在雷达图像中亮度越低。因此，如果在雷达成像过程中想消除或抑制散射面粗糙度的影响，应该选用较大的入射角进行成像。

二、体散射

当雷达波束通过某一界面，从一种介质进入另一种介质时，在介质内部产生的散射称为体散射。雨幕中含有多个散射体[图 2.24（a）]的情况以及在介质中包含多种不同介电常数物质混合的情况[图 2.24（b）]多产生体散射，树木、土壤内部、积雪内部等的散射都是体散射。

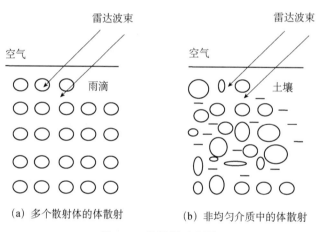

图 2.24　体散射示意图

研究体散射时需对穿透到介质内部的雷达波束进行研究，雷达波束对介质的穿透程度用穿透深度 δ 表示。在有衰减的介质中，微波能量随距离按指数函数规律衰减。因此，当微波入射到介质中时，穿透深度用功率降低到 $1/e$ 时的距离来定义。

在雷达波束从空气进入多个散射体的均匀介质中时[图 2.24（a）]，假设该介质的衰减系数为 K，则 $\delta=1/K$，其值与散射体内部的降雨颗粒直径分布及变形的程度有关。

但在土壤这种非均匀介质情况下，体散射的强度与介质体内的不连续性和介质密度的不均匀性成正比。它的散射角度特性取决于介质表面的粗糙度、介质的平均相对介电常数以及介质内的不连续性和波长的关系。在土壤或积雪这种同时有表面散射和体散射的情况下，一般会出现表面散射面积小但体散射的散射体积大的现象。此时雷达后向散射信号中同时包含面散射信号和体散射信号，因此在这种情况下，用后向散射信号强度来求面散射后向散射系数存在较大误差。

三、强散射

　　光学遥感对应的波长很短，地表绝大多数地物相对波长来说都是离散的，因此光学遥感影像中除了闪亮的水波和反光条之外，很少出现高强度的反射地物。而在雷达图像中，地表很多地物相对微波波长来说是比较光滑的，因此在雷达图像中经常出现散射信号很强的地物，将这种对应的地面散射现象称为强散射，对应的强散射地物称为硬目标。

　　需要注意的是，因为强散射体是离散分布的，所以不能用后向散射系数对其反射进行量化衡量，而是用雷达截面（或者回波面积）来进行计算。如果某个雷达图像的像素中强散射信号占该像素雷达后向散射信号的绝大部分，则该像素的"后向散射系数"为雷达截面面积（或回波面积）除以像素面积。

第三章　遥感平台与传感器

第一节　遥感平台

遥感平台是指遥感中搭载传感器的工具。遥感平台是遥感系统的重要组成部分，其主要功能是记录准确的传感器位置，获取可靠的数据以及将获取的数据传输到地面接收站。

一、遥感平台类型

遥感平台的类型很多，不同划分方式有不同的类型。如遥感平台按不同的用途可以分为科学卫星、技术卫星和应用卫星。科学卫星是用于科学探测和研究的卫星，主要包括空间物理探测卫星和天文卫星。技术卫星是主要用于新材料试验或为应用卫星进行试验的卫星。应用卫星直接为人类服务，它的种类最多，数量最大，包括地球资源卫星、气象卫星、海洋卫星、环境卫星、测绘卫星、侦察卫星、导航卫星等。

按平台距地面的高度不同，遥感平台可以分为地面平台、航空平台和航天平台三种类型，这也是最常见的一种划分方式。不同遥感平台的观察范围、负荷重量、运行参数等性能不同，可获得不同面积、不同比例尺、不同分辨率的遥感资料和影像。在遥感应用中，不同高度的遥感平台可以单独使用，也可以相互配合使用组成立体遥感观测网。表 3.1 中汇总了遥感中可能利用的平台高度及其使用目的。

表 3.1　可应用的主要遥感平台

遥感平台	高度	目的与用途	其他
静止卫星	36000km	定点地球观测	气象卫星
圆轨道卫星（地球观测卫星）	500～1000km	定期地球观测	Landsat、SPOT、CBERS、MOS 等
小卫星	400km 左右	各种调查	QuickBird、OrbView
航天飞机	240～350km	不定期地球观测、空间实验	
返回式卫星	200～250km	侦察与摄影测量	
无线探空仪	100m～100km	各种调查（气象等）	
高空喷气飞机	10000～12000m	侦察、大范围调查	
中低空飞机	500～8000m	各种调查、航空摄影测量	
飞艇	500～3000m	空中侦察、各种调查	
直升机	100～2000m	各种调查、摄影测量	
系留气球	800m 以下	各种调查	
无线电摇控飞机	500m 以下	各种调查、摄影测量	
牵引飞机	50～500m	各种调查、摄影测量	牵引滑翔机
索道	10～40m	遗址调查	
吊车	5～50m	近距离摄影测量	
地面测量车	0～30m	地面实况调查	车载升降台

在这些遥感平台中，高度最高的平台是地球静止气象卫星（geostationary meteorological satellite，GMS），其位于赤道上空 36000km 的高度上；其次是高度为 700～900km 的

Landsat、SPOT、MOS 等地球观测卫星，它们大多使用能在同一个地方时观测的太阳同步轨道；其他按高度由高到低排列分别为航天飞机（space shuttle）、无线探空仪、高空喷气飞机、中低空飞机，以及无线电遥控飞机等超低空平台和地面测量车等。

1. 地面平台

地面平台是指置于地面或水上的装载传感器的固定或移动装置，它与地面或水面接触，包括三脚架、遥感塔、遥感车、遥感船等，高度一般在 100m 以下，主要用于近距离测量地物波谱和摄取供试验研究用的地物细节影像，为航空遥感和航天遥感定标、校准和信息提取提供基础数据。三脚架的放置高度通常为 0.75～2.0m，在三脚架上放置地物波谱仪、辐射计、分光光度计等地物光谱测试仪器，用以测定各类地物的野外波谱曲线。遥感塔、遥感车上的悬臂常安置在 6～10m 甚至更高的高度上，对地物进行波谱测试，获取地物的综合波谱特征。摄影测量车是目前比较流行的一种综合性地面平台，不仅能搭载摄影机、激光扫描仪等传感器，还能携带数据处理设备，实现遥感数据的实时或准实时处理。

为了便于研究地物波谱特性与遥感影像之间的关系，也可将成像传感器置于同高度的平台上，在测定地物波谱的同时获取地物的影像。

2. 航空平台

航空平台主要指高度在 30km 以内的遥感平台，包括飞机和气球两种类型。航空平台具有飞行高度较低、获取影像分辨率高、机动灵活、不受地面条件限制、调查周期短、资料回收方便等优点，因此其应用十分广泛。

1）飞机

飞机是航空遥感中最常用，也是用得最早、最广泛的一种遥感平台。飞机平台的高度、速度等方便控制，也可以根据需要在特定的地区、时间飞行，可携带各种摄影机、机载合成孔径雷达、机载激光雷达以及定位和姿态测量设备，信息回收方便，而且仪器可以及时得到维修。飞机遥感具有分辨率高、不受地面条件限制、调查周期短、测量精度高、携带传感器类型样式多、信息回收方便等特点，特别适用于局部地区的资源探测、环境与灾害监测、军事侦察、测绘等。

各种类型的飞机均可作为遥感平台，可根据飞机的性能改装成遥感专用平台。按飞机的飞行高度，遥感平台可分为低空平台、中空平台和高空平台。

低空平台：飞行高度在 2000m 以下的遥感飞机均属于低空平台，它能够获得大比例尺、中等比例尺航空遥感影像。直升机是最常用的低空遥感平台，最低可飞行至距地面 10m 的高度，完成比一般飞机更为复杂的路线遥感、动态监测，而且信息回收方便；侦察飞机可以进行 300～500m 的低空遥感；一般的遥感试验通常在 1000～1500m 的高度范围内进行，以获得较满意的试验成果。

中空平台：飞行高度一般在 2000～6000m 的遥感飞机属于中空平台，且多为轻型飞机。通常遥感试验时其飞行高度在 3000m 以上，可获得较大比例尺的遥感影像，主要为区域资源勘察、环境监测和制图等提供遥感数据。

高空平台：飞行高度一般在 12000～30000m 的遥感飞机属于高空平台，多为重型飞机、轻型高空飞机以及无人驾驶飞机等，主要进行较大范围、比例尺相对比较小的遥感资料的获取。

2）气球

气球是最早用于航空摄影的低空遥感平台之一，价格低廉，操作简单，也是遥感中常用的平台之一。气球可携带照相机、摄影机、红外辐射计等简单传感器。按其在空中的飞行高度，可分为低空气球和高空气球两类。

低空气球：凡是发送到对流层（12km 以下）中的气球都是低空气球，其中大多数可以人工控制在空中固定位置上进行遥感。用绳子系在地面上的气球称为系留气球，这种气球的最高高度可达 5000m，供低空进行固定范围的遥感使用。

高空气球：凡是发送到平流层中的气球均称为高空气球，它能够在一恒定的气压高度漂浮，所以又称自由式遥感气球。由于高空气球可以自由漂移，且可升至 12～40km，不但可以获得较大范围的遥感数据，而且填补了高空飞机飞不到、低轨卫星降不到的空中平台的空白。

3）无人机

无人机遥感（unmanned aerial vehicle remote sensing）是利用先进的无人驾驶飞行器技术、遥感传感器技术、遥测遥控技术、通信技术、全球导航卫星系统（GNSS）差分定位技术和遥感应用技术，具有自动化、智能化、专用化等特点，能快速获取国土、资源、环境等空间遥感信息，完成遥感数据处理、建模和应用分析的应用技术。无人机遥感系统由于具有机动、快速、经济等优势，且能够获得 0.1m 高分辨率影像数据，已经成为世界各国争相研究的热点课题，现已逐步从研究开发发展到实际应用阶段，成为未来的主要航空遥感技术手段之一。

按照系统组成和飞行特点，无人机可分为固定翼型无人机、旋翼型无人机、扑翼型无人机、无人驾驶直升机和无人驾驶飞艇五种类型。

固定翼型无人机通过动力系统和机翼的滑行实现起降和飞行，能同时搭载多种遥感传感器。起飞方式有滑行、弹射、车载、火箭助推和飞机投放等；降落方式有滑行、伞降和撞网等。固定翼型无人机的起降需要空旷的场地，比较适合矿山资源监测、林业和草场监测、海洋环境监测、污染源及扩散态势监测、土地利用监测以及水利、电力等领域的应用。固定翼型无人机按照用途又可分为通用测绘型无人机、监测型无人机、长航时型无人机和高升型无人机。通用测绘型无人机目前装备数量最多，升限 4000m 以下，通常搭载数码照相机进行低空航空摄影测量，主要用于小区域 1：2000 或更大比例尺测图；监测型无人机升限 4000m 以下，巡航速度可达 80km/h，主要搭载视频摄像头，可实时传输和视频拼接成图，主要用于应急监测；长航时型无人机升限 4000m，续航能力可达 16h，巡航速度可达 100km/h，主要用于远离大陆海岛礁等困难地区的航空摄影测量；高升型无人机升限可达 6000m，主要用于青藏高原等高海拔地区测绘。

旋翼型无人机具有能垂直起飞、空中悬停飞行、机动性能好等优点，适合在不同的场合飞行。按飞机具有的旋翼数量可以将旋翼型无人机分为单旋翼机和多旋翼机两类。单旋翼机主要是带尾桨的无人直升机；最常见的多旋翼机为四旋翼无人机和八旋翼无人机。

扑翼型无人机是一种仿生型无人飞机，具有非常灵活的抵抗不稳定气流的能力，在空中有很强的稳定性。

无人驾驶直升机能够定点起飞、降落，对起降场地的条件要求不高，通过无线电遥控或机载计算机实现程控。无人驾驶直升机的结构相对来说比较复杂，操控难度较大，种类有限，主要应用于突发事件的调查，如单体滑坡勘查、火山环境的监测等。

无人驾驶飞艇是遥感中应用最早的遥感平台之一，随着飞机的逐渐完善化和实用化，飞艇被飞机取代。但是无人驾驶飞艇独特的技术优势使人们从未放弃对它的开发和应用。大型飞艇可以搭载 1000kg 以上的载荷飞到 20000m 以上的高空，留空时间可达 1 个月以上；小型飞艇可以实现低空、低速飞行，作为一种独特的飞行平台能够获取高分辨率遥感影像。无人驾驶飞艇适合建筑物密集的城市地区和地形复杂地区的应用，如城市地形图的修测与补测、数字城市建立时建筑物精细纹理的采集、城市交通监测、通信中继等。

3. 航天平台

航天平台是指高度在 150km 以上的高空探测火箭、宇宙飞船（space ship）、航天飞机、空间轨道站（space station）、人造地球卫星等遥感平台。在航天平台上进行的遥感为航天遥感，目前对地观测中使用的航天平台主要是遥感卫星。航天遥感可以对地球进行宏观的、综合的、动态和快速的观察，同时对地球进行周期性的、重复的观察，这极有利于对地球表面的资源、环境、灾害等实行动态监测。与航空遥感平台相比，航天遥感平台具有平台高、视野开阔、观察地表范围大、效率高的特点，并且可以发现地表大面积的、宏观的、整体的特征。

1）高空探测火箭

高空探测火箭飞行高度一般可达 300～400km，介于飞机和人造地球卫星之间。火箭可在短时间内发射并回收，并根据天气情况进行快速遥感，不受轨道限制，应用灵活，可对小范围地区进行遥感。但因为火箭上升时冲击强烈，易损坏仪器，且成本高、所获资料少，所以其不是理想的遥感平台。

2）人造地球卫星

人造地球卫星在地球资源调查和环境监测等领域发挥着主要作用，是航天遥感中最主要、最常用的航天平台，它发射上天后可在空间轨道上自动运行数年，不需要供给燃料和其他物资。因此，对于获取同样数量的遥感资料而言，航天遥感的费用比航空遥感低得多。按照人造地球卫星轨道运行高度和寿命，其可分为三种类型。

低高度、短寿命卫星：轨道高度 150～350km，运行时间几天至几十天。可获得较高分辨率卫星影像，以军事侦察为主要目的，近几年发展的高空间分辨率遥感小卫星大多为此类卫星。

中高度、长寿命卫星：轨道高度 350～1800km，寿命一般在 3～5 年。大部分遥感对地观测卫星，如陆地卫星、海洋卫星、气象卫星，均属于此类型，其也是目前遥感卫星的主体。

高高度、长寿命卫星：也称为地球同步卫星或静止卫星，轨道高度约 36000km，寿命更长。这类卫星被大量用作通信卫星、气象卫星，也用于地面动态监测，如火山、地震、森林火灾监测、洪水预报等。

这三种类型的卫星各有特点。高高度卫星可在一定周期内，对地面的同一地区进行重复探测，且时间周期短，便于大范围的动态监测；中高度卫星用于陆地和海洋资源调查及环境监测的优势明显；低高度卫星获得影像的空间分辨率较高，在资源详查及军事侦察方面有重要应用价值。

在这三类卫星中，以研究地球环境和资源调查为主要目的的人造地球卫星称为环境卫星，它的主要任务是定期提供全球或局部地区的环境信息，为环境研究和资源调查提供卫星观察数据。根据研究对象的不同，环境卫星可分为气象卫星、陆地卫星和海洋卫星。气象卫星以研究全球大气要素为主要目的，海洋卫星以研究海洋资源和环境为主要目的，陆地卫星以研究地球陆地资源和环境动态监测为主要目的。它们构成了地球环境卫星系列，在实际工作中相互补充，使人们对大气、陆地和海洋等能从不同角度以及它们之间的相互联系来研究地球或某一个区域各地理要素之间的内在联系和变化规律。

3）宇宙飞船

宇宙飞船又称载人飞船，主要有"双子星座"飞船系列、"阿波罗"飞船系列、"神舟"飞船系列等。它们较卫星的优越之处在于有较大负载容量，可带多种仪器，可及时维修，在飞行中可进行多种试验，资源回收方便。缺点是一般飞船的飞行时间短（7～30天），飞越同一地区上空的重复率小。但航天站可在太空运行数年甚至更长时间。

4）航天飞机

航天飞机又称太空梭或太空穿梭机，是一种新式大型空间运载工具，有两种类型。一种是不带遥感器，仅作为宇宙交通工具，将卫星或飞船带到一定高度的轨道上，在轨道上对卫星、飞船检修和补给、回收卫星或飞船等。另一种是携带遥感仪器进行遥感，是一种灵活、经济的航天平台。自1984年以来，美国已经发射过"哥伦比亚"号、"发现"号、"挑战者"号、"亚特兰蒂斯"号和"奋进"号等航天飞机。1981年和1984年，美国分别利用"哥伦比亚"号和"挑战者"号航天飞机发射了SIR-A、SIR-B成像雷达。2000年，美国利用"奋进"号航天飞机成功完成了"航天飞机雷达地形测绘飞行任务"。苏联也曾成功研制了"暴风雪"号航天飞机并进行了无人轨道试飞实验，后由于经费短缺等原因，计划终止。

在航天对地观测成像时，不同类型的航天遥感平台对获取的遥感影像的特性有一定的影响。例如，影响获取影像的比例尺（空间地面分辨率）、立体影像的基高比、成像覆盖范围、重复获取影像的周期、连续获取地面影像时间的长短及获取影像时的光照条件等。

5）空间轨道站

空间轨道站是能在人造地球卫星轨道上长时间运行的大型载人宇宙飞行器，可以进行天文观测、空间科学研究、医学和生物学试验、对地观测等。苏联最早于1971年4月首先发射了"礼炮"号载人空间站，1986年又发射了"和平"号空间站，美国也在1973年成功发射"天空实验室"空间站。空间轨道站可以进行天文观测、资源勘探等试验，并拍摄了太阳活动照片和地球表面照片，用于研究人在空间活动的各种现象。

二、遥感平台姿态

遥感卫星在太空中飞行时由于受各种因素的影响，其姿态是不断变化的，这使得它所搭载的传感器在获取地表数据时不能始终保持设定的理想状态，从而对所获取的数据质量有很大的影响。为了修正这些影响，必须在获取地表数据的同时测量、记录遥感平台的姿态数据。

1. 遥感平台姿态参数

遥感平台的姿态是指平台坐标系相对于地面坐标系的倾斜程度，常用三轴的旋转角度来表示。

1）三轴倾斜

三轴倾斜是指遥感平台在飞行过程中发生的滚动（rolling）、俯仰（pitching）和偏航（yawing）现象。定义平台质心为坐标原点，沿轨道前进方向的切线方向为 x 轴，垂直轨道面的方向为 y 轴，垂直 xy 平面方向为 z 轴，则遥感平台姿态三轴倾斜为：绕 x 轴旋转的姿态角称为滚动或侧滚，即横向摇摆；绕 y 轴旋转的姿态角称为俯仰，即纵向摇摆；绕 z 轴旋转的姿态角称为偏航，即偏移（图3.1）。由于在遥感成像过程中存在这3种现象，获得的遥感影像的像平面坐标系与星下点的地球切面不平行，而存在遥感影像的 3 个姿态角。

2）振动

振动是指遥感平台运行过程中除滚动、俯仰与偏航以外的非系统性的不稳定振动现象。振动对传感器的姿态有很大影响，但这种影响是随机的，很难在遥感影像定位处理时准确地消除它。

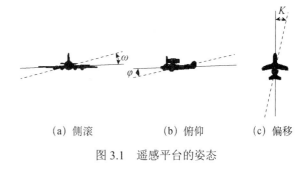

(a) 侧滚　　　　(b) 俯仰　　　　(c) 偏移

图 3.1　遥感平台的姿态

2. 遥感平台姿态测定

在使用摄像机的情况下，因为拍摄的是瞬时图像，在一张图像内由上述原因引起的失真并不是很大的问题。但在扫描成像的情况下，其图像是随时间序列变化的数据，所以，位置、倾斜等时间性变化对扫描图像有很大的影响。为此，必须在平台上搭载姿态测量传感器和记录仪。

1）飞机平台姿态测量仪器

在飞机上，位置和三轴倾斜的时间变化很快，要精确测量这些变化是不可能的，所以要精确地进行几何校正也很困难。

飞机上搭载的典型姿态测量传感器及记录仪包括以下几种：速度表、高度表（气压式、电波式、激光式）、陀螺罗盘、多普勒雷达（高度测量器）、GPS（用于测量位置）、陀螺水平仪（水平稳定器）、电视摄像机、飞行记录器（航线、速度、滚动、俯仰、偏航的记录装置）等。

2）卫星平台姿态测量仪器

确定卫星姿态的常用方法有两种：利用姿态测量传感器进行测量、利用星相机测定姿态角。

卫星姿态角的三轴倾斜参数可以用姿态测量仪来测量。用于空间姿态测量的仪器有红外姿态测量仪、星相机、陀螺姿态仪等。美国 Landsat 卫星上使用的姿态测量传感器（attitude measurement sensor，AMS）就属于红外姿态测量。一台仪器只能测量一个姿态角，对于滚动和俯仰两个姿态角，需用两台姿态测量仪测定。偏航可用陀螺仪测定。AMS 测定姿态角的精度为 ±0.07°。美国 IKONOS 卫星上使用的恒星跟踪仪和激光陀螺对卫星成像时的姿态进行测量，能提供较精确的卫星姿态信息。

使用 GPS 测定姿态时，将 3 台 GPS 接收机装在成像仪上，且同时接收 4 颗以上的 GPS 卫星信号，从而解算成像仪的 3 个姿态角。

使用星相机测定姿态角的方法是将星相机与地相机组装在一起，两者的光轴交角为 90°~150°，在对地成像的同时，星相机对恒星摄影，并精确记录卫星运行时刻，再根据星历表、相机标准光轴指向等数据解算姿态角。但要求每次要摄取 3 颗以上的恒星。

三、遥感卫星轨道

不同类型的遥感卫星轨道有不同的轨道参数，在航天遥感对地观测成像时，它们对成像的影响也是不同的。

对于人造卫星，由于应用目的的不同，根据卫星轨道形状、倾角、周期、回归性等因素，现已应用的各种轨道可以分为以下类型（表 3.2）。

表 3.2 卫星轨道类型及其特征

因素	类型	指标	备注
轨道形状	圆轨道	$e=0$	偏心率
	椭圆轨道	$0<e<1$	
	抛物线轨道	$e=1$	
	双曲线轨道	$e>1$	
轨道倾角	赤道轨道	$i\approx0$	轨道倾角
	倾斜轨道	$0<i<90°$	
	极轨道	$i\approx90°$	
周期	地球同步轨道		
	太阳同步轨道		
回归性	回归轨道		
	准回归轨道		

遥感卫星在太空中的运行轨道对遥感数据的特征有很大的影响。遥感卫星的轨道有多种类型，最常见的是地球同步轨道（geosynchronous orbit）、太阳同步轨道（sun-synchronous orbit 或 heliosynchronous orbit）和极轨道（polar orbit）。

1. 地球同步轨道

图 3.2 地球同步轨道

运行周期等于地球的自转周期（即 1 个恒星日＝23 小时 56 分钟 4 秒）的轨道称为地球同步轨道（图 3.2），其轨道高度为 35786103m，当轨道倾角 $i=0$ 时，如果从地球上看卫星，卫星在赤道上的位置好像静止不动，这种轨道称静止轨道（geosynchronous orbit），在该轨道上运行的卫星称为地球静止轨道卫星或静止卫星。地球静止轨道上的卫星高度很大，约 36000km，能够长期观测地球上的特定地区，并能将大范围的区域同时收入视野，因此被广泛应用于气象卫星和通信卫星。

2. 太阳同步轨道

太阳同步轨道指卫星轨道面绕地球的自转轴旋转，旋转方向及周期与地球的公转方向和周期相等的轨道（图 3.3）。采用这种轨道，在圆轨道情况下卫星每天沿同一方向上通过同一纬度地面点，地方时相同，因此，太阳光的入射角几乎是固定的，这对于利用太阳反射光的被动式传感器来说，可以在近似相同的光照条件下，获取同一地区不同时间的遥感影像，对监测同一地区的地表变化非常有益。

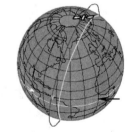

图 3.3 太阳同步轨道示意图

太阳同步卫星采用近圆轨道，其轨道高度为 500～1000km，倾角都大于且接近 90°，也称近极轨卫星。采用近极轨道，有利于卫星在一段时间内获取包括南北极在内的覆盖全球的遥感影像。因为近极轨卫星每天在同一地方时同一方向通过处于同一纬度的地区，所以对地观测卫星多采用太阳同步轨道。

太阳同步轨道有回归轨道和准回归轨道之分。回归轨道是指卫星星下点的轨迹每天通过同一地点的轨道；而每 N 天通过的情况称为准回归轨道。要覆盖整个地球适于采用准回归轨道。

3. 极轨道

极轨道是指倾角为90°的人造地球卫星轨道，其轨道平面几乎不变，又称极地轨道。在极轨道上运行的卫星，每一圈内都可以经过任何纬度和南北两极的上空。

极轨道卫星的运行轨道可以覆盖地球的南北两极区域，理论上极轨道有无数条，常用来对南北两极的海洋、气象和环境进行遥感监测。

卫星在任何位置上都可以覆盖一定的区域，因此，为覆盖南北极，轨道倾角并不需要严格的90°，只需在90°附近即可。在工程上常把倾角在90°左右，但仍能覆盖全球的轨道也称为极轨道。近地卫星导航系统（如美国海军导航卫星系统）为提供全球的导航服务采用极轨道。许多地球资源卫星、气象卫星以及一些军事侦察卫星采用太阳同步轨道，它们的倾角与90°只相差几度，所以也可以称其为极轨道。还有一些研究极区物理的科学卫星也采用极轨道。

第二节　传感器类型、组成与性能

传感器（sensor）也称遥感器、敏感器或探测器，是收集、探测并记录地物电磁波辐射信息的仪器。它是遥感技术系统的核心部分，其性能直接制约整个遥感技术系统的能力，即传感器探测电磁波段的响应能力、传感器的空间分辨率和图像的几何特征、传感器获取地物电磁波信息量的大小和可靠程度。

一、传感器类型

传感器种类繁多，分类方法也多种多样，按照不同的分类标准有不同的类型，传感器的综合分类如图3.4所示。但现在实际的遥感传感器往往是多波段、多方式的组合传感器，常见的分类方式有以下四种。

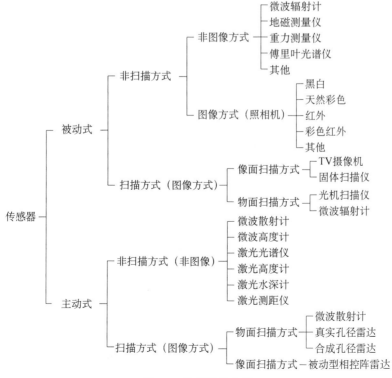

图 3.4　传感器的分类

1）按电磁波辐射来源分类

按电磁波辐射来源，传感器可以分为主动式传感器（active sensor）和被动式传感器（passive sensor）。主动式传感器向目标物发射电磁波，然后收集从目标物反射回来的电磁波信息，如合成孔径侧视雷达等。被动式传感器收集目标反射的来自太阳光的能量或目标物辐射的电磁波能量，如摄影相机、多光谱扫描仪等。

2）按传感器的成像原理和所获取图像的性质分类

可将传感器分为摄影机、扫描仪和雷达三种类型。摄影机按所获取图像的特性又可细分为框幅式、缝隙式、全景式三种；扫描类型的传感器按扫描成像方式可分为光机扫描仪（optical mechanical scanner）和推帚式扫描仪（pushbroom scanner）；雷达按其天线形式分为真实孔径雷达和合成孔径雷达。

3）按传感器对电磁波信息的记录方式分类

可分为成像方式的传感器和非成像方式的传感器。成像方式的传感器输出结果是目标的图像，而非成像方式的传感器输出的结果是研究对象的特征数据，如微波高度计记录的输出结果是目标距平台的高度数据。

4）按传感器响应波长的不同分类

可分为光场传感器、热场传感器和微波传感器三种类型。光场传感器响应的波段为可见光、反射红外波段；热场传感器响应波段为中红外、热红外波段；微波传感器响应微波波段。

二、传感器组成

从结构上看，任何类型的传感器，基本上都由信号收集器、探测器、处理器和输出器四部分组成，如图 3.5 所示。

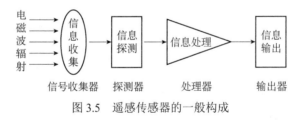

图 3.5 遥感传感器的一般构成

（1）信号收集器：收集来自地物的辐射能量。传感器的类型不同，收集器的设备元件不一样，最基本的收集元件是透镜（组）、反射镜（组）或天线。摄影机的收集器件是凸透镜；扫描仪是靠各种形式的反射镜以扫描方式收集电磁波；雷达的收集元件是天线。如果是多波段遥感，其收集系统中还包含按波段分波束的元件，如滤色镜、棱镜、光栅、分光镜、滤光片等。

（2）探测器：探测元件是接收地物电磁辐射的仪器，其功能是实现能量转换，测量和记录接收到的电磁辐射能量，是传感器中最重要的部分。根据光物作用的不同效应，常用的探测元件有感光胶片、光电敏感元件、固体敏感元件和波导。不同探测元件有不同的最佳使用波段和不同的响应特性曲线波段。

感光胶片通过化学作用探测近紫外至近红外的电磁辐射，其响应波长为 0.3～1.4μm。不同的感光胶片有不同的胶片特性曲线，即不同的胶片有不同的响应波段及响应度。

光电敏感元件是利用某些特殊材料的光电效应把电磁波信息转换为电信号来探测电磁辐

射的强弱，其工作波段从紫外至红外波段。按探测电磁辐射机理的不同，又分为光电子发射器件、光电导器件和光伏器件。

热探测器是利用辐射的热效应进行工作的，其灵敏度和响应速度较低，仅在热红外波段应用较多。

波导是雷达传感器探测微波的元件，不同尺寸的波导接收不同波长的微波信息。

（3）处理器：对探测器探测到的化学能或电能等信息进行处理，即进行显影、定影、信号的放大、增强或调制等。在传感器中，除了摄影使用的感光胶片无须进行信号转化外，其他传感器都需要进行信号转化。光电敏感元件、固体敏感元件和波导等输出的都是电信号（电流或电压），因此处理器的信号转化系统一般都是电光转化器。处理器的类型有摄影处理装置、电子处理装置等。

（4）输出器：输出获取的数据。遥感影像信息的输出有直接和间接两种方式。直接方式有摄影分幅胶片、扫描航带胶片、合成孔径雷达的波带片；间接方式有模拟磁带和数字磁带。模拟磁带回放出来的电信号可通过电光转化显示图像；数字磁带记录时要经过模数转换，回放时要经过数模转换，最后仍须通过光电转化才能显示图像。输出器的类型有扫描晒像仪、电视显像管、磁带记录仪、彩色喷墨记录仪等。

三、传感器性能

通过传感器所获得的对地观测数据最主要的形式是遥感影像，它是遥感探测目标的信息载体。在遥感应用过程中，需要获取三方面的信息：目标地物的大小、形状及空间分布特点，目标地物的属性特点和目标地物的变化特点，即遥感图像需要反映目标地物的几何特征、物理特征和时间特征。这几个特征需要通过传感器的空间分辨率、辐射分辨率、光谱分辨率和时间分辨率来反映，这些也是反映传感器性能及衡量遥感数据质量特征的重要指标。

1. 空间分辨率

空间分辨率（spatial resolution）是指遥感影像上能够详细区分的最小单元的尺寸或大小，是用来表征影像分辨地面目标细节能力的指标。不同类型的传感器对其空间分辨率有不同的表述方式：直接表述方式和间接表述方式。直接表述方式有地面分辨率（ground resolution）、像素分辨率（pixel resolution）和地面采样间隔（ground sampling distance，GSD）；间接表述方式有瞬时视场角（instantaneous field of view，IFOV）和影像分辨率（image resolution）。

地面分辨率是指遥感影像能分辨的最小地面尺寸，是空间分辨率最常用也是最基本的表述方式。其他各种表述方式都可以归化为地面分辨率。将像元的地面信息离散化而形成的格网单元，单位为米。像元大小与遥感影像空间分辨率高低密切相关，像元越小，空间分辨率越高，如 TM 多光谱影像空间分辨率为 30m，全色影像空间分辨率为 15m。

像素分辨率主要用于光电转换型传感器，指一个像素所对应的地面距离或尺寸。传感器成像时的原始像素并不是一个点，而是有其自身的尺寸，其大小等于探测器单个探测单元的大小或阵列探测器相邻单元的间隔。若像素大小为 d，平台高度为 H，传感器光学系统的焦距为 f，则像素分辨率 D_P 可以表示为

$$D_P = H \cdot d / f \tag{3.1}$$

必须注意的是，存储后的数字图像的每个像素都是一个点，没有大小，观察时的像素大小取决于图像输出设备，但每个像素对应的地面尺寸是不变的。

地面采样间隔是航空数码照相机空间分辨率的表述方式，其本质与像素分辨率相同。

影像分辨率用于描述摄影型传感器的空间分辨能力，是指区分最小影像单元的能力，一般用影像上单位长度能区分明暗相间的线对数来表示，单位为线对/mm（lps/mm）。影像分辨率与地面分辨率的关系可表示为

$$D = \frac{H}{f} \cdot \frac{1}{R} \qquad (3.2)$$

式中，D 为地面分辨率；R 为影像分辨率。显然，用影像分辨率求出的地面分辨率与像素分辨率是不均等的，前者大体上是后者的 2 倍。

对于确定的传感器，其空间分辨率是不变的定值，但印制出来的遥感影像比例尺是变化的。例如，TM 影像的空间分辨率为 30m×30m，在 1:10 万影像上，其影像分辨率为 0.3m，而在 1:100 万影像上，其影像分辨率为 0.03m。

瞬时视场角（IFOV）是指遥感系统在某一瞬间，探测单元对应的瞬时视场，又称为传感器的角分辨率。IFOV 以毫弧度（mrad）计量，其对应的地面大小被称为地面分辨率单元（ground resolution cell，GR），它们的关系为：GR = 2×tan(IFOV/2)×H。任一类型的光学传感器的瞬时视场角是固定不变的，地面分辨率与平台的高度有关，高度越高，分辨率越低，而且与卫星视角有关，视角越倾斜，观测面积越大，分辨率越差。若以 $\Delta\theta$ 表示 IFOV，则其与像素大小的关系为

$$\Delta\theta = d/f \qquad (3.3)$$

$$D_P = H \cdot \Delta\theta \qquad (3.4)$$

传感器系统的空间分辨率受传感器收集系统的分辨率、探测元件的分辨率和灵敏度等多种因素制约。一般传感器的角分辨率（空间分辨率对传感器的张角）β 与波长 λ 和收集器的孔径 D 有关：

$$2\beta = \lambda/D \qquad (3.5)$$

当收集器的孔径一定时，可见光与微波的波长相差 4～5 个数量级，因此，空间分辨率也相差很大。总体而言，可见光传感器空间分辨率最高，热红外波段次之，微波波段最差。

2. 波谱分辨率

波谱分辨率（spectral resolution）指传感器探测器件接收电磁波辐射所能区分的最小波长范围，或接收目标辐射时能分辨的最小波长间隔。波段的波长范围越小，波谱分辨率越高。波谱分辨率也指传感器在其工作波长范围内所能划分的波段的量度。波段越多，波谱分辨率越高。

波谱分辨率是评价遥感传感器探测能力和遥感信息容量的重要指标之一。提高波谱分辨率有利于选择最佳波段或波段组合来获取有效的遥感信息，提高判读效果。但对扫描型传感器来说，波谱分辨率的提高不仅取决于探测器性能的改善，还受空间分辨率的制约。

3. 辐射分辨率

辐射分辨率（radiometric resolution）是表征传感器所能探测到的最小辐射功率的指标，或指遥感影像记录灰度值的最小差值，表现为每一像元的辐射量化级，有时也称为灰度分辨率。不同波段、不同传感器获取的影像辐射分辨率不同。摄影胶片的灵敏度很高，原则上认为摄影成像的灰度是连续的，因此辐射分辨率对相机而言没有意义。在可见光到近红外波段，扫描方式传感器的辐射分辨率取决于它所记录的目标辐射（主要是反射）功率的大小。

各类传感器获取的影像以灰度的形式记录和显示其辐射分辨率的大小。灰度记录是分级的，一般分为 2^n 级。影像的灰度级别越多，其辐射分辨率越高，区分目标物属性能力越强。例如，Landsat 卫星的 MSS、TM、OLI 传感器的辐射分辨率分别为 2^6 级、2^8 级和 2^{12} 级。

对热红外传感器而言，其辐射分辨率也称温度分辨率，是指热红外传感器分辨地表热辐射（温度）最小差异的能力，即热红外传感器对地表温度差别的分辨能力。目前，热红外遥感图像的温度分辨率可达 0.1K，常用的 TM6 波段图像可分辨出 0.5K 温差。

4. 时间分辨率

时间分辨率是指对同一目标进行遥感采样的时间间隔，即相邻两次探测的时间间隔，也称重访周期。对于轨道卫星，也称覆盖周期。时间间隔大，时间分辨率低；反之，时间分辨率高。

传感器的时间分辨率取决于卫星轨道的类型和传感器的视场角范围与侧视能力，但传感器本身不是决定因素。时间分辨率包括两种情况，一是传感器本身设计的时间分辨率，受卫星运行规律影响，不能改变，如 Landsat、SPOT、IKONOS 的时间分辨率分别为 16 天、26 天和 3 天，而静止气象卫星的时间分辨率可达 30 分钟；二是根据应用要求，人为设计的时间分辨率，但它一定等于或低于卫星传感器本身的时间分辨率。

时间分辨率在遥感应用中意义重大。时间分辨率可提供目标物的动态变化信息，进行动态监测与预报，也可以为某些专题要素的精确分类提供附加信息。例如，可以进行植被动态监测、土地利用动态监测、城市建设用地监测，还可以通过预测发现地物运动规律，建立应用模型。利用时间分辨率还可以进行自然历史变迁与动力学分析，如河口三角洲的演变、城市变迁的趋势，并进一步研究变化的原因及动力学机制等。利用时间分辨率还可以对历次获取的数据资料进行叠加分析，从而提高地物识别精度。

5. 视场角

视场角（field of view，FOV）是指传感器对地扫描或成像的总角度，它决定了一幅图像对地面的覆盖范围。视场角越大，一幅图像所包含的地面范围越广，完成对一个区域覆盖所需图像帧数越少，处理效率越高。此外，视场角还决定了某些传感器的基高比，视场角越大，基高比就越大，高程测量精度就越高。例如，美国的大画幅相机 LFC，将相幅设计为 23cm×46cm 以提高基高比，航向相幅比旁向增大了一倍。我国的测地卫星也采用这个策略来提高基高比。

传感器种类繁多，应用目的不同，其性能的评价方式也不同，但最基本的传感器有三种典型类型：可见光传感器（摄影机、扫描仪）、热红外传感器（扫描仪）和微波传感器（合成孔径雷达）。它们具有不同的技术水平和特性，见表 3.3。

表 3.3　典型传感器性能比较

性能	可见光传感器	热红外传感器	微波传感器
日夜工作	5	10	10
全天候工作（穿透云、雾、雨）	1	2	10
探测水下深度	5	1	1
探测地表以下深度	1	5（地热）	8（干沙、干冰）
地面分辨率	9	7	9
物质成分分辨率	9	4	6

续表

性能	可见光传感器	热红外传感器	微波传感器
温度分辨率	5	10（热惯性）	10
导电率分辨率	1	1	10
几何逼真分辨率	10	7	10
立体能力	10（像对）	5，8（像对）	10
远距离能力	7	4	10
判别运动目标	5	7	9
图像解译难易程度	10	6	8
装备的难易程度	10	9	4

注：表中数字表示效果好坏程度，1 为效果最差，10 为效果最好。

无论是哪种传感器，它的敏感元件对地面的分辨率是判断其遥感能力的重要标志。一般对地面分辨率而言，可见光波段最高，热红外波段次之，微波波段最差。但是，可见光遥感传感器的敏感元件，无论是胶片还是光电管，可探测到 10^{-17}W/Hz 的辐射分辨率，红外探测元件的噪声等效功率（noise equivalent power，NEP）一般在 $10^{-13} \sim 10^{-12}$W/Hz，微波（3mm～3cm）的 NEP 一般为 $10^{-20} \sim 10^{-19}$W/Hz。因此，微波探测器的灵敏度最高，可见光次之，热红外最差。

不同专业应用选用传感器时，应根据地物的波谱特性和必需的空间分辨率来考虑最适当的传感器。一般情况下，传感器的波段多、分辨率高，获取的信息量大，认为其遥感能力越强，但也不尽然。对于特定的地物，并不是波段越多、分辨率越高就越好，而要根据目标的波谱特性和必要的地面分辨率综合考虑。在某些情况下，波段太多、分辨率太高，接收到的信息量太大，形成海量数据，反而会"掩盖"地物电磁辐射特性，不利于快速探测和识别地物。因此，选择最佳工作波段与波段数，并具有最适当的分辨率的传感器是非常重要的，如感测人体选择 8～12μm，探测森林火灾等应选择 3～5μm，才能取得好的效果。

第三节　主要传感器及其特征

一、摄影型传感器

摄影成像类传感器是指通过摄影方式并以影像形式，记录目标物电磁辐射信息的传感器。摄影成像类传感器的工作波段主要在可见光—近红外波段，一般多用于航空摄影。这种类型的传感器有传统摄影成像和数字摄影成像两种方式。

传统摄影成像类传感器是利用光学镜头以及放置在焦平面的感光胶片记录影像，主要由摄影机、滤光片和感光材料组成。这种成像方式获得的影像，并不能直接使用，需要经过室内显影、定影后，形成胶片或像片，主要产品形式为模拟影像。该模拟影像经模/数转换，转化为数字图像，用于计算机处理。

数字摄影成像类传感器通过放置在焦平面的光敏元件，经光/电转换，以数字信号记录影像。这种摄影成像是目前航空摄影最主要的成像方式，最大的优点在于直接获取数字影像。

摄影型传感器包括框幅式摄影机、缝隙式摄影机、全景摄影机和多光谱摄影机等几种类型，共同特点都是由物镜收集电磁波，并聚焦到感光胶片或光敏元件，通过感光材料或光敏元件探测与记录目标物信息。

1. 单镜头框幅式摄影机

单镜头框幅式摄影机的特点是整幅图像同时曝光成像，获得一张完整且具有中心投影特征的分幅像片（18cm×18cm 或 23cm×23cm）。单镜头框幅式摄影机是最常见的摄影机类型，按平台高度分为航空摄影机（aerial camera）和航天摄影机（space camera）。常用的航空摄影机有国产航甲 17、HS2323 摄影机、德国 Zeiss 公司的 LMK 系列摄影机（如 LMK2000）和 RMK 系列的 TOP 摄影机、瑞士徕卡公司的 RC 系列摄影机（如 RC-10、RC-20、RC-30）等，见表 3.4。目前较新型的航摄仪都带有像移补偿（forward motion compensation，FMC）、GPS 自动导航和 GPS 控制的摄影系统，如 RMK3000、RC-30 等，它能自动控制飞机按预先设计的航线飞行和控制摄影机按时曝光，并能及时记录曝光时刻的摄站坐标，精度可达 10cm。

表 3.4　常用的航空摄影机

产地	型号	像幅/cm	焦距/mm	分辨率/(lps/mm)	畸变/μm
瑞士	RC-20 RC-30 （有 FMC）	23×23	303 213 153 88	70～80	±7
德国	RMK （有 FMC）	23×23	610	40～50	±50
			305		±3
			210		±4
			153		±3
			85		±7

航天摄影机类型也很多，见表 3.5，LFC、KFA 和 KWR 的摄影性能都十分优良，为利用航天遥感图像进行目标识别特别是为地形图测图提供了良好的基础。

表 3.5　典型的航天摄影机

名称	产地	像幅/cm	焦距/mm	航高/km	地面分辨率/m	像片比例尺
MC	德国	23×23	305	250	16～30	1∶82 万
LFC	美国	23×23	305	225	10	1∶74 万
KATE	俄罗斯	18×18	200	280	25	1∶104 万
MKL	俄罗斯	18×18	300	280	8	1∶80 万
KFA-1000	俄罗斯	30×30	1000	275	5	1∶25 万
KWR-1000	俄罗斯	18×18	1000	220	1～2.5	1∶22 万
KFA-3000	俄罗斯	30×30	3000	250	1	1∶12 万

2. 缝隙式摄影机

缝隙式摄影机又称航带式或推扫式摄影机。缝隙式摄影机安装在飞机或卫星上，摄影瞬间所获取的影像是与航线垂直且与缝隙等宽的一条地面影像带（图 3.6）。当平台向前飞行时，在相机焦平面上与航向（飞行方向）垂直的狭缝中，会出现连续变化的地面影像，从而完成对地面的覆盖。

由于在实际摄影中难以保持合适的速高比，且相机姿态变化不易控制，这种摄影机已很少使用，但其设计思想是目前流行的线阵 CCD 传感器的基础。

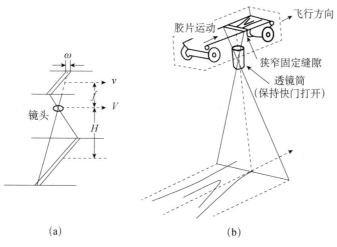

图 3.6　缝隙式摄影机成像过程

3. 全景摄影机

图 3.7　全景式摄影机成像原理

全景摄影机（panoramic cameras）又称全景扫描相机、扫描摄影机或摇头摄影机，其成像原理如图 3.7 所示。利用焦平面上一条平行飞行方向的狭缝来限制瞬时视场，在摄影瞬间获得地面上平行于航迹线的一条很窄的影像，当物镜沿垂直航线方向摆动时，就得到一幅全景像片。全景摄影机的特点是焦距长，有的长达 600mm 以上，可在长约 23cm、宽达 128cm 的胶片上成像。由于摄影视场角很大，理论上可达 180°，可摄取航迹到两边地平线之间的广大地区，故称为全景摄影机。因为每个瞬间的影像都在物镜中心一个很窄的视场内构像，所以像片上每一部分的影像都很清晰，像幅两边的影像分辨率明显提高。但全景相机在成像过程中焦距保持不变，而物距随扫描角的增大而增大，因此在影像上会出现两边比例尺逐渐缩小的现象，称为"全景畸变"。

4. 多光谱摄影机

对同一地区、同一瞬间摄取多个波段影像的摄影机称为多光谱摄影机（multispectral cameras），获取的图像称为多光谱图像。同一地物在不同光谱段具有不同的辐射特征，多光谱摄影增加了目标地物的信息量，能提高影像的判读和识别能力。常见的多光谱摄影机有单镜头和多镜头两种形式。

1）单镜头型多光谱摄影机

单镜头型多光谱摄影机又称为光束分离型摄影机，其成像原理是在物镜后利用分光装置（滤光片），将收集的光束分离成不同的光谱成分，并使它们分别在不同胶片上曝光，形成同一地物不同波段的影像，图 3.8 是一种四波段相机的分光示意图。

因为光束在分离过程中会损失一部分能量，而且在不同波段的损耗量不等，所以这种摄影机取得的多光谱像片的影像质量会受到不同程度的影响。

2）多镜头型多光谱摄影机

多镜头型多光谱摄影机成像过程是利用多个物镜获取地面在不同波段的反射信息（采用在不同镜头前加装不同滤光片的形式），并同时在不同胶片上曝光而得到地物的多光谱像片。这种相机物镜镜头的数量决定了其获取多光谱像片的波段能力，如四镜头多光谱相机可同时获得四个波段的多光谱像片。图 3.9 为四镜头型多光谱相机的成像原理示意图。

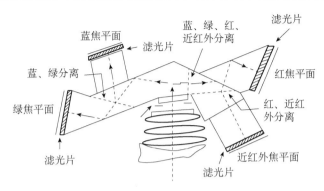 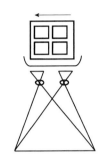

图 3.8　光束分离型摄影机分光原理示意图　　　图 3.9　四镜头型多光谱相机的成像
　　　　　　　　　　　　　　　　　　　　　　　　　　　　　原理示意图

　　摄影照相机在成像时要根据不同的目的来选择合适的胶片和对应的滤光片。摄影用的胶片根据其感光特性的不同分为黑白胶片、彩色胶片和彩色红外胶片。常用的黑白胶片有全色胶片和全色红外胶片，它们的感光范围分别为 0.4～0.7μm 和 0.4～0.8μm。地物在黑白胶片上影像的密度与其反射太阳辐射的能力成正比。彩色胶片的感光范围是 0.4～0.7μm，地物在负片上的颜色与地物自身的颜色互为补色。彩色红外胶片的感光范围是 0.5～0.8μm，仅对绿光、红光和近红外光起作用。在负片上，绿色物体呈黄色，红色物体呈蓝色，反射近红外光能力强的物体呈青色；在正片上，绿色物体呈蓝色，红色物体呈绿色，反射近红外光能力强的物体呈红色。因为地物在彩红外像片的颜色与其自身颜色不一致，所以彩色红外像片又称假彩色红外像片。

　　滤光片是改变光线光谱成分的介质，是获取理想影像不可缺少的器件。滤光片按制作材料可分为玻璃滤光片、胶质滤光片、塑料滤光片和液体滤光片，摄影中采用的大多是玻璃滤光片。摄取全色像片和彩色像片时，为了减少大气散射光的影响，增加影像反差和防止偏色，常在摄影机的镜头前加浅黄色滤光片来限制蓝光的通过；假彩色红外摄影时，通过黄色滤光片吸收全部蓝光成分，使绿、红、红外光通过，达到摄影目的。

　　摄影照相机用胶片记录地物电磁波辐射信息，具有很高的灵敏度和分辨率。但是，摄影胶片所能响应的波段在 0.4～1.1μm 这一比较窄的范围，即它仅能够获得 0.4～1.1μm 的电磁波信息，而且胶片不便于信息的实时传输与数字处理。因此，这种类型的传感器难以进行较长时间的连续工作。

二、扫描型传感器

　　受胶片感光范围的限制，摄影像片一般只能记录波长在 0.4～1.1μm 的电磁波辐射能量，且航天遥感时采用摄影型相机的卫星所带胶片有限，因此，摄影成像的范围受到了很大限制。20 世纪 50 年代以来，扫描成像技术得到快速发展，并基于该技术形成了扫描型传感器。扫描方式的传感器的探测范围从可见光至整个红外区，并采用专门的光敏或热敏探测器把收集到的地物电磁波能量变成电信号记录下来，然后通过无线电频道向地面发送，从而实现了遥感信息的实时传输。因为扫描方式的传感器既扩大了遥感探测的波段范围，又便于数据的存储与传输，所以成为航天遥感普遍采用的一类传感器。

常见的扫描方式的遥感传感器有光机扫描仪（optical mechanical scanner，OMC）、推帚式扫描仪和成像光谱仪。

1. 光机扫描仪

1）光机扫描仪概述

光机扫描仪（光学机械扫描仪）是借助传感器本身沿着垂直于遥感平台飞行方向的横向光学机械扫描，获取覆盖地面条带图像的成像装置。光机扫描仪主要有红外扫描仪和多光谱扫描仪两种类型，一般由收集器（光学扫描系统）、分光器、探测器、处理器（光电转换、模/数转换）和输出器（磁带、胶片）等几部分组成（图3.10）。地球观测卫星Landsat的MSS、TM、ETM、OLI以及气象卫星NOAA的AVHRR等都属于这种类型的扫描仪。下面简要介绍光机扫描仪各组成部分的原理及特性。

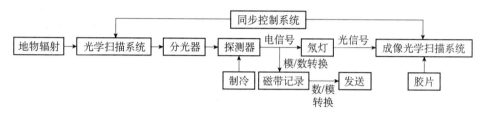

图3.10　光机扫描仪的一般结构

（1）收集器。在航天遥感中常用透镜系统或反射系统作为光机扫描仪收集地面电磁波辐射信息的器件。在可见光和近红外区，可用透镜系统也可用反射系统作为收集器。但在热红外区，电磁波的大部分被透镜介质吸收，透过率很低，因此一般采用反射镜系统。

（2）分光器。分光器的目的是将收集器收集的地面电磁波信息分解成所需要的光谱成分。常用的分光器元器件有分光棱镜、衍射光栅和分光滤光片。

分光棱镜依据物质折射率随波长变化的原理进行分光。当光波从物质表面入射到其内部时，物质对光波的折射率会随波长改变[图3.11（a）]。所以，入射到棱镜上的光经棱镜透射或经其内部反射出来后，会按不同波长向不同的方向传播出去，从而实现分光。常见的分光棱镜有60°棱镜和30°棱镜等。

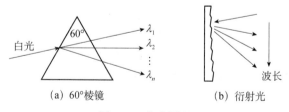

图3.11　分光原理

衍射光栅是一种由密集、等间距平行刻线构成的非常重要的光学器件，它分光非常精确，间隔一致，分光边界清晰，分反射和透射两大类。从地面传来的光线要通过一个聚光镜，它的作用是产生一束平行光线以某个角度照射到衍射光栅[图3.11（b）]。因为光栅相对于不同的光线有特定的角度，所以不同波长光线的衍射角度不同，从而使得入射光线能依照光谱波长进行分离。衍射光栅的精度要求极高，很难制造，但其性能稳定，分辨率高而且随波长的变化小，所以其在各种光谱仪器中得到广泛应用。

分光滤光片是能从某一光束中透射或反射特定波长的元件。依其分光功能，分为长波通滤光片、短波通滤光片和带通滤光片。长波通滤光片是仅让某波长以上的光通过的滤光片。常见的长波通滤光片是吸收滤光片和热红外区用的低温反射镜。吸收滤光片可以吸收某些特定波长的光。低温反射镜反射大于某波长的波段，供探测器探测使用，而短波被透射掉。短波通滤光片是仅让某波长以内的光通过的滤光片。常见的短波通滤光片是热红外区的热反射镜和吸收滤光片。热反射镜反射特定的短波波段，供探测器探测使用，而长波被透射出去。带通滤光片的作用是仅让特定波段的电磁波通过，常见的有干涉滤光片、偏振光干涉滤光片。另外，对长波通和短波通滤光片进行组合也可得到带通滤光片。

（3）探测器。探测分光后的电磁波并把它变换成电信号的元件称为探测器。探测器的种类较多，按光电转换方式可分为光电子发射型、光激发载流子型和热效应型等三类。

光电子发射型的探测元件有光电管和光电倍增管两种，主要应用于探测从紫外至可见光区的地物波谱反射特性。光激发载流子型的探测元件有光电二极管、光电晶体管、线阵列传感器等，主要探测地物从可见光到红外区的电磁波辐射信息。利用热效应（PEM）型的探测器是一种热红外探测器，如热电耦探测器和热释电探测器，它能把红外辐射能转换成电能。

探测器的性能常用以下几个指标来反映。

IFOV：是指某一很短的时间内，假定飞行器静止时，传感器所观测到的地面面积。IFOV 定义了传感器观测地面的最小面积，同时也确定了数字图像的空间分辨率。

探测的影响范围：是指传感器对亮度灵敏的最低和最高限度。卫星飞行的高度和速度必须要与传感器的灵敏度匹配，以保证传感器有足够的响应时间采集地面某一区域的反射光谱信号（这个响应时间就是停留时间）。

图 3.12 表示了探测器的灵敏范围。图中暗流信号区域是探测器能接收的最低亮度；探测器的最高限度出现在图中斜线的最上端，表示探测器响应的最大亮度水平；最大与最小的亮度范围内，即图中直线段部分，就是传感器能够正确响应的地面亮度范围。

扫描型传感器的亮度响应范围比胶片的响应范围要宽很多，因此当数字图像用胶片显示时，会丢失很多高或低的亮度信息。目视解译对图像的理解是基于胶片类型的，因此对数字图像的增强处理就是为了解决两种数据之间的光谱响应差异，以便扩大目视解译的光谱范围，提高目视判读效果。

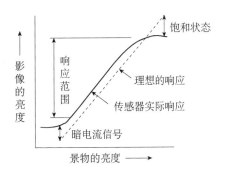

图 3.12　传感器探测的响应曲线

信噪比：是指信号与噪声之比。传感器接收的目标地物以外的信息称为噪声，噪声的产生一部分是由于传感器各部件累积的电子信号错误引起的，另一部分是来自大气、解译过程。

光谱灵敏度：用来表达传感器的光谱探测能力，包括传感器探测波段的宽度、波段数、各波段的波长范围和间隔等。由于各种探测器的响应范围不同，衍射光栅等分光元件无法确定明确的分光界限，光谱灵敏度对某个波段范围来说是有所变化的。例如，某个用来记录 0.5～0.6μm 绿色波段的传感器并不是在整个绿色波段表现出一致的光谱灵敏度，而只会在绿色波段中心位置具有较大的光谱灵敏度。

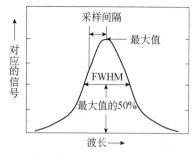

图 3.13　传感器光谱灵敏度曲线

传感器的光谱灵敏度常用半峰全宽（full width at half maximum，FWHM）即光谱灵敏度曲线的最大值的一半处光谱范围来确定（图 3.13）。传感器的光谱灵敏度确定了其光谱分辨率，即传感器所能探测的光谱宽度。例如，Landsat-8 卫星的 OLI 的第 3 波段（绿光波段）的响应范围为 0.53～0.59μm，其带宽为 60nm。这并不意味着 OLI3 波段只响应 0.53～0.59μm 的能量并与其他波长的能量响应有明确的分界线，而是形成如图 3.13 所示的响应曲线，在不同波段其灵敏度呈典型的高斯分布形态。0.53～0.59μm 是该波段探测器高斯曲线最大值一半处光谱范围，表示 OLI3 的能量敏感区域。探测带宽越大，其波段数就越少。一般多波段遥感的波段数为 10 个左右，其带宽小于 100nm。例如，Landsat-8 卫星的 OLI 和 TIRS 共有 12 个波段，除个别波段带宽大于 80nm 外，其他波段带宽均小于 60nm。

（4）处理器。从探测器出来的低电平信号需要放大和限制带宽。一般在探测器后面设置低噪声的前置放大器来完成该任务，而目前主要以 CCD 作为前置放大器。前置放大器出来的视频信号可输往磁带机，将模拟信号记录在磁带上。如果需要将信号记录在胶片上，则必须设计电光转换电路，将电信号转变成光信号，这时输出器上的光强度正好与目标辐射强度一致。如果要求输出信号为数字形式，则必须使用模/数转换器，对连续的模拟信号进行采样、量化和编码，将视频信号转换成离散的数字信号。

（5）输出器。输出器主要有胶片和磁带两种类型。磁带记录的形式分模拟磁带和数字磁带两种。模拟磁带记录数据后形成的磁带强度与视频信号强度一致。数字磁带记录的是已采样、量化和编码后的数字数据。数字磁带又分为高密度数字磁带（HDDT）和计算机兼容磁带（CCT）两种。

2）光机扫描仪的成像过程

如图 3.14 所示，当旋转棱镜旋转时，第一个镜面对地面横越航线方向扫视一次，在地面瞬时视场内的地面辐射能反射到反射镜组，经其反射、聚焦在分光器上，经分光器分光后分别照射到相应的探测器上。探测器则将辐射能转变为视频信号，再经电子放大器放大和调整，在阴极射线管上显示瞬时视场的地面影像，在底片曝光后记录（称为一个像元），或者视频信号经模/数转换器转换，变成数字的电信号，经采样、量化和编码，变成数据流，向地面作实时发送或由磁带记录仪记录后作延时回放。随着棱镜的旋转，垂直于航向上

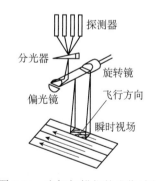

图 3.14　光机扫描仪的成像过程

的地面依次成像形成一条影像线被记录。平台在飞行过程中，扫描旋转棱镜依次对地面扫描，形成一条条相互衔接的地面影像，最后形成连续的地面条带影像。

在取得地面影像的同时，还要获取图像的校标数据。地面辐射经转换变成电信号时，会受到探测元件灵敏度变化的影响，使得相同电磁波辐射强度的地物产生不同的信号。为此，将辐射强度和温度一定的辐射源（或热源）装入扫描仪，在获取地面图像的同时，每隔一定的时间，探测器也对仪器内的辐射体（或热体）进行探测，把探测的结果变成电信号或图像，由此可校正因探测误差而引起的辐射误差，以保持图像灰度测量的精度。

3）光机扫描仪的重要参数

光机扫描仪的参数有很多，其中瞬时视场角、像点、地面分辨率、总视场角等对遥感图像应用有重要影响。

瞬时视场角 $\Delta\theta$：扫描系统在某一时刻对空间所张的角度，它由探测元件的线度 δ 与光学系统的总焦距 f 决定。

$$\Delta\theta = \delta/f \qquad (3.6)$$

像点：瞬时视场角在影像上对应的点，也称像元或像素。

总视场角 φ_0：光学扫描系统对目标扫描摆动的最大角度，也称总扫描角。总视场角越大，每次运行覆盖的地面面积就越大。每条扫描线所对应的地面长度 L 可表示为

$$L = 2H\tan(\varphi_0/2) \qquad (3.7)$$

由式（3.7）可知，航高 H 越高，扫描线越长。

地面分辨率：瞬时视场角在地面上对应的距离——瞬时视场线度 D，称为地面分辨率，其大小与 $\Delta\theta$、航高 H 和扫描角 φ 有关。根据弧长公式，可得出扫描仪垂直投影点、飞行方向和扫描方向的线度（地面分辨率）分别为

$$D_0 = \Delta\theta \cdot H \qquad (3.8)$$

$$D_f = D_0 \cdot \sec\varphi \qquad (3.9)$$

$$D_s = D_0 \cdot \sec^2\varphi \qquad (3.10)$$

式中，D_0 为扫描仪垂直投影点分辨率；D_f 为飞行方向分辨率；D_s 为扫描方向分辨率。因为 $\sec\varphi \geq 1$，所以扫描角越大，分辨率越低。扫描角 φ 为机下扫描点与瞬时扫描点所形成的角度（图 3.15）。

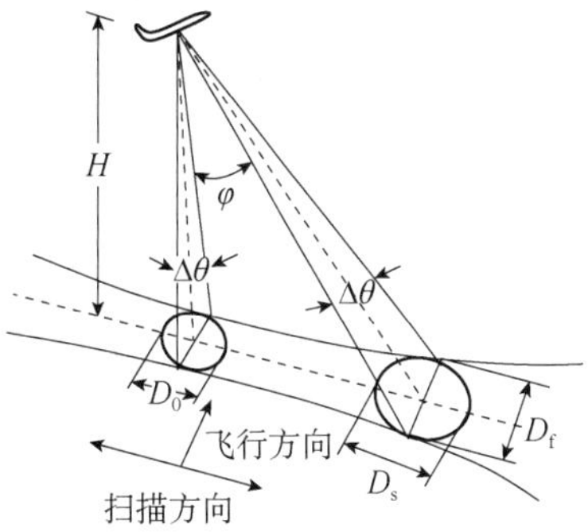

光学扫描系统的瞬时视场角很小，扫描镜只收集点的辐射能量，利用本身的旋转或摆动形成一维线性扫描，加上平台移动，实现对地物平面扫描，达到收集区域地物电磁辐射的目的。

图 3.15　瞬时扫描视场线度

2. 推帚式扫描仪

将固体光电转换元件排成一排作为探测器的扫描仪称为推帚式扫描仪或线性阵列传感器（linear array sensor）。因推帚式扫描仪大多是采用 CCD 制成的传感器，又称为 CCD 固体自扫描仪。和光机扫描仪相比，它使用由半导体材料制成的固体探测器件，通过遥感平台的运动对目标地物进行扫描成像。这种探测器件具有自扫描、感受波谱范围宽、畸变小、体积小、质量轻等优点，并可制成集成度很高的组合件。按探测器的不同排列形式，CCD 固体扫描仪分为线阵列扫描仪和面阵列扫描仪两种类型（图 3.16 和图 3.17）。目前，越来越多的扫描仪以 CCD 固体自扫描仪代替光机扫描系统。

1）推帚式扫描仪的成像过程

线阵列传感器获取图像的方式如图 3.16 所示，线阵列方向与飞行方向垂直，在某一瞬间得到一条线影像，一幅影像由若干条线影像拼接而成，所以又称为推帚（扫）式扫描成像。这种成像方式在几何关系上与缝隙摄影机的情况相同。

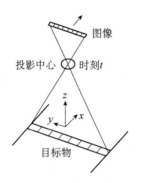

图 3.16　线阵列传感器成像方式

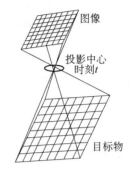

图 3.17　面阵列传感器成像方式

SPOT-1、2、3 卫星上装载的 HRV（high resolution visible）传感器就是一种 CCD 线阵列传感器，它有多光谱形式的 HRV 和全色 HRV 两种形式。多光谱 HRV 的每个波段的线阵列探测器由 3000 个 CCD 元件组成，每个元件形成的像元相对地面上为 20m×20m。因此，一行 CCD 探测器形成的影像线相对地面上为 20m×60km。全色 HRV 用 6000 个 CCD 元器件组成一行，地面上总宽度仍然为 60km，因此每个像元对应地面的大小为 10m×10m。

　　2）推帚式扫描仪的立体成像

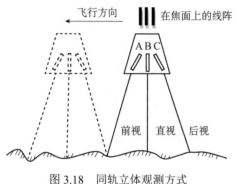

图 3.18　同轨立体观测方式

推帚式扫描仪可以实现对地面的立体观测，即获取地面的立体影像。立体观测有同轨立体观测和异轨立体观测两种形式。

（1）同轨立体观测。同轨立体观测是指在同一条轨道的方向上获取立体影像。其方法是：在卫星上安置两台以上的推帚式扫描仪，一台垂直指向天底方向，其他的指向平台前进方向（航向）的前方或后方，且传感器之间的光轴保持一定的夹角，如图 3.18 所示。随着平台的移动，多台扫描仪就可获取同一地区的立体影像。为了便于观察或测图，不同扫描仪获取的影像应有相同的比例尺，所以前后视扫描仪光学系统的焦距应与正视扫描仪的光学系统焦距不同。

　　例如，美国的立体测图卫星，前视和后视线阵列扫描仪的主光轴与正视线阵列扫描仪的主光轴之间的夹角均为 26.57°。卫星设计高度为 705km，正视扫描仪的焦距设计为 705mm，前视和后视扫描仪焦距设计为 775mm，三台扫描仪获取的影像比例尺均为 1∶100 万。

　　（2）异轨立体观测。异轨立体观测是在不同轨道上获取立体影像。在立体观测时，可以使用一台或多台扫描仪。SPOT 卫星使用一台扫描仪获取立体影像。该扫描仪的平面反射镜可绕指向卫星前进方向的滚动轴旋转，从而实现在不同轨道间的立体观测（图 3.19）。由于平台反射镜左右两侧离垂直方向

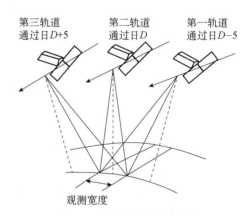

图 3.19　异轨立体观测方式

最大可达±27°，从天底向轨道任意一侧可观测 450km 范围内的景物，在相邻的许多轨道间都可以获取立体影像。因为轨道的偏移系数为 5，所以相邻轨道差 5 天，即如果第一天垂直地面观测，则第一次立体观测在第 6 天才能实现。由于气候条件的限制，这种立体观测方式形成的立体影像有时不能保证质量。

（3）推帚式扫描仪的特点。推帚式扫描仪具有以下优点：第一，摒弃了复杂的光学机械扫描系统，质量轻，图像与地面的几何关系稳定，确保每个像元具有精确的几何位置；第二，可以获得可见光和近红外（1.2μm 以内）的全色和多光谱影像；第三，由于采用 CCD 作为探测器件，便于图像的实时传输；第四，提高了传感器的灵敏度和信噪比，即提高了对目标地物的反射能量的响应程度，减少了传感器各部件累积的电子信号错误引起的图像噪声。它的缺点是由于探测器数目多，当探测器彼此间存在灵敏度差异时，往往会产生带状噪声，因此必须进行辐射校正。

3. 成像光谱仪

通常的多光谱扫描仪将可见光—近红外波段分割为几个或几十个波段，一般称其为宽波段。在利用遥感影像识别地物类型时，在一定波长范围内，传感器探测波段分割越多，即波谱取样点越多，越接近连续光谱曲线。因此，可以使扫描仪在获取地物影像的同时也获取该地物的光谱组成。这种既能成像又能获取目标光谱曲线的"谱像合一"技术，称为成像光谱技术，按这种技术原理制成的扫描仪称为成像光谱仪。

成像光谱仪是新一代传感器，是遥感技术发展中的新技术、新成果，其获取的图像由多达数百个波段的非常窄的、连续的光谱段组成，光谱波段覆盖了从可见光到热红外区域的全部光谱带，使图像中的每个像元均能形成连续的反射率曲线。目前，成像光谱仪主要应用于高光谱航空遥感，在航天遥感领域高光谱也开始应用。成像光谱仪的种类很多，常见的成像光谱仪的主要性能见表 3.6。

表 3.6　常见的成像光谱仪的主要性能

仪器参数	国家或机构	卫星高度/km	扫描方式	幅宽/km	像元数	光谱分辨率/nm	波段数	光谱范围/μm	焦距/m
MODIS	美国	705	摆扫	2330	40, 20, 10	10～500	36	0.4～14.4	0.38 0.282（TIR） 2.1
HIS	美国	523	面阵推扫	7.68 PAN: 12.9	256	VNIR: 5 SWIR: 6	384	VNIR: 0.43～1.0 SWIR: 0.9～2.5 PAN: 0.48～0.75	1.048
HRIS	欧洲空间局	800	面阵推扫	30	768	10	192	VNIR: 0.45～1.0 SWIR: 1.0～2.35	0.6
PRISM	欧洲空间局	775	面阵推扫	50	1024	15	105	VNIR: 0.45～1.0 SWIR: 1.16～1.4, 1.49～1.79, 2.02～2.35 MIR: 3.5～4.1 TIR: 8.1～9.5	—
C-HRIS	中国	800	面阵推扫	32	800	VNIR: 10 SWIR: 20	120	VNIR: 0.43～1.03 SWIR: 1.0～2.4	0.6
COIS	美国	600	面阵推扫	15	500	10	210	0.4～2.5VNIR 和 SWIR: 双光谱仪	0.36

续表

仪器参数	国家或机构	卫星高度/km	扫描方式	幅宽/km	像元数	光谱分辨率/nm	波段数	光谱范围/μm	焦距/m
HYPE RION	美国	705	面阵推扫	7.5	320	30	220	0.4～2.5	—
ARIES	澳大利亚	500	推扫	15（星下） 420（倾斜）	—	10～30	128	0.4～1.1 2.0～2.5	—
OrbView	美国	470	面阵推扫	PAN，MS：8；HS5	1000	10	100	VNIR：0.4～1.0 SWIR：1.0～1.1 1.2～1.3 1.55～1.75 PAN：0.45～0.9 MS：0.45～0.9	2.75

　　成像光谱仪按其结构的不同，可分为两种基本类型：一种是面阵列探测器加推扫式扫描仪的成像光谱仪（图3.20），它利用线阵列探测器进行扫描，利用色散元件和面阵列探测器完成光谱扫描，利用线阵列探测器及其沿轨道方向的运动完成空间扫描。另一种是用线阵列探测器加光机扫描仪的成像光谱仪（图3.21），它利用点探测器收集光谱信息，经色散元件后分成不同的波段，分别在线阵列探测器的不同元件上，通过点扫描镜在垂直于轨道方向的面内摆动以及沿轨道方向的运动完成空间扫描，而利用线探测器完成光谱扫描。

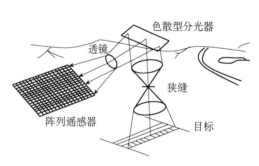

图 3.20　带面阵的成像光谱仪

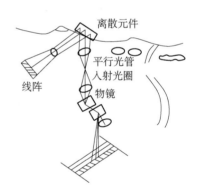

图 3.21　带线阵的成像光谱仪

　　成像光谱仪数据具有光谱分辨率极高的优点，同时由于数据量巨大，难以进行存储、检索和分析。为适应成像光谱数据的表达而发展起来的一种新型的数据格式——图像立方体应运而生。立方体正面的图像是一幅自己选择的三个波段图像合成，是表示空间信息的二维图像，在其下面则是单波段图像叠合；位于立方体边缘的信息表达了各单波段图像最边缘各像元的地物辐射亮度的编码或反射率，这种图像表示形式也称为影像立方体。

　　从几何角度来说，成像光谱仪的成像方式与多光谱扫描仪相同，或与CCD线阵列传感器相似。因此，在几何处理时，可采用与多光谱扫描仪和CCD线阵列传感器数据类似的方法。成像光谱仪光谱分辨率虽然很高，但空间分辨率却较低（几十米甚至几百米）。正是因为成像光谱仪可以得到波段宽度很窄的多波段图像数据，所以它多用于地物的光谱分析与识别。目前，成像光谱仪的工作波段为可见光、近红外和短波红外，它对于特殊的矿产探测与海洋水色调查非常有效，尤其是矿化蚀变岩在短波段具有诊断性光谱特征。

与其他遥感数据一样，成像光谱数据也经受着大气、遥感平台姿态、地形因素的影响，产生横向、纵向、扭曲等几何畸变及边缘辐射效应。因此，在数据提供给用户之前必须进行预处理，预处理内容包括平台姿态的校正、沿飞行方向和扫描方向的几何校正以及图像边缘辐射校正。

三、微波成像类传感器

1. 微波遥感的特点

由于波长的差异以及相位、极化等特性，与光学遥感相比，微波遥感有其特殊的性能。

1）全天候、全天时工作

可见光遥感只能在白天工作，红外遥感虽然可以在晚上工作，但是不能穿透云雾。因此，当地表被云层遮盖时，光学遥感是无能为力的。而地球表面有40%～60%的面积常年被云层覆盖，平均日照时间不足一半，占全球表面约3/5的海洋表面的天气环境更加恶劣多变。按照瑞利散射原理，散射强度与λ^{-4}成正比，因为微波的波长比可见光和红外波段都长得多，所以微波在大气中衰减较少，穿透云、雨、烟、雾的能力强，具有全天候、全天时的特点。

2）微波对地物有一定穿透能力

微波对各种地物的穿透深度与波长和穿透的介质有关。波长越长，穿透能力越强。而地物湿度越低，穿透深度越深（图3.22）。微波对干燥的沙漠穿透深度可达到几十米，对冰层能穿透100m，但对潮湿的土壤只能穿透几厘米到几米。

3）微波对地物具有特殊的波谱特征

在可见光遥感和红外遥感图像中，许多地物由于其辐射波谱特征相似，无法进行有效区分和识别；但其微波辐射特征差异反而比较大，相对容易进行图像分析与应用。例如，在微波波段中，水的比辐射率为0.4，而冰的比辐射率为0.99，其亮度温差为100K，很容易进行区分；而在红外波段，水的比辐射率为0.96，冰的比辐射率为0.92，两者相差甚微，难以甄别。

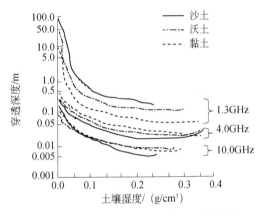

图3.22　穿透深度与土壤湿度、土壤类型及微波频率的关系

4）雷达遥感图像中包含相位信息和极化信息

雷达遥感不仅可以记录电磁波振幅信号，而且可以记录电磁波相位信息和极化信息。由数次观测得到的数据可以计算出针对地面上每一点的相位差，进而计算该点的高程，其精度可以达到几米，这就是干涉测量。利用干涉测量技术，可以对地形变化（如地震、地壳运动）进行监测，目前雷达干涉测量技术已得到广泛应用。

而电磁波的极化对目标的介电常数、物理特性、几何形状和取向等比较敏感，因此极化测量可以大大提高成像雷达对目标各种信息的获取能力。目前各国学者在极化SAR数据的分析和应用方面开展了许多研究工作，雷达极化已经发展成为一种比较成熟的技术，在农业（分辨不同的农作物耕地）、森林（植被高度、衰减系数等生物量的估计、物种识别）、地质（地质结构描述）、水文（表面粗糙度和土壤湿度估计、雪湿度估计）、海冰监测（冰龄和厚度估计）和海洋学（波特性估计，热和波前探测）等很多领域都得到了广泛的研究和应用。

5）微波能提供不同于可见光和红外遥感所能提供的某些信息

例如，微波高度计具有测量距离的能力，可用于测定大地水准面。再如，由于海洋表面对微波的散射作用，可利用微波探测海面风力场，有利于提取海面的动态信息。

2. 微波遥感成像类传感器

微波遥感有两种观测方式：一种是利用微波传感器向地面发射微波然后接受其散射波的方式，称为主动式；另一种是观测地表目标的微波辐射信息，称为被动式。

在海洋、陆地和大气微波遥感应用中，常用的有效传感器包括微波辐射计、微波高度计、无线电地下探测器、微波散射计和成像雷达（表 3.7）。

表 3.7　微波传感器的分类

类型	遥感器种类	观测对象
被动式传感器 （passive sensor）	微波辐射计	海面状态、海水盐分浓度、水蒸气垂直分布、云层含水量、大气温度垂直分布等
主动式传感器 （active sensor）	微波散射计	土壤水分、地表粗糙度、冰的分布、积雪分布、植被密度、海浪、风向、风速
	微波高度计	海面形状、大地水准面、海流、潮汐、风速
	无线电地下探测器	地质、矿产勘探等
	成像雷达	地表影像、DEM、地表形变、海浪、海风、海冰、雪冰的监测

在以上 5 种微波传感器中，只有微波辐射计和成像雷达可用于成像，下面对这两种成像类微波传感器进行介绍。

1）微波辐射计

微波辐射计可用于记录目标的亮度温度。将它放在地面平台上时，可以记录一个观测单元的亮度温度。如果安装在飞行器上，则可以记录沿飞行方向的一条亮度温度曲线，而当将辐射的天线设计成扫描方式时，就可以获得一个扫描区域的亮度温度数据，或一条沿着飞行方向，具有一定宽度的带状区域的亮度温度图。天线扫描有两种方式，一种是机械方式，让天线摆动，或者让天线的反射器摆动。另一种是电控方式，它并不像散射计、高度计那样发射雷达波束，工作方式如同红外扫描仪，只是所接收的信息是地物目标发射的微波信号。图3.23 为微波辐射计天线的两种扫描方式，天线在每一瞬间接收来自地面一个近乎圆形或椭圆形地块内地物的微波辐射信号，通过天线来回扫描，随着飞行器的前进，获得扫描地带上各种地物的信号，并形成图像。

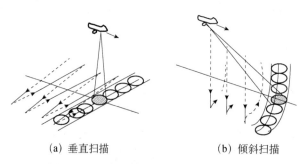

(a) 垂直扫描　　　　　　(b) 倾斜扫描

图 3.23　微波辐射计天线波束的扫描方式

2）成像雷达

雷达（radio detection and ranging，RADAR）是无线电探测与测距的缩写，即由发射极通过天线在很短时间内，向目标地物发射一束很窄的大功率电磁波脉冲，然后再由天线接收目标地物的回波信号而进行显示的一种传感器。不同物体，回波信号的振幅和相位不同，因此通过对回波信号的处理，可测量出目标地物的方向、距离和特征等信息。而根据成像技术的不同，成像雷达又可以分为真实孔径雷达和合成孔径雷达两种类型。

第四章　遥感影像及其特征

第一节　航空摄影及其影像特征

航空遥感是遥感技术的重要组成部分，在经济发展的各个领域特别是在地质、地理、农林、环境等方面的应用中取得了很大成就，成为自然资源调查和研究的重要手段和基本工具。目前，主要是应用各种摄影方法获取影像资料，进行专业分析应用。航空摄影可向用户提供高质量的像片产品，其成像范围主要为可见光—近红外，其是航空遥感的主要类型。

一、航空摄影类型

1. 按摄影倾斜角分类

像片倾斜角是指航空摄影机主光角与通过镜头中心的铅垂线之间的夹角。根据像片倾斜角不同，可分为垂直摄影和倾斜摄影。

垂直摄影：像片倾斜角小于 3°的摄影称为垂直摄影，获得的像片称为水平像片或垂直像片，航空摄影测量和制图大多是这类像片（图 4.1）。

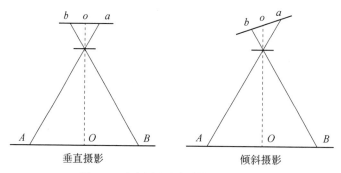

图 4.1　垂直摄影和倾斜摄影示意图

倾斜摄影：像片倾斜角大于 3°的摄影称为倾斜摄影，获得的像片称为倾斜像片。倾斜摄影时，像片倾斜角越大，影像畸变越大，图像纠正困难，不利于制图。但有时为了获取较好的立体效果且对制图精度要求不高时，也采用倾斜摄影（图 4.1）。

2. 按摄影实施方式分类

按摄影实施方式的不同，可以分为单片摄影、单航线摄影和多航线摄影三种类型。

单片摄影：为特定目标或小区域进行的摄影，一般获得一张或数张不连续的像片。

单航线摄影：沿一条航线，对地面狭长地区或沿线状地物（如铁路、公路、河流等）进行的连续摄影。为了保证相邻像片的地物能相互衔接以及满足立体观察的需要，相邻像片间需要一定的重叠，称为航向重叠（图 4.2），一般为 53%～60%。

多航线摄影（面积摄影、区域摄影）：沿数条航线对较大区域进行连续摄影。多航线摄影要求各航线相互平行，同一条航线上相邻像片的航向重叠为 53%～60%。在飞行过程中，并不能保证不偏航，为防止漏摄，要求相邻航线间的像片也要有一定的重叠，称为旁向重叠或航线重叠（图 4.2），一般应为 15%～30%。

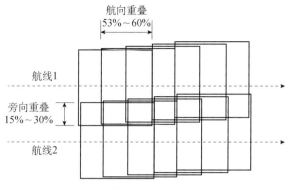

图 4.2　航向重叠和旁向重叠

3. 按感光片和波段分类

按感光片和波段的不同，可以分为全色黑白摄影、黑白红外摄影、彩色摄影、彩色红外摄影和多光谱摄影等。

全色黑白摄影：采用全色黑白感光材料进行的摄影，其感光范围主要在可见光波段。

黑白红外摄影：采用黑白红外感光材料进行的摄影，其感光范围主要在可见光、近红外（0.4～1.3μm）波段，尤其对水体、植被反应灵敏，所摄像片具有较高的反差和分辨率。

彩色摄影：采用彩色胶片进行的摄影。彩色胶片感受可见光波段范围的各种色光，形成物体的自然彩色。与全色黑白像片相比，彩色影像所形成的色彩与自然彩色相同，且符合人眼对色彩的分辨特征，大大提高了影像判读的精度和效果。

彩色红外摄影：采用彩色红外胶片并配以一定类型的滤光片进行的摄影称为彩色红外摄影。在摄影过程中，配以黄色滤光片，以控制蓝光进入镜头。彩色红外胶片由三层乳胶剂组成，分别感受可见、近红外波段（0.4～1.3μm）的绿光、红光和近红外光，并分别形成蓝色、绿色和红色。彩色红外像片与彩色像片相比，在色别、明暗度和饱和度等方面有很大不同。因为彩色红外像片不对蓝光感光，所以不受大气散射蓝光的影响，像片清晰度很高。彩色红外像片色彩鲜艳，适合城市航空摄影，是目前主要的航空摄影类型之一。

多光谱摄影：用多波段摄影机或多镜头摄影机利用多种感光片配合各种滤色镜进行摄影并记录影像，获得各个波段的分色黑白影像。例如，国产四波段摄影机，可以在五个波段中任选四个，即在镜头前分别套上 0.32～0.4μm、0.4～0.5μm、0.5～0.6μm、0.6～0.7μm 的滤色镜，在全色黑白片上分别形成紫外、蓝色、绿色和红色波段像片；在镜头前套上 0.7～1.0μm 的滤色镜，在红外黑白片上形成红外波段像片。

根据需要，分波段黑白影像可以合成彩色影像或黑白影像。

二、航空像片的几何特性

1. 投影类型

投影一般分为正射投影和中心投影两种类型。

当一束通过空间点的平行光线垂直相交于一平面时，其交点称为空间点的正射投影，或者垂直投影，该平面称为投影面（图 4.3）。正射投影构成的图形与实物形状完全相似，不受投影距离的影响，有统一的比例尺，并且比例尺的改变不影响图形的形状。

若空间任意点与某一固定点连成的直线或者延长线被一平面所截，则直线与平面的交点称为空间点的中心投影（图 4.3）。m 点是 M 点的中心投影，固定点 S 为投影中心，MS 为投影线，平面 P 称为投影面或像平面。中心投影构成的影像与地面形状不完全相似，没有统一的比例尺，比例尺的大小取决于 S、M 与 P 之间的关系。

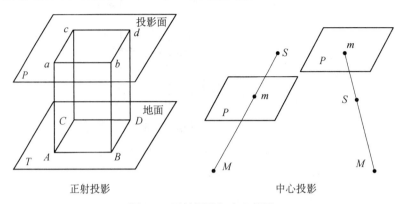

正射投影　　　　　　　　　　中心投影

图 4.3　正射投影与中心投影

2. 航空像片的投影及构像规律

因为航空摄影时地面上每一物点所反射的光线，通过镜头中心后，都会聚在焦平面上而产生该物点的像，所以航空像片属于中心投影（图 4.4）。中心投影构成的像有正像、负像之分。根据透镜成像原理，如果物体和投影面位于投影中心的两侧，其投影像为负像；物体和投影面位于投影中心的同一侧时，则为正像。因此，航片是地面的中心投影正像。在图 4.4 中，S 为投影中心，P 为负像，P' 为正像。

中心投影构成的影像服从透视成像规律。在中心投影上，点的像仍然是点；直线的像一般仍是直线，但如果直线的延长线通过投影中心时，则该直线的像就是一个点；空间曲线的像一般为曲线，但若空间曲线在一个平面上，而该平面又通过投影中心时，它的像则为直线；平面的像一般为平面，只有当平面通过投影中心时，像为一直线。

3. 航空像片的特征点线

航空像片有一系列特殊位置的点和线，它们反映了中心投影的几何性质，对于了解航空像片的性质和确定其在空间的位置具有重要意义。

航空像片上的特征点线以及它们相互间的关系如图 4.5 所示。图中 P 为像平面，S 为投影中心，T 为地平面，倾斜像平面上的特征点和线有如下几种。

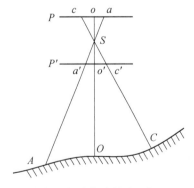

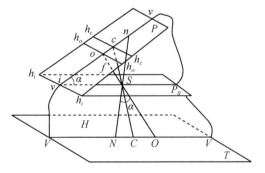

图 4.4　航空像片的中心投影　　　　　图 4.5　航空像片上的特征点和线

像主点（o）：通过投影中心 S，垂直于像平面的直线 So 称为摄影机的主光轴（主光线），它与像平面的交点 o 称为像主点，像主点在地面上的相应点 O 称为地主点。

像底点（n）：通过投影中心 S 的铅垂线 SN 称为主垂线，它与像平面的交点 n 称为像底点，像底点在地面上的相应点 N 称为地底点。

等角点（c）：主光轴与主垂线所夹的角 α 称为像片倾斜角。平分倾角的直线与像平面的交点 c 称为等角点，在地面上的相应点 C 也称为等角点。当地面平坦时，倾斜像片上只有以等角点为顶点的方向角与地面相应角大小相等。

主纵线（vv）：包含主光轴和主垂线的平面称为主垂面，它与像平面的交线 vv 称为主纵线，即通过像主点和像底点的直线，其在地面上相应的线 VV 称为基本方向线。

主横线（$h_o h_o$）：在像平面上，凡是与主纵线垂直的直线都称为像水平线。通过像主点的像水平线 $h_o h_o$ 称为主横线。

等比线（$h_c h_c$）：在像平面上，通过等角点的像水平线 $h_c h_c$ 称为等比线。在等比线上比例尺不变。

主合点（i）和主合线（$h_i h_i$）：过投影中心的水平面与像平面的交线 $h_i h_i$ 称为主合线或地平线。主纵线与主合线的交点称为主合点 i，主合点是平行于基本方向线的各水平线在倾斜像片上影像相交的点。

在水平像片上，像主点、像底点和等角点重合，主横线和等比线重合。

4. 航空像片的像点位移

地形的起伏和投影面的倾斜会引起像片上像点位置的变化，称为像点位移。引起航空像片像点位移的主要因素是像片倾斜和地面起伏。

1）因像片倾斜引起的像点位移——倾斜误差

地物点在倾斜像片上的像点位置与同一摄影站获得的水平像片上的像点相比，产生的一段位移称为倾斜误差。

在图 4.6 中，P_0 与 P 为同一摄影站的水平像片和倾斜像片，地面上任意点 A 在 P_0 和 P 的像点分别为 a_0 和 a，c 为等角点，$h_c h_c$ 为等比线。为研究像点 a 的位移，假设将像平面 P_0 以等比线为轴旋转 α 角，使之与 P 重合，结果表明 a 与 a_0 不重合。设 $aa_0 = \delta_\alpha$，$ca = r_c$，因像片倾斜所产生的像点位移 δ_α 可表示为

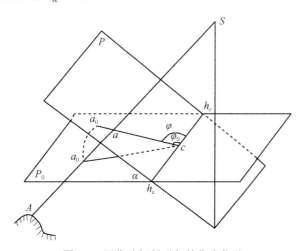

图 4.6 因像片倾斜引起的像点位移

$$\delta_\alpha = \frac{r_c^2}{f} \sin\varphi\sin\alpha \qquad (4.1)$$

式中，r_c（向径）为倾斜像片上像点到等角点的距离；φ 为等比线与像点向径之间的夹角；α 为像片倾斜角；f 为摄影机焦距。

分析式（4.1），可得出像片倾斜误差具有如下规律。

第一，倾斜误差的方向在像点与等角点的连线上。

第二，倾斜误差的大小与像片倾斜角成正比，倾角越大，误差越大。

第三，倾斜误差的大小与像点到等角点距离的平方成正比，与摄影机的焦距成反比，即越位于像片边缘的像点，倾斜误差越大；焦距越小，倾斜误差越大。反之，倾斜误差越小。

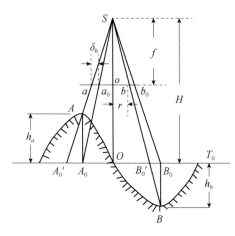

图 4.7 因地形起伏引起的像点位移

2）因地形起伏引起的像点位移——投影误差

由于地形起伏，高于或低于基准面的地面点在像片上的像点对于它在基准面上的垂直投影点的像点所产生的直线位移，称为投影误差（投影差）。如图 4.7 所示，地面点 A 对基准面 T_0 的高差为 h_a，地面点 B 对基准面 T_0 的高差为 h_b，A、B 点在基准面的垂直投影点为 A_0、B_0；A、B 在像片上的影像为 a、b，A_0、B_0 在像片上的影像为 a_0、b_0，像片上线段 aa_0 与 bb_0 就是因地形起伏引起的像点位移，即投影误差。

以 δ_h 表示像点位移（aa_0、bb_0），以 r 表示像点到像主点的距离（即 a_0、b_0），h 表示像点的高差（即物点相对基准面的高差 h_a、h_b），H 表示航高，依据它们的几何关系，可得出像点投影差的一般公式为

$$\delta_h = \frac{hr}{H} \qquad (4.2)$$

根据式（4.2），可得因地形起伏引起的像点位移的变化规律。

第一，投影误差大小与像点距像主点的距离成正比，像片中心部位投影误差小，像主点是唯一不因高差而产生投影误差的点。

第二，投影误差与航高成反比，航高越大，引起的投影误差越小。

第三，投影误差与高差成正比，高差越大，投影误差越大，反之越小。地物点高于基准面时，投影误差为正值，像点背离像底点方向移动；地物点低于基准面时，投影误差为负值，像点向着像底点方向移动。

3）航空像片的使用区域

正是因为像片倾斜或是地形起伏引起像点位移，且越靠近边缘误差越大，所以，航空摄影像片尽可能使用其中心部分。通常使用的水平像片的误差主要来源于地形起伏，像片边缘误差较大。工作中一般只使用像片的中间部分，这部分称为航空像片的使用面积。一张像片的使用面积一般由像片的航向重叠和旁向重叠的中线（或距中线不超过 1mm 的线）所围成（图 4.8）。

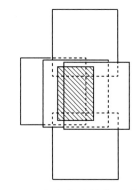

图 4.8 航空像片的使用面积

5. 航空像片的比例尺

航空像片比例尺的含义与地形图相同，是指像片上某一线段长度与地面实际对应长度之比。由于受中心投影像点位移的影响，同一张像片各部位的比例尺不相同，使用时需要正确理解和测定。

1）水平像片的比例尺

当地面平坦而水平时，水平像片的比例尺各处相等，该比例尺又称为像片主比例尺，如图 4.9 所示。

$$\frac{1}{M} = \frac{ab}{AB} = \frac{f}{H} \tag{4.3}$$

式中，f 为镜头焦距；H 为航高。

当地形起伏较大时，水平像片上各处的比例尺并不相等，只有在同一高度上的影像才具有相同的比例尺，如图 4.10 所示，不同高度比例尺为

$$\frac{1}{M_0} = \frac{em}{EM} = \frac{f}{H_0} \tag{4.4}$$

$$\frac{1}{M_1} = \frac{ab}{AB} = \frac{f}{H_0 - h_1} \tag{4.5}$$

$$\frac{1}{M_2} = \frac{cd}{CD} = \frac{f}{H_0 + h_2} \tag{4.6}$$

式中，f 为镜头焦距；H_0 为相对于基准面的航高；h_1、h_2 分别为地面点与基准面的高差。

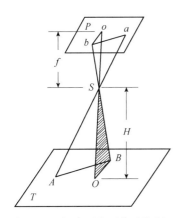

图 4.9 平坦地区水平像片比例尺

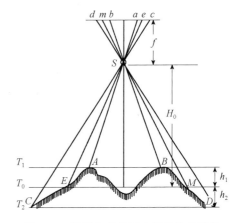

图 4.10 地形起伏地区水平像片比例尺

由此可以看出，地面高程大者，比例尺大，反之则小。计算水平像片比例尺的一般公式为

$$\frac{1}{M} = \frac{f}{H_0 - h} \tag{4.7}$$

式中，h 为地面点与基准面的高差，高于基准面为正，低于基准面为负。

2）倾斜像片的比例尺

倾斜像片的比例尺比水平像片的比例尺复杂得多，如图 4.11 所示。一般计算公式为

$$\frac{1}{M} = \frac{f}{H} \cdot \frac{\left(\cos\alpha - x_a \sin\alpha / f\right)^2}{\sqrt{1 - \cos^2\varphi \sin^2\alpha}} \tag{4.8}$$

式中，x_a 为像点在像片上的横坐标（坐标系原点是像主点，横轴是主纵线），其他符号同

前。由式（4.8）可得出如下规律。

第一，等比线将像片分成两部分，包含主像点的部分，比例尺较同一航高水平像片比例尺小；包含像底点的部分，比例尺较同一航高水平像片的比例尺大。

第二，同一条像水平上比例尺一致，等比线上的比例尺等于同一航高水平像片的比例尺。

第三，同一像点纵向和横向比例尺不同。

第四，比例尺的变化与像片倾角成正比，倾角越大，比例尺变化越剧烈。

3）像片比例尺的测定

在平坦地区，近似垂直摄影的情况下，可以用像片的平均比例尺代替整张像片的比例尺，平均比例尺的计算方法如图4.12所示。在像点附近选一明显地物点 k，在像片四角选择4个明显地物点，分别与 k 用直线连接，选点应尽量使点两两对称，距离相等，各线段接近正交。精确量测长度 l_1、l_2、l_3 和 l_4，以及对应地面的长度 L_1、L_2、L_3 和 L_4，用下式计算像片平均比例尺：

$$\frac{1}{M} = \frac{1}{2}\left(\frac{l_1 + l_3}{L_1 + L_3} + \frac{l_2 + l_4}{L_2 + L_4} \right) \tag{4.9}$$

或者

$$\frac{1}{M} = \frac{1}{4}\left(\frac{l_1}{L_1} + \frac{l_2}{L_2} + \frac{l_3}{L_3} + \frac{l_4}{L_4} \right) \tag{4.10}$$

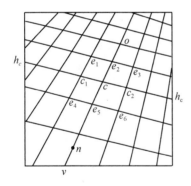

图4.11　倾斜像片的比例尺

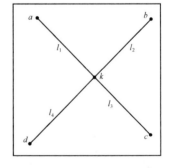

图4.12　像片比例尺的测定

对于丘陵地带和山区，因为地面起伏较大，投影误差也大，所以不能用一个平均比例尺来代表整张像片的比例尺，而是测定某一点的比例尺，作为该点周围某个局部范围的近似比例尺。任意点的比例尺计算公式为

$$\frac{1}{M_i} = \frac{f}{H_i} \tag{4.11}$$

式中，f 为焦距；H_i 为任意点相对航高。可根据该张像片的绝对航高 H_0 及任意点本身高程 h_i 计算得出：$H_i = H_0 - h_i$。其中 h_i 可由地形图查出，H_0 由像片上的四个平高点（已知平面位置和高程的明显地物点）计算。具体测量计算方法见航测教材。

三、航空像片的立体观测与立体量测

1. 立体观察原理

用光学仪器或肉眼对一定重叠率的像对进行观察，获得地物的地形光学立体模型，称为像片的立体观察。人的双眼具有观察事物远近和产生立体感觉的能力，航摄像片的立体观察就是模仿人眼观察立体时所需的条件，使人们建立起立体的感觉。

1）单眼观察

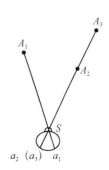

单眼观察物体时，只有一个眼睛的视轴指向所观察的物体，不易分辨物体的远近，即不易辨别物体的景深，如图 4.13 所示。当观察点由 A_1 移到 A_2 时，物体在视网膜上的物像由 a_1 移到 a_2。如果 A_2 沿 SA_2 方向移到 A_3 时，在视网膜上产生的像并不发生移动，即 a_2 和 a_3 重合。因此，用单眼观察物体时，不易分辨出物体的远近。

2）双眼观察

用双眼观察空间物体时，可以容易地判断物体的远近，这种现象称为天然立体观察。如图 4.14 所示，双眼观察时，两视轴交会于地物点上，其交角称为交会角（又称为视差角）。地物点越远，交会角越小；反之，交会角越大。交会角 α 可按下式计算：

图 4.13　单眼观察

$$\tan\left(\frac{\alpha}{2}\right) = \frac{b}{2D} \tag{4.12}$$

式中，b 为眼基线 S_1 与 S_2 之间的距离，称为眼基线长度；D 为物点至眼基线的距离。

一般情况下，D 等于 25cm 时，眼睛感觉最舒服，该距离为明视距离；一般人的双眼观察的最大交会角为 $27° \sim 33°$。

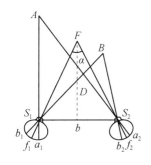

图 4.14　双眼产生的生理视差

3）双眼立体观察原理

人眼可观察到客观世界的立体感，其原理是双眼观察产生的生理视差。图 4.14 说明了双眼观察的立体感原理。地物点的空间位置不同，它们在两眼视网膜上的像点分布不同，这种差别称为生理视差。生理视差是两只眼睛相对位置不同所引起的，也是人们产生立体感觉的原因。立体观察就是建立和恢复由于远近或高差而产生的生理视差，从而产生立体的感觉。

2. 像对立体观察

借助立体镜用双眼对相邻两个摄影点对同一地区摄取的两张像片（称为立体像对，简称像对）进行观察，而生成空间光学立体模型的观察过程称为像对立体观察。

根据立体观察原理，必须满足下列条件，才能将像对构成光学立体模型。

（1）必须是由不同的摄影站对同一地区所摄影的两张像片。

（2）两张像片的比例尺尽可能一致，最大相差不得超过 16%。

（3）两眼必须分别观察两张像片上的相应影像，即左眼看左像，右眼看右像。

（4）像片安放时，相应点的连线必须与眼基线平行，且两像片间的距离要适中。

3. 立体观察方法和效应

1）立体观察工具

在进行航片立体观察时，如果满足上述四个条件，用肉眼也可进行。但是，因为人眼的交会与调节总是相协调的，一般很难获得满意的效果，且损伤眼睛，所以要借助一定的仪器设备进行立体观察。目前使用的仪器有立体镜（桥式立体镜、反光立体镜）、互补色镜和偏振镜，较常用的是立体镜。

2）立体镜观察的方法

像片定向：用针刺出每张像片的像主点 O_1 和 O_2，并将其转刺于相邻像片上的同名点 O_1' 和 O_2'，连接像片基线 O_1O_2' 和 O_2O_1'，此直线即为像片的方位线。

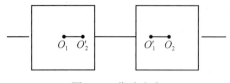

图 4.15　像片定向

航片安置：在图纸上画一直线，使两张像片上基线 O_1O_2' 和 O_2O_1' 与直线重合（图 4.15），并使基线上一对相应像点间的距离略小于立体镜的观察基线。然后将立体镜放在像对上，使立体镜观察基线与像片基线平行。

镜下观察：在立体镜下移动像片间的距离，左眼看左片，右眼看右片，直到观察到同一地物的两个像点重合为一体而获得立体感觉，且感到舒服为止。

3）立体观察效应

根据立体观察原理，在航片立体观察时如果像片放置成不同的位置或方向，则会改变像点的左右视差，从而产生以下三种不同的立体效应。

正立体效应：在立体观察时，将像对影像重叠部分向内，即左方摄影站摄得的像片在左边，右方摄影站摄得的像片放在右边，并用左眼看左片，右眼看右片，则获得与实物相似的立体模型，称为正立体效应。

负立体效应：在立体观察时，将像对影像重叠部分向外，即左右像片对调或左右各自旋转 180°，然后用左眼看左片，右眼看右片，则获得与实物左右相反的立体模型，称为负立体效应。

零立体效应：在立体观察时，将像对向同一方向旋转，并使两片上相应方位线平行且与眼基线垂直，则获得一平面图形，称为零立体效应。

4）立体夸大

在立体镜下观察立体像对时，常感到地面的起伏比实际情况增大，这种现象称为立体模型的垂直夸大，这是由于立体模型的垂直比例尺大于水平比例尺。立体模型的垂直夸大常用夸大系数 K 表示：

$$K = \frac{d}{f} \tag{4.13}$$

式中，d 为立体镜焦距；f 为航摄机焦距。

例如，航摄机焦距为 100mm，立体镜焦距为 300mm，则 $K=3$，即地形起伏被近似夸大了 3 倍。

4. 航摄像片的立体量测

1）像点坐标

为了表示像点在像对上的确切位置，一般建立以方位线为基准的直角坐标系统。如图 4.16 所示，像主点为坐标系原点，像片的方位线为 x 轴，并以右方向为正，y 轴是通过像主点且垂直于 x 轴的直线，以上方向为正，如图中的同名像点 a_1 和 a_2，它们的坐标分别是（X_{a_1}，Y_{a_1}）和（X_{a_2}，Y_{a_2}），同名像点 c_1 和 c_2 的坐标分别是（X_{c_1}，Y_{c_1}）和（X_{c_2}，Y_{c_2}）。

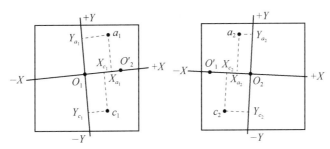

图 4.16 像点坐标

2）像点视差

像点视差是指像对上同名像点左右坐标之差。在理想像对上，像点的上下视差（纵视差）为零，左右视差即横视差一般不为零，常用 P 表示。根据图 4.16 中 a、c 两像点的坐标，可以分别得到其左右视差：

$$P_a = X_{a_1} - X_{a_2}; \quad P_c = X_{c_1} - X_{c_2} \qquad (4.14)$$

式中，X_{a_2} 和 X_{c_2} 因位于横坐标原点左侧，均为负数，故左右视差恒为正值。

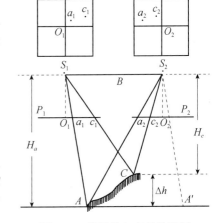

图 4.17 横视差与高差关系图

在图 4.17 中，P_1、P_2 均为水平像片，O_1、O_2 为像主点，S_1 和 S_2 之间的距离 B 为摄影基线，地面点 A、C 的航高分别为 H_a、H_c，其高差为 Δh，它们在像片上的构像分别是 a_1、a_2 和 c_1、c_2，过 S_2 作 S_1A 的平行线，应用相似三角形原理，可以证明 a、c 两点的左右视差为

$$H_a = \frac{B \cdot f}{P_a}; \quad P_a = \frac{B \cdot f}{H_a} \qquad (4.15)$$

$$H_c = \frac{B \cdot f}{P_c}; \quad P_c = \frac{B \cdot f}{H_c} \qquad (4.16)$$

左右视差公式表达了任一像点的左右视差就是该像点的像片比例尺（f/H）与摄影基线（B）长度的乘积。f、B 是两个确定值，因此，直接影响左右视差大小的因素是该像点的航高。因为地面存在起伏，不同高程的地面点对应于不同的航高，所以，它们相应的像点左右视差也不同，其间存在着一定的差值。航空摄影正是利用这一原理，通过比较左右视差的关系来计算地面高差。

3）地面高差计算

设 A 点为已知地面起始点且航高为 H_a，C 点为所要求的地面点且航高为 H_c，地面 C 点相对于 A 点的高差为 Δh_{c-a}，则

$$\Delta h_{c-a} = H_a \cdot \frac{P_c - P_a}{P_c} \qquad (4.17)$$

将 $\Delta P_{c-a} = P_c - P_a$ 代入式（4.17）得

$$\Delta h_{c-a} = H_a \cdot \frac{\Delta P_{c-a}}{P_a + \Delta P_{c-a}} \qquad (4.18)$$

式中，ΔP_{c-a} 表示 c 像点相对起始点 a 像点的左右视差，称为左右视差较。

第二节　陆地卫星及其影像特征

　　陆地卫星以探测地球资源为主要目的，在 900km 左右的高度上沿太阳同步近极地近圆形轨道运行，不间断地实施对地观测。因此，陆地卫星被广泛应用于地球资源调查、环境监测等领域。

一、Landsat 卫星系列

1. 概况

　　1967 年，美国国家航空航天局（National Aeronautics and Space Administration，NASA）制定了地球资源技术卫星计划，即 ERTS（Earth Resources Technology Satellites）计划，预定发射六颗地球资源技术卫星，以获取全球资源环境数据。1972 年 7 月，美国在世界上首次发射了真正意义上的地球观测卫星——ERTS-1。该卫星发射成功后，NASA 将 ERTS 计划更名为陆地卫星计划（Landsat 计划），并先后发射了九颗（第六颗失败）Landsat 系列卫星，对地球连续观测达近 50 年，记录了地球表面的大量数据，扩大了人类的视野，已成为资源与环境调查、评价、监测的重要信息源。表 4.1 是 Landsat 系列卫星的基本情况。

表 4.1　Landsat 系列卫星简况

卫星名称		发射时间	传感器	状态
第一代	Landsat-1	1972 年 7 月 23 日	RBV，MSS	1978 年退役
	Landsat-2	1975 年 1 月 22 日		1976 年失灵，1980 年修复，1982 退役
	Landsat-3	1978 年 3 月 5 日		1983 年退役
第二代	Landsat-4	1982 年 7 月 16 日	MSS，TM	2001 年退役
	Landsat-5	1984 年 3 月 1 日	MSS，TM	2012 年退役
第三代	Landsat-6	1993 年 10 月 3 日	ETM	失败
	Landsat-7	1999 年 4 月 15 日	ETM+	故障
	Landsat-8	2013 年 2 月 11 日	OLI\TIRS	运行
	Landsat-9	2021 年 9 月 17 日	OLI-2\TIRS-2	运行

　　1993 年发射的 Landsat-6 卫星，计划替代 Landsat-4、5 的工作，但由于故障未能进入预定轨道。在 Landsat-7 发射之前，仍然继续使用 1984 年发射的 Landsat-5（该星原设计寿命只有 3 年，却成功在轨道运行 27 年之久，维持了全球变化研究的连续性）。Landsat-8 的发射意味着 Landsat 将继续为全球生态环境提供连续的观测数据。为减少建造时间和避免观测数据的中断，Landsat-9 卫星在很大程度上是 Landsat-8 卫星的复制版，这两颗卫星协同工作，组成星座，可获得时间分辨率为 8 天的遥感影像。

2. 轨道特征

　　Landsat 卫星在 700～920km 的高度上运行，属于中等高度卫星。Landsat 卫星的轨道偏心率不大，接近于圆形。这种近圆形轨道能使在不同地区获得的图像比例尺基本一致。此外，近圆形轨道使卫星的运行速度接近匀速，便于扫描仪用固定频率对地面扫描成像，同时也可避免扫描行之间出现图像不衔接的现象。Landsat 卫星的轨道距两极上空较近，故称为近极地轨道。该轨道与赤道基本垂直，以保证尽可能覆盖整个地球表面。

　　Landsat 卫星采用太阳同步、准回归轨道，能使卫星先后穿过同一纬度、不同经度的若干地面点时，各地面点的地方太阳时基本相同，每次成像都能获得基本相同的光照条件，便于图像的对比分析。由于传感器的视场角不能太大,为了获得全球覆盖,Landsat 卫星采用准回归轨道。重复周期是卫星从某地上空开始运行,回到该地上空时所需要的天数,即对全球覆盖一遍所需的时间,Landsat-1～3 为 18 天,Landsat-4～8 为 16 天。轨道的重复回归性有利于对地面地物或自然现象的变化进行动态监测。

3. 传感器与数据参数

Landsat 系列卫星搭载有反束光导摄像机(RBV)、多光谱扫描仪(multispectral scanner,MSS)、专题制图仪(thematic mapper,TM)、陆地成像仪(operational land imager,OLI)和热红外传感器(thermal infrared sensor,TIRS)。Landsat-1、2、3 上载有 RBV 和 MSS,Landsat-4、5 装载 TM 和 MSS,Landsat-7 装载增强型专题成像传感器(enhanced thematic mapper plus,ETM+),而 Landsat-8 装载 OLI 和 TIRS。目前,对于 Landsat 系列卫星来说,已经不用 RBV 数据,应用最多的数据是 MSS、TM 和 ETM+,Landsat-8 的 OLI 和 TIRS 传感器已经开始获取图像数据并使用。

1)多光谱扫描仪

MSS 是 Landsat 上装载的一种多光谱光学-机械扫描仪。当卫星在向阳面由北向南飞行时,MSS 以星下点为中心自西向东在地面上扫描 185km,此时为有效扫描,可得到地面 185km×475m 的一个窄条信息;接着 MSS 进行自东向西的回扫,此时为无效扫描,不获取信息。这样,卫星在向阳面自北向南飞行时,共获得以星下点轨迹为中轴,东西宽 185km、南北长约 20000km 的一个地面长带信息。MSS 参数见表 4.2。

表 4.2 MSS、TM 和 ETM+的观测参数

传感器	波段号	波段	波长/μm	空间分辨率/m	辐射分辨率/bit
MSS	4	绿色	0.5～0.6	80	6
	5	红色	0.6～0.7	80	6
	6	红-近红外	0.7～0.8	80	6
	7	近红外	0.8～1.1	80	6
TM	1	蓝色	0.45～0.52	30	8
	2	绿色	0.52～0.60	30	8
	3	红色	0.63～0.69	30	8
	4	近红外	0.76～0.90	30	8
	5	短波红外	1.55～1.75	30	8
	6	热红外	10.40～12.50	120	8
	7	短波红外	2.08～2.35	30	8
ETM+	1	蓝色	0.450～0.515	30	8
	2	绿色	0.525～0.605	30	8
	3	红色	0.630～0.690	30	8
	4	近红外	0.775～0.900	30	8
	5	短波红外	1.550～1.750	30	8
	6	热红外	10.40～12.50	60	8
	7	短波红外	2.090～2.350	30	8
	8	全色	0.520～0.900	15	8

2）专题制图仪

TM 是在 MSS 基础上改进发展而成的第二代多光谱光学-机械扫描仪。TM 采取双向扫描，正扫和回扫都有效，提高了扫描效率，缩短了停顿时间，提高了检测器的接收灵敏度。

Landsat-7 搭载 ETM+，增加了分辨率为 15m 的全色波段（PAN）；热红外波段的探测器阵列从过去的 4 个增加到 8 个，对应的地面分辨率从 120m 增加到 60m；ETM+数据绝对辐射精度为 5%，波段间配准精度为 0.3 个像元。在不使用地面控制点的情况下，地理定位精度为 250m。TM 和 ETM+数据参数见表 4.2。

TM 和 ETM+各波段辐射分辨率为 8bit，如果是系统校正过的数据，可以根据表 4.3 所示的各波段最大和最小辐射亮度值，并用以下模型把各波段的统计数据 DN 值变换为绝对辐射亮度 $L[\mathrm{W}/(\mathrm{m}^2 \cdot \mathrm{sr} \cdot \mu\mathrm{m})]$。

$$L = \frac{L_{\max} - L_{\min}}{\mathrm{DN}_{\max}} \cdot \mathrm{DN} + L_{\min} \tag{4.19}$$

式中，$\mathrm{DN}_{\max}=255$。

表 4.3　TM 和 ETM+各波段的最大最小辐射亮度值　　[单位：$\mathrm{W}/(\mathrm{m}^2 \cdot \mathrm{sr} \cdot \mu\mathrm{m})$]

| 波段 | TM | | ETM+ | | | |
| | | | 低增益（low gain） | | 高增益（high gain） | |
	$L_{\min}$	$L_{\max}$	$L_{\min}$	$L_{\max}$	$L_{\min}$	$L_{\max}$
1	−1.52	193.0	−6.2	293.7	−6.2	191.6
2	−2.84	365.0	−6.4	300.9	−6.4	196.5
3	−1.17	264.0	−5.0	234.4	−5.0	152.9
4	−1.51	221.0	−5.1	241.1	−5.1	157.4
5	−0.37	30.2	−1.0	47.57	−1.0	31.06
6	1.2378	15.303	0.0	17.04	3.2	12.65
7	−0.15	16.5	−0.35	16.54	−0.35	10.80
8			−4.7	243.1	−4.7	158.3

3）陆地成像仪和热红外传感器

Landsat-9 装载有史以来最先进、性能最好的二代陆地成像仪（OLI-2）和二代热红外传感器（TIRS-2）。OLI-2 将用于获取地球表面可见光、近红外和短波红外波段的信息，辐射分辨率从 Landsat-8 的 12bit 提高到 14bit，并略微提高了总体信噪比。TIRS-2 将通过两个波段测量地球表面的热红外辐射或能量，其性能优于 Landsat-8 的热红外波段。TIRS-2 与 TIRS 共同收集地球两个热区地带的热量流失，目标是了解所观测地带的水分消耗，特别是美国西部干旱地区。

Landsat-8 和 Landsat-9 均有 11 个光谱波段，分别通过 OLI/TIRS 和 OLI/TIRS-2 获取地面信息，除辐射分辨率不同外，其他参数均相同。

OLI 包括 9 个波段，空间分辨率为 30m，其中包括 1 个 15m 的全色波段，成像宽幅为 185km×185km。OLI 包括了 ETM+传感器所有的波段，为了降低大气吸收的影响，OLI 对波段进行了重新调整，比较大的调整是 OLI5（0.85～0.88μm），排除了 0.825μm 处水汽吸收特征；OLI 全色波段 Band8 波段范围较窄，这种方式可以在全色图像上更好地区分植被和无植被特征。此外，还有两个新增的波段：深蓝色波段（band1：0.43～0.45μm）主要用于海岸带观测，短波红外波段（band9：1.36～1.38μm）包括水汽强吸收特征，可用于云检测；近红外 band5 和短波红外 band9 与 MODIS 对应的波段接近。

陆地成像仪和热红外传感器的主要参数见表 4.4。

表 4.4　OLI 和 TIRS 的观测参数

传感器	波段号	波段	波长/μm	空间分辨率/m	辐射分辨率/bit
OLI	1	深蓝色	0.43～0.45	30	12
	2	蓝色	0.45～0.51	30	12
	3	绿色	0.53～0.59	30	12
	4	红色	0.64～0.67	30	12
	5	近红外	0.85～0.88	30	12
	6	短波红外	1.57～1.65	30	12
	7	短波红外	2.11～2.29	30	12
	8	全色	0.50～0.68	15	12
	9	卷云	1.36～1.38	30	12
TIRS	10	热红外	10.60～11.19	100	12
	11	热红外	11.50～12.51	100	12

4. Landsat 图像的光谱特性

由于各种地物组成的物质成分、结构以及地物表面温度等的不同，其光谱特性也不同，在黑白图像上表现为色调的差异，在彩色图像体现为色别的不同，即使是同样的地物在不同光谱段图像上其色调（色别）也会有所不同。不同波段图像对不同地物的光谱效应不同。

1）MSS 影像的光谱特性

Landsat-1～5 均采用了 MSS，除 Landsat-3 的 MSS 增加了一个红外波段外，其他卫星均采用可见光—近红外 4 个波段。在 Landsat-1～3 上，波段编号为 MSS4～7，Landsat-4～5 上波段编号为 MSS1～4。

MSS1：0.5～0.6μm，属蓝绿光波段；对蓝绿、黄色景物一般呈浅色调，随着红色成分的增加而变暗。水体在该波段色调最浅，且对水体具有一定的穿透能力，透视深度可达10～20m，可测水下地形，有利于识别水体浑浊度、沿岸流、沙地、沙洲等；对于陆地的地层岩性、松散的沉积物以及植被有明显反应；对于水体污染尤其是对金属和化学污染具有较明显反应。

MSS2：0.6～0.7μm，属橙红光波段；橙红景物一般呈浅色调，随着绿色成分的增加而变暗，而伪装的树枝、病树则为较浅色调。水体在该波段色调较浅，对水体也有一定的穿透能力（约 2m）；对水体的浑浊程度、泥沙流、悬移质有明显反应，对裸露的地表、植被、土壤、岩性地层、地貌现象等可提供较丰富的信息，为可见光最佳波段。

MSS3：0.7～0.8μm，属红-近红外光波段；对水体及湿地反应明显，水体为浅色调；浅层地下水丰富的地段、土壤湿度大的地段，有较深的色调，而干燥的地段则色调较浅；对植物生长状态有较明显的反应，健康的植物色调浅，病虫害的植物色调较深。

MSS4：0.8～1.1μm，属近红外光波段；与 MSS3 相似，但更具有红外图像的特点，水体影像更加深黑，水陆界线特别明显；对植被的反应与 MSS3 相似，对比性更强。

Landsat-3 上有 5 个波段，增加了 1 个热红外波段 MSS8（10.4～12.6μm），空间分辨率为 240m，但由于记录仪出故障，工作不久便失效。

2）TM 影像的光谱特性

Landsat-4、5 采用了 TM 传感器。它是一种改进型的多光谱扫描仪，其空间、光谱、辐射性能比 MSS 有明显提高，数据质量和信息量大大增加。TM 有 7 个较窄、更适合的波段。

TM1：0.45～0.52μm，蓝光波段。对水体穿透力强，对叶绿素与叶色素浓度反应敏感，有助于判别水深、水中叶绿素的分布、沿岸水和进行近海水域制图等；对植被也有明显的反应，易于识别针叶林。

TM2：0.52～0.60μm，绿光波段。位于健康植物的绿色反射峰值区域，对健康茂盛植物绿反射敏感，按"绿峰"反射评价植物生活力，常用于区分林型、树种和反映水下特征等；此波段对水的穿透力也较强。

TM3：0.63～0.69μm，红光波段。为叶绿素的主要吸收波段，反映不同植物的叶绿素吸收、植物健康状况，用于区分植物种类与植物覆盖度。在可见光中，该波段是识别土壤边界和地质界线的最有利的光谱区，信息量大，表面特征经常表现出较高的反差；受大气、云雾的影响比其他可见光波段低，影像分辨能力较好，广泛应用于地貌、岩性、土壤、植被、水中泥沙流的探测。

TM4：0.76～0.90μm，近红外光波段。对绿色植物类别差异最敏感，为植物遥感识别通用波段，常用于生物量调查、作物长势测定、农作物估产等。水体在该波段多被吸收而形成暗色调，对植物、土壤等地物的含水量敏感，也常用于水域判别。

TM5：1.55～1.75μm，近红外光波段，也称短波红外波段。处于水的吸收带（1.4～1.9μm）内，对地物含水量很敏感，常用于土壤湿度、植物含水量调查、水分状况研究、作物长势分析等，具有区分不同作物类型的能力。此外，该波段也易于区分云和雪。

TM6：10.40～12.50μm，热红外波段。主要记录来自地物表面发射的热辐射能力，可以根据辐射影响的差别，区分农、林覆盖类型，辨识地面湿度、水体、岩石，以及监测与人类活动有关的热特征，进行热测量与制图，对于植物分类、农作物估产也有较好效果。

TM7：2.08～2.35μm，近红外光波段，也称短波红外波段。为地质学研究追加的波段，它处于水的强吸收带，水体呈黑色，主要用于城市土地利用与制图，区分主要岩石类型、岩石的热蚀变，地质探矿与地质制图等。

TM 传感器数据主要用于全球作物估产、土壤调查、洪水灾害估算、野外资源考察、地下水及地表水资源研究等。TM 图像的平面位置几何精度高，有利于图像配准和制图，经处理后的位置精度平均为 0.4～0.5 个像元，适用于 1∶10 万专题图的编制。

3）ETM+影像的光谱特性

ETM+传感器是 TM 的增强型，其波段、光谱特性和分辨率与 TM 基本相似，最大的变化有以下几点。

第一，增加了分辨率为 15m 的 PAN 波段（0.52～0.90μm），用于增强分辨率。

第二，波段 6 的分辨率由 120m 提高到 60m。

第三，辐射定标误差率小于 5%，比 Landsat-5 提高了 1 倍。

4）OLI 和 TIRS 影像的光谱特性

Landsat-8 除了具有 Landsat-7 所有光谱波段外，新增了一些特点。

第一，在原蓝光波段外新增了1个深蓝（deep blue）波段，用于监测近岸水体和大气中的气溶胶，因此，也称为海岸/气溶胶（coastal/aerosol）波段。

第二，新增了1个卷云（cirrus）波段，用于卷云检测。

第三，将原热红外波段的光谱范围一分为二，设置了两个热红外波段。

第四，收窄了原近红外波段的范围，以便去除0.825μm处水汽吸收影响。

第五，收窄了原全色波段范围，新的全色波段的光谱范围不再覆盖近红外波段。

5. Landsat 图像的空间信息

1）图像经纬度

卫星图像地理坐标的经纬度表示是根据成像时间、卫星姿态数据和运行方向等因素，由数据处理机构通过确定卫星的轨道位置在地球表面投影的方法，用计算机求得，注记在像幅四周，其间隔为30′，纬度60°以上地区采用1°间隔。

卫星图像经纬度受卫星轨道倾角及卫星运行速度控制。因为卫星轨道倾角为99°左右，所以卫星运行轨道与经线形成一个交角，称为图像方位角。在赤道、中纬度及北极圈等不同地区，图像方位角不同（图4.18），因此，在使用卫星图像时，应当注意单张像片的方位以及它和所编地图的关系。

赤道地区　　　　中纬地区　　　　北极圈地区

图4.18　Landsat 图像的经纬线网

2）图像获取时间

图像获取时间是指获取图像信息的地方时间，Landsat 轨道与太阳同步，在发射时就确定了通过赤道的平均太阳时为上午9时45分左右。实际上通过中纬度地区都在上午9～10时左右，因此所有地区基本上都是在这段时间内成像。这种近乎一致的光照条件，使全球范围内相同的地物具有相似的色调和灰度值，同时能形成立体感最强的阴影，便于互相对比，进行一致的分类和识别。

3）图像的重叠

图像航向重叠是图像沿卫星运行方向的重叠。MSS和TM是连续扫描成像，相邻图像的航向重叠是地面处理分幅时，采用使扫描电子束分开，产生两次重复扫描，即相邻两像幅各扫一次的方法，产生重叠影像（图4.19），用以拼接相邻图像。MSS 航向重叠约16km，约占图幅的9%，而TM图像重叠率为5%。

图像旁向重叠是图像在相邻轨道间的重叠，由轨道间距和成像宽度决定（图4.20）。例如，Landsat-4、5、7在赤道上两相邻轨道间距172km，成像宽度185km，形成13km的旁向重叠区域，约占图幅的7%。重叠率

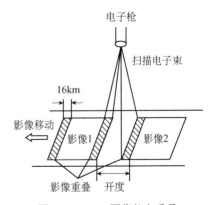

图4.19　MSS 图像航向重叠

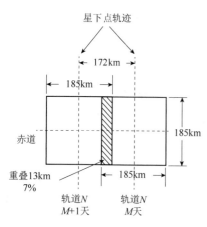

图 4.20　Landsat 图像旁向重叠

随纬度的增高而增大，在两极上空达到最大。在纬度65°以上地区，旁向重叠率超过 60%，可构成立体像对，在地形起伏允许的情况下，可以进行立体量测，为遥感制图提供了有利条件。

4）图像的投影

Landsat 卫星 RBV 图像是光学镜头成像，同航空像片一样，都属于中心投影。

MSS、TM、ETM+ 和 OLI、TIRS 都是扫描成像，每次有效扫描都有一个中心，每幅图像均属于多中心投影，且投影中心是动态的。由于卫星高度很大，视场角很小，可近似地看作是垂直投影，当要求不太严格时，可以作为地形略图使用；在较大比例尺制图中，应考虑投影变形的影响，必须进行几何纠正和投影变换。

二、SPOT 卫星系列

1. SPOT 卫星概述

地球观测卫星系统 SPOT 是由法国国家空间研究中心（CNES）主导、欧盟相关国家参与共同开发研制的地球资源卫星，也称为"地球观测实验卫星"。几十年来，SPOT 每隔几年便发射一颗卫星来确保服务的连续性。到目前为止，SPOT 已经发射了 7 颗卫星（表4.5），轨道特征基本相同。

表 4.5　SPOT 卫星系列简况

名称	发射时间	传感器
SPOT1	1986 年 2 月 22 日	HRV
SPOT2	1990 年 1 月 22 日	HRV
SPOT3	1993 年 9 月 26 日	HRV
SPOT4	1998 年 3 月 24 日	HRVIR、VEG
SPOT5	2002 年 5 月 4 日	HRG、VEG、HRS
SPOT6	2012 年 9 月 9 日	
SPOT7	2014 年 6 月 30 日	

SPOT 系列产品主要用于制图，也可用于陆地表面监测、数字地面模型（digital terrain model，DTM）生产，农林、环境监测，区域和城市规划与制图等。

2. SPOT 卫星的轨道特征

SPOT 卫星轨道特征与 Landsat 近似，为近极地、准圆形、太阳同步、可重复、中等高度轨道。轨道的太阳同步可保证在同纬度的不同地区，卫星过境时太阳入射角近似相同，以有利于图像之间的比较；轨道的同相位，表现为轨道与地球的自转相协调，并且卫星的星下点轨迹有规律地、等间距排列；而近极地近圆形轨道在保证轨道的太阳同步和同相位特性的同时，使卫星高度在不同地区基本一致，并可覆盖地球表面的绝大部分地区。SPOT 卫星轨道高度 831.433km（北纬 45°附近），轨道倾角 98.721°，轨道周期 101.46min/圈，重复周期369 圈/26 天，降交点时间为地方时 10：30。卫星在轨道中运行时会受到太阳、地球和月球的引力场及大气阻力等因素的影响，轨道高度和倾角将会逐渐降低，严重时将影响轨道的太阳同步性和运行周期，并导致卫星地面轨迹偏离标称位置。为此，卫星在地面指令的控制下，定期调整轨道，使卫星高度相对于地面任何点的误差不超过 5km，卫星地面轨迹的偏差在赤道附近小于 3km、在中高纬度地区小于 5km，降交点时间的误差在 10min 以内。

3. SPOT 卫星的成像方式

SPOT-1～3 卫星上装载的 HRV 传感器是一种线阵列推帚式扫描仪（图4.21～图4.23），其探测器为 CCD 电荷耦合器件。

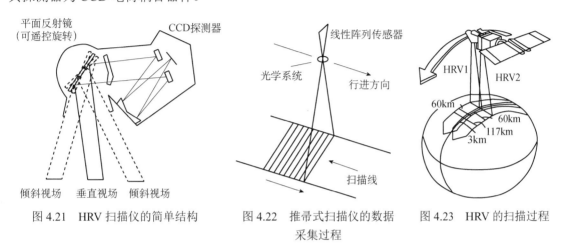

图 4.21　HRV 扫描仪的简单结构　　　图 4.22　推帚式扫描仪的数据采集过程　　　图 4.23　HRV 的扫描过程

HRV 仪器中有一个平面反射镜，将地面辐射来的电磁波反射到发射镜组，然后聚焦到 CCD 线阵列元件上（若要取得多光谱图像，要先经过分光器），CCD 的输出端以一路时序视频信号输出（图4.21）。由于使用线阵列的 CCD 元件作探测器，在瞬间能同时得到垂直于航线的影像线，不需要摆动扫描镜（图4.22）。随着平台向前移动，像缝隙摄影机那样，以"推帚"的方式获取沿轨道的连续影像条带。SPOT 卫星上并排安装两台 HRV 仪器，每台 HRV 视场宽度均为 60km，两者之间有 3km 的重叠，因此总视场宽度为 117km（图4.23）。赤道处相邻轨道间的距离约为 108km，垂直地面观测时，相邻轨道间的影像约有 9km 的重叠。

HRV 的平面反射镜可根据指令绕指向卫星前进方向的滚动轴旋转，从而实现不同轨道间的立体观测。平面镜向左右两侧偏离垂直方向最大可达±27°，从天底点向轨道任意一侧可观测到 450km 附近的地物，两台 HRV 可观测到轨道左右两侧（950±50）km 范围内的地面目标。每台 HRV 的观察角度最多可分为 91 级，级间隔为 0.6°，在邻近的许多轨道间都可以获取立体影像。在倾斜作业中，由于几何透视及距离的改变，地面的成像宽度由天底点 60km 增加到最大偏移时的 80km，其横向边缘分辨率相应降低约 35%。

在不同轨道上对同一地区进行重复观测，除了建立立体模型，进行立体量测外，主要用来获取多时相图像，分析图像信息的时间特性，进行地表动态变化监测。

4. SPOT 卫星影像特征

1）SPOT-1～3

SPOT-1～3 卫星上装载两种类型的 HRV 传感器：多光谱（XS）HRV 和全色（PAN）HRV（表4.6）。多光谱 HRV 每个波段由 3000 个 CCD 元件组成，每个元件形成的像元对应地面为 20m×20m，即地面分辨率为 20m，对应地面扫描宽度为 60km，每个像元用 8bit 进行编码；全色 HRV 由 6000 个 CCD 元件组成一行，对应的星下地面单元为 10m×10m，因为相邻像元亮度差很小，所以只用 6bit 进行编码。全色波段可以与多光谱波段图像进行融合，以提高多光谱图像的空间分辨率。

表 4.6　HRV 的特点及光谱效应

编号	地面分辨率/m	波段范围/μm	视场宽度/km	光谱效应
XS1	20	0.50～0.59	60	绿波段，波段中心位于叶绿素反射曲线最大值 0.55μm 处，区分植物类型和评估作物长势；处于水蒸气衰减最小值的长波端，对水体混浊度评价以及水深 10～20m 以内的干净水体的调查；区分人造地物类型
XS2		0.61～0.68		红波段，位于叶绿素吸收带，受大气散射影响较小，为可见光最佳波段，用于区分植被类型，以及裸露地表、土壤、岩性地层、地貌现象等的识别
XS3		0.79～0.89		近红外波段，能很好地穿透大气层，区分云和雪；在该波段，植被反射率高而呈浅色调，水体以吸收为主，一般呈黑色，可用于植被和水体识别、探测植物含水量及土壤湿度
PAN	10	0.51～0.73		全色波段，地面分辨率高；调查城市土地利用现状，区分主要干道、大型建筑物，了解城市发展状况等

2）SPOT-4

SPOT-4 于 1998 年 3 月发射，它搭载了在 HRV 上增加近红外波段的 HRVIR（high resolution visible and middle infrared）和以监测大范围植被状况为目的的宽视域植被探测仪（vegetation，VGT）两种传感器（表 4.7）。

表 4.7　SPOT-4、5 卫星传感器特征

探测器	HRVIR	HRG	VGT	HRS
卫星	SPOT-4	SPOT-5	SPOT-4、5	SPOT-5
视场宽度/km	60	60	2250	120
波段/μm	分辨率/m	分辨率/m	分辨率/km	分辨率/m
X：0.43～0.47	—	—	1.15	—
X：0.50～0.59	20	10	—	—
P：0.48～0.71	—	2.5，5	—	—
P：0.49～0.69	—	—	—	10
M：0.61～0.68	10	—	—	—
X：0.61～0.68	20	10	1.15	—
X：0.79～0.89	20	10	1.15	—
SWIR：1.58～1.75	20	20	1.15	—

HRVIR 在 HRV 上增加了波长为 1.58～1.75μm，地面分辨率为 20m 的短波红外（short-wave infrared，SWIR）波段，对水分、植被比较敏感，常用于土壤含水量监测、植被长势调查、地质调查中的岩石分类等，对于城市地物特征也有较强的突显效应。与此同时，原分辨率为 10m 的全色通道改为 0.61～0.68μm 的红色通道单色模式，即在该波段生产 10m 和 20m 两种分辨率的影像。10m 分辨率通道对城市、森林、矿区资源、构造分析等有显著作用。

"植被"成像装置，即 VGT，是一个高辐射分辨率和 1.15km 的空间分辨率，扫描宽度约为 2250km 的宽视场扫描仪，构成相对独立的系统。VGT 的主要功能之一是连续观测地球表面的天然和人工植被覆盖状况及其状态特征，其用于全球和区域两个层次，对自然植被和

农作物进行连续监测，以及大范围的环境变化、气象、海洋等应用研究。VGT 共有 4 个波段，其主要用途如下。

蓝光 0.43～0.47μm：地表植被的反射信息最弱，而大气中的烟雾传播效应最强，因此可用于计算大气中短时间内烟雾的分布状况。

红光 0.61～0.68μm：波段中心恰好落于叶绿素的吸收峰值 0.665μm 处，为可见光最佳波段，用于区分植被类型，以及裸露地表、土壤、岩性地层、地貌现象等的识别。

近红外 0.79～0.89μm：是最强的植被信息反射波段，它没有包括近红外的长波部分，去除了大气中水蒸气（吸收峰 0.935μm）对植被探测的影响。

短波红外 1.58～1.75μm：波段中心在 1.65μm 附近，能很好地反映树冠中的水分含量及其细胞结构特征。

SPOT-4 的 VGT 和 HRVIR 将使同一区域有可能同时获得较大范围的低分辨率数据和小范围的高分辨率数据。

3）SPOT-5

SPOT-5 卫星搭载了多重分辨率和多种用途的成像装置，其中，高分辨率几何成像仪（high resolution geometric imaging instrument，HRG）、高分辨率立体成像仪（high resolution stereoscopic imaging instrument，HRS）变化较大，而 VGT 与 SPOT-4 的 VGT 一样，没有发生变化。

HRG：新一代 SPOT-5 搭载两组性能一致的 HRG 成像仪，可提供 20m、10m、5m 和 2.5m 四种分辨率影像。HRG 的焦距为 1.802m，视场角为±2°，在地面观测宽度为 60km。HRG 保留了 HRV 所具有的侧摆观测功能，最大侧视角为±27°。两组 HRG 探测器可分别独立工作，也可并行接收数据，从而达到视场宽度近 120km 的宽幅高分辨率影像。HRG 成像仪采用了像元尺寸为 6.5μm 的线阵 CCD 传感器。5m 分辨率的全色波段传感器线阵列为 12000 个像元，10m 分辨率的多光谱传感器为 6000 个 CCD 像元，20m 分辨率的短波红外波段传感器为 3000 个像元。这些波段基本覆盖了沙土、水体、植被、冰雪等主要地物的特征响应峰值。

在 HRG 成像仪的同一焦平面上放置两个 12000 个像元的线阵 CCD 传感器，其相对位置有严格的几何限定，即沿卫星飞行方向和垂直方向均相互错开 1/2 个像元，在同一地区同时采集 5m 分辨率影像，通过数据采集、叠加、复原等处理，实现两幅同时采集的相对精确定位的 5m 分辨率影像生成 2.5m 分辨率影像（图 4.24）。

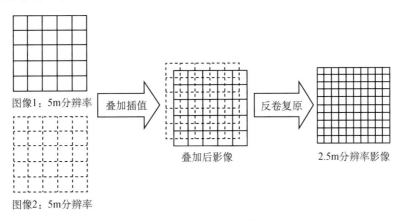

图 4.24　HRG 2.5m 分辨率影像生成过程

HRS：第一代 SPOT 卫星立体像对的接收是在卫星飞过两条轨道时，通过其成像仪 HRV 侧摆来实现的。这种方法对小范围内的立体像对的获取是成功的，但很难满足生产大范围、大规模 DEM 的需要。新一代的 SPOT-5 卫星搭载了一个专门用来获取像对的 HRS，其配有前视和后视两套光学望远镜系统，共用 12000 个像元的线阵全色 CCD 传感器。前向和后向视角均为 20°（图 4.25），立体像对最大覆盖范围为 120km×600km（图 4.26）。

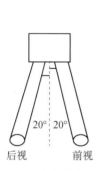

图 4.25　HRS 立体成像仪示意图

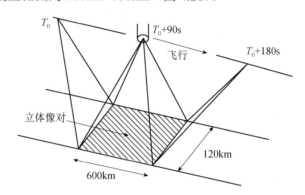

图 4.26　HRS 立体像对最大覆盖范围示意图

HRS 这种沿轨道前后扫描形成立体像对的方式，使得整个 72000km² 范围的立体像对仅在 180s 内接收完成，两幅影像接收时间差仅为 90s，大大提高了立体像对的接收成功率，也保证了像对间的相关性和相似性。HRS 的地面采样间隔为 5m（沿飞行方向）×10m（垂直于飞行方向），生成 DEM 的高程精度为 5～10m，绝对精度为 10～15m。

4）SPOT-6 和 SPOT-7

SPOT-6 于 2012 年 9 月 9 日成功发射，9 月 22 日顺利进入 695km 高的轨道，2013 年正式商业运行；SPOT-7 卫星于 2014 年 6 月 30 日发射，具备多种成像模式，包括长条带、大区域、多点目标、双图立体和三图立体等，适于制作 1：25000 比例尺的地图。SPOT-6/7 能够确保从 1998 年和 2002 年就已投入运营的 SPOT-4/5 卫星的连续性。作为 SPOT-6 的双子卫星，SPOT-7 与其处于同一轨道高度，彼此相隔 180°。这两颗卫星能获取空间分辨率全色 1.5m 和多光谱 6m 的影像，全色波段 0.455～0.745μm，蓝光波段 0.455～0.525μm，绿光波段 0.530～0.590μm，红光波段 0.625～0.695μm，近红外波段 0.760～0.890μm。保留 60km 大宽幅，卫星星座每日接收 600 万 km² 影像，覆盖 60km×600km 的范围，正南北定向影像，易于处理；灵活的编程接收，集成自动天气预报，能提高接收成功率。

SPOT-6 和 SPOT-7 与两颗昴宿星（Pleiades 1A 和 1B）组成四星星座，这四颗卫星同处一个轨道平面，彼此之间相隔 90°。该星座具备每日两次的重访能力，由 SPOT 卫星提供大幅宽普查图像，Pleiades 针对特定目标区域提供 0.5m 的详查图像。

5）SPOT 卫星影像的其他特征

因为 SPOT 卫星在设计时考虑了地球自转的影响，其平台可以绕航偏轴旋转，所以其图像是正方形或矩形，而不像 Landsat 卫星影像那样是倾斜的。

三、国外高空间分辨率陆地卫星

航天遥感的一个重要发展趋势是空间分辨率的大幅度提高。近几年来引起地理信息技术界十分关注的是高分辨率卫星遥感技术，尤其是空间分辨率优于 1m 的 IKONOS 卫星影像以及 0.61m 的 QuickBird 卫星影像降低了密级，可供商用，为遥感应用与推广起到了巨大示范作用。本部分仅就空间分辨率在 1m 左右的主要高空间分辨率卫星进行介绍。

1. 美国的高空间分辨率卫星及其影像

美国是世界上发射高空间分辨率卫星最多的国家，主要包括 GeoEye-1、IKONOS、OrbView-3、QuickBird、WorldView 等，其卫星及影像参数见表 4.8。

表 4.8 美国主要高空间分辨率卫星及影像参数

卫星名称		GeoEye-1	IKONOS	QuickBird	OrbView-3	WorldView-1	WorldView-2	WorldView-3
发射年份		2008 年	1999 年	2001 年	2003 年	2007 年	2009 年	2014 年
质量/kg		1955	817	600	360	2500	2800	2800
高度/km		684	680	450	470	496	770	617
观测周期/min		98	98	94	94	93	93	97
回归周期/d			11	20	16			
指向功能		±40°	±45°	±30°	±45°	±45°	±45°	±45°
重访观测时间/d		2~3	2	1.5~2.5	2~3	1.7	1.1	1
传感器		全色/多光谱	全色/多光谱	全色/多光谱	全色/多光谱	全色	全色/多光谱	全色/多光谱
分辨率（星下点）/m		0.41/1.65	0.82/3.3	0.61/2.44		0.5	0.5/1.8	0.31/1.24
产品分辨率/m		0.5/2.0	1/4	0.61/2.44	1/4	0.5	0.5/1.8	0.31/1.24
观测宽度/km		15.2	11.3	16.5	8	17.5	16.4	13.1
波长/μm	全色	0.45~0.90	0.45~0.90	0.45~0.90	0.45~0.90	0.45~0.90	0.45~0.90	0.45~0.80
	多光谱	0.45~0.51	0.45~0.52	0.45~0.52	0.45~0.52		0.45~0.51	0.45~0.51
		0.51~0.58	0.52~0.60	0.52~0.60	0.52~0.60		0.51~0.58	0.51~0.58
		0.655~0.690	0.63~0.69	0.63~0.69	0.625~0.695		0.63~0.69	0.62~0.69
		0.780~0.920	0.76~0.90	0.76~0.90	0.76~0.90		0.77~0.895	0.77~0.895

1）GeoEye-1

GeoEye-1（即"地球之眼-1"）卫星于 2008 年 9 月 6 日发射，其遥感影像的星下点全色分辨率为 0.41m，多波段分辨率为 1.65m，可提供重采样为 0.5m 分辨率数据；全色波段 0.45~0.90μm，蓝光波段 0.45~0.51μm，绿光波段 0.51~0.58μm，红光波段 0.655~0.690μm，近红外波段 0.780~0.920μm；定位精度 3.0m，每天能采集近 70 万 km² 的全色影像或近 35 万 km² 的全色与多光谱融合影像，具备大规模测图能力，可以用于制作高精度地图；重访周期 2~3 天；标准 GeoEye-1 的像幅宽度为 15.2km，但能左右侧摆达 40°，因此可以获得相邻地区的大面积侧视影像。

2）IKONOS

IKONOS 是美国 Space Imaging 公司于 1999 年发射的世界第一颗高分辨率商业卫星，它不仅实现了提供高清晰度且分辨率达 1m 的卫星影像，而且开拓了一个新的更快捷、更经济的获得最新基础地理信息的途径，更是创立了崭新的商业化卫星影像标准。它使用 GPS 和陀螺仪，可以实现较高精度地对观测数据进行定位。IKONOS 卫星可采集 1m 分辨率全色和 4m 分辨率多光谱影像，同时，全色和多光谱影像可融合成 1m 分辨率的彩色影像，在国防、地图更新、国土资源调查、农作物估产与监测、环境监测与保护、城市规划、防灾减灾、科研教育等领域得到广泛应用。

3）QuickBird

QuickBird 是美国 Digital Globe 公司于 2001 年发射的高分辨率商业成像卫星，其传感器具有全色 0.61m 分辨率和多光谱 2.44m 分辨率两种模式；预期寿命 7.5 年，重访周期 1.5～2.5 天，定位精度 2m，影像星下点宽度 16.5km。

4）OrbView-3

OrbView-3 卫星是世界上最早提供高分辨率影像的商业卫星之一，它能提供 1m 分辨率全色和 4m 分辨率多光谱影像。卫星回访同一地点的周期小于 3 天，两侧侧视范围达到 ±45°，成像数据可以实时下载并传输到地面接收站。

5）WorldView 卫星

WorldView-1 是 Digital Globe 公司于 2007 年 9 月发射且在较长一段时间内被认为是全球分辨率最高、响应最敏捷的商业成像卫星之一。该卫星运行在高度 496km、倾角 98°、周期 93.4 分钟的太阳同步轨道上，平均重访周期为 1.7 天；星下点分辨率 0.5m，能提供 0.5m 分辨率全色影像；星下点幅宽 17.5km，无地面控制点时定位精度 5.8～7.6m，有地面控制点时可达 2m。

WorldView-2 于 2009 年 10 月发射，能够提供 0.5m 全色图像和 1.8m 分辨率的多光谱图像。星载多光谱遥感器不仅具有 4 个业内标准谱段（红、绿、蓝、近红外），还能提供四个额外（海岸带、黄、红边和近红外 2）波段。多样性的谱段为用户提供了进行精确变化检测和制图的能力。海岸带波段（0.40～0.45μm）：支持植物鉴定和分析、基于叶绿素和渗水的规格参数表的深海探测研究。黄色波段（0.585～0.625μm）：是重要的植物应用波段，被作为辅助纠正真色度的波段，以符合人类视觉的欣赏习惯。红边波段（0.705～0.745μm）：辅助分析有关植物的生长情况，可以直接反映出植物健康状况的有关信息。近红外 2 波段（0.860～1.040μm）：这个波段部分重叠在近红外 1 波段上，但较少受到大气的影响，该波段支持植物分析和单位面积内生物数量的研究。

WorldView-3 于 2014 年 8 月 13 日发射。WorldView-3 卫星在继承 WorldView-1/2 卫星性能优点的同时，在高分辨率、多光谱、多载荷三个方面具有以往所有商业成像卫星不具有的优势。全色分辨率达 0.31m，幅宽 13.1km，成为世界上分辨率最高的光学商业遥感卫星。多光谱分辨率 1.24m，短波红外分辨率 3.7m。仍然保留 WorldView-2 的海岸带波段、黄色波段、红边波段和近红外 2 波段的特性，增加了 8 个 SWIR（SWIR1：1.195～1.225μm，SWIR2：1.550～1.590μm，SWIR3：1.640～1.680μm，SWIR4：1.710～1.750μm，SWIR5：2.145～2.185μm，SWIR6：2.185～2.225μm，SWIR7：2.235～2.285μm，SWIR8：2.295～2.365μm）和 12 个用于大气校正的云、气溶胶、水汽和冰雪（cloud，aerosol，water vapour，ice and snow，CAVIS）波段（沙漠云层：0.405～0.420μm，浮质 1：0.459～0.509μm，绿：0.525～0.585μm，浮质 2：0.620～0.670μm，水质 1：0.845～0.885μm，水质 2：0.897～0.927μm，水质 3：0.930～0.965μm，NDVI-SWIR：1.220～1.252μm，卷云：1.350～1.41μm，雪：1.620～1.680μm，浮质 3：2.150～2.245μm），总的光谱数量达到 28 个，显著提升了探测沙云、气溶胶、卷云、水、雪等要素的能力，基本可与高光谱遥感卫星媲美，分辨率 30m。

WorldView-4 卫星原名 GeoEye-2，是 Digital Globe 商用高分辨率遥感卫星，于 2016 年 11 月发射升空，并在 617km 的预期轨道高度运行。同 WorldView-3 一样，WorldView-4 能够捕获全色分辨率 0.31m 和多光谱分辨率 1.24m 的卫星影像。与 WorldView-3 相比，WorldView-4 可以更快地从一个目标移动到另一个目标，并且能够存储更多的数据。WorldView-4 卫星的成功发射再一次大幅提高了 Digital Globe 星座群的整体数据采集能力，让 Digital Globe 可以对地球上任意位置的平均拍摄频率达到每天 4.5 次，但由于设备故障，其已于 2019 年 1 月 7 日暂停服务。

2. 其他高空间分辨率卫星及其影像

其他国家发射的具有代表性的高空间分辨率卫星及其参数见表 4.9。

表 4.9　其他高空间分辨率卫星及其影像参数

卫星名称		EROS-B	KOMPSAT-2	Resurs-DK1	Resurs-P1	Cartosat-1	Cartosat-2B
国家		以色列	韩国	俄罗斯	俄罗斯	印度	印度
发射日期		2006 年	2006 年	2006 年	2013 年	2005 年	2010 年
高度/km		500		350～600	475	618	630.6
观测周期/min		94.8		96		97	93
重访周期/d		7	3	5～7	6	5	
指向功能		±45°	±30°	±30°		±40°	±26°
传感器		全色	全色/多光谱	全色/多光谱	全色/多光谱	全色	全色
产品分辨率/m		0.7	1/4	1/1.5～2	1/3～4	2.5	0.8
观测宽度/km		7	15	28.3	38	26.4/29.42	9.6
波长/μm	全色	0.50～0.90	0.50～0.90	0.58～0.80	0.58～0.80		
	多光谱	—	0.45～0.52	0.50～0.60	0.45～0.52		
		—	0.52～0.60	0.60～0.70	0.52～0.60		
		—	0.63～0.69	0.70～0.80	0.61～0.68		
		—	0.76～0.90	—	0.72～0.80		
					0.80～0.90		

1）EROS-B

EROS-B 是以色列 ImageSat International 公司 2006 年 4 月 25 日成功发射的第二颗地球资源观测卫星。EROS-B 在 EROS-A 的基础上设计，与 EROS-A 构成了高分辨率卫星星座，由于两颗卫星影像获取时间不同［EROS-A：10:（30±15）；EROS-B：14:00～15:00］，EROS-B 的发射提高了目标影像的获取能力、获取频率以及获取质量。

卫星重约 300kg，能在 500km 左右的高度获取 0.7m 分辨率的地表影像，卫星装有一台全色 CCD 相机，提供标准成像模式和条带模式，在轨道上可旋转 45°，能根据需要在同一轨道上对不同区域成像，并具有单轨立体成像能力。卫星设计寿命为 10 年。

2）KOMPSAT-2

KOMPSAT-2（阿里郎二号）是韩国于 2006 年 7 月 28 日发射的一颗高分辨率遥感卫星。KOMPSAT-2 可获取 1m 分辨率全色影像以及 4m 分辨率多光谱影像，其中多光谱的 4 个波段包括可见光（红、绿、蓝）以及近红外。全色和多光谱影像可同时获取，影像的地面覆盖范围为 15km×15km。

3）Resurs-DK1 和 Resurs-P1

Resurs-DK1 卫星是俄罗斯于 2006 年 6 月 15 日发射的第一颗高分辨率传输型民用对地观测遥感卫星。可同时获得 0.9～1.7m 的全色影像和 1.5～2.0m 的多光谱影像。该卫星一天内可以拍摄约 70 万 km² 的面积，经正射处理后的精度满足 1:5000 制图要求。

俄罗斯于 2013 年 6 月 25 日成功发射首颗新型对地光学遥感卫星资源-P1（Resurs-P1），以替换超期服役的 Resurs-DK1，继续提供对自然或人为灾害的精确监测数据。该卫星搭载全色及多光谱传感器，由 Resurs-DK1 搭载的传感器升级而来，在距地 475km 高的条件下，每行可达 12000 个像素，全色模式分辨率 1m，多光谱分辨率 3～4m。Resurs-P1 不仅具有在全色和多光谱范围的观测能力，还可提供不少于 96 个通道的光谱数据。超光谱仪共有 216 个通道，光谱分辨率 5～10nm，空间分辨率 30m。

4）Cartosat

Cartosat-1 卫星又名 IRS-P5，是印度于 2005 年 5 月 5 日发射的遥感制图卫星，它搭载有两个分辨率为 2.5m 的全色传感器，连续扫描，形成同轨立体像对，主要用于地形图绘制、高程建模、地籍制图以及资源调查等，寿命设计为 5 年。

继 Cartosat-1 之后，印度于 2007 年 12 月开始陆续发射了 Cartosat-2、Cartosat-2A 和 Cartosat-2B 等三颗遥感卫星。卫星轨道高度 630km 左右，全色传感器分辨率为 0.8m。4 颗 Cartosat 测绘卫星使印度可以对各个地区进行密切和长时间监测，并且这种组合还使它们能够对某个特定的地理区域在每 48 小时内"重访"一次。

四、中国地球资源卫星

中国地球资源卫星研究起步较晚，但发展较快，逐步缩小了与西方发达国家之间的差距。1999 年 10 月 14 日发射了中国与巴西共同投资研制的首颗中巴地球资源卫星 CBERS-01（China-Brazil earth resource satellite），我国又称为 ZY-1，开创了我国地球资源卫星研发、应用的新局面。其后相继发射了资源系列卫星、高分系列卫星、环境小卫星、实践卫星、天绘卫星、高景一号、吉林一号等诸多卫星。

1. 地球资源卫星

1）资源一号卫星

资源一号卫星 01/02 星是由中国和巴西联合研制的传输型资源遥感卫星（代号 CBERS）。CBERS-01 卫星于 1999 年 10 月 14 日成功发射，该卫星结束了我国长期以来只能依靠外国资源卫星的历史，标志着我国的航天遥感应用进入了一个崭新的阶段。CBERS-02 卫星于 2003 年 10 月 21 日成功发射。CBERS-01/02 卫星携带的有效载荷包括 CCD 相机、宽视场成像仪（WFI）和红外多光谱扫描仪（IRMSS），该星为太阳同步回归轨道，轨道高度 778km，轨道倾角 98.5°，降交点地方时为 10：30AM，回归周期 26 天。CBERS-01/02 卫星主要技术参数见表 4.10。

表 4.10　CBERS-01/02 卫星有效载荷参数

有效载荷	波段号	光谱范围/μm	空间分辨率/m	幅宽/km	侧摆能力	重访时间/d
CCD 相机	B01	0.45～0.52	20	113	±32°	3
	B02	0.52～0.59				
	B03	0.63～0.69				
	B04	0.77～0.89				
	B05	0.51～0.73				
宽视场成像仪（WFI）	B06	0.63～0.69	258	890		3
	B07	0.77～0.89				
红外多光谱扫描仪（IRMSS）	B08	0.50～0.90	78	119.5		26
	B09	1.55～1.75				
	B10	2.08～2.35				
	B11	10.4～12.5	156			

资源一号卫星 02B 星（CBERS-02B）于 2007 年 9 月 19 日发射并成功入轨。CBERS-02B 是我国第一颗民用高空间分辨率遥感卫星，也是第一颗同时具有高、中、低三种空间分辨率载荷的对地观测资源卫星。该星搭载的 2.36m 高分辨率相机（HR）的成像数据可满足 1：5 万资源与环境调查、制图的精度要求，改变了国外高分辨率卫星数据长期垄断国内市场的局面，其成像幅宽 27km。CBERS-02B 星的应用在国际上也产生了广泛的影响，2007 年 5 月，我国政府以资源系列卫星加入国际空间及重大灾害宪章机制，承担为全球重大灾害提供监测服务的义务；2007 年 11 月在南非召开的国际对地观测组织会议上，中国政府代表宣布与非洲共享资源卫星数据，反响热烈。CBERS-02B 卫星主要技术参数见表 4.11。

表 4.11　CBERS-02B 卫星有效载荷参数

有效载荷	波段号	光谱范围/μm	空间分辨/m	幅宽/km	侧摆能力	重访时间/d
CCD 相机	B01	0.45～0.52	20	113	±32°	3
	B02	0.52～0.59				
	B03	0.63～0.69				
	B04	0.77～0.89				
	B05	0.51～0.73				
高分辨率相机（HR）	B06	0.50～0.80	2.36	27	±25°	3
宽视场成像仪（WFI）	B06	0.63～0.69	258	890	±25°	3
	B07	0.77～0.89				

资源一号卫星 02C 星（ZY-1 02C）于 2011 年 12 月 22 日成功发射。ZY-1 02C 卫星搭载有全色多光谱相机和全色高分辨率相机，主要任务是获取全色和多光谱图像数据，可广泛应用于国土资源调查与监测、防灾减灾、农林水利、生态环境、国家重大工程等领域。

02C 星具有两个显著特点：一是配置的 10m 分辨率 P/MS 多光谱相机是当时我国民用遥感卫星中分辨率最高的多光谱相机；二是配置的两台 2.36m 分辨率 HR 相机使数据的幅宽达到 54km，从而使数据覆盖能力大幅增加，使重访周期大大缩短。

该星为太阳同步回归轨道，轨道高度 780.099km，轨道倾角 98.5°，降交点地方时为 10：30AM，回归周期 55 天。ZY-1 02C 星主要技术参数见表 4.12。

表 4.12　ZY-1 02C 卫星有效载荷参数

有效载荷	波段号	光谱范围/μm	空间分辨率/m	幅宽/km	侧摆能力	重访时间/d
P/MS 相机	B01	0.51～0.85	5	60	±32°	3
	B02	0.52～0.59	10			
	B03	0.63～0.69	10			
	B04	0.77～0.89	10			
高分辨率相机（HR）		0.50～0.80	2.36	单台：27 双台：54	±25°	3

资源一号卫星 04 星（CBERS-04）于 2014 年 12 月 7 日发射升空。CBERS-04 卫星共搭载 4 台相机，其中 5m/10m 空间分辨率的全色多光谱相机（PAN）和 40m/80m 空间分辨率的红外多光谱相机（IRS）由中方研制。20m 空间分辨率的多光谱相机（MUX）和 73m 空间分辨率的宽视场成像仪（WFI）由巴方研制。多样的载荷配置使其可在国土、水利、林业资源

调查、农作物估产、城市规划、环境保护及灾害监测等领域发挥重要作用。CBERS-04 星轨道参数与 CBERS-01/02 星相同，主要技术参数见表 4.13。

表 4.13 CBERS-04 卫星有效载荷参数

有效载荷	波段号	光谱范围/μm	空间分辨率/m	幅宽/km	侧摆能力	重访时间/d
全色多光谱相机（PAN）	B01	0.51~0.85	5	60	±32°	3
	B02	0.52~0.59	10			
	B03	0.63~0.69				
	B04	0.77~0.89				
多光谱相机（MUX）	B05	0.45~0.52	20	120	—	26
	B06	0.52~0.59				
	B07	0.63~0.69				
	B08	0.77~0.89				
红外多光谱相机（IRS）	B09	0.50~0.90	40	120	—	26
	B10	1.55~1.75				
	B11	2.08~2.35				
	B12	10.4~12.5	80			
宽视场成像仪（WFI）	B13	0.45~0.52	73	866	—	3
	B14	0.52~0.59				
	B15	0.63~0.69				
	B16	0.77~0.89				

中巴地球资源卫星 04A 星（CBERS-04A）于 2019 年 12 月 20 日成功发射升空，该星是中国和巴西两国合作研制的第 6 颗卫星，将接替中巴地球资源卫星 04 星获取全球高、中、低分辨率光学遥感数据。CBERS-04A 星共搭载了 3 台光学载荷，包括中方负责研制的宽幅全色多光谱相机，巴方负责研制的多光谱相机、宽视场成像仪。其中，宽幅全色多光谱相机分辨率可达 2m，幅宽优于 90km；多光谱相机分辨率为 17m，幅宽优于 90km；宽视场成像仪分辨率为 60m，幅宽优于 685km。CBERS-04A 星在继承 04 星观测要素、数据连续等的基础上，成像能力更强，定位精度更高，具备侧摆能力，可更好地满足两国在国土资源勘查、土地分类、环保监测、气候变化研究、防灾减灾、农作物分类与估产等领域对遥感数据的迫切需求，并可为亚非拉国家提供服务。

2）资源三号卫星

2012 年 1 月 9 日，我国首颗民用高分辨率光学传输型立体测图卫星——"资源三号"（ZY-3）成功发射，并于 2012 年 7 月 30 日交付使用。该卫星集测绘和资源调查功能于一体，搭载的前、后、正视相机组成三线阵，可以获取同一地区三个不同观测角度空间分辨率优于 2.1m 的全色影像和 3.5m 的立体像对，能够提供丰富的三维几何信息，填补了我国立体测图这一领域的空白，具有里程碑意义；多光谱相机能获取优于 5.8m 的多光谱影像。该卫星的影像质量及测图精度达到国际先进水平，在 506km 的高空成像，经过几何检校后，无地面控制几何定位精度平均可达到 9.2m。该卫星的主要任务是长期、连续、稳定、快速地获取覆盖全国的高分辨率立体影像和多光谱影像，为国土资源调查与监测、防灾减灾、农林水利、生态环境、城市规划与建设、交通、国家重大工程等领域的应用提供服务。该星为太阳同步回归轨道，轨道高度 505.984km，轨道倾角 97.421°，降交点地方时为 10：30AM，回归周期 59 天。该星有效载荷参数见表 4.14。

表 4.14　ZY-3 有效载荷参数

有效载荷	波段号	光谱范围/μm	空间分辨率/m	幅宽/km	侧摆能力	重访时间/d
前视相机		0.50~0.80	3.5	52	±32°	5
后视相机		0.50~0.80	3.5	52	±32°	5
正视相机		0.50~0.80	2.1	51	±32°	5
多光谱相机	1	0.45~0.52	6	51	±32°	5
	2	0.52~0.59				
	3	0.63~0.69				
	4	0.77~0.89				

资源三号 02 星（ZY-3 02）于 2016 年 5 月 30 日发射升空。这是我国首次实现自主民用立体测绘双星组网运行，形成业务观测星座，缩短了重访周期和覆盖周期，充分发挥了双星效能，长期、连续、稳定、快速地获取覆盖全国乃至全球高分辨率立体影像和多光谱影像。

ZY-3 02 星前后视立体影像分辨率由 01 星的 3.5m 提升到 2.5m，实现了 2m 分辨率级别的三线阵立体影像高精度获取能力，为 1∶5 万、1∶2.5 万比例尺立体测图提供了坚实基础。双星组网运行后，将进一步加强国产卫星影像在国土测绘、资源调查与监测、防灾减灾、农林水利、生态环境、城市规划与建设、交通等领域的服务保障能力。

该星为太阳同步回归轨道，轨道高度 505km，轨道倾角 97.421°，降交点地方时为 10：30AM，回归周期 59 天。该星有效载荷参数见表 4.15。

表 4.15　ZY-3 02 星有效载荷参数

有效载荷	波段号	光谱范围/μm	空间分辨率/m	幅宽/km	相机量化等级/bit	标准景尺寸/km	侧摆能力	重访时间/d
前视相机	—	0.50~0.80	2.5					3~5
后视相机	—	0.50~0.80						
正视相机	—	0.50~0.80	2.1	51	10	51×51	±32°	
多光谱相机	B01	0.45~0.52	5.8					3
	B02	0.52~0.59						
	B03	0.63~0.69						
	B04	0.77~0.89						

2. 高分系列卫星

高分专项是指高分辨率对地观测系统，是国务院发布的《国家中长期科学和技术发展规划纲要（2006-2020 年）》中确定的 16 个重大专项之一，其目标是建设基于卫星、平流层飞艇和飞机的高分辨率先进观测系统，与其他观测手段结合，形成全天候、全天时、全球覆盖的对地观测能力；整合并完善地面资源，建立数据与应用专项中心；到 2020 年，建成我国自主研发的陆地、大气、海洋先进对地观测系统，为现代农业、防灾减灾、资源环境、公共安全等重大领域提供服务和决策支持，确保掌握信息资源自主权，促进形成空间信息产业链。高分系列卫星覆盖从全色、多光谱到高光谱，从光学到雷达，从太阳同步轨道到地球同步轨道等多种类型，构成一个具有高空间分辨率、高时间分辨率和高光谱分辨率能力的对地观测系统。部分高分卫星平台及有效载荷参数见表 4.16。

表 4.16　GF 卫星平台及有效载荷参数

卫星平台	发射日期	有效载荷	波段号	光谱范围/μm	空间分辨率/m	幅宽/km	轨道类型	重访时间/d	回归周期/d
GF-1	2013 年 4 月 26 日	全色多光谱相机	1	0.45～0.90	2	60（2 台相机组合）	太阳同步回归轨道	4	41
			2	0.45～0.52	8				
			3	0.52～0.59					
			4	0.63～0.69					
			5	0.77～0.89					
		多光谱相机	6	0.45～0.52	16	800（4 台相机组合）		2	
GF-2	2014 年 8 月 19 日	全色多光谱相机	1	0.45～0.90	1	45（2 台相机组合）	太阳同步回归轨道	5	69
			2	0.45～0.52	4				
			3	0.52～0.59					
			4	0.63～0.69					
			5	0.77～0.89					
GF-4	2015 年 12 月 29 日	可见光近红外（VNIR）	1	0.45～0.90	50	400	地球同步轨道	20s	
			2	0.45～0.52					
			3	0.52～0.60					
			4	0.63～0.69					
			5	0.76～0.90					
		中波红外（MWIR）	6	3.5～4.1	400				
GF-6	2018 年 6 月 2 日	全色多光谱高分辨率相机	P	0.45～0.90	2	90	太阳同步回归轨道	2（与 GF-1 组网）	
			1	0.45～0.52	8				
			2	0.52～0.60					
			3	0.43～0.69					
			4	0.76～0.90					
		多光谱中分辨率宽幅相机	1	0.45～0.52	16	800			
			2	0.52～0.59					
			3	0.63～0.69					
			4	0.77～0.89					
			5	0.69～0.73					
			6	0.73～0.77					
			7	0.40～0.45					
			8	0.59～0.63					

　　GF-1 卫星是中国对地观测系统的第一颗高分辨率卫星，搭载了两台 2m 分辨率全色/8m 分辨率多光谱相机，四台 16m 分辨率多光谱相机，其中，宽幅多光谱相机幅宽达到了 800km，重访周期只有 4 天。卫星工程突破了高空间分辨率、多光谱与高时间分辨率结合的光学遥感技术、多载荷图像拼接融合技术、高精度高稳定度姿态控制技术、5～8 年寿命高

可靠卫星技术、高分辨率数据处理与应用等关键技术，可为国土资源、农业、生态环境保护等部门提供高精度、宽范围的空间观测服务，在地理测绘、海洋和气候气象观测、水利和林业资源监测、城市和交通精细化管理、疫情评估与公共卫生应急、地球系统科学研究等领域发挥重要作用。

GF-2 卫星是我国自主研制的首颗空间分辨率优于 1m 的民用光学遥感卫星，搭载两台高分辨率 1m 全色、4m 多光谱相机，具有亚米级空间分辨率、高定位精度和快速姿态机动能力等特点，有效地提升了卫星综合观测效能，达到了国际先进水平。这是我国目前分辨率最高的民用陆地观测卫星，星下点空间分辨率可达 0.8m，标志着我国遥感卫星进入了亚米级"高分时代"。主要用户为自然资源部、住房和城乡建设部、交通运输部及国家林业和草原局等部门，同时还为其他用户部门和有关区域提供示范应用服务。

GF-3 卫星于 2016 年 8 月 10 日成功发射，是中国首颗分辨率达到 1m 的 C 频段多极化 SAR 成像卫星。GF-3 轨道高度 755km，为太阳同步回归晨昏轨道，包括 12 种成像模式（表 4.17），是世界上成像模式最多的 SAR 卫星。GF-3 卫星不受云、雨等天气条件的限制，可全天候、全天时监视监测全球海洋和陆地资源，是高分专项工程实现时空协调、全天候、全天时对地观测目标的重要基础，服务于海洋、减灾、水利、气象以及其他多个领域，为海洋监视监测、海洋权益维护和应急防灾减灾等提供重要技术支撑（表 4.18）。

表 4.17　GF-3 卫星有效载荷技术指标

成像模式名称		分辨率/m	幅宽/km	极化方式
滑块聚束（SL）		1	10	单极化
条带成像模式	超精细条带（UFS）	3	30	单极化
	精细条带 1（FSI）	5	50	双极化
	精细条带 2（FSII）	10	100	双极化
	标准条带（SS）	25	130	双极化
	全极化条带 1（QPSI）	8	30	全极化
	全极化条带 2（QPSII）	25	40	全极化
扫描成像模式	窄幅扫描（NSC）	50	300	双极化
	宽幅扫描（WSC）	100	500	双极化
	全球观测成像模式（GLO）	500	650	双极化
波成像模式（WAV）		10	5	全极化
扩展入射角（EXT）	低入射角	25	130	双极化
	高入射角	25	80	双极化

表 4.18　GF-3 卫星 SAR 数据行业应用

行业	应用领域	监测内容
海洋	海岛海岸带动态监测	海岸线变迁监测、海岸带滨海湿地监测、海岛监测、围（填）海监测、浮筏养殖区监测等
	海洋环境灾害监测	海面风浪、海浪、北极海冰分布等
	海洋权益维护信息服务	船舶态势监测、船舶识别、海上油气平台监测等
减灾	专题应用	水体提取、建筑物倒塌信息提取、道路损毁信息提取等
水利	专题应用	地表水体监测、地表土壤含水量监测、洪涝灾害监测、干旱灾害监测、水利工程监测等
气象		降水量监测等

GF-4 卫星是我国第一颗地球同步轨道遥感卫星，搭载了一台可见光 50m/中波红外 400m 分辨率、大于 400km 幅宽的凝视相机，采用面阵凝视方式成像，具备可见光、多光谱和红外成像能力。GF-4 卫星通过指向控制实现对中国及周边地区的观测，可为我国减灾、林业、地震、气象等应用提供快速、可靠、稳定的光学遥感数据，为灾害风险预警预报、森林火灾监测、地震构造信息提取、气象天气监测等业务补充全新的技术手段，开辟了我国地球同步轨道高分辨率对地观测的新领域。GF-4 卫星主要用户为民政、林业、地震、气象等部门。

GF-5 卫星于 2018 年 5 月 9 日发射，是世界首颗实现对大气和陆地综合观测的全谱段高光谱卫星，也是中国高分辨率对地观测系统重大专项民用卫星中唯一的 1 颗高光谱卫星，为太阳同步轨道，轨道高度约 705km。卫星首次搭载了大气痕量气体差分吸收光谱仪（EMI）、大气多角度偏振探测仪（DPC）、大气主要温室气体监测仪（GMI）、全谱段光谱成像仪（VIMS）、可见光短波红外高光谱相机（AHSI）、大气环境红外甚高光谱分辨率探测仪（AIUS）共 6 台载荷，可对大气气溶胶、二氧化硫、二氧化氮、二氧化碳、甲烷、水华、水质、核电厂温排水、陆地植被、秸秆焚烧、城市热岛等多个环境要素进行监测。

GF-6 卫星是一颗低轨光学遥感卫星，也是中国首颗精准农业观测的高分卫星，具有高分辨率和宽覆盖相结合的特点。GF-6 卫星与 GF-1 卫星组网形成"2m/8m 光学成像卫星系统"，使遥感数据获取的时间分辨率从 4 天缩短到 2 天，其图像数据主要应用于农业、林业和减灾业务领域，兼顾环保、国安和住建等应用需求。GF-6 实现了 8 谱段 CMOS 探测器的国产化研制，国内首次增加了能够有效反映作物特有光谱特性的"红边波段"。

GF-7 卫星于 2019 年 11 月 3 日发射升空，它是我国首颗民用亚米级光学传输型立体测绘卫星，也是民用测图精度最高的卫星。GF-7 卫星不仅能获取平面影像，还可形成立体影像，在激光测高数据的支持下，实现我国民用 1∶1 万比例尺高精度卫星立体测图，满足测绘、住建、统计、交通等用户在基础测绘、全球地理信息保障、城乡建设监测评价、农业调查统计等方面对高精度立体测绘数据的迫切需求。目前，卫星处于在轨测试阶段，初步测试结果表明，卫星能够达到设计指标，平面精度可优于 5m，高程精度有望达到 1.5m，能够高效绘制地面 1∶1 万地形图。

GF-8 卫星（2015 年 6 月 26 日）、GF-9 卫星（2015 年 9 月 14 日）和 GF-11 卫星（2018 年 7 月 31 日）均为光学遥感卫星，其中 GF-9 卫星地面像元分辨率最高可达亚米级。GF-12 卫星于 2019 年 11 月 28 日成功发射，是一颗微波遥感卫星，其地面像元分辨率最高可达亚米级。这些高分卫星主要用于国土普查、城市规划、土地确权、路网设计、农作物估产和防灾减灾等领域，可为"一带一路"建设和国防现代化建设提供信息保障。

目前可涵盖不同空间分辨率、不同覆盖宽度、不同谱段、不同重访周期的高分数据型谱基本形成，与其他民用卫星遥感数据相配合，为高分遥感应用奠定了坚实基础。高分专项卫星数据现已在国土、环保、农业、林业、测绘等领域应用中取得了重要成果，且已设立了 30 个省级高分数据与应用中心，服务地方建设，为促进区域经济发展、提升地方政府现代化治理能力等需求提供服务支撑。

3. 环境一号卫星

环境与灾害监测预报小卫星星座 A、B、C 星（HJ-1 A/B/C）包括两颗光学星 HJ-1A/B 和一颗雷达星 HJ-1C，可以实现对生态环境与灾害的大范围、全天候、全天时的动态监测。环境卫星配置了宽覆盖 CCD 相机、红外多光谱扫描仪、高光谱成像仪、合成孔径雷达等四种遥感器，组成了一个具有中高空间分辨率、高时间分辨率、高光谱分辨率和宽覆盖的比较完备的对地观测遥感系列。

HJ-1A/B 星于 2008 年 9 月 6 日发射，两星轨道完全相同，相位相差 180°，为太阳同步回归轨道，轨道高度 649.093km，轨道倾角 97.9486°，回归周期 31 天，降交点地方时为 10:30AM±30 分钟。HJ-1A 星搭载了 CCD 相机和高光谱成像仪（HSI），HJ-1B 星搭载了 CCD 相机和红外多光谱相机（IRS）。在 HJ-1A 卫星和 HJ-1B 卫星上搭载的两台 CCD 相机设计原理完全相同，以星下点对称放置，平分视场、并行观测，联合完成对地刈幅宽度为 700km、地面像元分辨率为 30m、4 个谱段的推扫成像，两台 CCD 相机组网后重访周期仅为 2 天。此外，在 HJ-1A 卫星上装载有一台超光谱成像仪，完成对地刈宽为 50km、地面像元分辨率为 100m、110～128 个光谱谱段的推扫成像，具有±30°侧视能力和星上定标功能。在 HJ-1B 卫星上还装载有一台红外相机，完成对地幅宽为 720km、地面像元分辨率为 150m/300m、近短中长 4 个光谱谱段的成像。

HJ-1C 卫星于 2012 年 11 月 19 日成功发射，为太阳同步回归轨道，轨道高度 499.26km，轨道倾角 97.3671°，回归周期 31 天，降交点地方时为 6:00AM。星上搭载 S 波段 SAR，具有条带和扫描两种工作模式，成像带宽度分别为 40km 和 100km。HJ-1C 的 SAR 雷达单视模式空间分辨率为 5m，距离向四视分辨率为 20m。

HJ-1A/B/C 卫星有效载荷参数见表 4.19。

表 4.19 HJ-1 A/B/C 卫星主要载荷参数

平台	有效载荷	谱段号	光谱范围/μm	空间分辨率/m	幅宽/km	侧摆能力	重访时间/d
HJ-1A 卫星	CCD 相机	1	0.43～0.52	30	360（单台）700（两台）	—	4
		2	0.52～0.60	30			
		3	0.63～0.69	30			
		4	0.76～0.9	30			
	高光谱成像仪	—	0.45～0.95（110～128 个谱段）	100	50	±30°	4
HJ-1B 卫星	CCD 相机	1	0.43～0.52	30	360（单台）700（两台）		4
		2	0.52～0.60	30			
		3	0.63～0.69	30			
		4	0.76～0.90	30			
	红外多光谱相机	5	0.75～1.10	150（近红外）	720		4
		6	1.55～1.75				
		7	3.50～3.90				
		8	10.5～12.5	300			
HJ-1C 卫星	合成孔径雷达（SAR）	—	—	5（单视）20（4 视）	40（条带）100 扫描	—	4

4. 其他民用卫星

近几年来，我国发射了一系列高分辨率民用卫星，这里主要介绍吉林一号、高景一号（SuperView-1）和珞珈一号卫星。

1）吉林一号

吉林一号商业卫星是中国第一套自主研发的商用遥感卫星组，由中国科学院长春光学精密机械与物理研究所研制，卫星位于平均高度为 650km 的太阳同步轨道。相继于 2015 年 10月 7 日发射吉林一号光学 A 星、视频 01/02 星、灵巧验证星，2017 年 1 月 9 日发射吉林一号视频 03 星（林业一号），2017 年 11 月 21 日发射吉林一号视频 04、05 和 06 星，2018 年 1月 19 日发射吉林一号视频 07 星（德清一号）和吉林一号视频 08 星（林业二号），2019 年12 月 7 日发射"吉林一号"高分 02B 星。

吉林一号视频 03 星具有专业级的图像质量、高敏捷机动性能、多种成像模式和高集成电子系统，可以获取 11km×4.5km 幅宽、0.92m 分辨率的彩色动态视频。同时，作为全国首颗和林业系统深度合作并以"林业一号"命名的卫星，该星将全面提高吉林省林业遥感信息化水平，为森林资源调查、森林火灾预警与防控、野生动物保护、荒漠化与沙化防治、湿地保护与监测、病虫害预警与防治等林业重点工作提供更加精准、时间与空间分辨率更高、覆盖能力更强、响应更及时的卫星数据服务。

"德清一号"卫星由长光卫星技术有限公司为浙江省地方政府打造，主要围绕测绘、交通、水利、环保、农业、统计等多个行业提供遥感应用服务，推动大数据背景下的地理信息产业的发展。"林业二号"卫星作为长光卫星技术有限公司与吉林省林业系统深度合作的第二颗卫星，将继续为林业重点工作提供精准、时间与空间分辨率高、覆盖能力强、响应速度快的卫星数据服务，将极大地促进吉林省林业遥感信息化水平的提高。

"吉林一号"卫星星座建设分为两个阶段：第一阶段实现 60 颗卫星在轨组网，具备全球热点地区 30 分钟内重访能力，每天可观测全世界范围内 800 多个目标区域；第二阶段实现138 颗卫星在轨组网，具备全球任意地点 10 分钟内重访能力，旨在建设一个高时间分辨率、高空间分辨率的遥感信息获取平台，为用户提供高效、精准的遥感信息服务。

2）高景一号

高景一号卫星是中国首颗自主研发的分辨率高达 0.5m 的商业遥感卫星，也是当前我国分辨率最高的商业遥感卫星。该卫星属于中国航天科技集团公司商业遥感卫星系统"16+4+4+X"中的一部分，是国内首个具备高敏捷、多模式成像能力的商业卫星星座，具备大于 4T 的星上存储空间，单颗卫星每天可采集 70 万 km^2 的遥感数据，4 星组网后可实现全球任意地点每天重访一次，在轨应用后，打破了我国 0.5m 级商业遥感数据被国外垄断的现状，也标志着国产商业遥感数据水平正式迈入国际一流行列。

该系统计划由 16 颗 0.5m 分辨率光学卫星、4 颗高端光学卫星、4 颗微波卫星以及多颗视频高光谱等微小卫星组成。在第一阶段，系统已完成 4 颗 0.5m 分辨率敏捷光学卫星的发射，其中，2016 年 12 月 28 日发射高景一号 01 星和 02 星，2018 年 1 月 9 日发射高景一号03 星和 04 星；第二阶段将每年安排 1～2 次发射，到 2022 年左右逐渐补充形成"16+4+4+X"的商业遥感卫星系统。届时，日采集能力将达到 1200 万 km^2，可实现对国内十大城市 1 天覆盖 1 次。

高景一号卫星轨道高度 530km，为太阳同步回归轨道，回归周期 97 分钟；传感器波段分别为：全色 0.45～0.89μm，蓝光波段 0.45～0.52μm，绿光波段 0.52～0.59μm，红光波段0.63～0.69μm，近红外波段 0.77～0.89μm；全色波段分辨率为 0.5m，多光谱波段分辨为2m；辐射分辨率 11bit；幅宽 12km。

高景一号 01、02 两颗 0.5m 分辨率的卫星在同一轨道上以 180°的对角角度飞行，具有专业级的图像质量、高敏捷的机动性能、丰富的成像模式和高集成的电子系统等技术特点。高景一号 03、04 星与同轨道的高景一号 01、02 卫星组网运行，在轨均匀分布，四星相位差 90°，四星组网后，标志着我国首个 0.5m 级高分辨率商业遥感卫星星座正式建成，可实现每轨 10 分钟成像并迅速下传，每天可采集 300 万 km² 影像，实现国内十大城市 3 天覆盖一次的能力，全球范围内对任意目标的重访周期为 1 天。

高景一号卫星发射后，状态稳定，运行良好，已经完成所有在轨测试，所有指标均满足或优于指标要求，获取了大量高价值数据，实现了国内商业遥感最高图像分辨率和最快机动速度，在自然灾害应急、自然资源调查、生态环境监测、城市建设等领域发挥了重大作用。同时，作为面向商用的卫星，高景一号将加速现有国产遥感卫星向"市场业务型"转变，带动引领自主遥感卫星市场化、产业化、国际化发展潮流。

3）珞珈一号

2018 年 6 月 2 日，武汉大学"珞珈一号"科学实验卫星 01 星成功发射并准确进入预定轨道。该卫星是全球首颗专业夜光遥感卫星，也是武汉大学"珞珈一号"科学试验卫星工程的第一颗卫星，主要用于试验验证国内处于空白的"夜光遥感"技术和国家急需的"低轨卫星导航增强"等技术，对于我国夜光遥感卫星的发展和遥感在社会经济领域的应用具有开创意义。

该卫星位于 645km 的太阳同步回归轨道，地面像元分辨率为 130m，成像谱段 0.48～0.80μm，地面宽度为 260km，包括夜光和白天两种成像模式。该卫星搭载高灵敏度夜光相机，可获取夜间低照度下动态范围高达 15bit 的高精度夜光亮度变化信息，理想条件下可在 15 天内绘制完成地面分辨率 130m 的全球夜光影像。搭载导航增强载荷，可开展卫星导航信号增强和星基北斗完好性检测技术验证试验，可为我国开展新一代导航信号增强关键技术的研究和"一星多用"的集成化空间信息系统建设理论提供试验依据。

珞珈一号 01 星可以大动态范围夜光成像，获取高分辨率夜晚灯光照片，可捕捉到更精细的人工夜光空间细节。基于夜间灯光数据，可分析灯光分布与二氧化碳排放的相关性、夜间灯光与电力能耗之间的关系等，也可对社会经济参数进行反演和诊断。可以直观反映如一个城市的国内生产总值（GDP）、贫困分布、土地利用情况，城市扩张、人口布局情况，能给相关政府部门提供客观决策依据。

珞珈一号 02 星设计具有条带、聚束、多角度、双基地等成像模式，可满足 1∶5 万测绘精度的多角度成像新体制雷达卫星，将对我国雷达卫星和雷达测绘的发展具有重要意义。同时弥补光学卫星的缺陷，在天气条件不佳时也能发挥作用，继续试验天基导航增强。珞珈一号 03 星将重点探索、解决手机直接操控卫星的问题，实现 0.5m 光学视频直接对接手机，天基目标编目三维重建，对消费级应用具有重要意义。

第三节 气象卫星

从外层空间对地球及其大气层进行气象观测的人造地球卫星称为气象卫星。气象卫星除了能提供天气云图和进行天气预报外，还广泛应用于海洋和地球资源的探测，是一种综合性的遥感卫星。在灾害损失评估、农业估产和海洋水色环境等研究中，都利用气象卫星数据取得了重要成果。目前，气象卫星主要传感器有成像仪和垂直探测器两类，能获得地球及其大气层的可见光、红外与微波辐射等图像资料，以及云量、云分布、大气垂直温度、大气水汽含量、云顶温度、海面温度等数据资料和高空大气物理参数等空间环境监测数据。成像仪选用波段均位于大气窗口区，用于透过大气层观测下面的云和地表状况；垂直探测仪选用的光谱波段则位于大气吸收带及其边缘，用于研究大气微量组成成分的含量及大气温度的垂直分布。

一、气象卫星类型

气象卫星按轨道高度的不同，可以分为两类：地球静止轨道气象卫星（geostationary meteorological satellite，GMS）和太阳同步轨道气象卫星，后者又称为极地轨道气象卫星（polar orbiting meteorological satellite，POMS）。

地球静止轨道气象卫星对灾害性天气系统，包括台风、暴雨和植被生态动态突变的实时连续观测具有突出能力，同时还用于中期天气预报、气候演变预测以及全球生态环境变化监测。全球气象卫星系统作为联合国世界气象组织（WMO）世界气象监测网（World Weather Watch，WWW）计划的重要组成部分，由 5 颗地球静止轨道气象卫星和 2 颗极地轨道气象卫星组成全球观测网（表 4.20），可获得完整的全球气象资料并连续监测地球上任何一个地区的天气变化。

表 4.20　全球气象卫星观测网

（a）地球静止轨道气象卫星

承担国家或机构	卫星名称	卫星监视区域	位置
日本	GMS	西太平洋、东南亚、澳大利亚	140°E
美国	SMS/GOES	北美大陆西部、东太平洋	140°W
美国	SMS/GOES	北美大陆东部、南美大陆	70°W
欧洲空间局	Meteosat	欧洲、非洲大陆	0°
俄罗斯	COMS	亚洲大陆中部、印度洋	70°E

（b）极地轨道气象卫星

承担国家	卫星名称	卫星监视区域
美国	NOAA 系列	从 800～1500km 高度，南北向绕地球运行，对东西约 3000km 的带状地域进行观测，一日两次。在极地地区观测特别密集
俄罗斯	Meteop 系列	

1. 地球静止轨道气象卫星

地球静止轨道气象卫星又称高轨-地球同步轨道气象卫星，位于赤道上空近 36000km 高度处，圆形轨道，轨道倾角为 0°，绕地球一周需 24 小时，卫星公转角速度和地球自转角速度相等，与地球相对静止，故称为地球同步卫星或静止轨道气象卫星。

静止轨道气象卫星覆盖范围大，能观测地球表面的 1/4～1/3 面积，有利于获得宏观同步信息；轨道高度高，空间分辨率较低，且边缘几何畸变严重，定位和匹配精度不高。静止轨道气象卫星可进行连续观测，对天气预报有很好的时效，适用于地区性短期气象业务。对某一固定地区每隔 20～30 分钟即可获得一次观测资料，具有较高的时间分辨率，有利于高密度动态遥感监测，如日变化频繁的天气、海洋动力现象等。

2. 极地轨道气象卫星

极地轨道气象卫星为低中轨-近极地太阳同步轨道，轨道高度一般在 400～1800km。由于轨道高度较低，可实现的观测项目比同步气象卫星丰富得多，探测精度和空间分辨率也优于同步卫星。极地轨道气象卫星可进行全球观测，每天定时飞经同一地区上空两次，获得两次观测资料，具有中等重复周期，对同一地区不能连续观测，主要提供中长期数值天气预报所需的数据资料。

以上两类气象卫星组合观测，是一种理想的大气观测方式。

二、气象卫星观测的内容及特点

1. 气象卫星观测的内容

气象卫星主要观测内容包括：卫星云图的拍摄；云顶温度、云顶状况、云量和云内凝结物相位的观测；陆地表面状况的观测，如冰雪和风沙，以及海洋表面状况的观测，如海洋表面温度、海冰和洋流等；大气中水汽总量、湿度分布、降水区和降水量的分布；大气中臭氧的含量及其分布；太阳的入射辐射、地气体系对太阳辐射的总反射率以及地气体系向太空的红外辐射；空间环境状况的监测，如太阳发射的质子、α 粒子和电子的通量密度。这些观测内容有助于监测天气系统的移动和演变，为研究气候变迁提供了大量的基础资料，为空间飞行提供了大量的环境监测结果。

2. 气象卫星的特点

1）高时间分辨率

气象卫星具有较高的时间分辨率，有助于对地面快速变化的动态监测。如具有较高重复周期的静止轨道气象卫星可以在 20～30 分钟获得一次观测资料，而具有中等重复周期的极轨卫星如 NOAA 等每天可对地球同一地区成像 1～2 次；双星组网的极轨气象卫星可以每天提供 4 次全球覆盖的图像资料和垂直探测资料。

2）成像面积大，有利于获得宏观同步信息，减少数据处理量

气象卫星扫描宽度可达 2800km，2～3 条轨道就可以覆盖我国，相对于其他陆地卫星更容易获得完全同步、低云量或无云的卫星影像。一颗静止轨道气象卫星的观测面积可达 $1.7×10^8 km^2$，约为地球表面的 1/3。通过气象卫星的大范围观测，人类获得了几乎无法常规观测的大范围海洋、两极和沙漠地区的资料且不受国界限制。

3）资料来源连续及一致性

与地面和高空常规观测相比，卫星资料具有内在的均一性和良好的代表性。尽管世界气象组织已经颁布了一系列规范来统一常规观测仪器的性能和观测方法，但仍不能避免不同国家和地区、使用不同仪器和方法获得的资料的不一致性。同时，测站分布的不均匀也使得资料的不确定性增加。而气象卫星是在较长一段时期内使用同一仪器对全球进行观测，资料的相对可比较性强、分布均匀、一致性好。卫星资料则是对一定视场面积内的取样平均值，具有较好的区域代表性。

三、美国 NOAA 卫星

NOAA 卫星是由美国海洋大气局（National Oceanic and Atmospheric Administration，NOAA）运行的第三代气象观测卫星。第一代称为 TIROS 系列（1960～1965 年），第二代称为 ITOS 系列（1970～1976 年）。2005 年 6 月 26 日，NOAA-18 正式运行。NOAA 卫星的轨道为接近正圆的太阳同步极轨道，轨道高度 870km 及 833km。

最新的 NOAA 卫星搭载的主要传感器有改进型高分辨率辐射计 AVHRR/3（advanced very high resolution radiometer model）、高分辨率红外垂直探测仪 HIRS/3（high resolution infrared sounder model）和改进型微波垂直探测仪 AMSU（advanced microwave sounding unit）。AVHRR/3 是以观测云的分布、地表（主要是海域）的温度分布等为目的的传感器，

地面分辨率为 1.1km，扫描带宽 2800km，辐射分辨率为 1024 级，白天可提供云覆盖和冰雪覆盖图像，夜晚可提供云覆盖和海面温度图像，其特征及主要用途见表 4.21。HIRS/3 和 AMSU 是测量大气中气温和湿度垂直分布的传感器。

表 4.21　AVHRR/3 参数及主要应用

通道号	观测波长/μm	谱段性质	观测项目	主要应用
1	0.58～0.68	可见光（黄～红）	云、冰、雪	白天图像，天气预报、云边景图、冰雪探测
2	0.725～1.10	红～近红外	水陆边界、陆地植被	白天图像，植被、水/路边界、农业估产、土地利用调查、农作物评价
3A	1.58～1.64	短波红外	表面温度、云	白天图像，土壤湿度、云雪判识、干旱监测、云相区分
3B	3.55～3.93	中红外		下垫面高温、夜间云图、水陆分界、森林火灾、火山活动
4	10.3～11.3	热红外	表面温度、云	昼夜图像，海表和地表温度、云量、土壤湿度
5	11.5～12.5			

由两颗 NOAA 卫星组成的双星系统，每天可对同一地区获得 4 次观测数据，除了在气象领域应用外，AVHRR 数据还能广泛应用于非气象领域，如海洋污染监测、火山喷发探测、森林火灾测定、农作物监测与作物估产、湖面水位变化等。

美国计划发展的新一代极轨业务环境气象卫星系统，将现有的 NOAA 民用极轨业务气象卫星和"国防气象卫星"（DMSP）合并成为"国家极轨环境卫星系统"（NPOESS），并成为 21 世纪监视天气、大气、海洋和近太空环境的卫星系统，但因严重的成本超支，2010 年美国政府重组了该项目。NOAA 和国家航空航天局（NASA）开发联合极地卫星（JPSS），覆盖下午的极轨道，美国国防部开发的国防气象卫星系统（DWSS）覆盖清晨轨道。欧洲气象卫星开发组织继续向美国提供上午数据。

首颗 JPSS 卫星 JPSS-1 于 2017 年 11 月 18 日发射，其高分辨率星载仪器有可见光红外成像辐射仪（VIIRS）、交叉跟踪红外探测器（CrIS）、云与地球辐射能量系统（CERES）、先进技术微波探测器（ATMS）及臭氧监测和廓线装置（OMPS）等。其中，VIIRS 收集大气云层条件、地球辐射收支等信息，具有多波段成像能力，可获取高分辨率大气图像；CrIS 提供地球向上辐射的高分辨率红外频谱；CERES 已在轨 10 多年，传送太阳反射和地球辐射数据；ATMS 是下一代星载微波仪器，能穿透云层，测量多种高度的大气温度、湿度和气压；OMPS 监视地球同温层臭氧变化。DWSS 卫星将携带可见光红外成像辐射仪、太空环境监视（SEM）传感器和微波传感器 3 个仪器包，其中，SEM 提供太空气象数据，微波传感器用于测量土壤湿度和大气温度等。

四、中国气象卫星

中国的气象卫星主要包括极轨卫星系统和静止轨道卫星系统，是国际气象卫星网络的重要组成部分。中国已成功发射第一代极轨气象卫星风云一号（FY-1）、第一代静止轨道气象卫星风云二号（FY-2）、第二代极轨气象卫星风云三号（FY-3）和第二代静止轨道气象卫星风云四号（FY-4），并在积极研发晨昏轨道卫星。中国气象卫星概况见表 4.22。

表 4.22　中国气象卫星概况

类型	卫星		发射时间	状态	轨道高度/km	轨道倾角/定点经度	业务类型	批次
太阳同步轨道极轨卫星	风云一号（第一代）	FY-1A	1988 年 9 月 7 日	失效	901	99.1°	试验	01 批
		FY-1B	1990 年 9 月 3 日	失效	901	99.1°	试验	
		FY-1C	1999 年 5 月 10 日	失效	870	98.8°	业务	02 批
		FY-1D	2002 年 5 月 15 日	失效	870	98.8°	业务	
	风云三号（第二代）	FY-3A	2008 年 5 月 27 日	失效	836	98.75°	试验	01 批
		FY-3B	2010 年 11 月 5 日	运行	836	98.75°	试验	
		FY-3C	2013 年 9 月 23 日	运行	836	98.75°	业务	02 批
		FY-3D	2017 年 11 月 15 日	运行			业务	
		FY-3E	2021 年 7 月 5 日	运行			业务	
地球同步轨道静止卫星	风云二号（第一代）	FY-2A	1997 年 6 月 10 日	失效	35800	105°E	试验	01 批
		FY-2B	2000 年 6 月 25 日	失效			试验	
		FY-2C	2004 年 10 月 19 日	失效			业务	02 批
		FY-2D	2006 年 12 月 8 日	失效			业务	
		FY-2E	2008 年 12 月 23 日		35800	86.5°E	业务	
		FY-2F	2012 年 1 月 13 日		35800	123.5°E	业务	
		FY-2G	2014 年 12 月 31 日	运行	35800	105°E	业务	03 批
		FY-2H	2018 年 6 月 5 日	运行	35800	79°E	业务	
	风云四号（第二代）	FY-4A	2016 年 12 月 11 日	运行		104.7°E	试验	
		FY-4B	2021 年 6 月 3 日	运行			业务	

1. FY-1 卫星

风云一号气象卫星（FY-1）是中国研制的第一代太阳同步轨道气象卫星，也是中国第一颗传输型极轨气象卫星系列，共发射了 4 颗，即 FY-1A 卫星、FY-1B 卫星、FY-1C 卫星和 FY-1D 卫星。FY-1A、1B 是试验型气象卫星，FY-1C 和 FY-1D 卫星属业务卫星。

1）FY-1 卫星的基本任务

风云一号气象卫星每天定时向世界各地气象台站实时发送 10 个通道 1.1km 高分辨率数字量云图；记录存储全球国外地区 4 个通道 4km 分辨率数字量云图，延时回放给我国地面站，以获取国内外大气、云、陆地、海洋资料，并用于天气预报、气候预测、自然灾害和全球环境监测等。

2）FY-1 卫星的传感器特征

该卫星主要传感器包括 10 个通道可见光和红外扫描辐射计（7 个为可见光通道，3 个红外通道，地面分辨率 1.1km，扫描带宽 2800km，辐射分辨率为 1024 个等级）、空间粒子探测器等。FY-1C/D 辐射仪通道特征见表 4.23。

表 4.23　FY-1C/D 辐射仪通道特征

通道	波长/μm	主要用途
1	0.58~0.68	白天云、冰、雪和植被
2	0.84~0.89	白天云、冰、雪、植被、水陆界区、大气状况
3	3.55~3.93	昼夜图像、高温热源、地表温度、森林火灾

续表

通道	波长/μm	主要用途
4	10.3～11.3	昼夜图像、海表和地面温度
5	11.5～12.5	
6	1.58～1.64	白天图像、土壤湿度、云/雪判识、干旱监测、云相区分
7	0.43～0.48	低浓度叶绿素（大洋水体）
8	0.48～0.53	中浓度叶绿素、泥沙、海水衰减系数、海冰
9	0.53～0.58	高浓度叶绿素（近海水体）、海流、水团
10	0.90～0.985	水汽图像

2. FY-2 卫星

风云二号气象卫星（FY-2）是中国自行研制的第一代地球静止轨道气象卫星，与极地轨道气象卫星相辅相成，构成中国气象卫星应用体系。风云二号卫星由两颗试验卫星（FY-2A，2B）和六颗业务卫星（FY-2C、2D、2E、2F、2G、2H）组成，目前已经完成了第一代静止轨道卫星的发射计划。

1）FY-2 卫星的基本任务

风云二号气象卫星的作用是获取白天可见光云图、昼夜红外云图和水气分布图，进行天气图传真广播，收集气象、水文和海洋等数据，收集平台的气象监测数据，供国内外气象资料利用站接收利用，监测太阳活动和卫星所处轨道的空间环境，为卫星工程和空间环境科学研究提供监测数据。

2）FY-2 卫星的传感器特征

风云二号卫星星上观测仪器有 5 个通道（表 4.24），可以同时获取 5 张图，在距离地球35800km 的静止轨道处获得高清晰图像；星地一体化实现了高精度的图像定位；两颗星可以同时观测，从空间上可以扩大监测范围，从时间角度，每颗卫星每 0.5 小时观测一次地球，两颗星错时观测可将时间缩短到 15 分钟。

表 4.24　FY-2 卫星 02 批业务星扫描辐射计主要技术性能

项目	可见光	红外 1	红外 2	红外 3	水汽
波段/μm	0.50～0.750	10.3～11.3	11.5～12.5	3.5～4.0	6.3～7.6
瞬时视场角/ur*	35	140	140	140	140
扫描范围	反射率 α=0～98%	180～330K			180～290K

*：ur，微弧度，一种角度度量单位。

3. FY-3 卫星

风云三号气象卫星（FY-3）是为了满足中国天气预报、气候预测和环境监测等方面的迫切需求建设的第二代极轨气象卫星，目前由 FY-3A 和 FY-3B 两颗试验卫星以及 FY-3C、FY-3D 和 FY-3E 三颗业务卫星组成。FY-3E 卫星是全球首颗民用晨昏轨道卫星，与 FY-3C 卫星和 FY-3D 卫星组网运行，我国也因此成为国际上唯一同时拥有上午、下午、晨昏三条轨道气象卫星组网观测能力的国家。

1）FY-3 卫星的基本任务

FY-3 气象卫星是中国第二代极轨气象卫星，可在全球范围内实施全天候、多光谱、三维、定量探测，主要为中期数值天气预报提供气象参数，并监测大范围自然灾害和生态环境，同时为研究全球环境变化、探索全球气候变化规律以及航空、航海等提供气象信息。

FY-3 气象卫星实现三星组网后，其观测数据更新时效将由 12 小时缩短为 6 小时，从而大幅提高中国气象观测能力和中期天气预报能力。

2）FY-3 卫星的传感器特征

星上的探测仪器有可见光红外扫描辐射计、红外分光计、微波温度探测辐射计、中分辨率成像光谱仪、微波成像仪、紫外臭氧探测器、地球辐射收支探测器、空间环境监测器等 8 种探测仪器。

可见光红外扫描辐射计有 10 个光谱通道，星下点分辨率 1.1km，扫描范围±55.4°，量化等级 10bit，定标精度为可见光和近红外通道 5%（反射率），红外通道 1K。10 个通道的波段范围是：0.58～0.68μm、0.84～0.89μm、3.55～3.93μm、10.3～11.3μm、11.5～12.5μm、1.55～1.64μm、0.43～0.48μm、0.48～0.53μm、0.53～0.658μm 和 1.325～1.395μm。

红外分光计具有 26 个通道，星下点分辨率 17km，扫描范围±49.5°，量化等级 13bit，可见光定标精度 5%（反射率），红外定标精度 1K。

微波温度探测辐射计具有 4 个通道，星下点分辨率约 75km，扫描范围±48.6°，量化等级 13bit，定标精度 1K。

中分辨率成像光谱仪具有 20 个通道，星下点分辨率为 250m（通道 1～5）、1000m（其余通道），扫描范围±55.4°，量化等级 12bit，可见光和近红外通道定标精度 5%（反射率），红外通道定标精度 1K，具有星上定标功能。

微波成像仪扫描方式为圆锥扫描，天线视角的天底角为 44.8°，扫描周期为 1.7s，量化等级 12bit，定标精度 1～2K，每个频点皆有 V、H 两个极化通道。

FY-3 卫星配置的有效载荷多，研制起点高，技术难度大，卫星总体性能将接近或达到欧洲的 METOP 和美国的 NPP 极轨气象卫星水平，它的成功研制将使中国在极轨气象卫星领域更进一步缩小与美国、欧洲等发达国家的差距，接近或赶上其发展水平，增强中国参与国际合作和国际竞争的能力。

4. FY-4 卫星

风云四号气象卫星（FY-4）是我国第二代地球静止轨道气象卫星，主要发展目标是卫星姿态稳定方式为三轴稳定，提高观测的时间分辨率和区域机动探测能力；提高扫描成像仪性能，以加强中小尺度天气系统的监测能力；发展大气垂直探测和微波探测，解决高轨三维遥感；发展极紫外和 X 射线太阳观测，加强空间天气监测预警。

FY-4A 是我国第二代静止轨道气象卫星中的试验星，也是我国第一颗高轨三轴稳定的定量遥感卫星，于 2016 年 12 月 11 日在西昌卫星发射中心发射升空，2017 年 9 月交付用户投入使用，2018 年 5 月 1 日正式投入业务运行。FY-4B 是我国新一代静止轨道气象卫星“风云四号”系列的首颗业务星，标志着我国新一代静止轨道卫星观测系统正式进入业务化发展阶段，对确保我国静止气象卫星升级换代和连续、可靠、稳定业务运行意义重大。

1）FY-4 卫星的基本任务

FY-4 卫星采用三轴稳定控制方案，接替自旋稳定的 FY-2 卫星，其连续、稳定运行将大幅提升我国静止轨道气象卫星的探测水平。其主要任务有：获取地球表面和云的多光谱、高精度定量观测数据和图像，其中包括高频次的区域图像，全面提高对地球表面和大气物理参数的多光谱、高频次、定量探测能力；实现大气温度和湿度参数的垂直结构观测，提高探测精度，改进垂直分辨率；实现闪电成像观测，获取观测覆盖区范围内的闪电分布图；监测空间环境，为空间天气预报业务和研究提供观测数据；广播分发和灾害性天气警报信息发布；在 FY-2 卫星观测云、水汽、植被、地表的基础上，FY-4 卫星还具备了捕捉气溶胶、雪的能力，并且能清晰地区分云的不同相态和高、中层水汽。

2）FY-4 卫星的传感器特征

作为新一代静止轨道定量遥感气象卫星，FY-4 卫星的功能和性能实现了跨越式发展。卫星的辐射成像通道由 FY-2G 星的 5 个增加为 14 个，覆盖了可见光、短波红外、中波红外和长波红外等波段，接近欧美第三代静止轨道气象卫星的 16 个通道。星上辐射定标精度 0.5K、灵敏度 0.2K、可见光空间分辨率 0.5km，与欧美第三代静止轨道气象卫星水平相当。同时，FY-4 卫星还配置有 912 个光谱探测通道的干涉式大气垂直探测仪，可在垂直方向上对大气结构实现高精度定量探测，这是欧美第三代静止轨道单颗气象卫星所不具备的。

闪电成像仪（lightning mapping imager, LMI）：主要进行中国区域的闪电成像观测。采用 CCD 高速成像技术，以频率 500 帧/秒获取闪电与背景图像，进行逐像素多帧实时背景评估和背景去除，对闪电信号进行增强、探测、定位，可以实现中国及周边区域 24 小时不间断的闪电实时探测，每 2ms 就探测一次中国及周边闪电情况，实现强对流天气短临预报和预警。

干涉式大气垂直探测仪（geostationary infrared interferometer sounder, GIIRS）：以干涉成像的方式，探测垂直方向的大气温度湿度廓线，可高频次获取观测地区的大气温湿度廓线和痕量气体含量，实现大气温度和湿度参数的垂直结构观测。

多通道扫描成像辐射计（AGRI）：AGRI 的性能指标相比 VISSR 有大幅度提高，包含 14 个通道（6 个可见光/近红外波段，2 个中波红外波段，2 个水汽波段和 4 长波红外波段）。可见光/近红外波段的空间分辨率为 0.5～1km，红外波段的空间分辨率为 2～4km，15 分钟扫描地球全圆盘一次，区域扫描时间为 1 分钟（1000km×1000km）。

FY-4 卫星主要技术指标见表 4.25，FY-4 与其他卫星多通道扫描成像辐射计性能比较见表 4.26。

表 4.25　FY-4 主要技术指标

名称		指标要求
扫描辐射计	空间分辨率	0.5～1.0km（可见光），2.0～4.0km（红外）
	成像时间	15min（全圆盘），3min（1000km×1000km）
	定标精度	0.5～1.0K
	灵敏度	0.2K
干涉式大气垂直探测仪	空间分辨率	2.0km（可见光），16.0km（红外）
	光谱分辨率	700～1130cm^{-1}；0.8cm^{-1}；1650～2250cm^{-1}；1.6cm^{-1}
	探测时间	35min（1000km×1000km）；67min（5000km×5000km）
闪电成像仪	空间分辨率	7.8km
	成像时间	2ms（4680km×3120km）
轨道及精度要求		地球同步轨道，东/西±0.2°，南北±0.2°
姿态测量精度		优于 3″（3σ）（轨道系，东南系可选，具备调头工作能力）
三轴姿态控制精度		指向：优于 0.01（°）（3σ）；稳定度：优于 5×10^{-4}（°）/s（3σ）
图像导航配准精度		1 像元
扫描控制精度		优于 1″

名称	指标要求
星敏支架在轨热变形	优于1″（15min内）
星敏支架温控精度	优于0.1℃
横向质心确定精度	优于1mm（帆板展开时）
遥感仪安装面响应	不大于2mg，敏感频段不大于1mg

表4.26　FY-4与其他卫星多通道扫描成像辐射计性能

卫星	美国	日本	欧洲空间局	印度	俄罗斯	中国
	GOES-R	Himawari-8	MTG（在研）	INSAT系列	ELECTRO-1	FY-4
波段数	16	16	16	6	10	14
空间分辨率	0.5～2.0km	0.5～2.0km	0.5～2.0km	1～4km	1～4km	0.5～4.0km
灵敏度	SNR 300（反照率100%），NEΔT 0.1～0.3K（温度300K）	SNR≤300（反照率100%），NEΔT≤0.10（温度300K）	SNR 12～30（反照率1%），NEΔT 0.1～0.2K（温度300K）	SNR 6（反照率2.5%），NEΔT 0.2K（温度300K）	NEΔT 0.1～0.8K（温度300K）	SNR 90～200（反照率100%），NEΔT 0.2～0.5K（温度300K）

空间环境监测仪器包：包括三台高能粒子探测器、磁通门磁强计、辐照剂量仪、充电电位监测器和环境远直单元共7台单机。主要监测太阳、辐射带和磁层的高能粒子（电子和质子）的方向和能谱，卫星内部不同方向的电离辐照剂量，3个方向（X、Y、Z位）和朝天向（$-Z$轴）的深层充电电位以及卫星轨道的地磁场强度的3个分量。

3）FY-4卫星的特点

FY-4卫星的主要特点有：姿态测量和控制精度高、星地导航配准精度高、辐射定标和光谱定标精度高；首次实现了星上实时处理的图像定位与配准；相比于国外同期卫星，首次实现成像观测和红外高光谱大气垂直探测相结合的综合观测能力，单星完成欧美双星功能；所有仪器均属国内首次飞行验证、具有国际先进水平，卫星综合技术性能国际领先。

2017年9月25日，FY-4A卫星正式交付用户投入使用，标志着中国静止轨道气象卫星观测系统实现了更新换代，与上一代静止轨道气象卫星风云二号相比，FY-4更为强大。风云四号扫描成像辐射计主要承担获取云图的任务；在风云二号观测云、水汽、植被、地表的基础上，还具备了捕捉气溶胶、雪的能力，并能区分出云的不同相态和高、中层水汽。值得一提的是，风云四号首次制作出彩色卫星云图，最快1分钟生成一次区域观测图像。2018年5月8日零时起，中国以及亚太地区用户可正式接收FY-4A卫星数据。同时，全部国家级气象业务平台完成"风云二号"到FY-4A卫星业务切换。此次首批发布的数据包括大气、云、沙尘、降水、辐射、闪电等23种产品，可为天气预报、灾害预警等提供重要支撑。

根据我国气象卫星发展规划，我国还将发射同属光学系列的风云四号静止轨道业务气象卫星，逐步替代在轨的风云二号系列卫星，形成"双星在轨，互为备份"的运行格局；在2025年前，发射风云四号微波探测卫星，将静止轨道遥感的高时效性优势和微波对云雨大气独具的穿透性探测能力相结合，实现对快速变化的台风、暴雨等灾害性天气现象的"全天时、全天候"监测预警，并与在轨的风云四号光学卫星协同使用；在国际上率先形成探测手段齐全的高轨气象卫星体系。

第四节　海洋卫星

卫星海洋遥感对观测与研究全球海洋环境和海洋资源具有重要作用，其特点是快速、连续、大范围和能同时观测多个参数。目前全球已发射了 40 多颗探测海洋的卫星，包括专用海洋卫星和装载多种传感器具有大气、海洋、陆地等环境监测能力的综合型遥感卫星。海洋卫星是专门用于观测和研究海洋的人造地球卫星。

一、海洋卫星概况

海洋卫星是地球观测卫星中的一个重要分支，是在气象卫星和陆地资源卫星的基础上发展起来的，属于高档次的地球观测卫星。利用海洋卫星可以经济、方便地对大面积海域实现实时、同步、连续的监测，已被公认为是海洋环境监测的重要手段。海洋卫星与陆地卫星和气象卫星相比，具有以下特点：海洋环境要素探测要求大面积、连续、同步或准同步探测；海洋卫星可见光传感器要求波段多而窄，灵敏度和信噪比高（高出陆地卫星一个数量级）；为与海洋环境要素变化周期相匹配，海洋卫星的地面覆盖周期要求 2～3 天，空间分辨率为 250～1000m；由于水体的辐射强度微弱，而要使辐射强度均匀，具有可对比性，则要求水色卫星的降交点地方时（发射窗口）选择在正午前后；某些海洋要素的测量，如海面粗糙度的测量、海面风场的测量，除海洋卫星探测技术外，尚无其他办法。

海洋卫星的用途主要包括：为海洋专属经济区（exclusive economic zone，EEZ）综合管理和维护国家海洋权益服务，提高海洋环境监测预报能力，为海洋资源调查与开发服务，加强海洋军事活动保障，实施海洋污染监测、监视，保护海洋自然环境资源，加强全球气候演变研究及提高对灾害性气候的预测能力。

自美国 1978 年 6 月 22 日发射世界上第一颗海洋卫星 Seasat-A 以来，苏联、日本、法国和欧洲空间局等相继发射了一系列大型海洋卫星。这些卫星一般搭载有光学遥感器（如水海洋卫星色扫描仪、主动区微波遥感器、散射计、SAR 等）和被动式微波遥感器等多种海洋遥感有效载荷，可提供全天时、全天候海况实时资料。能研制和发射海洋水色卫星的国家有中国、美国、俄罗斯、印度、韩国等。

利用卫星遥感器测量海洋动力环境的构想在 20 世纪 60 年代就有人提出，70 年代得以实施。发射海洋动力环境卫星的国家有美国、俄罗斯、法国。美国的 GEOSAT 系列卫星和 TOPEX/Poseidon 系列卫星具有代表性。

海洋综合探测卫星方面，1992 年美国和法国联合发射 TOPEX/Poseidon 卫星。星上载有一台美国 NASA 的 TOPEX 双频高度计和一台法国国家太空研究中心（CNES）的 Poseidon 高度计，用于探测大洋环流、海况、极地海冰，研究这些因素对全球气候变化的影响。TOPEX/Poseidon 高度计的运行结果表明其测高精度达到 2cm。

JASON-1 星是 TOPEX/Poseidon 的一颗后继卫星，主要任务目标是精确地测量世界海洋地形图。该星装有高精度雷达高度计、微波辐射计、DORIS 接收机、激光反射器、GPS 接收机等，其中雷达高度计测量误差约 2.5cm。

二、海洋卫星的类型

由于海洋环境与陆地、大气环境存在很大不同，不仅光谱域特性不同，而且对时间域和空间域的要求也有明显差别，导致了对海洋卫星遥感的技术特性和运行方式的要求也不同，对卫星轨道和姿态定位精度的要求也较高。根据卫星的性能和用途，海洋卫星总体上可分为海洋水色卫星、海洋地形卫星和海洋动力环境卫星三大类（表 4.27）。

表 4.27　主要海洋卫星类型及性能

海洋卫星类别	主要用途	探测器	卫星要求	典型卫星
海洋水色卫星	探测叶绿素、悬浮泥沙、可溶有机物、海表温度（可选）、污染、海冰、海流	水色仪、CCD 相机、中分辨率成像光谱仪	太阳同步轨道；降交点地方时间为中午，全球覆盖周期为 2～3 天；前后倾角可调；姿态控测轨道精度较高	SeaStar、MOS-1A、MOS-1B、KOSMOS、ROCSAT-1、IRS-P3、ADEOS
海洋地形卫星	探测海面高度、有效波高、海面风速、海洋重力场、冰面拓扑、大地水准面、潮汐洋流、大气水汽等	雷达高度计、微波辐射计	太阳同步轨道；精密轨道测定，姿控精度高；全球覆盖周期为 1～2 天	Geosat、TOPEX/Poseidon、GFO-1
海洋动力环境卫星	探测海面风速和风向，海面高度、波高、波向和波谱，海洋重力场、大地水准面、海流潮汐、内波，海岸带水下地形、污染等	合成孔径雷达、微波散射计、雷达高度计、微波辐射计、红外辐射计	太阳同步轨道；精密轨道测定，姿控精度高；全球覆盖周期为 1～2 天	QuickSCAT、ERS-1、ERS-2、ADEOS-1、JERS-1、Okean-1、ALMAZ-1、Radar-sat

1. 海洋水色卫星

海洋水色卫星主要用于探测海洋水色要素，如叶绿素浓度、悬浮泥沙含量、有色可溶有机物等，此外也可获得浅海水下地形、海冰、海水污染以及海流等有价值的信息。它的主传感器是海洋水色仪，即可见光多光谱扫描辐射计，其灵敏度和信噪比高，光谱分辨率高。

海洋水色卫星始于 1978 年美国 NASA 发射的 Nimbus-7 卫星，其上装载有传感器 CACS。该卫星持续工作 8 年，首先揭示了全球性海区色素的时间分布和变化图。1997 年 8 月 1 日，美国发射了世界上第一颗专用海洋水色卫星 SeaStar。该卫星装有海洋宽视场传感器，用于海洋水色探测和海洋生产力研究，具有低噪声、高灵敏度、合理波段配置和倾斜扫描等功能。其研究目标包括：确定海洋浮游生物大量繁殖的空间和时间分布，以及全球尺度上的海洋浮游生物生产力规模和变化情况；量化分析海洋在全球碳循环和其他生物化学循环中的作用；认识和量化分析海洋物理过程与大尺度生产力图形之间的关系；了解河流滋养海洋的结果；促进海洋水色数据处理技术的提高和应用的推广等。其后，美国于 1999 年和 2005 年相继发射了 EOS-Terra 和 Aqua（EOS-AM）卫星，搭载有当今国际上最先进的海洋水色卫星传感器。美国计划自 SeaStar 卫星发射开始，进行 20 年时序全球海洋水色遥感资料的连续积累。

日本的水色卫星计划开始较早，但总体来看进展并不顺利。日本在 1996 年 8 月 17 日发射的极轨卫星 ADEOS（Advancd Earth Observation Satellite）上搭载了海洋水色水温扫描仪（ocean color and temperature scanner，OCTS），该传感器共有 12 个波段，光谱范围 400～900nm，空间分辨率为 700m，刈幅为 1400km，轨道高度为 797km，倾角为 98.6°；由于卫星升空后频繁发生故障，ADEOS 仅运行了不到一年的时间便宣告报废。2002 年 12 月 14 日，日本又发射了极轨 ADEOS-2 卫星，星上搭载的全球成像仪在 OCTS 的基础上作了较大改进，在 375～12500nm 的光谱范围内设置了 36 个波段，其中 6 个波段的空间分辨率可达到 250m；2003 年 10 月，ADEOS-2 卫星突然与地面失去联系，这对日本的水色卫星计划来说可谓是雪上加霜。

韩国于 1999 年 12 月 20 日发射的极轨卫星 KOMPSAT-1 搭载了海洋扫描多光谱成像仪

（ocean scanning multispectral imager, OSMI），用于监测全球水色，其空间分辨率为 850m，在 400～900nm 范围内设置了 6 个波段，轨道高度为 685km，刈幅为 800km，OSMI 于 2008 年 1 月 31 日停止运行。2010 年 6 月，韩国发射的静止卫星 COMS 搭载了全球首个海洋水色传感器（geostationary ocean color imager, GOCI），韩国也成为全球首个拥有静止轨道海洋水色卫星的国家。GOCI 的空间分辨率为 500m，共有 8 个波段，光谱范围为 402～885nm，轨道高度为 35857km，覆盖范围为 2500km×2500km，GOCI 每天可提供 8 个时刻的观测数据，时间间隔为 1 小时，使得海洋-大气的逐时变化监测成为可能。

2. 海洋地形卫星

海洋地形卫星主要用于探测海表面拓扑，即探测海平面高度的空间分布、海冰、波高、海面风速和海流等，一般只配置雷达高度计和微波辐射计，主传感器是雷达高度计，微波辐射计仅作为水汽传感器使用，为雷达高度计的水汽订正服务。

1975 年 4 月，美国发射了世界上第 1 颗海洋卫星 Geos-3，这是一颗海洋地形卫星。后又于 1978 年 10 月发射了 Seasat 海洋试验卫星，这是一颗海洋动力环境卫星，星上也装有雷达高度计，兼有海洋地形卫星的功能。此后世界上共有 3 个海洋地形卫星的业务系列：美国海军于 1985 年 3 月发射了第 1 颗 Geosat 海洋地形卫星，运行到 1990 年 1 月，由于轨道精度较差，其业务应用受到限制；1992 年 8 月发射的 TOPEX/Poseidon 是美国 NASA 与法国 CNES 合作的卫星系列；海洋动力环境卫星（ESA 的 ERS 系列）上也装有雷达高度计，并兼有海洋地形卫星的功能。

在海洋地形卫星方面，典型代表是美国和法国合作研制的 TOPEX/Poseidon 和 Jason-1、2、3 等海洋地形卫星，先后在 1992 年、2001 年、2008 和 2016 年升空，目前在轨运行的 Jason-3 卫星是目前最先进的海洋地形卫星，用于提供高精度的海面高度数据。

Jason-2/OSTM 是美欧一系列旨在测量海面高度卫星任务中的第三个，于 2019 年 10 月初成功结束了科学任务，测量正在由它的继任者 Jason-3 继续进行。这次任务延续了 NASA-CNES TOPEX/Poseidon 和 Jason-1 任务开始的长期海面高度测量记录。

Jason-3 卫星的任务目标是继 TOPEX/Poseidon、Jason-1 和 OSTM/Jason-2 卫星之后提供连续的具有统一的精度和覆盖性的数据，支持对极端天气情况、海洋学和气候变迁的预测。其目标是：继续提供高精度海洋地形学数据，在数据精度上超过 TOPEX/Poseidon、Jason-1 和 Jason-2；为海洋地形学已经持续了数十年的研究测量提供继任者；根据科学需求，每 10 天对全球海平面实现精度优于 4cm 的测量，以便可以对海洋循环、气候变迁和海平面上升实现监测。

Sentinel-6 Michael Freilich（哨兵-6 迈克尔·弗莱里奇号）卫星于 2020 年 11 月 21 日发射，并于 2021 年 6 月 22 日向公众提供了首批两个数据流。Sentinel-6 Michael Freilich 收集了世界上大约 90% 的海洋测量数据，是组成 Sentinel-6/Jason-CS（服务连续性）任务的两颗卫星之一，第二颗卫星 Sentinel-6B 预计于 2025 年发射。

3. 海洋动力环境卫星

海洋动力环境卫星主要用于探测海洋动力环境要素，如海面风场、浪场、流场、海冰等。此外，还可获得海洋污染、浅水水下地形、海平面高度信息，通常装载有合成孔径雷达、微波散射计、雷达高度计和微波辐射计等。这些微波传感器组合可提供全天时、全天候的海况实时监测资料，能获得波向、波浪功率谱和流场及海温等方面的信息。实时监测的高覆盖率、大面积测量和高分辨率海面资料对改进海况数值预报模式，提高预报效果（包括短期、中期乃至长期预报）具有极其重要的意义。

海洋动力环境卫星的特点是扫描范围大，便于探测大面积海洋动力环境要素。欧洲空间局于 1991 年 7 月和 1995 年 4 月相继发射的 ERS-1 和 ERS-2 最具有代表性。携带有多种有效载荷，包括侧视合成孔径雷达和风向散射计等装置，由于 ERS 采用了先进的微波遥感技术来获取全天候与全天时的图像，它与传统的光学遥感图像相比有着独特的优点。

作为 ERS-1/2 合成孔径雷达卫星的延续，Envisat-1 于 2002 年 3 月 1 日发射升空。该卫星是欧洲迄今建造的最大的环境卫星。其载有 10 种探测设备，其中 4 种是 ERS-1/2 所载设备的改进型，所载最大设备是先进的合成孔径雷达，可生成海洋、海岸、极地冰冠和陆地的高质量高分辨率图像，用于研究海洋的变化、监视海洋环境，对地球表面和大气层进行连续的观测。2012 年 4 月 8 日后，该卫星与地球失去联系。

三、中国的海洋卫星

中国的海洋卫星研究起步晚，与世界先进水平相比，总体上差距较大。从 1985 年开始立项，至今近 40 年的时间，我国海洋卫星不论在技术还是应用研究方面都取得了很大进展。在坚持独立自主的基础上，积极参与国际合作，逐步建立了中国海洋卫星体系，并形成业务化运行能力。

1. 海洋一号（HY-1）卫星

2002 年 5 月 15 日和 2007 年 4 月 11 日分别发射的海洋一号 A、B（HY-1A、HY-1B）卫星，属于我国海洋水色环境卫星系列，主要用于海洋水色色素的探测，为海洋生物的资源开发利用、海洋污染监测与防治、海岸带资源开发、海洋科学研究等领域服务。

HY-1 卫星结束了中国没有海洋卫星的历史，进一步充实了中国航天对地观测体系；使我国有能力对所管辖的近 300 万 km^2 海域的水色环境实施大面积、实时和动态监测，并具备对世界各大洋和南北极区的探测能力；HY-1 卫星的成功运行，也使中国海洋立体监测体系进一步完善，海洋监测能力得到增强。HY-1 卫星数据已逐步在海洋资源开发与管理、海洋环境监测与保护、海洋灾害监测与预报、海洋科学研究、海洋领域的国际与地区合作、南北极科学考察等领域发挥作用，海洋卫星应用取得了初步成果。

海洋一号 C（HY-1C）卫星于 2018 年 9 月 7 日成功发射。HY-1C 卫星具有大面积、同步、全天时、全天候等特点，是我国海洋水色系列卫星的第三颗卫星，搭载了新研制的多个载荷和探测仪，将有效提升我国海洋卫星观测数据的精准度，助力我国海洋观测迈入新征程。HY-1C 卫星的成功发射和在轨运行，将拉开国家民用空间基础设施中长期发展规划海洋业务卫星的序幕，实现对全球海洋水色的长期、连续、稳定探测，支撑海洋环境信息保障、海洋预报减灾、海岛海岸带动态监测与海域使用管理、全球变化数据服务等业务，并服务于气象、环保、农业、水利、减灾、交通等行业。

海洋一号 D（HY-1D）卫星于 2020 年 6 月 11 日成功发射。该卫星上配置 5 个载荷，其中海洋水色水温扫描仪可用于探测全球海洋水色要素和海面温度场，海岸带成像仪可用于获取海岸带、江河湖泊生态环境信息，紫外成像仪可用于近岸高浑浊水体大气校正精度，星上定标光谱仪为海洋水色水温扫描仪 8 个可见光、近红外波段和紫外成像仪 2 个紫外谱段提供星上同步校准功能，并监测水色水温扫描仪可见光近红外谱段和紫外成像仪在轨辐射稳定性，AIS 系统可用于获取大洋船舶位置信息。

海洋一号 D 卫星和海洋一号 C 卫星组成我国首个海洋民用业务卫星星座，实现双星上下午组网观测，每天白天获取两幅全球海洋水色水温遥感图，大幅提高对全球海洋水色、海岸带资源与生态环境的有效观测能力，使我国在海洋水色遥感领域跻身国际前列，有力地推动了我国迈向航天强国的步伐。

2. 海洋二号（HY-2）卫星

2011 年 8 月 16 日，我国第一颗海洋动力环境监测卫星——海洋二号 A 卫星（HY-2A）成功发射，该卫星集主、被动微波遥感器于一体，具有高精度测轨、定轨能力与全天候、全天时、全球探测能力。2018 年 10 月 25 日，海洋二号 B（HY-2B）卫星成功发射，它是我国第二颗海洋动力环境系列卫星，也是我国民用空间基础设施规划的海洋业务卫星。同时，HY-2B 卫星还是我国海洋卫星全球组网的首发卫星，标志着我国自主研制的海洋动力环境监测卫星正式进入业务运行阶段。HY-2B 卫星的测高精度提高到 5cm，具备完全自主的高精度精密测定轨能力，达到国际同类卫星的观测精度和同等精密定轨水平。HY-2B 卫星将与后续发射的海洋二号 C（HY-2C）卫星和海洋二号 D（HY-2D）卫星组成我国首个海洋动力环境卫星星座，形成全天候、全天时、高频次全球大中尺度海洋动力环境卫星监测体系，可大幅提高海洋动力环境要素全球观测覆盖能力和时效性。

HY-2 卫星首次采用星载铷原子钟校准，全天时、全天候获取宝贵的海洋动力环境数据。HY-2 卫星装载雷达高度计、微波散射计、扫描微波辐射计和校正微波辐射计以及星基多普勒轨道和无线电定位组合系统（Doppler orbitography and radio positioning integrated system by satellite，DORIS）、双频 GPS 和激光测距仪，其主要任务是监测和调查海洋环境，获得包括海面风场、浪高、海流、海面温度等多种海洋动力环境参数，为灾害性海况预警预报和国民经济建设服务，并为海洋科学研究、海洋环境预报和全球气候变化研究提供卫星遥感信息。HY-2 卫星极大地提升了中国海洋监管、海权维护和海洋科研的能力，同时也标志着中国海洋卫星向着系列化及业务化的方向迈出了一大步，填补了中国海洋动力环境监测卫星的空白。HY-2 卫星将在海洋环境监测与预报、资源开发、维护海洋权益及科学研究等方面发挥重要作用，可以连续有效地监测风暴潮和巨浪等极端海洋现象，提高海洋灾害预警的时效性和有效性；提供识别大洋中的锋面和中尺度涡的重要大洋渔场信息，为大洋渔业资源开发提供技术保障；卫星获取的数据能够有效监测全球海平面变化和极地冰盖变化，为研究全球气候变化提供科学依据。海洋二号卫星与已在轨运行的海洋一号卫星相互配合，分别以微波、光学两种观测手段，将海洋动力环境监测与海洋资源探测相结合，构成空间立体监测系统。

3. 海洋三号（HY-3）卫星

根据《陆海观测卫星业务发展规划（2011—2020 年）》，HY-3 卫星星座规划为：继承高分三号卫星技术基础，1m C-SAR 卫星、干涉 SAR 卫星（2 颗编队干涉小卫星或 1 颗）同轨分布运行，构成海陆雷达卫星星座。HY-3 卫星将具备海陆观测快速重访、干涉重访能力，能够进行 1∶5 万～1∶1 万全球 DEM 数据获取、毫米级陆表形变监测，结合 HY-2 动力环境卫星可实现厘米级海面高度测量，实现对海上目标、重要海洋灾害、地面沉降、全球变化信息的全天候、全天时观测，满足海洋目标监测、陆地资源监测等多种需求。

根据国家发展和"一带一路"建设的实施，在加快建设海洋强国、维护海洋权益和加快发展海洋经济的进程中，对海洋卫星和海洋遥感的发展也进一步提出了更高的要求。在充分继承已有海洋卫星的基础上，发展多种光学和微波遥感技术，建设新一代的海洋水色卫星和海洋动力环境卫星，具备卫星组网观测能力，发展海洋监视监测卫星，构建优势互补的海洋卫星综合观测系统。

四、海洋卫星的发展趋势

海洋卫星现在朝大小两个方向发展，其中小型海洋卫星的设计思想是"轻质量、低成本、快交付、多用途"，大型海洋卫星的设计思想是同时搭载多种传感器进行综合测量。

海洋水色卫星传感器将有更高的光谱分辨率，在波段配置上实现窄波段、高灵敏度，卫星观测覆盖周期进一步缩短，覆盖范围由局部海域变为全球海洋；卫星运营进入业务化、系列化。

海洋地形卫星的发展趋势主要是提高测量精度，扩大应用范围，军用与民用兼顾，进入民用业务化阶段。

海洋动力环境卫星的发展趋势是进一步提高微波传感器的性能，实现多种传感器的集成，包括可见光、红外到微波波段，发展综合型环境观测卫星。

此外，值得指出的是，星载海洋遥感卫星观测的绝大部分是海洋表面的信息。对三维海洋结构及其物理化学和生态过程的了解，仍需要结合传统的观测手段，如飞机航测、考察船浮标、高频地波雷达等和最新的现场观测手段，如声呐阵列、海底声呐、等密度和等深度探测器、水下滑翔探测器，同时结合海上辐射校正与真实性检验场，形成以卫星为主体的立体海洋观测体系，为深入了解海洋和国计民生提供科学依据。

第五节　遥感数据产品

一、遥感数字图像的级别与数据格式

需要明确区分遥感数字图像与遥感数据。遥感数字图像是个小概念，仅仅指图像本身，包括一个波段或多个波段，有多种文件格式；遥感数据是个大概念，包括了遥感数字图像和相关的对于遥感数字图像的说明信息（主要是元数据）。在数据文件的组织上，遥感数据包括多个文件，一些文件是说明文件，一些文件是数字图像文件。提供商不同，数字图像文件也会不同，一个文件中可以包括多个波段的数据（如 BSQ 格式的文件），也可以仅包括一个波段的数据（如 Landsat-8 的 GeoTIFF 文件）。如果一个文件中包括了遥感图像数据和其他相关的数据，则该文件属于复杂格式，如 HDF 格式。

二、元数据

1. 元数据的含义与作用

元数据（metadata）是关于图像数据特征的表述，是关于数据的数据。元数据描述了与图像获取有关的参数和获取后所进行的处理。例如，Landsat、SPOT 等图像的元数据中包括了图像获取的日期、时间、投影参数、几何纠正精度、图像分辨率、辐射校正参数等。

元数据是重要的信息源，没有元数据，图像就没有使用价值。例如，对于变化检测（监测）工作，不知道图像的日期就无法进行变化分析。有很多机构进行文档的标准化工作，建立元数据，以便进一步简化用户的处理过程。

元数据与图像数据同时分发，或者嵌入到图像文件中，或者是单独的文件。在某些传感器的图像分发中，元数据又称为头文件（如早期 Landsat-5 的 TM 图像光盘中的 header.dat 文件）。

多数遥感图像的元数据文件为文本格式，如 Landsat-7 的 ETM+，SPOT 的 HRV；部分图像为二进制格式或随机文件格式，需要使用特定的工具软件才能阅读。

数据提供商随时间进展可能会改变元数据的格式和版本，在使用长序列遥感数据时要特别注意。

2. 我国光学遥感测绘卫星影像产品元数据

影像产品的元数据是关于影像数据的数据，为用户提供发现影像、了解影像的适用程度、访问影像、转换影像和使用影像的必要信息。光学遥感测绘卫星影像产品元数据是描述各种比例尺光学遥感卫星影像产品所需的基本元数据元素的集合。我国建立《光学遥感测绘卫星影像产品元数据》（GB/T 35643—2017）国家标准的目的是使遥感测绘卫星影像元数据的建立与维护能够按统一的标准执行，以便更好地实现影像资源共享和信息服务社会化。该标准规定了光学遥感测绘卫星影像产品及提供信息服务所需要的元数据基本要求、信息内容和数据字典，适用于光学遥感测绘卫星影像产品的生产、建库、更新、分发服务和应用等。

该标准规定每景遥感影像产品应当提供对应的元数据。元数据由一个或多个元数据子集构成，多个元数据子集包含一个或多个元数据实体，元数据实体包含标识各个元数据单元的元素。实体可以与一个或多个其他实体相关。

光学遥感测绘卫星影像产品元数据由标识信息包、卫星平台载荷信息包、数据质量信息包、空间参照信息包、分发信息包以及关于元数据本身的信息组成。

三、遥感数据产品的级别

按照数据产品获取方式的差异，遥感卫星数据产品的类别包含光学数据产品、雷达数据产品、被动微波数据产品、激光数据产品、重力卫星数据产品等。

遥感卫星数据产品的分级是指为了方便数据的生产、应用和销售，根据数据间的相互关系划分等级。数据产品的分级一般针对同一类型、同一卫星平台或同一传感器的数据产品进行。

在遥感图像的生产过程中，根据用户的要求对原始图像数据进行不同的处理，从而构成不同级别的数据产品。

1. 光学影像产品的一般分级

Level 0 级：原始数据产品，即下行的原始数据经过解同步、解扰和数据分离后的原始数据图像。

Level 1A 级：辐射校正产品，即经过辐射校正但没有经过几何校正的产品数据，卫星下行扫描行数据按标称位置排列。

Level 1B 级：系统几何校正产品，即经过辐射校正和系统几何校正后的产品数据，并将校正后的图像数据映射到指定的地图投影坐标下的产品数据。

Level 2 级：几何精校正产品，即经过辐射校正和系统几何校正，同时采用地面控制点（GCP）改进产品的几何精度的产品数据，具有更精确的地理坐标信息。

Level 3 级：高程校正产品，即利用数字高程模型数据对 Level 2 级产品进行几何校正，纠正了地形起伏造成的视差且按照地理编码标准进行正射投影的产品数据。

2. SAR 影像产品的一般分级

Level 0 级：原始信号数据产品，即下行的原始数据经过解同步、解扰和数据分离后未经成像处理的原始信号数据，以复数形式存储，条带和扫描模式均可提供。

Level 1A 级：单视复型影像产品，即经过天线方向图和系统增益校正处理、距离压缩和方位压缩恢复处理的斜距向单视复数字产品，保留幅度和相位信息，以复数形式存储，条带和扫描模式均可提供，斜距和地距可选。

Level 1B 级：多视复型影像产品，经过天线方向图和系统增益校正处理、距离压缩和方位压缩恢复处理的斜距向多视复数字产品，保留平均的幅度和相位信息，以复数形式存储，扫描模式提供，斜距和地距可选。

Level 2 级：系统几何校正产品，即对 Level 1 级图像产品经斜地变换、系统辐射校正和系统几何校正，形成具有地图投影的图像产品，条带和扫描模式均可提供。

Level 3 级：几何精校正产品，即利用地面控制点对 Level 2 级图像产品进行几何精校正，条带和扫描模式均可提供。

Level 4 级：高程校正产品，即利用数字高程模型数据对 Level 3 级图像产品进行几何精校正，纠正了地形起伏造成的影响，并按照地理编码标准进行正射投影的产品数据。条带和扫描模式均可提供。

辐射校正产品和系统几何校正产品一般由图像分发部门生产。几何精校正产品和高程校正产品可由图像分发部门按照精度要求生产，但大多由用户自己来生产。对于一般的应用来说，系统几何校正产品已能够满足用户的需要。对于几何位置要求较高的应用，则必须使用几何精校正产品或高程校正产品。

3. 我国光学遥感测绘卫星影像产品级别

为了规范光学卫星遥感产品的生产，我国制定了 1∶25000 和 1∶50000 光学遥感测绘卫星影像产品标准（GB/T 35642—2017）（表 4.28）。

表 4.28 1∶25000 和 1∶50000 光学遥感测绘卫星影像产品

产品名称	产品代码	描述
原始影像	raw image（RAW）	对原始获取的直接从卫星上下传的影像数据进行解扰、解密、解压和（或）分景等得到的数据。该数据保留相机原始成像的辐射和几何特征，并包含从星上下传的外方位元素测量数据、成像时间数据、卫星成像状态，以及相机内方位元素参数和载荷设备安装参数等
辐射校正影像产品	radiative corrected image product（RC）	对原始影像进行辐射校正后形成的产品。辐射校正主要包括 CCD 探元响应不一致造成的辐射差异，CCD 片间色差，去除坏死像元，消除不同器件间的灰度不一致，并对拼接区辐射亮度校正等。该产品保留相机原始成像的几何特征，附带绝对辐射定标系数和从星上下传的外方位元素测量数据、成像时间数据、卫星成像状态，以及相机内方位元素参数和载荷设备安装参数
传感器校正影像产品	sensor corrected image product（SC）	在辐射校正影像产品基础上进行传感器校正处理后形成的产品。传感器校正处理通过修正平台运动和扫描速率引起的几何失真，消除探测器排列误差和光学系统畸变，从而消除或减弱卫星成像过程中的各类畸变或系统性误差，并实现分片 CCD 影像无缝拼接，构建影像成像几何模型
系统几何纠正影像产品	geocoded ellipsoid corrected image product（GEC）	在传感器校正影像产品的基础上，按照一定的地球投影和成像区域的平均高程，以一定地面分辨率投影在地球椭球面上的影像产品。该产品通过与 SC 之间像素对应关系，可构建成像几何模型，用于摄影测量的立体处理
几何精纠正影像产品	enhanced geocoded ellipsoid corrected image product（EGEC）	在传感器校正影像产品或系统几何纠正影像产品的基础上，利用一定的数量控制点消除或减弱影像中存在的系统性误差，并按照指定的地球投影和成像区域的平均高程，以一定地面分辨率投影在地球椭球面上的几何纠正产品。该产品通过与 SC 或 GEC 之间的像素对应关系，可构建成像几何模型，用于摄影测量的立体处理
正射纠正影像产品	geocoded terrain corrected image product（GTC）	在传感器校正影像产品、系统几何纠正影像产品或几何精纠正影像产品基础上，利用一定精度数字高程模型数据和一定数量控制点，消除或减弱影像中存在的系统性误差，改正地形起伏造成的影像像点位移，并按照指定的地图投影，以一定地面分辨率投影在指定的参考大地基准下的几何纠正影像产品

4. 典型卫星遥感影像产品的级别

部分传感器图像的产品级别定义可能会与一般产品级别不同，遥感卫星数据产品的级别由数据提供方针对标准产品进行划分。不同类别（光学、雷达）数据产品的分级规则存在差异，光学数据产品的分级以 Landsat 和 MODIS 为代表，而雷达数据产品的分级则以 Radarsat 为代表，实际使用时要查询该图像的分发单位相关信息。主要光学遥感卫星数据产品分级及其特征见表 4.29 至表 4.34，典型雷达遥感卫星数据产品分级及其特征见表 4.35～表 4.37。

表 4.29　CBERS-02B 数据产品

产品级别	描述
Level 0 级	原始数据产品，分景后的卫星下传遥感数据
Level 1 级	辐射校正产品，经过辐射校正的产品数据
Level 2 级	系统几何校正产品，在 Level 1 级基础上经过系统几何校正处理
Level 3 级	几何精校正产品，在 Level 2 级基础上采用地面控制点改进产品几何精度的产品数据
Level 4 级	高程校正产品，在 Level 3 级基础上同时采用数字高程模型纠正了地形起伏造成的视差的产品
Level 5 级	标准镶嵌图像产品，对图像进行无缝镶嵌形成的产品

表 4.30　ZY-3 数据产品

产品名称	英文名称（简称）	平面/立体	定位精度		用途
			平面/m	高程/m	
传感器校正产品	sensor corrected（SC）	平面/立体	50（无控制点）	30（无控制点）	立体观测与量测、三维信息提取等
系统几何校正产品	geocoded ellipsoid corrected（GEC）	平面/立体	50（无控制点）	30（无控制点）	立体观测与量测、三维信息提取、空间信息解译与分析等
几何精纠正产品	enhanced geocoded ellipsoid corrected（EGEC）	平面/立体	5	5	立体观测与量测、三维信息提取、空间信息解译与分析、高精度空间定位等
正射纠正产品	geocoded terrain corrected（GTC）	平面	5	—	空间信息解译与分析、高精度空间定位、变化检测、数字成图、地理国情监测等
数字正射影像产品	digital orthorectification map（DOM）	平面	5	—	空间信息解译与分析、高精度空间定位、数字成图、地理信息成果更新等

表 4.31　HY-1A/1B 数据产品

产品级别	描述
Level 0 级	原始数据产品
Level 1 级	辐射校正产品，COCTS/CCD 传感器经云检测、地理定位和辐射校正后的产品数据
Level 2 级	辐亮度、气溶胶辐射、光学厚度、叶绿素 a 浓度分布、海表面温度分布、悬浮泥沙含量分布、漫衰减系数、植被指数 NDVI、泥沙含量
Level 3 级	高级产品，COCTS 传感器，16 种 2 级产品要素的周和月统计结果

表 4.32　Landsat 数据产品

产品级别	描述
Level 0 级	原始数据产品，地面站接收的原始数据，经格式化、同步、分帧等处理后生成的数据集

续表

产品级别	描述
Level 1 级	辐射校正产品，经过辐射校正处理后的数据集
Level 2 级	系统几何校正产品，在 Level 1 级基础上经过系统几何校正处理，并将校正后的图像映射到指定的地图投影坐标系下的产品数据
Level 3 级	几何精校正产品，采用地面控制点进行几何精校正的数据产品
Level 4 级	高程校正产品，采用地面控制点和数字高程模型数据进行校正的产品

表 4.33　SPOT-5 数据产品

产品类型	产品级别	处理形式	定位精度	适用范围
SPOT scene（SPOT 普通图像产品）	0 级	未经任何校正的原始图像数据产品，包括进行后续的辐射校正和几何校正的辅助数据		适合专业人员进行相关处理
	1A 级	只经过了辐射校正	定位精度优于 50m	适合专业人员进行正射纠正和提取 DEM
	1B 级	在 1A 级基础上进行了部分几何校正，校正了全景变形和地球自转及曲率、轨高变化等带来的变形	定位精度优于 50m	适合进行几何量测、像片解译和专题研究
	2A 级	几何校正（卫星成像参数+标准地图投影），将图像数据投影到给定的地图投影坐标系下，地面控制点参数不予引入	定位精度优于 50m	可在其上提取信息或与其他信息叠加分析
SPOT view（SPOT 影像地图产品）	2B 级	地理校正（卫星成像参数+地面控制点+标准地图投影），引入 GCP 生产高几何精度的图像产品，高程取相同的值	定位精度优于 30m（与 GCP 精度有关）	可作为地理信息系统底图，在其上提取信息或与其他信息叠加分析
	3 级	正射纠正（卫星成像参数+地面控制点+标准地图投影+DEM）	定位精度可达 15m（与 DEM 和 GCP 精度有关）	正射影像

表 4.34　MODIS 数据产品

产品级别	描述
Level 0 级	数据是对卫星下传的数据包解除 CADU 外壳后所生成的 CCSDS 格式的未经任何处理的原始数据集合，其中包含按照顺序存放的扫描数据帧、时间码、方位信息和遥感数据等
Level 1 级	对没有经过处理的、完全分辨率的仪器数据进行重建，数据时间配准，使用辅助数据注解，计算和增补到 0 级数据之后的产品
Level 1A 级	是对 Level 0 级数据中的 CCSDS 包进行解包后所还原出来的扫描数据及其他相关数据的集合
Level 1B 级	对 Level 1A 级数据进行定位和定标处理后所生成的，其中包含以 SI（scaled integer）形式存放的反射率和辐射率的数据集
Level 2 级	在 Level 1 级数据基础上开发出的具有相同空间分辨和覆盖相同地理区域的数据
Level 3 级	以统一的时间-空间栅格表达的变量，通常具有一定的完整性和一致性。在该级水平上，将可以集中进行科学研究，如定点时间序列，来自单一技术的观测方程和通用模型等
Level 4 级	通过分析模型和综合分析 Level 3 级以下数据得出的结果数据

表 4.35　Radarsat-1 数据产品

产品级别	产品名称	处理方法
原始信号级（RAW）（Level 0）	原始信号产品	以复型方式将未经压缩成像处理的雷达信号记录在介质上（Radarsat-2 不提供该产品），面向具有 SAR 成像处理能力的用户

续表

产品级别	产品名称	处理方法
地理参考级 （Level 1）	SLC：单视复型产品	使用卫星轨道和姿态信息进行几何校正。其中：SLC 采用单视处理，以 32bit 复数形式记录图像数据，含有幅度及相位信息，数据经过定标，坐标是斜距；SGF 数据做过地距转换，且经过多视处理，图像经过定标，为轨道方向；SGX 数据也是做过地距转换，并在处理时使用了比 SGF 更小的像元，图像经过定标，为轨道方向；Radarsat-2 不提供 SGC 产品；SCN 图像像元大小为 25m×25m，SCW 图像像元大小为 50m×25m
	SGF：SAR 地理参考精细分辨率产品	
	SGX：SAR 地理参考超精细分辨率产品	
	SGC：SAR 地理参考粗分辨率产品	
	SCN：窄幅 ScanSAR 产品	
	SCW：宽幅 ScanSAR 产品	
地理编码级 （Level 2）	SSG：SAR 地理编码系统校正产品	在 SGF 产品的基础上进行了地图投影校正
	SPG：SAR 地理编码精校正产品	在 SSG 基础上使用地面控制点对几何校正模型进行了修正，提高产品的几何定位精度

表 4.36　TerraSAR 数据产品

产品级别	产品名称	处理方法
CEOS Level 0	原始信号产品	未经压缩成像处理，面向具有 SAR 成像处理能力的用户
CEOS Level 1	SSC：单视斜距复影像	数据以复数形式存储，保持原始数据的几何特征，无地理坐标信息
	MGD：多视地距探测产品	具有斑点抑制和近似方形地面分辨单元的多视影像，通过卫星的飞行方向来定位，无地理坐标信息
	GEC：地理编码椭球纠正产品	用 WGS84 椭球对影像进行 UTM 或 UPS 投影，仅使用轨道信息进行快速几何校正
	EEC：增强型椭球纠正产品	使用 DEM 数据对 GEC 数据进行纠正

表 4.37　EnviSat 数据产品

产品级别	处理方法
原始数据	直接从卫星接收并存储在高密度数字磁带（HDDT）上的数据，还不能认为是一个产品
Level 0 级	由原始数据经过重新格式化，按时间顺序存储的卫星数据
Level 1B 级	在 Level 0 级数据基础上，经过地理定位的工程基础产品，数据已经被转换成工程单位，辅助数据同测量数据分离，并对数据进行了有选择的定标
Level 2 级	经过地理定位的地球物理参数产品

四、遥感数据检索

遥感卫星的观测数据通常可以通过该卫星所属机构或世界各地的接收站、数据分发中心等有偿或无偿获得。表 4.38 是典型遥感数据及相关地理信息产品检索平台或机构及其可能提供的数据服务。

表 4.38　典型遥感数据及相关地理信息产品检索

数据平台或机构	典型遥感数据及地理信息产品
中国 国家综合地球观测数据共享平台 http://www.chinageoss.cn/dsp/home/index.jsp	陆地卫星 9 颗：ZY3-1，HJ-1A，HJ-1B，CBERS-01，CBERS-02，CBERS-02B，BJ-1 气象卫星 3 颗：FY-3A，FY-2D，FY-2E 海洋卫星 1 颗：HY-1B
全国地理信息资源目录服务系统 http://www.webmap.cn/main.do?method=index	国家大地测量成果，遥感影像，分幅正射影像数据，矢量地图数据，DEM，DRG，DOM，DLG，模拟地形图，GNSS 成果，土地覆盖数据，土地利用数据，植被数据，全球地表覆盖数据等
天地图：国家地理信息公共服务平台 https://www.tianditu.gov.cn/	主要提供中国全图、世界地图、专题地图（G20 国家，长江经济带区域，京津冀都市圈）等标准地图服务，地图 API，在线地图等

数据平台或机构	典型遥感数据及地理信息产品
中国遥感数据网 http://rs.ceode.ac.cn/	Landsat-5、7、8，IRS-P6，ERS-1/2，ENVISAT-1，Radarsat-1，Radarsat-2，SPOT-1、2、3、4、5、6，TERRA，ALOS，THEOS
中国遥感数据共享网：RTU 产品（对地观测数据共享计划） http://ids.ceode.ac.cn/	地表火产品，地表反射率产品，RTU 产品（共享的产品种类包含镶嵌产品、正射产品、融合产品、星上反射率/星上亮度温度产品，以及在星上反射率/星上亮度温度基础上进一步研发得到的地表反射率/陆地表面温度产品，地理覆盖范围包括中国陆地和中亚五国（哈萨克斯坦、吉尔吉斯斯坦、塔吉克斯坦、乌兹别克斯坦和土库曼斯坦），时间覆盖范围包括 2000 年、2005 年、2010 年和 2014年。同时，提供了长江三角洲地区、黄河入海口地区以及珠江三角洲地区自 1986 年以来每年一期的序列产品
中国资源卫星应用中心 http://www.cresda.com/CN/	标准产品，GF-5、DEM、DOM 等专题产品，GF-4、ZY3-02、GF1B/C/D、GF1、GF2 等数据采集服务
国家卫星气象中心 http://www.nsmc.org.cn/NSMC/Home/Index.html	主要提供风云系列卫星、EOS/MODIS、NOAA、MTSAT、Meteosat-5 等卫星数据及相关产品
地理空间数据云 http://www.gscloud.cn/sources/	免费数据：Landsat 系列数据，CBERS，MODIS 陆地标准产品，MODIS 中国合成产品，DEM，EO-1 系列数据，NOAA VHRR 数据产品，大气污染插值数据，Sentinel 数据，TRMM 系列数据，环境卫星系列 商业数据：资源系列卫星数据，高分系列数据
全球变化科学研究数据出版系统 http://www.geodoi.ac.cn/WebCn/Default.aspx	创办于 2014 年，全球变化科学研究数据出版系统的"数据"包括元数据（中英文）、实体数据（中英文）和通过《全球变化数据学报》（中英文版）发表的数据论文。2017 年创办了《全球变化数据学报》（中英文版），进一步完善了"全球变化科学研究数据出版系统"，很好地解决了科学数据知识产权保护问题，推动了科学数据的共享。可下载科研用途数据，数据种类较丰富，涉及领域很多
地理国情监测云平台 http://www.dsac.cn/	2009 年以来的中国土地资源类数据，生态环境类数据，气候/气象数据，社会经济类数据，灾害监测类数据，基础卫星遥感影像，电子地图矢量数据，行政区划矢量数据等
美国地质调查局 http://glovis.usgs.gov/	Landsat，MODIS 等
欧洲空间局 ESA 哨兵数据 https://scihub.copernicus.eu/	Sentinel-1 号 SAR 数据和 Sentinel-2 号光学数据
中国 北京中景视图科技有限公司 http://www.zj-view.com/cpfw	WorldView-1、2、3、4，QuickBird，GeoEye，IKONOS，Pleiades，ALOS，Landsat-8，ZY-3，GF，SPOT，BJ-2，Radarsat-2，TerraSAR-X，KOMPSAT，CIRS-P5，Planet，高景一号（SuperView-1）
美国国家海洋和大气管理局 https://ngdc.noaa.gov/ngdcinfo/onlineaccess.html	Bathymetry/Topography and Relief/Digital Elevation Models（DEMs），Earth Observation Group（EOG），Geomagnetism，Geothermal Energy，Gravity，Global Positioning System（GPS）Continuously Operating Reference Stations（CORS），Hazards，Marine Geology and Geophysics，Metadata Resources，Satellite Data Services（DMSP，GOES SEM，GOES SXI，POES/MetOp SEM），Snow and Ice（external link），Space Weather
NASA 空间观测数据系统（EDSDIS） http://sedac.ciesin.columbia.edu/data/sets/browse	主要数据包括：Agriculture，Climate，Conservation，Governance，Hazards，Health，Infrastructure，Land Use，Marine and Coastal，Population，Poverty，Remote Sensing，Sustainability，Urban，Water
Open Topography http://www.opentopography.org	提供高空间分辨率的地形数据和操作工具的门户网站，用户可以在此下载 LiDAR 数据（主要包括：美国、加拿大、澳大利亚、巴西、海地、墨西哥和波多黎各）

第五章 遥感图像处理

　　遥感图像处理是对遥感图像进行辐射校正和几何纠正、图像整饰、投影变换、镶嵌、特征提取、分类以及各种专题处理等一系列操作，以求达到预期目的的技术。遥感图像处理可分为两类：一是利用光学和电子学的方法对遥感模拟图像（照片、底片）进行处理，简称为光学处理；二是利用计算机对遥感数字图像进行一系列操作，从而获得某种预期结果的技术，称为遥感数字图像处理。

　　本章主要介绍遥感数字图像处理的相关内容。遥感数字图像处理主要包括：图像校正（又称图像预处理）和数字图像增强处理两部分。

第一节　遥感图像处理基本概念

一、光学处理与数字处理

　　图像处理是对图像信息进行加工以满足人的视觉心理或应用需求的行为。遥感图像处理的光学方法有很长的发展历史，从简单的光学滤波到现在的激光全息技术，光学处理理论已经日趋完善，而且处理速度快，信息容量大，分辨率高。但是光学处理图像系统精密、要求高、处理灵活性差。

　　遥感图像的光学处理也称为模拟处理，泛指采用光学、电子光学方法进行图像处理的一种增强技术。其目的在于改善图像内在质量，增强图像信息特征，以提高分析判读精度。常用技术有：①常规光学处理。例如，光学放大、缩小、校正、立体成像、相关掩膜及光化学处理等。②光学法彩色合成。例如，利用加色法观察装置（彩色合成仪）合成假彩色多光谱图像。③电子光学方法彩色合成和密度分割。利用电子光学设备，如光电彩色合成仪和密度分割仪，在屏幕上显示假彩色合成图像和密度分割图像。④相干光学处理。例如，空间滤波用于图像清晰化处理等。一般用于光学-电子图像处理的遥感图像均为模拟图像，如各种摄影像片，包括透明正、负片和不透明像片等。数字式图像经过数/模转换后，也可用于光学-电子图像处理。

　　从 20 世纪 60 年代起，随着电子技术和计算机技术的不断提高和普及，数字图像处理进入高速发展时期。数字图像处理就是利用计算机、光电耦合器件或者其他数字硬件，对从图像信息转换而得的电信号进行某些数学运算，以提高图像的实用性。数字处理具有灵活性、再现性和精度方面的优越性。现在，遥感图像处理几乎都指的是数字处理。

二、数字图像

　　能在计算机里存储、运算、显示和输出的图像称为数字图像（digital image）。遥感图像通过像元的明暗程度记录成像瞬间对应目标物的反射（辐射）光强度，实质是探测范围内电磁辐射能量分布图。

　　若用函数 $f(x, y)$ 表示图像，对于模拟图像，$f(x, y)$ 的取值是连续的。模拟图像要经过空间离散化处理（采样，sampling）和亮度值的离散化处理（量化，quantization），才能变成计算机可存储和运算的数字图像。以上两种过程结合起来称为图像的数字化（digitization）（图 5.1）。

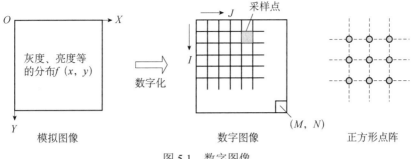

图 5.1 数字图像

1. 采样

采样就是把时间上和空间上连续的图像变换成离散点（采样点即像元，pixel）的集合的一种操作。最常采用的方法是在二维平面上按一定间隔从上到下顺序地沿水平方向的直线扫描（scanning），通过求每一特定间隔的值，得到离散的信号。

2. 量化

经过采样，图像被分解成离散的像元，但像元的值还是连续的。把这些连续的灰度值变换成离散值（整数值）的操作就是量化。真实值和灰度值之差，称作量化误差（quantization error）。如图 5.2 所示，其中灰度空间分成 2^n 级，像元亮度平均值或中心点亮度值作为函数 $f(x, y)$ 的值。

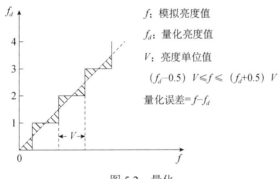

f：模拟亮度值

f_d：量化亮度值

V：亮度单位值

$(f_d - 0.5)\ V \leqslant f \leqslant (f_d + 0.5)\ V$

量化误差 $= f - f_d$

图 5.2 量化

一幅模拟图像表示为数字图像，其实质是一个数字矩阵：

$$f(x, y) = \begin{bmatrix} f(1,1) & f(1,2) & \cdots & f(1,N) \\ f(2,1) & f(2,2) & \cdots & f(2,N) \\ \vdots & \vdots & & \vdots \\ f(M,1) & f(M,2) & \cdots & f(M,N) \end{bmatrix}$$

3. 数字图像的优点

（1）便于计算机处理与分析：计算机以二进制方式处理各种数据，采用数字形式表示遥感图像，便于计算机处理。因此，与光学图像处理方式相比，遥感数字图像是一种适于计算机处理的图像表示方法。

（2）图像信息损失低：因为遥感数字图像也是用二进制表示的，所以在获取、传输和分发过程中，不会因长期存储而损失信息，也不会因多次传输和复制而产生图像失真。而模拟方法表现的遥感图像会因多次复制而使图像质量下降。

（3）抽象性强：尽管不同类别的遥感数字图像有不同的视觉效果，对应不同的物理背景，但因为它们都采用数字形式表示，所以便于建立分析模型、进行计算机解译和运用遥感图像专家系统。

三、灰度直方图

1. 直方图概念

在平面直角坐标系中，对应于每个灰度值，表示具有该灰度值的像元个数占总像元数百分比的图形称作灰度直方图（gray level histogram），简称直方图。例如，一幅 8×8 的数字图像，见图 5.3（a），灰度级最大值为 9，最小值为 1，对各灰度级的像元数及频率的统计见表 5.1，并根据统计值，生成该图像的直方图[图 5.3（b）]。

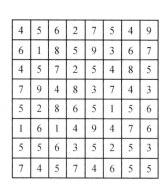

（a）数字图像

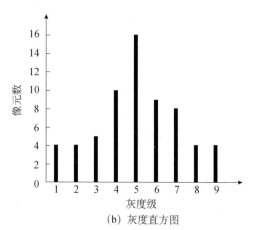

（b）灰度直方图

图 5.3　数字图像及其灰度直方图

表 5.1　直方图统计表

灰度级	1	2	3	4	5	6	7	8	9
像元数	4	4	5	10	16	9	8	4	4
频率/%	6.25	6.25	7.81	15.63	25.0	14.06	12.50	6.25	6.25

虽然遥感数字图像与一般数字图像一样，也是离散图像，但其数据量要大得多，每一个灰度级数据量都比较大，因此其直方图纵坐标一般用各灰度级的百分数表示，有时也称频数、频率。图 5.4 为一幅遥感数字图像及其直方图。

（a）遥感图像

（b）直方图

图 5.4　遥感图像及其直方图

2. 直方图的性质

（1）直方图反映了图像中灰度的分布规律。当一幅图像用直方图来描述时，图像所有的空间信息均丢失，直方图仅表达了一个灰度分布的统计信息，即直方图仅描述每个灰度级具有的像元个数或频率，但不能反映这些像元在图像中的位置。在遥感数字图像处理中，可通过修改图像的直方图来改变图像的反差。

（2）直方图的唯一性。任何一幅图像都对应唯一的直方图，但不同的图像可以有相同的直方图，即图像与直方图之间是多对一的映射关系。因此，图像的直方图可用于对图像的定性分析。

（3）直方图的可相加性。如果一幅图像由若干个不相交的区域构成，则整幅图像的直方图是这若干个区域直方图之和（图5.5）。

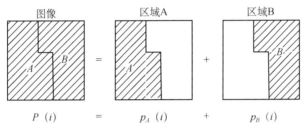

$$P(i) = p_A(i) + p_B(i)$$

图 5.5 分区域直方图累计

3. 直方图的应用

直方图表示数字图像中每一灰度出现频率的统计关系。直方图能给出该图像的概貌性描述，如图像的灰度范围、每个灰度的频度和灰度的分布、整幅图像的平均明暗和对比度等（图5.6），因此，直方图可以反映出一幅图像的质量，是进一步处理图像的重要依据。通过直方图调整可以改变图像灰度的概率分布，提高图像的视觉效应，达到增强图像的目的。

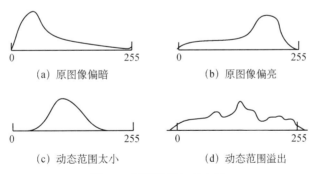

(a) 原图像偏暗   (b) 原图像偏亮

(c) 动态范围太小   (d) 动态范围溢出

图 5.6 图像性质与直方图

（1）根据直方图形态可以大致推断图像质量。如果图像的直方图形态接近正态分布，说明图像的对比度适中；如果图像直方图的峰值偏向灰度值较大的一侧，图像总体偏亮；如果图像直方图的峰值偏向灰度值较小的一侧，图像总体偏暗；如果图像直方图的峰值变化较陡、较窄，则图像的灰度值分布较集中，反差较小。

图5.7是不同形态的直方图，反映了图像的总体质量特征。

（2）直方图形态可作为图像分割阈值的选择依据。图像分割是图像识别、图像测量系统中不可缺少的处理环节。如图5.8所示，依据图像的直方图，对一些具有特殊灰度分布的图像可以直接选择图像的分割阈值。直方图具有两个或两个以上的峰值时，说明图像中主要有两类或更多类别的目标地物，因此波峰之间的谷底灰度值可被选作阈值来区分不同类别的目标地物。

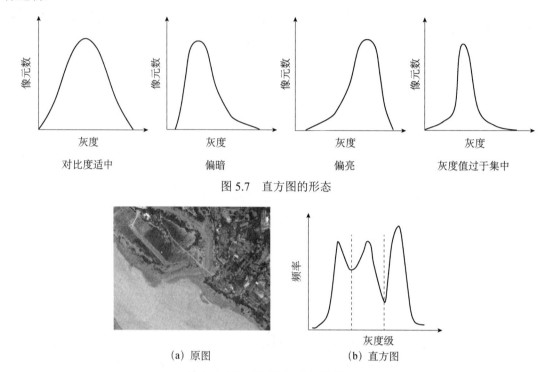

图 5.7　直方图的形态

图 5.8　基于直方图的分割阈值选择

（3）噪声类型判断。直方图还有助于判断图像上的噪声类型，可以为图像去噪声处理提供参考。

四、累积直方图

图像的累积直方图横轴表示灰度级，纵轴表示某一灰度级及其以下灰度级的像元个数或像元出现的频率。累积直方图计算公式为

$$S(i) = \sum_{j=0}^{i} \frac{n_j}{N} \quad (i = 0,\ 1,\ \cdots,\ L-1) \tag{5.1}$$

式中，$S(i)$ 为累积概率分布；i 为灰度级；n_j 为某个灰度级像元的个数；N 为图像的像元总个数；$L-1$ 为最大灰度级。

表 5.2 为图 5.3（a）的累积直方图统计表，图 5.9 为图 5.3（a）的直方图与累积直方图。

表 5.2　累积直方图统计表

灰度级	1	2	3	4	5	6	7	8	9
累积像元数	4	8	13	23	39	48	56	60	64
累积频率/%	6.25	12.50	20.31	35.94	60.94	75.00	87.50	93.75	100

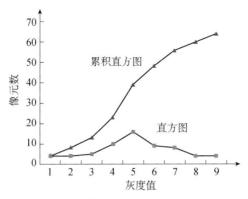

图 5.9　图像的直方图和累积直方图

第二节　遥感数字图像几何校正

在遥感成像过程中，成像传感器的高度及搭载平台姿态的变化、地形地貌等诸多客观因素都会导致遥感图像中像元相对于地面目标的实际位置发生扭曲、拉伸、偏移等几何畸变，直接使用这些存在几何畸变的图像往往不能满足专题信息提取、遥感制图、目标定位、变化检测等实际应用的要求。消除遥感图像的几何误差并将其变换到参考图像坐标系中，针对几何畸变进行的误差校正即为几何校正。

一、几何校正概述

由于遥感传感器、遥感平台和地球自身等方面的原因，原始遥感图像通常包含严重的几何变形。几何变形可根据引起的原因分为内部和外部几何变形。内部几何变形一般由遥感系统本身引起，属于系统性变形，如扫描镜的结构方式和扫描速度等造成的变形，这种变形一般有一定的规律性，并且其大小事先能够预测，可通过分析传感器特性和星历表数据等来进行校正。外部几何变形是指遥感系统本身处于正常工作状态，由外部因素所造成的变形，如传感器的外方位（位置、姿态）变化、传感介质不均匀、地球曲率、空气折射和地形起伏等因素引起的几何变形，这种变形往往是不规律的，难以预测大小，一般在获取图像后进行校正。几何校正的目的就是要纠正这些由内、外部因素引起的变形，从而实现与标准图像或者地图的几何整合，使之能与地理信息系统和空间决策支持系统中的其他空间数据信息一起使用。

以下有几个不同的术语用于描述遥感图像的几何校正。

配准：同一区域内两幅图像之间的相互对准，一般以一幅标准图像去校正另一幅图像，以使两幅图像中的同名像元几何位置匹配。

校正：图像对地图的对准，使图像像地图一样平面化，这也称为地理参考过程。

地理编码：是校正的一个特例，还包括比例尺的归一化和像元尺寸与坐标的标准化，以使来自不同传感器的图像或地图能够方便地进行不同图层间的互操作。

正射校正：对图像的逐个像元进行地形校正，使图像符合正射投影的要求。

遥感图像的几何校正一般分成两个层次：第一，对单一遥感原始图像的几何校正。第二，应用不同传感方式、不同光谱范围以及不同成像时间的同一区域的多种遥感图像时，需要对每幅图像进行几何校正后再进行图像间的几何配准，保证不同图像间的几何一致性。

多数用户实际工作中得到的遥感图像，一般是根据传感器特性和星历表数据等来对内部变形进行系统校正后的图像，但仍存在不小的几何形变。因此需要利用地面控制点（ground control points，GCP）和多项式校正模型来做进一步的几何校正。

二、遥感图像几何误差及来源

遥感图像几何畸变是指图像像元在图像坐标系中的变化规律，与其在地图坐标系等参考系中的变化规律之间的差异。几何畸变来源很多，目前主要有以下两种不同的划分方式。

根据成像过程中传感器相对于地球表面的相对关系，将遥感图像的几何畸变分为静态误差和动态误差。静态误差是指成像过程中，传感器相对于地球表面呈静止状态时所具有的各种变形误差；动态误差则主要是指在成像过程中由地球的旋转造成的图像变形误差。

根据误差来源与传感器的关系，将遥感图像的几何畸变分为内部误差（系统性畸变）和外部误差（随机性畸变）。内部误差主要是由传感器自身的性能、技术指标偏离标称数值造成的。例如，框幅式航空摄影机有透镜焦距变动、像主点偏移、镜头光学畸变等误差；多光谱扫描仪有扫描线首末点成像时间差、不同波段相同扫描线的成像时间差、扫描镜旋转速度不均匀、扫描线的非垂直线性和非平行性、光电检测器的非对中等误差。内部误差随传感器的结构不同而异，有一定的规律性，一般是可预测的，在传感器的设计和制作中已经进行了校正，误差较小，一般可以忽略不计。外部误差是遥感传感器本身处在正常工作的条件下，由传感器以外的各种因素所造成的误差，其大小不能预测，出现带有随机性质，如传感器的外方位（位置、姿态）变化、传感介质的不均匀、地球曲率、地形起伏、地球旋转等因素所引起的变形误差。

1. 传感器成像方式引起的图像误差

传感器投影方式有中心投影和非中心投影两种形式。中心投影又可以分为点中心投影、线中心投影和面中心投影。非中心投影的传感器主要为侧视雷达。中心投影图像在垂直摄影和地面平坦的情况下，地面物体与图像之间具有相似性。

1）全景投影变形

全景投影是一种线中心投影，其投影面不是一个平面，而是一个圆柱面，如图 5.10 所示的圆柱面 MON，相当于全景投影的投影面，称为全景面。地物点 P 在全景面上的像点为 p'，则 p' 点在扫描方向上的坐标 $y_{p'}$ 为

$$y_{p'} = f\frac{\theta}{\rho} \tag{5.2}$$

式中，f 为焦距；θ 为以度为单位的成像角；$\rho = 57.2957°/\text{rad}$。

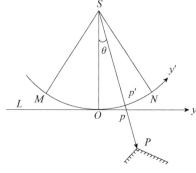

图 5.10　全景投影

全景投影变形的图形变化如图 5.11（b）所示。

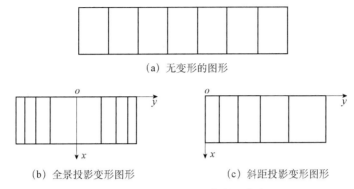

（a）无变形的图形

（b）全景投影变形图形　　　　　　（c）斜距投影变形图形

图 5.11　成像几何形态引起的图像变形

2）斜距投影变形

斜距投影类型的传感器通常指侧视雷达。如图 5.12 所示，S 为雷达天线中心，Sy 为雷达成像面，地物点 P 在斜距投影图上的影像坐标 y_p 取决于斜距 R_p 和成像比例 $\lambda = f/H$（f 为等效焦距，H 为航高）。

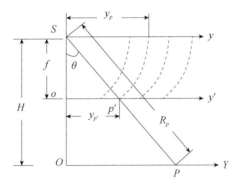

图 5.12　斜距投影变形

斜距投影的变形误差为

$$d_y = y_p - y_{p'} = f \cdot \left(\frac{1}{\cos\theta} - \tan\theta \right) \tag{5.3}$$

斜距投影变形的图形变化如图 5.11（c）所示。

2. 传感器外方位元素变化引起的图像误差

传感器外方位元素指的是传感器成像时的位置（X_S、Y_S、Z_S）和姿态角（φ、ω、κ），对于侧视雷达而言，还包括其运行速度（v_x、v_y、v_z）。当传感器的外方位元素偏离标准值成像时，将导致图像上的像点移位，进而产生图像变形。理论上，由外方位元素变化引起的图像变形规律可由图像的构像方程确定，且图像的变形规律随图像几何类型而变化。

对于框幅式图像，根据各个外方位元素变化量与像点坐标变化量之间的一次项关系式，可以看出各单个外方位元素引起的图像变形情况，如图 5.13 所示，虚线图形表示框幅式相机处于标准状态（空中垂直摄影状态）时获取的图像；实线图形表示框幅式相机外方位发生微小变化后获取的图像。由图 5.13 可以看出，因 dX_S、dY_S、dZ_S 和 $d\kappa$ 对整幅图像的综合影响产生的平移、缩放和旋转等变化是线性变化，而因 $d\varphi$、$d\omega$ 引起的形变误差是非线性误差。

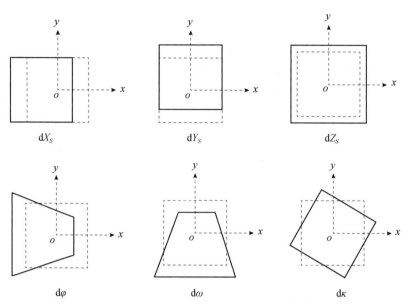

图 5.13　框幅式相机外方位元素变化引起的图像变形规律

对于动态扫描图像（即在一景图像形成过程中传感器是运动的，如顺迹扫描图像、横迹扫描图像等，这里的"顺迹""横迹"是指沿着或垂直于遥感平台飞行方向而言的），其构像方程都是对于一个扫描瞬间（相当于某一像元或某一条扫描线）而建立的，同一幅图像上不同位置的外方位元素是不同的。因此，由构像方程推导出的几何变形规律只表达在扫描瞬间图像上的相应点、线位置的局部变形，整个图像的变形是各瞬间图像局部变形的综合结果。在线阵列推扫式图像上，各扫描行所对应的各外方位元素单独造成的图像变形和综合变形如图 5.14 所示。

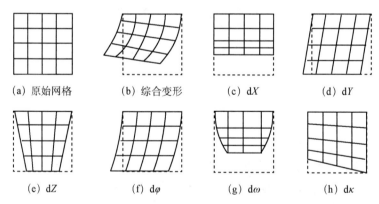

图 5.14　外方位元素引起的动态扫描图像的变形

动态扫描引起的变形与常规框幅式摄影机的情况不同，它的每个外方位元素变化都可能使整幅图像产生非线性的变形，而且这种变形通常不能由常规的航测光学纠正仪来得到严格的纠正，只有数字纠正法才能满足解析上的严密要求。

3. 地形起伏引起的像点位移

投影误差是由地形起伏引起的像点位移。无论像平面是否水平，当地形起伏时，高于或低于某一基准面的地面点，其像点与该地面点在基准面上的垂直投影点所对应的像点之间存在的直线位移，称为投影误差。

对于中心投影，在垂直摄影的条件下，φ、ω、$\kappa \to 0$，地形起伏引起的像点位移为

$$\delta_h = \frac{r}{H}h \tag{5.4}$$

式中，δ_h 为像点所对应地面点的基准面的高差；H 为遥感平台相对于基准面的高度；r 为像点到像底点的距离；h 为像点的高差（地面点相对基准面的高差）。

在像平面坐标系中，在 x、y 两个方向上的分量分别为

$$\delta_{h_x} = \frac{x}{H}h \tag{5.5}$$

$$\delta_{h_y} = \frac{y}{H}h \tag{5.6}$$

式中，x、y 分别为地面点对应的像点坐标；δ_{h_x}、δ_{h_y} 分别为由地形起伏引起的在 x、y 方向上的像点位移。

从式（5.5）和式（5.6）可以看出，投影误差的大小与像底点的距离、基准面的高差成正比，与遥感平台高度成反比。投影误差发生在像底点辐射线方向上，对于高于基准面的地面点，其像点背离像底点的方向移位；对于低于基准面的地面点，其像点朝着像底点方向移位。

对于推扫式成像仪，因为 $x = 0$，所以 $\delta_{h_x} = 0$，而只在 y 方向有投影误差，同式（5.6）。

4. 地球曲率引起的像点误差

地球曲率引起的像点位移类似于地形起伏引起的像点位移，可以利用像点位移公式来估计地球曲率所引起的像点位移，如图 5.15 所示。

对于大尺度、低空间分辨率的遥感传感器，如 NOAA、MODIS 等，θ 角可以达到 40°，此时地球曲率引起

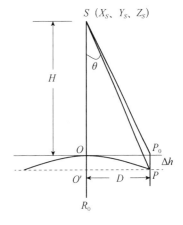

图 5.15　地球曲率引起的像点位移

的像点位移不能不加以考虑。一般来讲，根据测量学研究结果，当遥感视场宽度小于 $\pm 10\text{km}$ 时，地球曲率的影响可以不加考虑。

5. 大气折射引起的误差

整个大气层不是一个均匀的介质，因此电磁波在大气层中传播时的折射率随高度的变化而变化，电磁波传播的路径不是一条直线，而是变成了曲线，从而引起像点的位移，这种像点移位就是大气折光差。

对于中心投影图像，其成像点的位置取决于地物点入射光线的方向。在不存在大气折射影响时，地物点 A 以直线光线 AS 成像于 a_0 点；当存在大气折射影响时，A 点以曲线 AS 成像于 a_1 点，从而引起的像点移位为 $\Delta r = a_0 a_1$，如图 5.16 所示。

大气折射对框幅式相机成像的像点位移的影响在

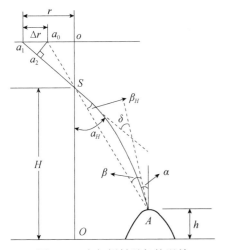

图 5.16　大气折射引起的误差

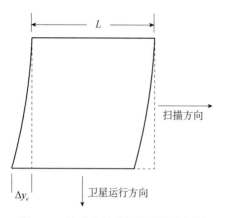

图 5.17　地球自转引起的误差示意图

量级上要比地球曲率的影响小很多。

6. 地球自转的影响

在常规框幅式摄影成像的情况下，地球自转不会引起图像变形，这是因为其整幅图像是在瞬间一次曝光成像的。地球自转主要是对动态传感器的图像产生变形影响，特别是对卫星遥感图像。以陆地卫星图像为例，当卫星由北向南运行时，地球表面也在由西向东自转，由于卫星图像每条扫描线的成像时间不同，因而造成扫描线在地面上的投影依次向西平移，使得图像发生扭曲，如图 5.17 所示（仅考虑地球自转影响）。

三、遥感图像几何校正的内容与步骤

1. 几何校正的内容

遥感图像几何校正处理主要包括系统几何校正、几何精校正和正射校正。这些步骤也可以综合完成，即由辐射定标后分景数据直接校正成几何精校正影像或正射影像，减少重采样次数。

1）系统几何校正

系统几何校正，又称几何粗校正，是根据畸变产生的原因，利用空间位置变化关系，采用消除图像几何畸变的理论校正公式和取得的与遥感传感器构造有关的校准数据（焦距等）及外方位元素等的测量值辅助参数进行校正。中心投影型遥感传感器中的共线条件式就是理论校正公式的典型例子，该方法对传感器的内部畸变大多是有效的。可是在很多情况下，遥感传感器位置及姿态的测量值精度不高，所以外部畸变的校正精度也不高。用户获取的遥感图像一般都已经做过系统几何校正。经过几何粗校正后的遥感图像还存在着随机误差和某些未知的系统误差，所以还需要进行几何精校正。

2）几何精校正

几何精校正是在几何粗校正的基础上，使图像的几何位置符合某种地理坐标系统，与地图配准，并调整亮度值，即利用地面控制点进行的精密校正。几何精校正不考虑引起畸变的原因，直接利用地面控制点建立起像元坐标与目标物地理坐标之间的数学模型，实现不同坐标系统中像元位置的变换。

利用带地面控制点的图像坐标和地图坐标的对应关系，近似地确定所给的图像坐标系和应输出的地图坐标系之间的坐标变换公式。坐标变换公式经常采用一次、二次等角变换式，二次、三次投影变换式或高次多项式。坐标变换公式的系数可从地面控制点的图像坐标值和地图坐标值中根据最小二乘法求出。

几何精校正以基础数据集作为参照（BASE）。如果基础数据集是图像，该过程称为相对校正，即以一幅图像作为基础，校正其他图像，这是图像-图像的校正；如果基础数据是标准的地图，则称为绝对校正，即以地图作为基础，这是图像-地图的校正，常用于 GIS 应用中。二者使用的技术相同。

把理论校正式与利用控制点确定的校正式组合起来进行几何校正称为复合校正。①分阶段校正的方法，即首先根据理论校正公式消除几何畸变（如内部畸变等），然后利用少数的控制点，用低阶次校正公式消除残余的畸变（外部畸变等）；②提高几何校正精度的方法，即利用控制点以较高的精度推算理论校正公式中所含的传感器参数及传感器的位置和姿态参数。

3）正射校正

正射校正是将中心投影的影像通过数字校正形成正射投影的过程，其原理为：将影像划分为很多微小的区域，根据相关参数利用相应的构像方程式或按一定的数学模型用控制点解算，求得解算模型，然后利用 DEM 数据对原始非正射影像进行校正，使其转换为正射影像。影像的正射校正借助 DEM，对影像中每个像元进行地形变形的校正，使影像符合正射投影的要求。由于充分利用了 DEM 数据，故能改正因地形起伏而引起的像点位移。

2. 几何精校正的步骤

遥感图像几何精校正的步骤如图 5.18 所示。

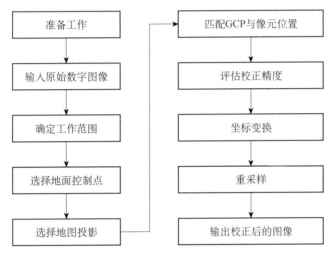

图 5.18　几何精校正的步骤

1）准备工作

包括图像数据、地形图、大地测量成果、航天器轨道参数和传感器姿态参数的收集与分析。如果图像为胶片，需通过扫描转为数字图像。

2）输入原始数字图像

按规定的格式读入原始的遥感数字图像。

3）确定工作范围

根据工作要求，确定区域范围，然后对遥感图像进行剪裁。考虑校正和制图的要求，剪裁的图像范围要适当地大于工作范围。图像范围定义不恰当时，会造成校正后的图像范围不全，而且会产生过多的空白区。

4）选择地面控制点

根据图像特征和地区情况，结合野外调查和地形图选择地面控制点。本步骤直接影响着图像最后的校正精度。

5）选择地图投影

根据工作要求，并参照原始图像的信息，选择地图投影，确定相关的投影参数。

6）匹配地面控制点和像元位置

地面控制点和相应的图像像元为同名地物点，应该清晰无误地进行匹配。可借助一些特定的算法进行自动或半自动的匹配。

7）评估校正精度

在使用遥感软件进行几何精校正的过程中，可以预测每个控制点可能产生的误差和总的平均误差。如果点的误差很大，则需要慎重选择是否将该点作为控制点。但是，误差很小的点，也有可能是不匹配的点。因此，需要使用多种图像增强的方法，如对比度拉伸、彩色合成、主成分变换等从多个角度对控制点进行检查确认。

为便于了解图像校正的精度，建议在校正后给出校正的平均误差（平均误差平方和的平方根，RMSE）和地面控制点中的最大误差。对于中低分辨率图像，校正精度往往以像素为单位。例如，对于 Landsat 图像，一般要求校正的平均精度在 1 个像素内。对于高分辨率图像，校正精度常以米为单位。例如，对于 SPOT-5 图像，可能会要求校正的平均精度小于 3m。

8）坐标变换

以控制点为基础，通过不同的数学模型来建立图像坐标和地面（或地图）坐标间的校正方程，然后使用该方程进行坐标变换。常用的数学模型有多项式法、共线方程法、随机场内插值法等。某些传感器的图像数据（如 MODIS 图像）中已经嵌入了坐标信息，可以直接用来建立校正方程。

9）重采样

待校正的数字图像本身属于规则的离散采样，非采样点上的灰度值需要通过采样点（校正前的图像像元）内插来获取，即重采样。重采样时，附近若干像元（采样点）的灰度值对重采样点影响的大小（权重）可以用重采样函数来表达。重采样完成，就得到了校正后的图像。

10）输出校正后图像

将校正后的图像数据按需要的格式写入到新的图像文件中。

四、遥感图像几何校正的原理与方法

1. 几何精校正基本原理

几何精校正的基本原理是回避成像的空间几何过程，直接利用地面控制点数据对遥感图像的几何畸变本身进行数学模拟，并且认为遥感图像的总体畸变可以看作是挤压、扭曲、缩放、偏移以及更高次的基本变形综合作用的结果。因此，校正前后图像相应点的坐标关系可以用一个适当的数学模型来表示。

几何精校正具体的实现是：利用具有大地坐标和投影信息的地面控制点数据确定一个模拟几何畸变的数学模型，以此来建立原始图像空间与标准空间的某种对应关系，然后利用这种对应关系，把畸变图像空间中的全部像元变换到标准空间中，从而实现图像的几何精校正。

几何精校正的基本技术是同名坐标变换方法，即通过在基础数据和图像中分别寻找地面控制点的同名坐标，并借此建立变换关系来进行几何精校正。

设 I_1 和 I_2 分别为待校正图像和校正图像所依赖的参考地图（或参考图像），几何精校正可以表示为：$I_2 = g(f(I_1))$，这里 g 和 f 分别为变换函数。f 是利用地面控制点和图像同名点建立的空间变换函数，如多项式几何校正方程；g 是重采样函数。

2. 几何精校正主要过程

1）空间位置的变换

空间位置（像元坐标）的变换又称为空间插值，即确定原始输入图像坐标（x, y）与该点对应的参考图件坐标（X, Y）之间的几何关系，通过 GCP 建立几何关系，然后将待校正图像的坐标（x, y）校正到输出图像（X', Y'）中。

2）灰度值重采样

因为原始图像像元值与输出图像像元坐标之间没有直接的一一对应关系，校正后的输出图像像元需要填入一定的像元值，而该像元栅格并非刚好落在规则的行列坐标上，所以必须采用一定的方法来确定校正后输出像元的亮度值，这一过程称为灰度值重采样，也称亮度插值。

3. 几何精校正方法

1）多项式校正模型

常用的校正模型有共线和多项式模型两种。共线模型是建立在对传感器成像时的位置和姿态进行模拟和解算的基础上，参数可以预测给定，也可根据控制点按最小二乘原理求解，进而可求得各像点的改正数，以达到校正的目的。共线模型严密且精确，但计算比较复杂，且需要控制点具有高程值，应用受到限制。多项式模型在实践中经常使用，这是因为它的原理直观、计算简单，特别是对地面相对平坦的图像具有足够高的校正精度。该模型对各类传感器的校正具有普遍适用性，不仅可用于图像、地图的校正，还常用于不同类型遥感图像之间的几何配准，以满足计算机分类、地物变化检测等处理的需要。

对于简单的旋转、偏移和缩放变形，可使用最基本的仿射变换模型进行校正：

$$\begin{cases} x = a_0 + a_1 X + a_2 Y \\ y = b_0 + b_1 X + b_2 Y \end{cases} \tag{5.7}$$

复杂的变形可使用高次多项式校正模型：

$$\begin{cases} x = a_0 + \left(a_1 X + a_2 Y\right) + \left(a_3 X^2 + a_4 XY + a_5 Y^2\right) + \left(a_6 X^3 + a_7 X^2 Y + a_8 XY^2 + a_9 Y^3\right) + \cdots \\ y = b_0 + \left(b_1 X + b_2 Y\right) + \left(b_3 X^2 + b_4 XY + b_5 Y^2\right) + \left(b_6 X^3 + b_7 X^2 Y + b_8 XY^2 + b_9 Y^3\right) + \cdots \end{cases} \tag{5.8}$$

当多项式模型的次数选定后，用选定的控制点坐标，按最小二乘法回归求得多项式系数 a_i、b_i。式中，x、y 为像素的图像坐标；X、Y 为同名地物点的地面（或标准图像、标准地图）坐标。

在使用多项式模型时应注意以下问题。

（1）多项式校正的精度与地面控制点的精度、分布、数量及校正的范围有关。地面控制点的精度越高、分布越均匀、数量越多，几何校正的精度就越高。

（2）采用多项式校正时，在地面控制点处的拟合较好，但在其他点的误差可能会较大。平均误差较小，并不能保证图像各点的误差都小。

（3）多项式阶数的确定取决于对图像中几何形变程度的认识。并非多项式的阶数越高，校正精度就越高。但多项式的阶数越高，需要地面控制点的数量就越多，如三阶校正模型需要至少 10 个地面控制点。

2）灰度值重采样

多项式校正后图像的像元在原始图像中分布是不均匀的，需要根据输出图像上各像元的位置和亮度值，对原始图像按一定规则重采样，进行空间和亮度值的插值计算。校正后的图像大小可以不同于原始图像，没有数据的部分一般赋 0 值。

常用的重采样方法有最近邻方法、双线性内插法和三次卷积内插方法。

（1）最近邻方法。在待校正的图像中直接取距离最近的像素值为重采样值。

如图 5.19 所示，直接取与点（x，y）位置最近的像元（k，l）的灰度值为重采样值，即

$$\begin{cases} k = \text{Integer}(x+0.5) \\ l = \text{Integer}(y+0.5) \end{cases} \tag{5.9}$$

式中，Integer 为取整（不是四舍五入）。于是点（k，l）的灰度值 g（k，l）就作为点（x，y）的灰度值，即 g（x，y）=g（k，l）。

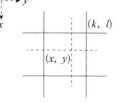

图 5.19　最近邻法

最近邻重采样算法简单，计算速度快，最大优点是保持了像素值不变，这种技术对新图像用于分类的情况非常适用。

（2）双线性内插法。该方法是取原始图像上点 k 的 4 个邻近的已知像元 p_1、p_2、p_3 和 p_4 灰度值的近似加权平均和，权系数由双线性内插的距离值构成 [图 5.20（a）]，相当于先由 4 个像元点形成的四边形中的 2 条相对边进行内插，然后再跨这两边做线性内插 [图 5.20（b）]。

为简化表达方式，设任意 4 个像元为 $p_1(i,j)$，$p_2(i,j+1)$，$p_3(i+1,j)$，$p_4(i+1,j+1)$，位于这 4 个像元点之间的待内插像元点 $k(x,y)$，其灰度值 D_k 由双线性内插计算可得

$$D_k = (1-\Delta x)(1-\Delta y)D_{i,j} + \Delta x(1-\Delta y)D_{i+1,j} + \Delta y(1-\Delta x)D_{i,j+1} + \Delta x\Delta y D_{i+1,j+1} \tag{5.10}$$

式中，$\Delta x = x_k - \text{INT}(x_k)$，$\Delta y = y_k - \text{INT}(y_k)$。

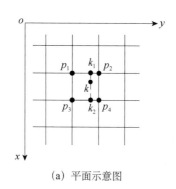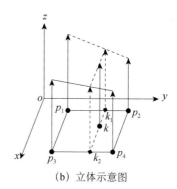

（a）平面示意图　　　　　　　　　　（b）立体示意图

图 5.20　双线性内插法采样示意图

双线性内插法的优点是计算较为简单，并且具有一定的亮度采样精度，从而使得校正后的图像亮度连续，结果会比最近邻法的结果光滑，一般能得到满意的插值效果。缺点是亮度插值使原图像的光谱值发生变化，具有低通滤波的性质，造成图像中一些边缘、线状目标和一些细微信息的损失，导致图像模糊。该方法适用于某些表面现象分布、地形表面的连续数据，如 DEM、气温、降水量的分布、坡度等，因为这些数据本身就是通过采样点内插得到的连续表面。

（3）三次卷积内插方法。三次卷积内插是一种更加复杂的插值方式。该方法不仅考虑到直接相邻点的灰度影响，而且考虑到各邻点间灰度值变化率的影响。其方法是利用周边 16 个像素，应用三次多项式对这些像素确定的四条线对进行拟合，以形成 4 个插值点，然后再利用三次多项式对这四个插值点进行拟合，最终合成在显示网格对应位置的亮度值。

理论上，三次卷积内插方法的最佳插值函数是辛克函数：

$$W(x) = \begin{cases} 1 - 2x^2 + |x|^3 & , \quad 0 \leqslant |x| < 1 \\ 4 - 8|x| + 5x^2 - |x|^3 & , \quad 1 \leqslant |x| < 2 \\ 0 & , \quad 2 \leqslant |x| \end{cases} \qquad (5.11)$$

此时需要 16 个原始像素参加计算（图 5.21），则

$$g(x, y) = g_{y,x} = \sum_{i=1}^{4} \sum_{j=1}^{4} W_{ij} g_{ij} \qquad (5.12)$$

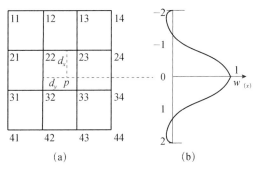

图 5.21　三次卷积内插法

该方法非常精确，可以得到更接近高分辨率图像的放大效果，产生的图像比较平滑，缺点是计算量很大。

五、控制点的选取

GCP 的选取是进行遥感图像几何校正（多项式几何校正模型解算、有理函数模型优化等）的重要步骤。GCP 的数量、质量和分布等指标直接影响成图的精度和质量。

1. 控制点选取原则

地面控制点的选取应遵循以下原则。

（1）标识明显。地面控制点需在图像上有明显的、清晰的识别标志，如道路交叉点、农田边界等。

（2）稳定性。地面控制点上的地物不随时间而变化，以保证当两幅不同时间的图像或地图进行几何校正时，可以同时识别出来。

（3）相对一致的高程。在没有做过地形校正的图像上选择控制点时，应在同一地形高度上进行。

（4）均匀性。地面控制点应当均匀分布在整幅图像内，且要有一定的数量保证。

2. 控制点的来源

GCP 的来源有数字栅格地图、数字正射影像、数字线划地图、GNSS 外业测量等，采用哪种方式取决于对产品精度的要求。使用 GNSS 外业测量采集 GCP，要注意投影问题。特别是 GPS 使用的是 WGS84 的经纬度投影，可能与几何校正需要的投影不同，需要事先进行投影变换。

GCP 的类型主要有平高点、平面点、高程点、检查点等。通常情况下选择的 GCP 大多是平高点，平高点既有平面坐标又有高程，即 GCP 的平面值和高程值都参与模型计算。但也有一些情况需要选择其他类型的 GCP，例如，如果模型计算并没有考虑到地形起伏，高程点是不需要的，所有的地面控制点仅需知道平面坐标（平面点）即可。检查点是用于检测模

型纠正精度指标的参考数据，并不参与影像的几何校正模型解算。它是通过影像纠正后的点位坐标与用户输入的理论坐标进行数据分析，以评定影像纠正的精度。

3. 控制点的获取方式

目前，控制点的获取主要有以下几种方式。

（1）采用简单的量算方法，如直尺、坐标数字化仪等，从相应比例尺的地形图（如 1∶2000、1∶10000、1∶50000，）中提取 GCP 坐标。

（2）直接从屏幕上提取数字地形图中的 GCP 坐标。

（3）从经过几何校正的数字正射影像上提取 GCP 坐标。

（4）通过 GNSS 外业测量获取 GCP 坐标。GNSS 定位精度可达米级，完全能够满足 10m 级空间分辨率遥感影像几何校正对精度的要求；如果对 GNSS 数据进行差分处理，精度可优于米级，完全可用于高分辨率遥感影像的处理。

4. 控制点的数量

GCP 的数量取决于影像校正采用的数学模型、GCP 采集方式或来源、研究区地形物理条件、影像类型和处理级别、成图精度要求，以及所采用的软件平台等多种因素。

由于非参数模型不能反映影像获取时的几何关系，也不能过滤 GCP 误差，只有通过增加控制点数量的方式，才能达到降低输入几何模型误差的目的。如果想达到与影像分辨率同一量级的制图或定位精度，需要的实际 GCP 数目是模型要求最少控制点数目的数倍。控制点数目的最小值按照几何校正模型未知系数的多少来确定。当同时处理多景影像时，通过区域平差处理使用连接点可以减少对 GCP 的需要。

一般多项式校正模型的地面控制点受多项式系数的影响。控制点的最少数目为 $(n+1)(n+2)/2$（n 为多项式的次数）。在实际工作中，在条件允许的情况下，控制点数目比最低数目大很多（有时可达 6 倍）。

5. 控制点的分布

控制点的分布对几何校正效果有较大的影响，为了控制一景或多景影像并达到一定精度，GCP 必须满足一定的位置和分布。通常要求 GCP 应尽可能均匀分布在校正区域内，并且影像的四角附近一定要有 GCP，这样才能充分控制成图区域的精度。若 GCP 分布很不均匀，则在分布密集区域校正后图像与实际图像吻合较好，而分布稀疏区域则会出现较大的拟合误差。当地形高差较大时，GCP 的垂直分布也非常重要，在最高和最低点或其附近需要有 GCP，且不同高程带也需要有一定数量的 GCP。

6. 常用控制点

GCP 应选择在遥感图像上容易分辨、相对稳定、特征明显（所选特征与背景反差大）、可以精确定位的位置，如道路交叉点、河流弯曲或分叉处、海岸线弯曲处、湖泊边缘、飞机场跑道等。在变化不明显的大面积区域（如沙漠），控制点可以少一些。在特征变化大而且对精度要求高的区域，应该多布点。

常见的可以用作 GCP 的特征地物按照优先顺序如下：①道路上的斑马线交点；②人行道交叉点；③飞机场跑道；④运动场地（包括游泳池）；⑤车道和人行道的交叉点；⑥道路和铁轨的交叉点；⑦车道和一般道路的 T 形交叉点；⑧道路交叉点、河流弯曲或分叉处；⑨大水池、湖泊边缘；⑩桥；⑪自然特征（形状不规则的不要用作 GCP）；⑫停车场（停车线模糊了的不要用作 GCP）；⑬建筑（具有垂直高度和透视差的高层建筑不要用作 GCP）。

第三节　遥感数字图像辐射校正

由传感器自身条件、薄雾等大气条件、太阳位置和角度条件及某些不可避免的噪声引起的传感器的测量值与目标的光谱反射率或光谱辐射亮度等物理量之间的差异，称为辐射失真。辐射校正就是消除图像数据中依附在辐射亮度中各种失真的过程，以使遥感图像尽可能真实地反映地表地物的分布，为遥感图像的分割、分类、解译等后续工作做好准备。辐射校正通常包括传感器校正、大气校正以及太阳高度和地形校正。

一、辐射误差产生的原因

辐射误差产生的原因有两种：传感器本身的响应特征和传感器外界（自然）环境的影响，包括大气（雾和云）和太阳辐射等。

1. 传感器的响应特性引起的辐射误差

1）光学系统的特性引起的辐射误差

在使用透镜的光学摄影类型传感器中，由于透镜光学特性的非均匀性，在摄影面上存在着边缘部分比中心部分发暗的现象（边缘减光）。由于光学镜头中心和边缘的透射强度不一致，导致同一类地物在图像上不同的位置有不同的灰度值。

另外，在视场较大的成像光谱仪获取的图像中，在扫描方向上也存在明显的辐射亮度不均匀现象。这种辐射误差主要是光程差造成的，扫描斜视角较大时，光程长，大气衰减严重；星（机）下点位置的地物辐射信息光程最短，大气衰减的影响也最小。

2）光电转换系统的特性引起的辐射误差

在光电成像类型传感器中，传感器将在每个波段探测到的电磁能量经光电转换系统转化为电子信号，然后按比例量化成离散的灰度级别，仅在图像中具有相对大小的意义，没有物理意义。但是，传感器的光谱响应特性和传感器的输出有直接的关系，且会引起辐射量的误差。光电扫描仪引起的辐射误差主要包括两类：一类是光电转换误差，即在扫描方式的传感器中，传感器收集到的电磁波信号经光电转换系统转换为电信号的过程所引起的辐射误差。另一类是探测器增益变化引起的误差。

2. 大气影响引起的辐射误差

太阳光到达地面目标之前，大气会对其产生吸收和散射作用。同样，来自目标物的反射光和散射光在到达传感器之前也会被吸收和散射。尽管卫星遥感地面站提供的产品经过了系统辐射校正，消除了遥感系统产生的辐射畸变，但仍存在着大气散射和吸收引起的辐射误差。这些随机误差因时、因地而异，是影响定量遥感的主要障碍。进入大气的太阳辐射会发生反射、折射、吸收、散射和透射，其中对传感器接收影响较大的是吸收和散射。若没有大气存在，传感器接收的辐照度只与太阳辐射到地面的辐照度和地物反射率有关。由于大气的存在，辐射经过大气的吸收和散射，透过率小于1，从而减弱了原信息的强度；同时，大气的散射光也有一部分直接经过地物反射进入传感器，这两部分又增强了原信号，但却是"无用信号"，即不是目标地物本身的信号。直观来看，大气对遥感图像的影响降低了图像的对比度，使得图像模糊化。本质上，大气对遥感图像的影响表现为对传感器接收到的原始信号和背景信号增加了附加项和附加因子，使得图像不能正确反映地物的真实反射率。

3. 太阳辐射引起的辐射误差

由于太阳高度角与方位角的变化和地形起伏的影响，不同地表位置接收的太阳辐射不同而产生误差。

1）太阳位置引起的辐射误差

太阳位置的变化会导致地表不同位置接收到的太阳辐射不同，从而在不同地方、不同季节、不同时期获取的遥感图像之间存在辐射差异。

由于太阳高度角的影响，在图像上会产生阴影而压盖地物，造成同物异谱现象，从而影响遥感图像的定量分析和自动识别。太阳方位角的变化也会改变光照条件，它随成像季节、地理纬度的变化而变化。太阳方位角所引起的辐射误差通常只对图像的细部特征产生影响，且对高空间分辨率的图像影响更大。

为了尽量减少太阳高度角和方位角引起的辐射误差，遥感卫星轨道大多设计在同一个时间通过当地上空，但由于季节变化和地理经纬度的差异，太阳高度角和方位角的变化仍然不可避免。

2）地形起伏引起的辐射误差

传感器接收的辐射亮度与地面坡度和坡向有关。太阳光线垂直入射到水平地表和坡面上所产生的辐射亮度是不同的。由于地形起伏的变化，在遥感图像上会造成同类地物灰度不一致的现象。在丘陵地区和山区，地形坡度、坡向和太阳光照几何条件等对遥感图像的辐射亮度的影响是非常显著的。朝向太阳的坡面会接收到更多的光照，在遥感图像上色彩自然要亮一些；而背向太阳的阴面由于反射的是太空散射光，在图像上表现得要暗淡一些。复杂地形地区遥感图像的这种辐射畸变称为地形效应。因此，在地形复杂地区，为了提高遥感信息定量化的精度，除了要消除传感器自身光电特性和大气带来的影响外，更重要的是要消除地形效应。

二、辐射校正的内容与过程

1. 辐射校正的内容

辐射校正的内容包括传感器灵敏度特性引起的系统辐射误差校正（传感器校正）、大气吸收或散射等引起的辐射误差校正（大气校正）、太阳位置及地形等引起的辐射误差校正（太阳辐射误差校正）。图 5.22 为辐射校正的主要内容。

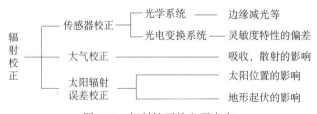

图 5.22　辐射校正的主要内容

传感器光学系统特征校正、光电变换系统灵敏度特征的偏差校正等属于系统的辐射校正，由传感器发射单位进行相对辐射定标。传感器受外界（自然）环境的影响，包括大气（雾和云）、太阳位置和地形等，引起的辐射误差，需应用者根据实际情况进行辐射精校正。辐射精校正主要包括绝对辐射定标（又称大气顶面辐射校正、大气上界辐射校正或传感器端辐射校正）、大气校正和地表辐射校正。

2. 辐射校正的过程

完整的辐射校正过程包括：遥感传感器获取的数字量化值（digital number，DN）经过系统辐射校正（相对辐射校正）得到传感器端的 DN 值，再经过绝对辐射定标得到大气上界辐射值（辐亮度或反射率），然后经过大气校正，消除大气散射、吸收对辐射的影响，从而得到地表辐射值，最后经过地表辐射校正（太阳及地形校正）得到更精确的地表辐射值。图 5.23 为辐射校正的基本流程。

3. 辐射校正内容的选择

一般情况下，辐射校正只进行了传感器辐射校正和大气校正，而未进行地形及太阳高度角的校正。这时的辐射校正只是消除或修正了传感器本身以及大气对辐射传输过程的影响。需要注意的是，在一些辐射校正方法里，辐射定标与大气校正之间没有明显的界线，也可以看作是两个过程合并的结果。

应当指出，辐射校正对于使用中低空间分辨率遥感传感器监测地面潜在信息，如农情、旱情、地质、生态、大气污染等信息是十分必要的，这是因为图像像元的灰度值与地面目标物实际相应数值的相关性直接影响遥感信息获取的准确性。但是，对于高分辨率遥感传感器监测地表表象信息，如土地利用、城市建筑物布局等，相对来说并不十分重要，因为识别判译这些信息主要依靠图像中像元间的灰度。

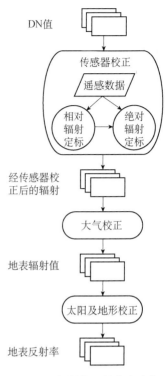

图 5.23　辐射校正的基本流程

在开展遥感应用时，很多时候纠结于是否需要对遥感图像进行辐射校正。实际上，辐射校正的选用需要根据实际情况来确定，有时候可以完全忽略遥感数据的大气影响。例如，对于某些分类和变化检测而言，大气校正并不是必需的。理论分析和经验结果表明，只有取自某个时间或空间中的训练数据需要时空拓展时，图像分类和各种变化检测才需要进行大气校正。例如，用最大似然法对单时相遥感数据进行分类，通常就不需要大气校正。只要图像中用于分类的训练数据具有相对一致的尺度（校正过的或未校正的），是否进行大气校正对分类精度几乎没有影响。不需要进行大气校正的基本原则是训练数据来自所研究的图像（或合成图像），而不是从其他时间或地点获取的图像。

三、辐射校正方法

1. 传感器校正

传感器的辐射校正主要校正的是由于传感器灵敏特性变化而引起的辐射失真，包括对光学系统特性引起的失真校正和对光电转换系统特性引起的失真校正。

1）对光学系统特性引起的失真校正

在使用透镜的光学系统中，由于透镜光学特征的非均匀性，在其成像平面上存在着边缘部分比中间部分暗的现象，称为边缘减光。

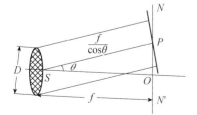

图 5.24　镜头的辐射畸变

如图 5.24 所示，如果光线以平行于主光轴的方向通过

透镜到达摄像面 O 点的光强度为 E_O，与主光轴成 θ 视场角的摄像面点 P 的光强度为 E_P，则

$$E_P = E_O\cos^4\theta \tag{5.13}$$

2）对光电转换系统特性引起的失真校正

在扫描方式的传感器中，传感器接收系统收集到的电磁波信号需经光电转换系统变成电信号记录下来，这个过程也会引起辐射量的误差。因为这种光电转换系统的灵敏度特性通常有很高的重复性，所以可以定期地在地面测量其特征，根据测量值可以对其进行辐射畸变校正。

2. 大气校正

太阳光在到达地面目标之前，大气会对其产生吸收和散射作用，同时来自目标地物的反射光和散射光在到达传感器之前也会被吸收和散射。大气对光学遥感的影响十分复杂。学者们试着提出了不同的大气校正模型来模拟大气的影响，但是对于任何一幅图像，由于对应的大气数据永远是变化的且难以得到，因而应用完整的模型校正每个像元是不可能的。通常可行的一个方法是从图像本身来估计大气参数，然后以一些实测数据，反复运用大气模拟模型来修正这些参数，实现对图像数据的校正。另外，可以利用辐射传递方程进行大气校正，也可以利用地面实况数据进行大气校正。

对大气辐射校正的方法一般有三种：①野外波谱测试回归分析法：通常通过野外实地波谱测试获得的无大气影响的辐射值与卫星传感器同步观测结果进行分析计算，以确定校正量。②辐射传递方程计算法：测量大气参数，按理论公式求得大气干扰辐射量。③波段对比法：在特殊条件下，利用某些不受大气影响或影响很小的波段来校正其他波段。在实际工作中，常采用波段对比法。

波段对比法的理论依据是：大气散射具有选择性，对短波影响大，对长波影响小，利用某些波段特性来校正其他波段的大气影响。以 Landsat TM/ETM+ 数据为例，第 1 波段受大气散射的影响最大，其次为第 2、第 3 波段，而第 7 波段受的影响最小。因此，可将第 7 波段作为无散射影响的标准波段，通过对比分析计算出其他波段大气干扰值，常用回归分析法和直方图法。

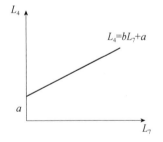

图 5.25　回归分析校正法

1）回归分析法

在不受大气影响的波段图像和待校正的某一波段图像中，选择最暗的一系列目标（通常为深纯净水或高山阴影区），对每一目标的两个波段亮度值进行回归分析。以 TM/ETM+ 的第 4 和第 7 波段为例，如图 5.25 所示，截距反映第 4 波段受大气影响的灰度增加值。其线性回归方程为

$$L_4 = bL_7 + a \tag{5.14}$$

式中，L_4、L_7 分别为第 4 波段和第 7 波段目标样本的灰度值；a、b 分别为直线的斜率和截距。

$$b = \frac{\sum (L_7 - \bar{L}_7)(L_4 - \bar{L}_4)}{\sum (L_7 - \bar{L}_7)^2} \tag{5.15}$$

式中，$\bar{L}_7$、$\bar{L}_4$ 分别为第 4、第 7 波段亮度的平均值。

因此第 4 波段校正后的图像为

$$L_4' = L_4 - a \tag{5.16}$$

2）直方图法

如果图像中存在理论上亮度为零的目标，如深海水体、高山阴影等，为确定大气影响，显示有关图像的直方图，如图 5.26 所示。从图中得知最黑的目标亮度为零，即第 7 波段图像的最小亮度值为零，而第 4 波段的最小亮度值为 a，则 a 就是第 4 波段图像的大气校正值。

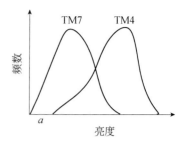

图 5.26 直方图校正法

3. 太阳高度和地形校正

为了获得每个像元真实的光谱反射，经过传感器和大气校正的图像还需要更多的外部信息来进行太阳高度和地形校正。通常这些外部信息包括大气透过率、太阳直射辐射光辐射度和瞬时入射角（取决于太阳入射角和地形）。理想情况下，大气透过率应当在获取图像的同时进行实地测量，但是对于可见光，在不同的大气条件下，可以进行合理的预测。

太阳高度角引起的畸变校正是将太阳光线倾斜照射时获取的图像校正为太阳光线垂直照射时获取的图像，通过调整一幅图像内的平均灰度来实现。

倾斜的地形，经过地表散射、反射到传感器的太阳辐射量会依赖倾斜度而变化。进行地形校正就是把倾斜面上获得的图像校正到平面上获取的图像。因此需要用到相应地区的 DEM 数据，以计算每个像元的太阳瞬时入射角。

四、去除噪声

噪声是传感器引入数据的无效信号，它是传感器输出的变量，会干扰传感器从图像中提取地物信息的能力。图像噪声会以各种形式出现，而且很难模型化。由于这些原因，许多去噪技术非常特殊。

1. 全局噪声

全局噪声由每个像元亮度的随机变量确定。低通空间滤波器能够去除这样的噪声，特别是在相邻像元不相关的情况下，通过平均化相邻像元可以去除。遗憾的是，图像中没有噪声的部分，如信号也会被减弱，这是由信号内在的空间相关而决定的。更复杂的能够同时保持图像锐化信息并抑制噪声的算法称为边缘保持算法。

2. 局部噪声

局部噪声是指单个坏像元和坏线，主要由数据传输过程丢失、探测器的突然饱和或电子系统问题造成。去除局部噪声一般需要两个步骤：噪声像元的检测和用期望较好的像元替代它。

3. 周期噪声

全局周期噪声（通常又称为一致性噪声）在整个图像中表现为重复性的虚假模式且具有一致性。其中一个来源是数据传输或接收系统中的电子干扰；另一个来源是摆扫或推扫扫描器中各个探测像元的定标差异。噪声的连续周期性使得在带噪声图像的傅里叶域能够很好地确定尖峰。如果噪声尖峰离图像谱有足够的距离（如噪声是相对高频的），则可以通过设置傅里叶幅度为 0 来将噪声去除。滤波后的谱再采用傅里叶逆变换就能生成无噪声的图像。空间卷积滤波器也可以产生同样的结果，然而它需要大空间域窗口，以得到局部化频域的滤波。

4. 探测器条纹

在摆扫扫描器图像中，不一致的探测元件灵敏性和其他电子因素会导致扫描线之间出现条纹。探测元件条纹的校正称为去条纹，它需要在几何校正前进行，此时数据列阵仍与扫描方向一致。

第四节　遥感数字图像增强

图像增强是遥感数字图像处理最基本的方法之一。图像增强是为了突出相关的专题信息，提高图像的识别能力和视觉效果。图像增强不以图像保真为原则，也不能增加原始图像的信息，而是通过增强处理设法有选择地突出某些对人或机器分析感兴趣的信息，抑制一些无用的信息，以提高图像的使用价值，使分析者能更容易地识别图像内容，从图像中提取更有用的定量化信息。

图像增强的主要目的是改变图像的灰度等级，提高图像对比度；消除边缘和噪声，平滑图像；突出边缘或线状地物，锐化图像；合成彩色图像；压缩图像数据量，突出主要信息等。

图像增强的方法可以分为空间域增强和频率域增强。空间域增强是通过改变单个像元及相邻像元的灰度值来增强图像；而频率域增强是对图像进行傅里叶变换，然后对变换后的频率域图像的频谱进行修改，达到增强的目的。

图像增强的主要内容包括空间域增强、频率域增强、彩色增强、图像运算和多光谱增强等。

一、空间域增强

空间域是指图像平面所在的二维平面，空间域增强是指在图像平面上直接针对每个像元点进行处理，处理后的像元位置不变，它包括点运算和邻域运算。点运算又称为对比度增强、对比度拉伸或灰度变换，是辐射增强的主要方法，一般方法是直方图变换、线性变换和非线性变换。邻域运算强调像元与其相邻像元的关系，可以有目的地突出图像上的某些特征（如边缘或线性地物），也可以有目的地去除或抑制某些特征（抑制图像在获取和传输过程中产生的各种噪声），主要包括图像平滑和图像锐化等方法。

1. 点运算

1）线性变换

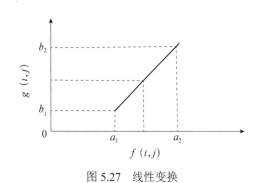

图 5.27　线性变换

根据线性或者分段线性变换函数对像元灰度值进行变换，增大图像的动态范围，提高图像的对比度，使图像变得清晰、特征变得更加明显，这种变换称为线性变换。

（1）简单线性变换。线性变换根据直线方程按比例扩大原始灰度级的范围，以充分利用显示设备的动态范围，使变换后图像的直方图两端达到饱和。

如图 5.27 所示，原图像 $f(i,j)$ 的对比度较差，灰度范围为 $[a_1, a_2]$；经线性变换后图像 $g(i,j)$ 的对比度提高，灰度范围扩大为 $[b_1, b_2]$。变换方程可写为

$$\frac{g(i,j)-b_1}{b_2-b_1}=\frac{f(i,j)-a_1}{a_2-a_1} \tag{5.17}$$

式中，$f(i,j)\in[a_1,a_2]$，$g(i,j)\in[b_1,b_2]$，于是有

$$g(i,j)=\frac{b_2-b_1}{a_2-a_1}[f(i,j)-a_1]+b_1 \tag{5.18}$$

这里只给出了灰度范围扩大即原图像的直方图被拉伸的情况，还有原图像直方图被压缩的情况，图像的变化随直线方程的不同而不同。

（2）分段线性变换。在实际工作中，为了更好地调节图像的对比度，经常采用分段线性变换的方法。在图像的灰度范围内取几个间断点，每相邻的两间断点之间采用线性变换，每段的直线方程不同，每一段的线性变化与简单线性变换一样，可以拉伸，也可以压缩，断定的位置可由用户根据处理的需要确定。分段线性变化方法如图 5.28 所示，变换方法与简单线性变换相同。

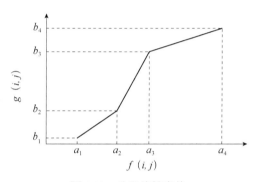

图 5.28　分段线性变换

2）非线性变换

如果变换函数是非线性的，即为非线性变换。常用的非线性函数有指数函数、对数函数等。

（1）指数变换。指数变换主要用于增强图像中高亮值部分，扩大灰度值间隔，进行拉伸；而对于低亮度值部分，缩小灰度间隔，进行压缩（图 5.29）。

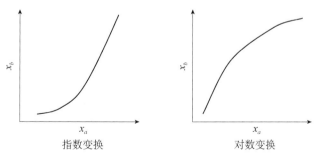

指数变换　　　　　　　　　　　　对数变换

图 5.29　非线性变换

指数函数的数学表达式为

$$x_b=be^{ax_a}+c \tag{5.19}$$

式中，x_a 为变换前图像每个像元的灰度值；x_b 为变换后图像每个像元的灰度值，x_b 的值以四舍五入的方法取整；a、b、c 是为了调整函数曲线的位置形态而引入的参数，通过参数调整

可实现不同的拉伸或压缩比例。

（2）对数变换。与指数变换相反，对数变换主要用于拉伸图像中低亮度值部分，而在高亮度值部分进行压缩（图 5.29）。

对数函数的数学表达式为

$$x_b = b\lg(ax_a + 1) + c \tag{5.20}$$

式中，x_a、x_b、a、b、c 的含义与指数函数的相同。

2. 邻域运算

邻域运算通常采用的方法是卷积运算，就是在空间域上对图像进行邻域检测的运算。选定一个卷积函数，又称为"模板"，实际上是一个 $M×N$ 的小图像，如 $3×3$、$5×7$ 等。图像的卷积运算是运用模板来实现的，主要用于图像平滑和锐化处理。

1）图像卷积运算

图像卷积运算是在空间域上对图像进行局部检测的运算，以实现平滑和锐化的目的。如图 5.30 所示，具体运算方法如下：

$x_{i-1,j-1}$	$x_{i-1,j}$	$x_{i-1,j+1}$	$t_{i-1,j-1}$	$t_{i-1,j}$	$t_{i-1,j+1}$			
$x_{i,j-1}$	$x_{i,j}$	$x_{i,j+1}$	$t_{i,j-1}$	$t_{i,j}$	$t_{i,j+1}$		$g_{i,j}$	
$x_{i+1,j-1}$	$x_{i+1,j}$	$x_{i+1,j+1}$	$t_{i+1,j-1}$	$t_{i+1,j}$	$t_{i+1,j+1}$			

图 5.30　空间邻域运算模板示意图

（1）选定一卷积函数 $T(m,n)$，又称为"模板"，实际上是一个 $M×N$ 的图像。

（2）从图像左上角开始开一个与模板大小相同的活动图像窗口 $X(m,n)$，图像窗口与模板像元对应的灰度值相乘再相加，即

$$g(i,j) = \sum_{m=1}^{M}\sum_{n=1}^{N} x(m,n) \cdot t(m,n) \tag{5.21}$$

（3）将计算结果 $g(i,j)$ 放在窗口中心像元位置，成为像元的新灰度值。

（4）将活动窗口向右移动一个像元，再按该式与模板作相同的运算，仍旧把计算结果放在移动后的窗口中心位置上。依次逐点、逐行运算，直到全图像扫描一遍，生成新图像。

2）图像平滑

图像在获取和传输的过程中，由于传感器的误差及大气的影响，会在图像上产生一些亮点（"噪声"点），或者图像中出现亮度变化过大的区域，为了抑制噪声改善图像质量或减少变化幅度，使亮度变化平缓所做的处理称为图像平滑。图像平滑的主要方法是均值平滑和中值滤波。

（1）均值平滑。将每个像元在以其为中心的邻域内取平均值来代替该像元值，以达到去除"尖锐"噪声和平滑图像的目的。但均值平滑在消除噪声的同时，使图像中的一些细节变得模糊。计算公式为

$$g(i,j) = \frac{1}{MN}\sum_{m=1}^{M}\sum_{n=1}^{N} x(m,n) \tag{5.22}$$

具体计算时常用 $3×3$、$5×5$、$7×7$ 的模板，取所有模板系数为 1，或中心像元的系数

为 0，其他系数为 1 作卷积运算。如常见 3×3 的模板为

$$t(m,n) = \begin{bmatrix} 1 & 1 & 1 \\ 1 & 1 & 1 \\ 1 & 1 & 1 \end{bmatrix} \text{ 或 } t(m,n) = \begin{bmatrix} 1 & 1 & 1 \\ 1 & 0 & 1 \\ 1 & 1 & 1 \end{bmatrix}$$

（2）中值滤波。中值滤波是将每个像元在以其为中心的邻域内取中间灰度值来代替该像元值，以达到消除尖锐"噪声"的目的。具体计算方法与模板卷积方法类似，仍采用活动窗口的扫描方法。取值时，将窗口内的所有像元按灰度值大小排序，取中间灰度值作为中心像元的灰度值，所以，模板 $M×N$ 取奇数为好。中值滤波的特点是在消除"噪声"的同时，还能保持图像中的细节部分，防止图像边缘模糊。

一般来说，图像亮度为阶梯状变化时，均值平滑效果比中值滤波要明显得多；而对于突出亮点的"噪声"干扰，从去"噪声"后对原图的保留看，取中值要优于均值平滑。

3）图像锐化

为了突出边缘和轮廓、线状目标信息，可以采取锐化的方法。锐化可使图像上边缘与线性目标的反差提高，因此也称为边缘增强。平滑通过积分过程使得图像边缘模糊，图像锐化则通过微分使图像边缘突出、清晰。图像锐化的方法很多，在此仅介绍以下几种常用方法。

（1）罗伯特梯度。梯度是函数的一阶导数，反映了相邻像元的灰度变化率。图像中存在的边缘，如湖泊、河流边界，山脉或道路等，在边缘处有较大的梯度值；对于灰度值较平滑的部分，梯度值较小。因此，找到梯度值较大的位置，也就找到了边缘，然后再用不同的梯度计算值代替边缘处像元值，从而突出了边缘，实现了图像的锐化。

罗伯特梯度方法也可以近似地用模板计算，其公式表示为

$$|\text{grad}f| \cong |t_1| + |t_2| \tag{5.23}$$

两个模板分别为

$$t_1 = \begin{pmatrix} 1 & 0 \\ 0 & -1 \end{pmatrix}; \quad t_2 = \begin{pmatrix} 0 & -1 \\ 1 & 0 \end{pmatrix}$$

具体计算方法为

$$|\text{grad}f| \cong |f(i,j) - f(i+1,j+1)| + |f(i+1,j) - f(i,j+1)| \tag{5.24}$$

罗伯特梯度计算方法相当于大小为 2×2 的窗口，用模板 t_1 卷积计算后的绝对值再加上模板 t_2 卷积计算后的绝对值。计算出的梯度值放在左上角的像元(i,j)位置，成为新值 $g(i,j)$。这种算法的意义在于用交叉的方法检测出像元与其邻域在上下之间或左右之间或斜方向之间的差异，最终产生一个梯度图像，达到提取图像边缘的目的。有时为了突出主要边缘，需要将图像的其他灰度差异部分模糊掉，故采用设定阈值的方法，只保留较大的梯度值来改善锐化后的效果。

（2）索伯尔梯度。索伯尔梯度方法是罗伯特梯度方法的改进，改进后的模板为

$$t_1 = \begin{pmatrix} 1 & 2 & 1 \\ 0 & 0 & 0 \\ -1 & -2 & -1 \end{pmatrix}; \quad t_2 = \begin{pmatrix} -1 & 0 & 1 \\ -2 & 0 & 2 \\ -1 & 0 & 1 \end{pmatrix}$$

该方法使窗口由 2×2 扩大到 3×3，较多地考虑了邻域点的关系，使检测边界更加准确。

（3）拉普拉斯算子。在模板卷积运算中，将模板定义为

$$t(m,n) = \begin{pmatrix} 0 & 1 & 0 \\ 1 & -4 & 1 \\ 0 & 1 & 0 \end{pmatrix}$$

即 4 邻域的值相加再减去该像元值的 4 倍，作为该像元的新值。

与梯度不同，拉普拉斯算子是二阶偏导数，它不检测均匀的高度变化，而是检测变化率的变化率，计算出的图像更加突出灰度值突变的位置。

（4）定向检测。当有目的地检测某一方向的边、线或纹理特征时，可选择特定的模板进行卷积运算以达到定向检测的目的。常用的模板如下。

a.检测垂直边界时：

$$t(m,n) = \begin{pmatrix} -1 & 0 & 1 \\ -1 & 0 & 1 \\ -1 & 0 & 1 \end{pmatrix} \quad 或 \quad t(m,n) = \begin{pmatrix} -1 & 2 & -1 \\ -1 & 2 & -1 \\ -1 & 2 & -1 \end{pmatrix}$$

b.检测水平边界时：

$$t(m,n) = \begin{pmatrix} -1 & -1 & -1 \\ 0 & 0 & 0 \\ 1 & 1 & 1 \end{pmatrix} \quad 或 \quad t(m,n) = \begin{pmatrix} -1 & -1 & -1 \\ 2 & 2 & 2 \\ -1 & -1 & -1 \end{pmatrix}$$

c.检测对角线边界时：

$$t(m,n) = \begin{pmatrix} 0 & 1 & 1 \\ -1 & 0 & 1 \\ -1 & -1 & 0 \end{pmatrix} \quad 或 \quad t(m,n) = \begin{pmatrix} 1 & 1 & 0 \\ 1 & 0 & -1 \\ 0 & -1 & -1 \end{pmatrix}$$

$$t(m,n) = \begin{pmatrix} 2 & -1 & -1 \\ -1 & 2 & -1 \\ -1 & -1 & 2 \end{pmatrix} \quad 或 \quad t(m,n) = \begin{pmatrix} -1 & -1 & 2 \\ -1 & 2 & -1 \\ 2 & -1 & -1 \end{pmatrix}$$

图像平滑和锐化的区别在于平滑模板各系数的符号均为正，反映了平滑具有积分求和的性质；而锐化模板各系数的符号正好相反，且模板系数和正好为 0，反映了锐化具有微分求差的性质。因此，可以根据平滑或锐化性质自行设计模板来对图像进行处理。

二、频率域增强

图像像元的灰度值随位置变化的频繁程度可以用频率来表示，这是一种随位置变化的空间频率。对于边缘、线条、噪声等特征，如河流和湖泊的边界、道路，差异较大的地表覆盖交界处等具有高的空间频率，即在较短的像元距离内灰度值变化的频率大；而均匀分布的地物或大面积的稳定结构，如植被类型一致的平原、大面积的沙漠、海面等具有较低的空间频率，即在较长的像元距离内灰度值变化较小。因此，在频率域增强技术中，平滑主要是保留图像的低频部分，抑制高频部分，锐化则是保留图像的高频部分，而削弱低频部分。

频率域增强的方法如图 5.31 所示，首先将空间域图像 $f(x, y)$ 通过傅里叶变换为频率域图像 $F(u, v)$，然后选择合适的滤波器 $H(u, v)$ 对 $F(u, v)$ 的频谱成分进行增强，得到图像 $G(u, v)$，再经过傅里叶逆变换将 $G(u, v)$ 变回空间域，得到增强后的图像 $g(x, y)$。

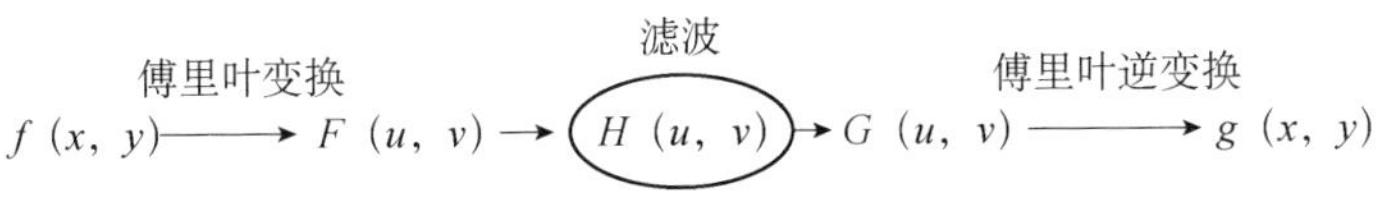

图 5.31　频率域增强的一般过程

1. 傅里叶变换

为了减少运算步骤和节省时间，一般遥感图像处理系统都采用快速傅里叶变换（FFT），它把遥感图像转换为一系列不同频率的二维正弦波，用两次一维的 FFT 进行快速运算处理。傅里叶图像经增强后，用快速傅里叶逆变换（IFFT）转回空间域，得到一个原始图像的增强图像。FFT 及 IFFT 的计算公式参考相关教材。

2. 频率域平滑

由于图像上的噪声主要集中在高频部分，为了去除噪声而改善图像质量，采用的滤波器 $H(u,v)$ 必须削弱或抑制高频部分而保留低频部分，这种滤波器称为低通滤波器，应用它可以达到平滑图像的目的。常用的低通滤波器有以下三种。

1）理想低通滤波器

设在频率域平面内，理想低通滤波器距原点的截止频率为 D_0，某一点到原点的距离为

$$D(u,v) = \left(u^2 + v^2\right)^{1/2} \tag{5.25}$$

则理想低通滤波器的传递函数为

$$H(u,v) = \begin{cases} 1, & D(u,v) \leqslant D_0 \\ 0, & D(u,v) > D_0 \, (D_0 \geqslant 0) \end{cases} \tag{5.26}$$

2）Butterworth 低通滤波器

Butterworth 低通滤波器的传递函数为

$$H(u,v) = \frac{1}{1 + \left[\dfrac{D(u,v)}{D_0}\right]^{2n}} \quad (n=1,2,3,\cdots) \tag{5.27}$$

3）指数低通滤波器

指数低通滤波器的传递函数为

$$H(u,v) = e^{-\left[\frac{D(u,v)}{D_0}\right]^n} \quad (n=1,2,3,\cdots) \tag{5.28}$$

3. 频率域锐化

为了突出图像的边缘和轮廓，采用高通滤波器让高频部分通过，阻止削弱低频部分，达到图像锐化的目的。常用的高通滤波器与低通滤波器相似，主要也有三种。

1）理想高通滤波器

理想高通滤波器的传递函数为

$$H(u,v) = \begin{cases} 0, & D(u,v) \leqslant D_0 \\ 1, & D(u,v) > D_0 \, (D_0 \geqslant 0) \end{cases} \tag{5.29}$$

2）Butterworth 高通滤波器

Butterworth 高通滤波器的传递函数为

$$H(u,v) = \frac{1}{1 + \left[\dfrac{D_0}{D(u,v)}\right]^{2n}} \quad (n = 1,2,3,\cdots) \tag{5.30}$$

3）指数高通滤波器

指数高通滤波器的传递函数为

$$H(u,v) = e^{-\left[\frac{D_0}{D(u,v)}\right]^n} \quad (n = 1,2,3,\cdots) \tag{5.31}$$

三、彩色增强

人的眼睛对灰度级的分辨能力较差，正常人的眼睛只能够分辨 20 级左右的灰度级，而对彩色的分辨能力远远大于对灰度级的分辨能力。因此，将灰度图像变为彩色图像以及进行各种彩色变换可以明显改善图像的可视性。以下主要介绍常用的几种彩色增强方法。

1. 伪彩色增强

伪彩色增强是把一幅黑白图像的不同灰度按一定的函数关系变换成彩色，得到另一幅彩色图像的方法。

密度分割法是伪彩色增强中最简单的方法，其对单波段黑白遥感图像按灰度分层，对每层赋予不同的色彩，使之变成一幅彩色图像。如图 5.32 所示，把黑白图像的灰度范围划分成 N 层 I_i（$i = 1, 2, 3, \cdots, N$）并赋值，例如，灰度范围为 $0 \sim 15$ 为 I_1，赋值为 1；灰度范围为 $15 \sim 25$ 为 I_2，赋值为 2，……再给每一个赋值区赋予不同的颜色 C_1、C_2、C_3，以此类推，便生成一幅彩色图像。因为计算机显示器的色彩显示能力很强，所以理论上完全可以将黑白图像的 256 个灰度级以 256 种色彩表示。

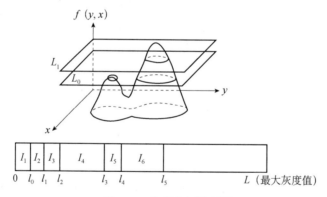

图 5.32　密度分割原理图

密度分割中彩色是人为赋予的，与地物的真实色彩毫无关系，只是为了提高对比度，可以较准确地区分出地物类别。

2. 假彩色增强

假彩色增强是彩色增强中最常用的一种方法。它与伪彩色增强不同，假彩色增强处理的对象是同一景物的多光谱图像。对于多波段遥感图像，选择其中的某三个波段，分别赋予红（R）、绿（G）、蓝（B）三种原色，即可在屏幕上合成彩色图像（图 5.33），采用 RGB 色彩模型进行色彩显示。因为三个波段原色的选择是根据增强目的决定的，与原来波段的真实颜色不同，所以合成的彩色图像并不表示地物的真实颜色，这种合成方法称为假彩色合成。

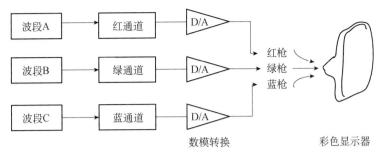

图 5.33 图像假彩色合成原理

3. HLS 变换

计算机彩色显示器的显示系统采用的是 RGB 色彩模型，即图像中的每个像素是通过红、绿、蓝三原色按不同的比例组合来显示颜色。虽然 RGB 彩色空间的三组分（R、G、B）具有相当高的关联性，但它们并不是线性相关，一般不能将 R、G、B 3 个分量分开各自进行处理，那样会带来颜色的丢失和错乱。同时，对灰度图像重要信息增强很有价值的直方图平衡方法，如果直接用于彩色图像 R、G、B 的增强，会形成彩色的不协调，并破坏自然景色的彩色平衡。同时，RGB 颜色模型与直观的颜色概念如色度、亮度和饱和度没有直接的联系，使用起来不太方便。彩色图像增强有几个因素需要考虑：彩色空间的选择；彩色图像对比度的敏感性以及人的视觉特性。而灰度图像的增强是不用考虑这些因素的，因而灰度图像增强的一般方法并不适用于彩色图像的增强。因此，一般的处理方法是先进行一定的变换，再进行处理。变换的方法有 YUV、LAB、HSB、HLS 等多种，而其中最能体现人的视觉特点的是 HLS 变换。

一种彩色图像区别于另一种彩色图像的三个特征是色度（hue，H）、亮度（luminance，L）和饱和度（saturation，S）。这三种色彩要素的色彩模式，不是基于色光混合来再现颜色，但它表示的彩色与人眼看到的更为接近。因此，可以通过对图像的 H、L、S 的修改，达到对彩色图像增强处理的目的。RGB 和 HLS 两种色彩模式可以相互转换，有些处理在某个彩色系统中可能更方

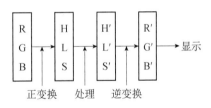

图 5.34 彩色图像 HLS 变换

便。把 RGB 系统转换为 HLS 系统称为 HLS 正变换；把 HLS 系统转换为 RGB 系统称为 HLS 逆变换。将 RGB 空间和 HLS 空间之间的关系进行模型化，并相互变换的处理过程称为 HLS 变换，其变换过程如图 5.34 所示。

HLS 变换的种类很多，基于不同的模型有不同的变换方法，其中比较典型的模型为 HLS 双圆锥模型。

HLS 颜色模型定义在圆柱形坐标系的双圆锥子集上，如图 5.35 所示。在 HLS 模型中，色度是绕圆锥中心轴的角度，一种色彩与它的补色相差 180°；饱和度是点与中心轴的距离，在轴上各点的饱和度为 0，在锥面上各点的饱和度为 1；亮度从下锥顶点的 0 逐渐变到上锥顶点的 1。

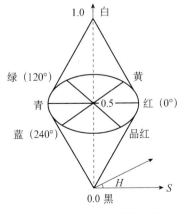

图 5.35 HLS 颜色模型示意图

基于图 5.35 所示的颜色模型，从 RGB 到 HLS 的正变

换为

$$L = \frac{\max(R,G,B) + \min(R,G,B)}{2} \qquad (5.32)$$

$$S = \begin{cases} 0 & , \quad \max(R,G,B) = \min(R,G,B) \\ \dfrac{\max(R,G,B) - \min(R,G,B)}{\max(R,G,B) + \min(R,G,B)} & , \qquad L \leqslant 0.5 \\ \dfrac{\max(R,G,B) - \min(R,G,B)}{2 - \max(R,G,B) - \min(R,G,B)} & , \qquad L > 0.5 \end{cases} \qquad (5.33)$$

$$H = \begin{cases} \dfrac{(G-B) \times 60}{\max(R,G,B) - \min(R,G,B)} & , \quad R = \max(R,G,B) \\ 120 + \dfrac{(B-R) \times 60}{\max(R,G,B) - \min(R,G,B)} & , \quad G = \max(R,G,B) \\ 240 + \dfrac{(R-G) \times 60}{\max(R,G,B) - \min(R,G,B)} & , \quad B = \max(R,G,B) \end{cases} \qquad (5.34)$$

式中，$\max(R,G,B)$ 和 $\min(R,G,B)$ 分别表示 R、G、B 的最大值和最小值，$0 \leqslant R \leqslant 1$，$0 \leqslant G \leqslant 1$，$0 \leqslant B \leqslant 1$。

从 HLS 到 RGB 的逆变换为

$$R = \begin{cases} m_1 + (m_2 - m_1) \times (H + 120) / 60 & , \quad 0 < H \leqslant 60 \\ m_2 & , \quad 60 < H \leqslant 180 \\ m_1 + (m_2 - m_1) \times (360 - H) / 60 & , \quad 180 < H \leqslant 240 \\ m_1 & , \quad 240 < H \leqslant 360 \end{cases} \qquad (5.35)$$

$$G = \begin{cases} m_1 + (m_2 - m_1) \times H / 60 & , \quad 0 < H \leqslant 60 \\ m_2 & , \quad 60 < H \leqslant 180 \\ m_1 + (m_2 - m_1) \times (240 - H) / 60 & , \quad 180 < H \leqslant 240 \\ m_1 & , \quad 240 < H \leqslant 360 \end{cases} \qquad (5.36)$$

$$B = \begin{cases} m_1 + (m_2 - m_1) \times (H - 120) / 60 & , \quad 0 < H \leqslant 60 \\ m_2 & , \quad 60 < H \leqslant 180 \\ m_1 + (m_2 - m_1) \times (120 - H) / 60 & , \quad 180 < H \leqslant 240 \\ m_1 & , \quad 240 < H \leqslant 360 \end{cases} \qquad (5.37)$$

式中，$m_2 = L(1+S)$ ($L \leqslant 0.5$) 或 $m_2 = L + S - LS$ ($L > 0.5$)；$m_1 = 2L - m_2$，$0 \leqslant H \leqslant 360$，$0 \leqslant L \leqslant 1$，$0 \leqslant S \leqslant 1$。

四、图像运算

对于遥感多光谱图像和经过空间配准的两幅或多幅单波段遥感图像，可以进行一系列的代数运算，从而达到某种增强的目的。

1. 加法运算

加法运算是指两幅相同大小的图像对应像元的灰度值相加。相加后像元的值若超出了显示设备允许的动态范围，则需乘一个正数，以确保数据值在设备的动态显示范围之内。

设加法运算后的图像为 $f_C(x, y)$，两幅图像为 $f_1(x, y)$ 与 $f_2(x, y)$，则有

$$f_C(x,y) = a\big[f_1(x,y) + f_2(x,y)\big] \tag{5.38}$$

加法运算主要用于对同一区域的多幅图像求平均，可以有效减少图像的加性随机噪声。

2. 差值运算

差值运算是指两幅相同大小的图像对应像元的灰度值相减。相减后像元的值有可能出现负值，找到绝对值最大的负值，给每一个像元的值都加上这个绝对值，使所有像元的值都为非负数；再乘以某个正数，以确保像元的值在显示设备的动态显示范围内。

设差值运算后的图像为 $f_D(x,y)$，两幅图像为 $f_1(x,y)$ 与 $f_2(x,y)$，则

$$f_D(x,y) = a\big\{\big[f_1(x,y) - f_2(x,y)\big] + b\big\} \tag{5.39}$$

差值图像提供了不同波段或者不同时相图像间的差异信息，能用于动态监测、运动目标检测与追踪、图像背景消除及目标识别等工作。

3. 比值运算

比值运算是指两个不同波段的图像对应像元的灰度值相除，相除以后若出现小数，则必须取整，并乘以某个正数，将其值调整到显示设备的动态显示范围内。

设比值运算后的图像为 $f_E(x,y)$，两幅图像为 $f_1(x,y)$ 与 $f_2(x,y)$，则有

$$f_E(x,y) = \text{Integer}\left[a\frac{f_1(x,y)}{f_2(x,y)}\right] \tag{5.40}$$

在比值图像上，像元的亮度反映了两个波段光谱比值的差异。因此，这种算法对于增强和区分在不同波段的比值差异较大的地物有明显的效果。

比值运算能去除地形坡度和方向引起的辐射量变化，在一定程度上消除同物异谱现象，是图像自动分类前常采用的预处理方法之一，见表 5.3。同一目标物 TM1 和 TM2 波段亮度值由于地形起伏的影响，在其阳坡和阴坡存在较大差异，经过比值运算后，消除了地形起伏的影响。

表 5.3　比值运算消除地形起伏的影响

地形部位	波段		
	TM1	TM2	TM2/TM1
阳坡	32	80	2.5
阴坡	28	70	2.5

比值处理还有其他多方面的应用，例如，对研究浅海区的水下地形，对土壤富水性差异、微地貌变化、地球化学反应引起的微小光谱变化等，对与隐伏构造信息有关的线性特征等都能有不同程度的增强效果。

4. 植被指数

根据地物光谱反射率的差异作比值运算可以突出图像中植被的特征、提取植被类别或估算绿色生物量，通常把能够提取植被的算法称为植被指数。常用的植被指数有以下几种。

比值植被指数（RVI）为

$$\text{RVI} = \frac{\text{IR}}{R} \tag{5.41}$$

式中，IR 为遥感多波段图像中的近红外波段的反射值；R 为红光波段的反射值。

归一化植被指数（NDVI）为

$$NDVI = \frac{IR - R}{IR + R} \qquad (5.42)$$

差值植被指数（DVI）为

$$DVI = IR - R \qquad (5.43)$$

正交植被指数（PVI）为

$$PVI = 1.6225(IR) - 2.2978(R) + 11.0656 \qquad (5.44)$$

式（5.44）适用于 NOAA 卫星的 AVHRR。

$$PVI = 0.939(IR) - 0.344(R) + 0.09 \qquad (5.45)$$

式（5.45）适用于 Landsat 卫星传感器。

植被指数的应用极为广泛，利用植被指数可监测某一区域农作物的长势，在此基础上建立农作物估产模型，从而进行大面积的农作物估产。

植被指数运算不仅用于植被分析，还被广泛应用于其他地物信息的提取。在地质探测中，地质学家常用 TM 的某种组合解译岩矿类型。

五、多光谱增强

遥感多光谱图像的波段多，包含了大量的信息，但数据量过大，运算时耗费大量时间和占据大量的磁盘空间。同时，多光谱图像的各波段之间具有一定的相关性，造成不同程度的信息重叠。多光谱增强采用对多光谱图像进行线性变换的方法，减少各波段信息之间的冗余，达到保留主要信息，压缩数据量，增强和提取更具有目视解译效果的新波段数据的目的。

多光谱增强主要有两种变换：①K-L 变换，又称为主成分变换；②K-T 变换，又称为缨帽变换。

1. K-L 变换

K-L 变换又称为主成分变换（PCA 变换）或霍特林变换。它的原理是：对某一 n 个波段的多光谱图像实行线性变换，即对该多光谱图像组成的光谱空间 X 乘以一个线性变换矩阵 A，产生一个新的光谱空间 Y，即产生一幅新的 n 个波段的多光谱图像。其表达式为

$$Y = AX \qquad (5.46)$$

式中，X 为变换前多光谱空间的像元矢量；Y 为变换后多光谱空间的像元矢量；A 为一个 $n \times n$ 的线性变换矩阵。

需要注意的是，变换矩阵（变换核）A 和数据有关，一般使用遥感数据的协方差矩阵或者相关矩阵。有些研究人员认为相关矩阵比协方差矩阵更具有优越性。使用相关矩阵，能够更有效地把原始波段规则化到归一化的方差向量，而相关矩阵一般是规则化到协方差矩阵。如果遥感数据具有不同的动态范围，那么这个优势就更加明显。

根据统计，对于 Landsat MSS 四个波段的影像，经主分量变换后，在第一主分量 PCA1 图像占有 90%左右的信息量，第二主分量 PCA2 图像占 7%左右信息量，PCA3 和 PC4 共占 3%左右信息量。表 5.4 列出了一个具体的 MSS 影像的主分量变换统计表，可见 PCA1 上集中了 94.1%的信息量。

表 5.4　主分量变换前后的信息量分布

光谱波段	方差	占总信息量/%	主分量结构轴	方差	占总信息量/%
4	74.2	12.6	1	533.3	94.1
5	249.9	42.5	2	29.9	5.1
6	219.5	37.3	3	3.7	0.6
7	44.5	7.6	4	1.2	0.2

K-L 变换的特点是：第一，变换前各波段之间有很强的相关性，变换后各分量之间具有最小的相关性；第二，变换后的新波段各主分量所包括的信息量呈逐渐减少的趋势，第一主分量集中了最大的信息量，第二、三主分量的信息量依次很快递减，到了第 n 分量，以噪声为主，信息几乎为 0。因此，在遥感数据处理时，常用 K-L 变换作数据分析前的预处理，以实现数据压缩、图像增强和分类前预处理。

2. K-T 变换

Kauth-Thomas 于 1976 年发现一种线性变换，使坐标轴发生旋转，旋转之后坐标轴的方向与地物，特别是和植物生长及土壤有密切关系。这种变换就是 K-T 变换，又称为缨帽变换。

K-T 变换是对原图像的坐标空间进行平移和旋转，变换后新的坐标轴具有明确的景观含义，可与地物直接联系。变换公式为

$$Y = CX + a \tag{5.47}$$

式中，X 为变换前多光谱空间的像元矢量；Y 为变换后多光谱空间的像元矢量；C 为变换矩阵；a 为避免出现负值所加的常数。

研究结果表明，适用于 MSS 传感器遥感影像 K-T 变换的变换矩阵为

$$C = \begin{bmatrix} 0.433 & 0.632 & 0.586 & 0.264 \\ -0.290 & -0.562 & 0.600 & 0.491 \\ -0.829 & 0.522 & -0.039 & 0.194 \\ 0.223 & 0.012 & -0.543 & 0.810 \end{bmatrix}$$

而适用于 TM 传感器遥感影像 K-T 变换的变换矩阵为

$$C = \begin{bmatrix} 0.3037 & 0.2793 & 0.4743 & 0.5585 & 0.5082 & 0.1863 \\ -0.2848 & -0.2435 & -0.5436 & 0.7243 & 0.0840 & -0.1800 \\ 0.1509 & 0.1973 & 0.3279 & 0.3406 & -0.7112 & -0.4572 \\ -0.8242 & -0.0849 & 0.4392 & -0.0580 & 0.2012 & -0.2768 \\ -0.3280 & -0.0549 & 0.1075 & 0.1855 & -0.4357 & 0.8085 \\ 0.1084 & -0.9022 & 0.4120 & 0.0573 & -0.0251 & 0.0238 \end{bmatrix}$$

目前，K-T 变换只能用于 MSS 和 TM 遥感数据研究中，这是该方法的局限性之一。K-T 变换实质上只取前 3 个分量，舍掉后面尚未发现与地物有明确关系的分量。

（1）在 MSS 遥感数据研究中，变换矩阵 $(u_1, u_2, u_3, u_4)^T$ 的 4 个分量多数都有着明确的物理意义。u_1 为亮度分量，主要反映土壤信息，是土壤反射率变化的方向；u_2 为绿色物质分量；u_3 为黄色物质分量，分别反映植物绿度和黄度，黄度说明了植物的枯萎程度；只有最后一个分量 u_4 没有实际意义，在几何坐标中是一个无意义轴。

（2）在常用的 Landsat-5 和 Landsat-7 的遥感数据研究中，变换矩阵 $(u_1, u_2, u_3, u_4,$

u_5，u_6)^{T}的第四个分量较好地突出了图像中的霾信息。在这 6 个新的分量中后三个分量 u_4，u_5，u_6 尚未发现与地物的明确关系，没有定义。前 3 个分量有着以下明确的实际物理意义。

第一分量 u_1 为亮度分量。其实际上是 TM 的 6 个波段的加权和，反映了总体的反射值。由于中红外波段的影响，TM 的亮度值和 MSS 的亮度值不完全相等，但两者有很大的相关性。TM 的亮度值不等于土壤变化的主要方向，这一点与 MSS 数据不同。

第二分量 u_2 为绿度分量。TM 的绿度和 MSS 的绿色物质分量很相近，几乎相同。因为第 2 分量中红外波段 5 和 7 有很大抵消，剩下的近红外与可见光部分的差值，反映了绿色生物量特征。

第三分量 u_3 为湿度分量。其反映了可见光和近红外（第 1～4 波段）与较长的红外（第 5、7 波段）的差值，定义为湿度的根据是第 5、7 两个波段对土壤湿度和植物湿度最为敏感。

为了更好地分析农作物生长过程中植被与土壤特征的变化，将亮度和绿度两个分量组成的平面称为"植物视面"，湿度和亮度两个分量组成的平面称为"土壤视面"，湿度和绿度两个分量组成的平面称为"过渡区视面"。这样的三维空间就是 TM 数据进行 K-T 变换后的新空间，可以在这样的空间对植物、土壤等地面景物做更为细致、准确的分析。

K-T 变换为植物研究，特别是分析农业特征提供了一个优化显示的方法，同时又实现了数据压缩，因此具有重要的实际应用意义。

第六章　遥感图像目视解译

　　遥感图像是探测目标地物综合信息的最直观、最丰富的载体，是地球表面按一定比例尺缩小的自然景观综合影像图，它能够准确、客观、全面地反映地球表面的自然综合景观。

　　遥感图像解译就是从遥感图像获取信息的过程，其目的是为了识别物体，分析判断物体的性质。遥感图像解译基本上可分为目视解译和计算机辅助分析两种方法。这两种方法在同一理论基础上互相依存，均以图像中影像要素或特征分析和理解为基础，最终是对图像中的物体进行识别和测量，进而解决应用的专题问题。

　　目视解译也称为目视判读，是人们运用丰富的专业背景知识，通过肉眼观察，经过综合分析、逻辑推理、验证检查，把这些信息提取和解析出来的过程。其实质是运用大脑的感知识别功能，以眼睛或借助简单的光学工具，在有关信号层、物理层、语义层等三个层次知识的导引下，对遥感图像上所呈现的丰富影像进行分析判断，从而识别地物目标属性，区分地物目标类别，勾绘地物目标分布界线，从而获得所需信息，并进一步从诸多信息中提炼有用知识的过程。目视判读是人们通过对遥感图像记载的目标物中获取信息的最基础、最直接、最基本的方法，是遥感信息提取与应用必须具备的基本技能，是计算机图像处理分析系统的基础。

　　随着计算机及计算技术的发展，人机交互技术、人工智能技术等逐渐应用到遥感图像信息提取中，但是新技术的应用依然是在模拟人类大脑的基础上进行的。因此，遥感图像目视判读在遥感图像处理及遥感信息获取中具有重要意义。

第一节　遥感图像目视解译概述

　　图像解译的基本原理建立在研究地物性质、电磁波特性及影像特征三者关系基础上，从影像特征来分析地物电磁波的性质，从而确定地物的属性，即从影像特征来识别地物。用遥感技术研究地球的实质是以各种影像（包括数字影像和模拟影像）来模拟地表景观，反映地表环境与资源等的信息。遥感成像过程是将地物的电磁辐射特性或地物波谱特性，用不同的成像方式（如摄影、扫描、雷达等）生成各种影像，而遥感解译的过程就是成像过程的逆过程（图6.1）。

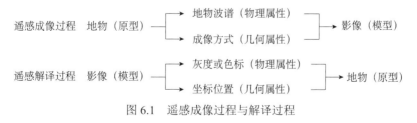

图6.1　遥感成像过程与解译过程

　　一般来说，当选定时间、波段、位置、成像方式后，成像过程获得的影像像元与地面对应的单位面积存在一一对应关系。但是，在实际工作中，由于存在"同物异谱"和"同谱异物"现象，导致解译结果并不唯一。为了获得唯一的解或者是尽可能接近实际情况的解译结果，则需要用多种遥感和非遥感信息加以印证。在对图像进行解译前，需要正确分析遥感影像的性质，成像的比例尺、地域、季节和成像时的天气状况等信息。

一、地物的客观规律与地物影像的信息特征

遥感影像所表达的是某一区域特定地理环境的统一体，是地表某一区域地理环境的真实写照，是地球表面的大气圈、水圈、岩石圈、生物圈以及社会生态环境的综合反映。它不仅反映了地理要素——地质、地貌、水文、土壤、植被、社会生态等的综合，即地理环境是因时因地而异的地理实体，它是由互相关联的自然及社会现象所构成的；而且表现在遥感信息本身的综合，即它是不同空间分辨率、波谱分辨率和时间分辨率的遥感信息的综合。所以不同专业由于研究任务和研究对象的不同，在综合分析地物的客观规律的基础上，各自从不同的角度，运用不同的方法，从这个"综合信息"中各取所需，寻找与提取各自有关的专题信息。

1. 地物的客观规律

在地理环境中各要素之间的关系大约有以下四种类型。

1）自然环境有规律性现象

自然环境有明确的规律可循，如地带性规律，是由于太阳辐射随纬度分布的规律性，造成了沿纬度的水平地带性现象；由于温度和湿度随地形高度分布的规律性，造成了沿高度的垂直地带性现象。又如，冰川和流水在重力作用下，沿地表从高处流向低处。再如，植被有季相变化，物质有侵蚀堆积相关规律，农作物的物候期等。

2）随机现象

在一定条件下，并不总是出现相同结果的现象称为随机现象。在自然环境中，随机现象无时不在，无时不有。如天气变化、洪水、泥沙运动、地质灾害的发生等均是典型的随机现象。

3）不确定现象

不确定现象是指自然环境、人文环境由于多种因素之间的相互影响形成结果的不确定。例如，农作物在生长过程中，水、肥供应适时可获丰收；反之，缺肥或旱涝，都会造成歉收。又如，在一条河流上修建水库，等于改变了局部侵蚀基准面，水库上下游的河床均需重新调整比降，水坝的高低影响河流回水的范围等。

4）模糊性现象

模糊性是事物性态和类属的亦此亦彼性，是人们认识世界中关于对象类属边界和性态的不确定性。人类在认识和改造客观世界中遇到的大量现象都是模糊性现象。例如，风沙侵蚀与流水侵蚀的交界地带，有一系列两者所占比例不同的过渡区。又如，气候带中间有过渡地带，过渡地带随季节变化而移动。凡是渐变的地带，都存在着模糊性现象。

因为地物客观地存在着上述四种不同类型的现象，所以在遥感图像上也存在着不同类型的现象，即地表现象的客观规律，其是目视解译及进行地学相关分析推断的依据。

2. 地物影像的信息特征

遥感图像是人类研究赖以生存空间的最综合、最直观的信息源。只有在分析地物影像信息特征的基础上，才能对遥感影像进行有效的分析和解译。

1）地物影像信息随空间分布的变化规律

地物影像信息具有一定的地理坐标位置，受地带性与非地带性因素的影响。例如，植

被、土壤、冰、雪、水受地带性因素影响，有水平分布和垂直分布的规律；岩性、构造不受地带性影响，从寒带到热带都有分布；而地貌既受地带性影响又受非地带性影响，同是花岗岩，在寒带风化地区形成石海冰缘地貌，在亚热带化学风化地区形成厚层红色风化壳，还反映了水分和热量的区域差异。在一幅遥感图像上，要分析地物的空间分布，不仅要掌握从空中鸟瞰地物，得到地物的顶部形状或平面形状的二维图形，而且要掌握地物的三维信息。为此，一般可将遥感图像上的阴影对着自己，靠阴影建立起立体感。如果是像对，则可用立体镜的视差原理来建立立体影像。

2）地物影像信息随时间的变化规律

同一地物不同季节的影像是不同的。水文、植被和土壤含水量等随季节的变化，都有不同的影像信息特征。例如，冬季淡水湖结冰呈白色（咸水湖不结冰呈浅蓝色），平水期为深蓝色，洪水期含沙量增高呈蓝绿色。又如，在标准彩红外影像上，春季植被呈红色斑点状，夏季呈连片鲜红色，秋季落叶林呈褐色。再如，旱季土壤呈浅色调，雨季土壤呈深色调等。在一幅遥感图像上分析地物的季相，不仅要掌握该季相不同地物解译标志的特点，还要按季相变化规律推断地物的年内变化特征。

3）地物与地物间的相关规律

地理环境中气候、水文、植被、土壤、地貌、岩性等相互之间都是有联系的。例如，温带森林带，降水量500～800mm，冬季严寒下雪，夏季多雨；河流水文有春汛和伏汛；三峡水库蓄水春夏季为低水位，而秋冬季为高水位；天然植被以针叶林为主，针叶林下土壤发育为灰化土；平坦或低洼地貌单元往往形成沼泽，岩石风化形成浑圆形山丘。在遥感图像上直接能看到的是缓丘、沼泽和针叶林。根据地带性规律，可推断出灰化土，水文的季节变化和温带气候。又如，山区里的水系往往与构造断裂有关，水系类型又与岩性的类型、软硬等有联系，根据岩性变化关系可推断水系是否反映断裂体系。再如，冲积扇前缘可推断地下水的出露带等。认识地物与地物之间的相关关系，要求解译人员有较深广的地学知识和实践经验。

地物影像的时空规律与相关关系可通过直接或间接解译标志识别。这些规律和关系都具有规律性、随机性、不确定性和模糊性，这是因为影响遥感图像解译效果的因素很多，解译标志随着地区的差异和自然景观的不同而变化，绝对稳定的解译标志是不存在的。所以在遥感图像解译过程中，运用解译标志时，要从区域整体出发，正确使用客观规律和影像信息特征，既要认识解译标志的同一性，又要考虑它的可变性和差异性，总结研究区域的解译标志，从复杂多变中归纳出具有相对普遍性和稳定性的解译标志。

二、遥感图像目标地物成像特征

遥感技术充分利用现代航天航空技术和感光设施，延伸了人眼的视距和感光范围，使人类能够在上万千米的高空，从紫外线到微波的宽频波段迅速、海量、清晰地记录地球表面的景观，并以胶片或电子影像的形式保存下来。

传感器在成像过程中由于传感器不同的工作模式及投影方式、不同的电磁波感应频率，以及平台、成像时间的差异和地表、低空雨雾状况等因素的影响，形成的遥感图像千差万别。在进行遥感图像目视判读前，要清楚遥感成像原理和遥感图像的联系，分析影响遥感成像的因素，结合所表达目标区域的特征，推测目标地物的性质和特点，进而提取目标物信息。

1. 地物电磁波谱

物体的基本特征是其都具有发射、吸收和反射电磁波的能力。相同物体的电磁波谱特征相同；而不同的物体，如水体、植被、岩石、土壤等由于物质组成和结构的不同而波谱特征各异。遥感平台搭载的传感器具有感应和接收电磁波谱的能力，可以通过识别传感器接收到的不同电磁波谱来判别不同的地物。

在遥感成像过程中，地表景观被遥感平台搭载的传感器记录下来，形成各种遥感图像。遥感图像表现为不同的色调或灰阶，主要记录地物不同的电磁辐射，地表景观的空间布局和联系则主要反映在遥感图像的坐标位置及图形、图案中。

色调是指一幅画中画面色彩的总体倾向。光学模拟影像和数字影像记录的都是地物瞬时的反射或发射的电磁辐射能量信息。因此，遥感图像可以用一个多变量的灰度函数表示：

$$G=f (x, y, z, \lambda, t) \tag{6.1}$$

式中，G 为灰度函数，数字图像中是以数字表示的灰度值，光学图像中表现为灰阶或色调；x、y、z 为目标地物的空间坐标；λ 为探测波波长；t 为时间变量。

G 每一取值 G_{ij} 都是对应地物在波长范围为 $\Delta\lambda$ 内反射或发射的电磁辐射能量的记录。分析影像模型中 G_{ij} 的变化，一方面可以区分不同地物的电磁辐射性质，另一方面又可根据 G_{ij} 分析地物的理化性质。

传感器接收地物反射波谱时，G_{ij} 值取决于地物反射率，反射率越高则该值越大，在光学黑白图像上色调越浅，在数字图像上数值越大。多光谱图像合成的彩色影像中，则需要具体分析各种色调对应的波段或者代表的真正含义。如真彩色航片，影像彩色模型与记录的景观地物色光一致。彩色红外像片由于成像时胶片上乳胶层感光时向长波方向移动一个光谱带，造成彩色红外像片上的彩色与自然界的真实色彩并不相同，人眼观察到的自然界同一种彩色的不同地物极有可能会在彩红外航片中表现出不同的色调。

在多光谱遥感图像中，单波段图像本身即是地物反射辐射强弱的量化，目视判读时，可以根据不同地物在该波段上的反射率差异直接进行判读。例如，植被叶片中含有各种色素，受各种色素吸收和反射的影响，在以 $0.45\mu m$ 为中心的蓝光波段和 $0.67\mu m$ 为中心的红光波段呈现吸收谷，在 $0.54\mu m$ 附近形成的反射峰呈现绿色。而在红光和红外波段，植被因光合作用释放能量的影响，在植被光谱中呈现双峰特征等。洁净的水体在可见光 $0.6\mu m$ 之前，由于大量透射，导致吸收少、反射率较低，在近红外—短波红外部分，几乎吸收全部的入射能量，因此在这两个波段的反射能量很小，在遥感图像对应波段上呈现深色调。对于假彩色合成图像，因其本身是根据判读对象和要求，以突出判读内容为目的而合成的像片，在目视解译时，必须了解假彩色合成图像生成的机理，以便建立起地物与影像色彩相对应的判读标志。

热红外波段遥感图像记载的是地物热辐射信息，影像灰度值越高，表明发射能量越多，地物温度越高。在热红外波段，存在着 $3\sim5\mu m$ 和 $8\sim14\mu m$ 两个大气窗口，$3\sim5\mu m$ 中红外波段，对火灾、活火山等高温目标的识别敏感，常用于捕捉高温信息，进行火灾、火山、火箭发射等目标的识别和监测；$8\sim14\mu m$ 波段主要用于调查地表一般物体的热辐射特性，探测常温下目标物的温度场，如地热调查、城市热岛等。

2. 影像几何性状与空间结构特征

遥感图像是地物景观空间结构按照一定的成像规律缩放后得到的影像，理论上地物景观的几何形状会按一定的比例投影到平面上，但由于受到比例尺、分辨率等因素的影响，在不同的影像上不同尺度的地物几何形状会有不同的表现形式。同时，投影方式、成像系统、地球自转等原因也会造成遥感图像发生几何畸变，影响遥感图像的目视判读。

评价和选择遥感图像时，一般都会考虑影像分辨率指标。影像分辨率是遥感传感器的重要指标之一，由灰度分辨率、光谱分辨率、空间分辨率、时间分辨率等组成。用来描述影像像元大小与像元的灰阶或色标可以区分的最小差异，像元可分辨的最小灰度称为影像的灰度分辨率；像元的大小称为影像空间分辨率；传感器在波长方向上的记录宽度即光谱分辨率，又称波段宽度（band width），一般而言波谱的范围越窄，光谱分辨率越高；时间分辨率一般指遥感平台的重访周期。遥感图像的比例尺与分辨率概念不同，遥感图像只有输出记录在介质上才有固定的比例尺，而屏幕显示的数字图像没有固定的比例尺。遥感成像的瞬间，传感器视场角和分辨率确定后，形成固定的遥感图像的像元大小，但随着航高变化，该固定像元所对应的地面线度或面积也会发生变化，即不同比例尺的影像，同样大小的像元所代表的地面实际面积大小不同。航高越大，比例尺越小，代表的地面面积越大；航高越小，比例尺越大，代表的地面面积越小。

当判读未经几何校正的遥感图像时，有必要考虑到遥感成像过程中由传感器的成像方式、成像时传感器的位置和姿态、地形起伏、地球曲率、大气折射以及地球自转等原因引起的畸变所带来的影响。特殊波段成像的遥感图像，在目视解译时，还需要分析该成像波段的特殊情形，如热红外对温度敏感，其图像上图案的形状和大小表明物体热辐射的空间范围，而不是物体真实的大小和形状。例如，火箭发射或者飞机起飞时的热辐射影像表示的是火箭发射或者飞机起飞时排出的热辐射范围，而不是火箭发射或者飞机的真实大小和形状。雷达图像是多中心斜距投影的侧视图像，图像比例尺的变化会使图像产生明显的失真、叠掩、暗区等现象，如规整的矩形或正方形地物会变成菱形、山体前倾、雷达阴影等。因此，在雷达图像目视判读中需要注意雷达成像过程的特点。

3. 影像时间特征

同一观测区域地物景观在不同时间段有很大的差别，如在植被遥感中，落叶阔叶林区域在一年内会经历露土出芽、枝叶繁茂、枯黄、冰雪覆盖等自然生长过程，植物在被砍伐前后表现的光谱特征也不相同；受季节性降水影响的河流其径流量、洪水期、枯水期等也会随时间的变化而变化；水稻田在插秧前后水体光谱特征明显，水稻生长过程中表现出植物的光谱特征，收割之后，又表现出水体或者土壤的光谱特征。地物景观的时间特征在图像上以光谱特征和空间特征的变化表现出来。

4. 地物波谱数据多尺度特征

地物波谱数据获取方式不同，使得地物波谱数据具有多尺度的特征。传感器平台的不同，如卫星、飞机、地面观测塔等观测到的地物目标组成、观测尺度或环境条件都存在差异，在对地物波谱的环境参数没有详细的描述的情况下，仅凭简单的地物命名的波谱，使用过程中容易造成对遥感像元尺度上的观测波谱和实验室或地面观测波谱混淆。在分析遥感图像时，要辨别其波谱曲线是来自几米甚至几十米的分辨率的航天、航空图像，还是来自实验室观测的十几厘米视场的地物目标。即使是同一地物，如植被，不同的生育期、生长状况和生化参数不同，观测到的波谱曲线也不同。

三、影响地物特征及其解译的因素

1. 地物本身的复杂性

客观世界是一个非线性多参数的复杂系统，其复杂性是造成客观世界不确定的主要原因之一，相对于确定的实体而言，具有不确定或不均衡性的实体所占的比例更大。某些空间实体没有明显的边界，或无法确定其边界，而一些实体目标的边界体现出渐变的特征。非空间实体边界的划分存在模糊性，即使被认为是同一类的空间实体，其边界内部的物质结构也存在不确定性，不可能处处均质。空间物质光谱的复杂性也可能导致遥感图像数据的不确定性，大多数地物的电磁波谱都具有一定变幅的波谱带，而不是简单的一条线状波谱特征曲线，某些范围内波谱带是部分重叠的，体现出具体地物波谱特征确定性中的不确定性，反映了地物光谱固有的不确定性特征。

客观世界本身的复杂性，在地表繁多的地物中，复杂多变的景观特性加大了遥感图像判读的困难。地物种类不同，在遥感图像上表现出差异的空间分布特征，有利于遥感目视解译。但是同一大类中有许多子类，空间特征及光谱特征上很相似或相近，给判读带来难度。同一物体或性质相同的物体在不同条件下具有不同的光谱反射率，在遥感图像上表现出不同色调甚至差别很大，即同物异谱现象；或者反之的同谱异物现象，都会影响地物特征表达的差异，进而对遥感图像的判读造成一定的困难。

2. 传感器特性

传感器特性对目视解译标志也有较大的影响，其中，传感器分辨率的影响具有代表性。传感器的分辨率又可从空间、辐射、光谱及时间等方面来影响目视解译。

1）空间分辨率

遥感图像目视解译时，空间分辨率并不能完全代表遥感图像表达的地物像元，地物在遥感图像中的表达与传感器瞬时视场及地物的相对位置有关。假定地面上有一个地物，大小和形状正好与一个像元一样，并且正好落在扫描时的瞬时视场内，则在图像上能很好地判读出它的形状及辐射特性。但实际上由于地物实体客观复杂等因素，一定规模的地物会被多个像元捕捉，而一些形状或者大小都达不到传感器能够识别或表达的地物，其特性就与周边的地物混合在一起，形成混合像元，因为遥感图像记录的是传感器对瞬时视场内的辐射量的积分值（平均值），所以不能很好地识别地物单元。因此，遥感图像判读时应联系周围地物综合分析或建立混杂地物的判读标志。

2）辐射分辨率

遥感图像能够表达和识别地物除了与传感器空间分辨率相关外，辐射分辨率也会对图像成图和判读产生影响。传感器输出包括信号和噪声两大部分，在可见光、近红外波段用噪声等效反射率表示，在热红外波段用噪声等效温差、最小可探测温差和最小可分辨温差表示。如果信号小于噪声，则输出的是噪声。如果两个信号之差小于噪声，则在输出的记录上无法分辨这两个信号。

3）光谱分辨率

一般情况下，传感器的波段数越多，波段宽度越窄，地面物体的信息越容易区分和识别，针对性越强。能够分辨某种波谱的范围窄，则相应光谱分辨率高，如可分辨中远红外、近红外、可见光波段的传感器的光谱分辨率就比只能分辨可见光的传感器的光谱分辨率高。但实际使用中，波段太多，输出数据量太大，反而增加了处理工作量和判读难度。有效的方法是根据被探测目标的特性选取在探测目标之间和目标与背景之间有最好的反差或波谱响应特性差别明显的探测波段——最佳探测波段；另一个有效方法是用影像融合的方法，将多于三个以上波段的信息富集在一张彩色影像上。

4）时间分辨率

时间分辨率是指对同一地区重复获取图像所需的时间间隔，该时间间隔由飞行器轨道高度、轨道倾角、运行周期、轨道间隔、偏移系数等参数决定。遥感按照一定的时间间隔采集数据，能够对探测目标的动态变化进行跟踪监测，具有明显的时间特征。多时相遥感数据可以提供地物动态变化的信息，在资源、环境灾害等监测和预报中有广泛的应用。

除以上影响因素外，传感器畸变也影响到地物特征及解译。大气吸收、辐射、散射等造成遥感图像的辐射畸变；卫星轨道高度、飞行速度、瞬时视场角等使得传感器与地面景物存在一定范围的几何畸变；地形起伏造成图像中某些区域内光谱响应差异。传感器系统特性对遥感图像质量、信息提取的不确定性也有显著影响。

3. 人为因素

遥感图像目视解译过程受到解译人员判读过程中主观差异和人眼分辨力的影响。

主观因素主要包括解译人员知识储备丰歉程度、结构特征和业务技能、判读经验，主观随意性及在技术上的人为差异，对研究区域了解程度及相关辅助资料拥有量和利用情况，对研究区域地物演替规律、生长、分布情况了解的程度，地面解译标志建立完整性等，这些都是影响判读准确性的重要因素。

人眼分辨能力包括对图像的空间分辨能力、灰阶分辨能力和色别与色阶分辨能力。人眼的空间分辨能力与眼睛张角、距离、照明条件、图像的形状和反差等有关。为解决人眼空间分辨能力的限制造成的判读困难的问题，可通过放大图像的比例尺，使用光学仪器放大观察等方法。一般人眼能分辨约 20 个左右灰阶，对判读标志的分辨也就受到限制，解决的办法是对图像进行反差拉伸，或进行密度分割、伪彩色编码等各种增强处理。

第二节　遥感图像目视解译标志

不同地物的电磁波谱在影像上反映出来的颜色、形状、位置等信息不同，即遥感图像的影像要素或特征不同，概括起来可分为"色"、"形"和"位"三类。"色"是目标地物在遥感影像上的颜色，包括目标地物的色调、颜色、阴影、反差等；"形"是指目标地物在遥感影像上的形状，包括目标地物的形状、大小、纹理、图形、图案等；"位"是指目标地物在遥感影像上的空间位置，包括目标地物分布的空间位置、相关布局等。"色"只有依附在"形"上来解译才有意义。色形差异也常常显示深部现象的"透视"信息。采取由表及里、由此及彼的综合分析和对比，从已知推未知，解译才有好的效果。

从遥感图像中提取信息，需要获取遥感图像上那些能够作为分析、判断景观地物的影像特征，这些影像特征又被称为判读标志或解译标志。因此，遥感影像解译标志就是指遥感图像上能直接反映和判别地物或现象信息的影像特征。

一、解译标志分级

遥感影像的构像特征与地物的波谱特性、地物空间特性以及地学规律密切相关，根据遥感图像解译标志与地学规律关系紧密程度，可将解译标志划分为四种不同类型（图 6.2）。

图 6.2 表示了遥感图像解译标志的色调/色彩、大小、形状、纹理、图案、高度、阴影、

位置、关系等的分级以及它们的复杂程度、遥感构像特征与地学规律的关系。

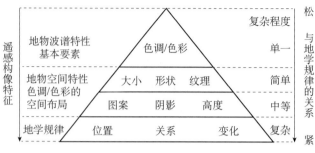

图 6.2　遥感解译标志分级

在可供解译使用的图像要素中，色调/彩色是一种最单一、最基本的图像要素。它们能提供大量有用的信息。简单的图像要素有大小、形状和纹理，它们是地物平面特征在图像上的表现，是其像元色调/色彩在图像上空间分布或组合的产物。地物图像的大小与成像比例尺密切相关，形状则是地物固有属性的表现，而纹理则是像元色调/色彩变化在物体图像中重复出现的产物，反映了物体表面结构的特征。中等复杂的图像要素包括图案、高度和阴影等，是物体三维特征在图像平面上的反映。其中，图案往往是一些人工和自然现象所特有的图像特征。解译人员在对它们进行分析时，应具有较强的综合单一和简单图像要素的能力以及它们随比例尺不同而变化的知识。例如，果园在甚高空间分辨率图像（分类级）上以某种图案展现，在高空间分辨率（米级）图像上具有粗纹理特征的图像，在中分辨率（10 米级）图像上进一步变成具有平滑特征的图像。除了色调/色彩要素外，高度也是三维立体图像解译最重要的因素。地物的相对高度和三维几何形状往往会给解译人员提供许多有价值的线索。而阴影可以解释物体的轮廓线，但却掩盖了地物的细部信息。最为复杂的图像要素是图像的位置、关系和变化特征。用它们进行图像分析时，解译人员要充分、灵活地运用有关地学规律，进行更多的综合、推理和判断。

解译标志有永久性标志和临时性标志之分。永久性标志是形状、大小、结构（图案）、位置和物体之间的联系，通常涉及图像的不变特征；临时性标志是细部、色调（颜色）、阴影等，与图像特征的可变性和局限性有关。在自然环境中，有多种因素可以导致同一地物或现象的图像特征发生变化，主要包括空间环境变化、时间变化、地物本身的特性以及传感器的性能。例如，植被随着生长周期的变化，其色调特征变化非常明显。如农作物（棉花）幼苗时期以土壤光谱特征为主，随时间生长可见光绿色光谱上升，红外波段上升更快；花蕾期至盛花期绿色光谱略提高后接着下降，而红外波段一直上升；叶絮期其可见光和红外波段均呈下降趋势。在不同的生长周期，不同合成方案形成的影像，其色调特征会存在明显差异。

二、解译标志

根据遥感影像标志在遥感解译中的作用，可将遥感影像标志分为直接解译标志和间接解译标志。

1. 直接解译标志

直接解译标志是地物本身及其在遥感图像上的固有反映，可以在不引用其他资料的情况下用较为简单的量测方法在遥感图像上直接被确定。直接解译标志是判读目标自身特点在影像上的直接表现形式，有时通过直接解译标志，能够快速对遥感图像进行判读。通常能够获取的直接解译标志越多，遥感图像判读的结果就越可靠。直接解译标志包括色调和色彩、阴影、位置和布局、大小、形状、图案、纹理等。

1）色调和色彩

色调和色彩是地物电磁辐射能量在遥感图像上的模拟记录（图6.3），通常，在可见光黑白影像上表现为灰阶；在彩色像片上表现为色别与色阶。在可见光黑白影像上，地物的亮度和颜色由色调即影像的黑白深浅程度来表达；在可见光彩色影像中，则表现为亮度、色调和饱和度；热红外图像色调与物体辐射温度相关；多光谱图像色调需要根据地物反射率的强弱和波长之间的关系来确定；在雷达图像中，色调的差别则表示物体反射电磁波能量的能力。

图6.3　全色图像中的色调差异

利用色调和色彩标志时要注意同物异谱与同谱异物现象。同物异谱是指同一物体或性质相同的物体在不同条件下具有不同的光谱反射率，从而表现出不同色调，例如，同一种植被由于不同的环境条件、不同生长期等因素的影响而在影像上表现出不同的色调。同谱异物正好相反，即不同的地物在特定的条件下可能具有相同或相似的光谱特征。除此之外，还需注意传感器在接收辐射的过程中因各种原因导致的辐射误差的影响。在利用色调和色彩标志进行遥感图像判读时，虽然人眼能够较好地区分彩色，但一般能够区分的灰度等级只有20个左右；而遥感图像记录的地物特征即影像的亮度值统计特征和亮度值的空间频率特征在被人眼感觉和分辨前，需要对遥感图像进行一定的增强处理以改善影像质量，从而获得较为可靠的判读效果。

2）阴影

阴影类似于色调与色彩，指一部分地面辐射或反射信息不能达到传感器而在遥感图像上表现出一种深色调到黑色调的特殊色调（图6.4）。不同类型的遥感图像，阴影表达的地物信息不同。可见光波段成像，影像阴影除了表征地物未被太阳光照射形成的阴影——本影外，还表征目标物投落在地面形成的影子——落影。热红外影像上的阴影一般由温度较低的地段或目标物所致，可分为热阴影和冷阴影。如活动物体（飞机）离去后产生的热量在一段时间内依然不消失，形成热阴影；或者物体因吸收周围的热量（如静止飞机的周围因吸收热量）在热红外影像上形成冷阴影。这种热阴影与普通可见光像片上的阴影含义不同，它是由温度差引起的。白天热红外像片虽然与可见光像片的阴影相仿，但热红外影像的阴影是由于未被太阳光照射，其温度相对太阳光照射处低。雷达影像上的阴影则由雷达探测过程中的盲区产

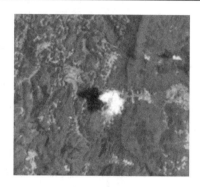

（a）建筑物阴影　　　　　　　　　　　（b）云层阴影

图6.4　多光谱图像中的阴影

生。热红外影像和雷达影像的阴影不论白天还是晚上成像，均会产生。遥感图像阴影在大比例尺影像或者高分辨影像中较为突出，阴影可造成立体感，有时候对判读有益，如在大比例尺航片上可根据阴影量测高度。但是，遥感图像更多的是反映地物的瞬时特征，阴影的存在使影像上阴影区域所反映的目标物的信息有所损失或受到干扰，在建立解译标志或计算机处理时，需要运用相关阴影消除技术进行处理。

3）位置和布局

位置是地物之间彼此相互关联关系在影像上的反映，即图像特定位置上目标（地物）与背景（环境）的关系。它对图像解译有间接的指引作用。例如，处在阳坡和阴坡上的树，可能长势不同或品种不同。地物布局指地物景观各要素之间的依存关系，或人类活动形成的格局在影像上的反映，如岩石、土壤、水体、植被、城市建筑、道路、土地利用等。

地物位置及布局在图像判读过程中有较为重要的作用，可以作为判读中地物相互印证的条件。例如，沿海岸分布的滩涂、盐池、沙滩，火山附近的熔岩，阳坡和阴坡上的植被种类及长势，土壤及土壤水分判别等。许多人造地物，如堤坝、交通及附属设施、高层建筑、军事目标等都可以根据位置进行判读。地物之间位置关系在特定的目标物和背景下可以相互印证，有时会成为判读的重要标志。

4）大小

大小是地物的尺寸、面积、体积等在影像上按比例缩小的相似记录。图像上地物大小，与传感器空间分辨率、地物本身大小、投影方式和投影畸变相关。地物的影像大小会影响地物面积等的计算，在确定空间分辨率传感器成像的影像中，大尺寸地物能够较好地表达，但一些尺寸小于该传感器空间分辨率的地物通常形成混合像元。同时，构像比例尺也会影响目标物的大小。

5）形状

形状是地物轮廓在影像平面上的投影。同一地物由于图像获取方式不同，在遥感图像上的形状也可能不同，例如，垂直成像与侧视或斜视成像的地物图像并不完全相同。同时，影像比例尺、分辨率、畸变、具体地物形状等都会造成地物轮廓在遥感图像上的变化。对于形状特征，在目视判读中根据其特征，对常用面积、周长、长宽比、矩形度、圆形度、形状指数等进行描述，这些方法在形状识别中的使用相对较多；另外还包括基于位置、大小、旋转和其他不变性特征。

6）图案

图案由景观地物有规律地组合排列而形成，可以是同类地物的组合，也可以是不同类型地物的组合，反映了各种人造地物和天然地物的特征，如果树排列整齐的树冠，各种水系类型、植被类型、耕地类型、居民点等（图6.5）。绕山分布的梯田在航片中可清晰判读，但在卫星影像上则成为条带状图案。

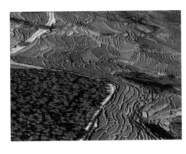 

（a）梯田图案　　　　　　　　　　　（b）居民点图案

图6.5 多光谱图像中的图案标志

7）纹理

纹理是地物影像轮廓内的色调变化频率，由许多细小的地物色调组合而成，是单一细部特征的集合。造成纹理的主要原因是某些物体往往太小，单独识别困难，而这些同类地物的聚集则会给视觉现象造成粗糙度或平滑度等。在遥感图像中，点状、粒状、线状、斑点状的细部结构以不同的色调呈现，但是这些色调难以单独识别，通常将这些同类地物聚集起来，形成目视判读中视觉上的整体感，作为遥感图像判读标志。遥感图像上的纹理，可以根据物理表现从纹理的密度、方向、面积、强度、宽度等角度分析，同时将这些纹理特征和所处的环境关联起来，分析纹理的地理意义，并进行遥感图像判读。例如，沙漠中的纹理能表现沙丘的形状以及主要风系的风向；平原区纹理的主要对象可能是耕地、草地、园地和荒地，因此纹理的特征为规则或不规则的点状、格状或块状；山区纹理可以判别山脊和沟谷，纹理强度、密度等与阴影及山体的地貌和岩性关系密切；不同时期农作物纹理组合可以判别农用地与其他地类及其位置关系等（图6.6）。

图6.6 农田的纹理图案

需要注意的是，解译标志是随着不同地区、不同时段、不同影像类型等多种因素而变化的，因而解译标志的建立，必须有针对性，通过典型样片对典型标志进行实地对照、详细观察与描述。表6.1是土地利用类型在QuickBird影像上的解译标志。

表 6.1 土地利用类型解译标志

土地类型	直接解译标志			间接解译标志	影像图
	色调	形状	结构		
灌溉水田	灰紫色、灰绿色	规则的片状、条状或块状	色调单一，表面较平整	河流两侧，平原、平坝、低洼地	
望天田	灰绿色	规则的片状、条状或块状	色调单一，表面较平整	平原、平坝、低洼地	
旱地	浅灰绿色、浅紫红色	不规则的片状、条状或块状	色调单一，表面较平整	河流两岸，陡坎和台阶处，地势相对较高处	
菜地	浅紫红色	不规则的片状、条状或块状	色调单一，表面较平整	陡坎和台阶处，地势相对较高处	
果园	灰绿色	块状、不规则	成格状或斑点状，表面不平整	居民地附近，山坡中下部	
有林地	深绿色	片状、不规则	色调比较均一，表面粗糙	分布于山地、小丘上部	
疏林地	淡绿色	不规则状	不均匀斑点	山坡	
坑塘水面	蓝黑色	片状	轮廓清晰，边界明显，表面光滑	田地或居民地附近	
城镇居民地	黑色	不规则状	规则的小四边形，清晰易辨		
农村居民地	黑色	不规则状	规则的小四边形，清晰易辨		
铁路用地	灰黑色	细长、等宽的曲线	色调均匀单一，界线明显，清晰易辨	沿线连接城镇	
公路用地	灰黑色或灰白色	细长、近乎等宽的曲线	色调均匀单一，界线明显，清晰易辨	沿线连接城镇	

续表

土地类型	直接解译标志			间接解译标志	影像图
	色调	形状	结构		
农村道路	灰白的	细长、近乎等宽的曲线	色调均匀单一，界线明显，清晰易辨	沿线连接主公路、田地、居民地	
荒草地	浅紫红色，夹少量灰绿色	块状	可见极少植被覆盖，表面平整		
裸土地	灰白色，亮度高	块状	表面无植被覆盖		
河流水面	深蓝黑色	片状、条带状	边界明显，河流弯曲，沟渠较直	河谷低地	
其他未利用地	深蓝黑色	片状、条带状			

2. 间接解译标志

由于传感器记录的是不同地物的辐射，受到地物大小、传感器分辨率等多种因素的影响，在遥感图像上并不能把地物的所有情况都非常清晰地记录下来。直接解译标志在可见光波段可以有很好的应用，但随着遥感技术的发展，传感器由可见光波段向非可见光区扩展，直接解译标志有可能不能全部概括地物的特征，甚至在遥感图像中本身隐藏着较多的无法用直接解译标志进行判断的事物。例如，城市遥感中有关城市人口数量和社会经济状况，地质遥感中有关矿藏、油气分布和隐伏构造等，仅依据直接标志解译很难达到满意的效果。许多地物信息不能从遥感图像判读中直接获取，目视判读过程中，可以综合运用自然界事物的相互联系、彼此依附相关的规律性，将目标地物和周边环境相结合，与生物地学规律联系分析，依据地物分布规律间接推论和判断相关地物目标，可获得更为准确的判读结果。在遥感图像判读过程中，需要从其他相关事物之间的联系，透过已有的判读标志，通过由此及彼、由表及里、去伪存真的逻辑推理获得判断，这一过程称为间接解译，被采用的依据称为间接解译标志。

1）地形地貌

地形地貌是自然景观中最重要、最基本的要素，决定了水系的形态、植被的分布和土壤的类型特性等，因此通过地形地貌的解译，并作为间接标志，可以推断出许多与地形、地貌相关的信息。如土壤、植被，乃至地下水、隐伏构造等，它们常常是首先被应用且应用得最为普遍的间接标志。在中、低分辨率遥感影像上分析山川走势极为有利，比较适合于判别山川走向、平原或河流分布等。根据影像的宏观性、概括性形成的纹理结构特点几乎一眼就可识辨出陡峻山地、冲积平原和处于两者之间的丘陵，山脉延伸走向、山麓洪积锥、洪积扇、扇缘潜水溢出带，大江大河的新、老河床、河曲、河漫滩、主要阶地等众多地形地貌类别都较容易判读。地形地貌解译在专业解译中是发展较早、较成熟且应用最广泛的技术。

2）土壤、土质

土壤是自然景观要素之一，是最重要的农业生产资料和人类居住、活动的基础，与许多事物存在着密切的相关性，因此也常成为重要的间接解译标志。例如，自然植被群落常随土壤类型与属性的变化而变化。掌握了土壤方面的信息就可以推断当地的植被和适宜生长的作物与林木。

遥感土壤判读宜从景观分析入手，先判断研究地区土壤景观类型及其分布界限，然后运用色调、纹理等直接标志分析表土湿度、质地、有机质含量高低、是否盐碱化等肥力性状，综合运用直接和间接判读标志，进行逻辑推理与逻辑验证，相互补充，彼此检验，最后得出有关土壤类型与主要性状。可综合运用多种标志在遥感影像上解译土壤、土质，也可把土壤、土质作为间接标志去获取其他有关地球资源与环境的信息。

3）植被

植被是构成景观的主要要素。植被的种类、分布与生长状况在相当大的程度上受气候、土壤、地形和水文等其他景观要素的控制。不仅可以用其他景观要素作为间接标志来判断植物群落的类型与分布，也可以以植被为间接标志去解译其他有关的地理要素。由于植被在遥感图像上一般都有相当明显的反映，特别是在分辨率高、比例尺大的遥感图像上，甚至大的单棵树冠的形态都可看出，直接解译更为方便。

4）气候

气候在地球上有很明显的变化规律，包括随纬度高低而变的水平地带性、随海拔高低而变的垂直地带性和随距离海洋远近而变的经度地带性等变化规律。其他还有局部地形、植被、土壤、建筑群或人为活动影响造成的小气候。气候尽管人眼看不到，在遥感图像上也没有直接显示，但气候条件控制着植物生长、土壤形成、地貌、水系发育等。通过这些要素的分析可以大致了解当地的气候特征，反过来，根据气候的地带性规律，也可以判断该地理位置的气候特征，进而分析判断受气候条件所控制的其他地物要素。

5）水系

水系类型模式与地形地貌、岩石、土壤、气候等关系密切。水系密度大，意味着气候湿润多雨，地表径流发育，土壤和岩石的透水性差，表土易于被流水侵蚀。反之则表示地表径流不发育，土壤和岩石透水性能好，地表水土流失少，或者是干旱少雨区。水系分布均匀时，表示土壤岩性比较均匀一致。岩性构造复杂地区，则水流及江河走向多变，有时形成急转弯或瀑布跌水。水系结构形态在卫星图像上常有很明显的反映，有时形成很有特色的图形，如树枝状、格子状、放射状、平行状、矩形状等。根据这些特有的图形结构可以分析判断当地的地貌、土壤、岩性、构造、气候，特别是在丘陵山区，水流走向往往与断裂构造有关，成为分析解译地质构造的重要标志。

6）人类活动

人类活动与自然环境之间的关系具有双重性。一方面人类可能根据对自然环境的了解，去适应环境、利用环境，甚至进一步改造环境，使之有利于人类社会的发展。在这种情况下人与环境是协调的。自然景观、人文景观各要素之间保持着相互依存的关系，可以彼此互为间接标志。另一方面，人类活动可能干扰了自然要素间的内在联系，破坏了原有的生态平衡。在这种情况下，本来存在的相关性就可能被扰乱，使问题复杂化。所以在利用人类活动作为解译标志时，首先应分析当地属于上述哪一种的可能性大。人类活动的痕迹在分辨率高、比例尺大的遥感图像上反映清晰，如果用多时相图像进行对比分析，可以排除那些随季节而变化的地物要素，从而确定哪些变化是人类活动的产物。

间接解译标志灵活多变，难有规律可循，建立间接解译标志需要丰富的知识背景和严密的逻辑推理，有时甚至需要建立各种模型，因此是一种综合分析、相关分析方法。

第三节　遥感图像目视解译过程

在通过遥感图像目视判读获取信息之前，需要针对研究目标做一些必要的准备工作，以使整个研究工作有效合理。遥感图像目视解译过程涉及分析目视解译任务、遥感资料准备、确定解译原则和方法、掌握目视解译的基本步骤、控制目视解译成果质量以及目视解译的组织与实施等内容。

一、目视解译任务

1. 根据应用领域划分

按照应用领域的不同，遥感图像解译的目的和任务主要分为两种：普通地学解译和专业解译。

普通地学解译主要是为了取得一定地球圈层范围内的综合性的信息，常见的是地理基础信息解译和景观解译。地理基础信息一般由地形信息、居民地、道路、水系、独立地物、植被、土壤、地貌和地质等构成。在地理基础信息解译中，地形解译（包括其他三维地物的识别）是编制和更新地图的工艺流程中的重要环节之一，解译成果在编制普通地理地图时被广泛应用。景观主要指多个地学要素有规律的地域结合。景观解译以区域性或分类性的地表区域规划为目的，对地球表面的研究有重要意义。

专业解译可以分为很多类，主要是为了完成各行业、各部门的任务，用于提取特定要素或概念的信息，主要包括地质、林业、农业、国土、水利、军事等（图 6.7）。

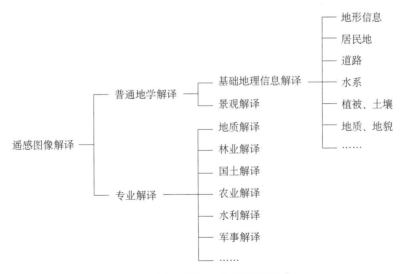

图 6.7　遥感图像解译的应用领域划分

2. 根据应用范围划分

各种遥感目的对空间分辨率的要求不同，因此遥感图像解译的任务可分为巨型地物与现象、大型地物与现象、中型地物与现象、小型地物与现象等一些类型的解译。其中巨型地物与现象，虽然要求的图像空间分辨率很低，但涉及的范围很大，通常会牵扯到多个国家，有些会是世界范围，因此这一类遥感任务，一般需要在国际组织协调下进行。大型地物与现象涉及的范围也比较大，对图像空间分辨率的要求也不是很高，主要用于较大范围内的区域调查，如大型地质构造调查等。中型地物与现象和人们的生产、生活关系比较密切，特别是与各种资源调查关系密切，对图像空间分辨率的要求也较高。小型地物与现象通常会涉及各种人工地物或较小的人类活动区域，对图像空间分辨率的要求很高，这一方面的遥感观测与调查的商业用途比较广泛。

二、遥感资料准备

遥感图像判读有着特定的判读目的或研究对象，判读资料准备工作包括遥感图像资料准备和研究对象或研究目的的一般背景资料准备。一般背景资料与具体研究目的相关，文中只对遥感图像资料准备作介绍。

1. 遥感资料选取

不同的遥感图像具有不同的特征和不同的应用范围。一般情况下，成像性能好的图像反差大、图像清晰，可以作为遥感图像选择的重要依据，同时，还需要考虑地物的时间特征、光谱属性等。最佳的遥感图像应该具有足够多的信息，被探测的目标和环境信息的差异最大化，目标易被检测和识别。在众多的遥感资料中如何选取适合研究目标的影像进行分析，需要进行综合考虑。

在利用遥感图像时，需要根据研究目的、性质和成本控制等来选取合理的遥感图像。一般情况下，航空遥感图像获取较为灵活，可以根据需要在特定的时间段获取地物信息，提供大比例尺影像，满足对地物较为精细的判读和调查，但航空遥感图像成本相对较高。

卫星遥感一般都有比较固定的重访周期，能够对同一地区不同时间段进行重复的资料获取。卫星遥感资料一般范围大、成本低，且大多数是数字影像，处理快捷、成图方便准确，又有多时相、多波段、多星种、利于周期性观测等优点。

遥感图像记载着丰富的地物信息，同一遥感图像可以应用于多个部门、多个研究领域，以达到效用最大的目的。如高分辨率遥感图像可以服务于城市规划、城市国土资源管理、测绘、交通、园林等部门和领域。因此，建立各部门间的数据共享机制，充分利用一次购买、多方应用、降低购置成本和解译时间成本等问题。

2. 遥感资料选取时涉及的具体问题

目前可供选择的遥感数据从航空到航天，从可见光到微波，从多波段到高光谱，各种类型、各种分辨率、各种价格的数据使遥感资料选择成为判读解译的首要问题。

1）遥感资料类型

各种平台的遥感图像为科研工作提供丰富的资料，在选取遥感图像时，需要根据不同的科研目的和要求，选择满足要求且总成本控制合理的遥感图像。例如，地形图的更新可以选择全色黑白影像，而植被遥感选择彩红外影像或彩色影像效果较好。

2）波段选择与图像融合

传感器能较好反映地物的波段通常较窄，主要集中在"大气窗口"内。在选择遥感图像时，应根据实际内容、目的以及传感器响应波长范围特征，选择能够很好区分地物现象即地物波谱特征差异较大的波段所得到的图像。通过波段组合，提高人眼对遥感图像的辨别能力。

在选择波段之前，一般需要对传感器波段、遥感影像特征、地物光谱特性等有较深入的了解和分析，以便抓住问题的关键、减少工作量、快速得到所需结果。通常，波段选择主要考虑以下因素：波段或波段组合信息量，各波段间相关性，研究区内需要识别地物的光谱响应特征。然后选择信息含量多、不同波段影像密度方差较大且相关程度较小、地物光谱差异大、可分性好的波段进行组合即最佳组合波段。因为假彩色合成影像最终只能采用三个波段，所以波段组合对目视判读的效果十分重要。例如，在山地地区，TM3、4、5波段是各典型湿地的最佳波段，也可用于解译耕地、林地和草地，城镇和农村土地利用的区分，陆地/水体边界的确定等；TM1、4、5为解译居民点和水域的最佳波段组合等。

遥感图像通过多个波段组合，能够表达更加丰富的地物信息，方便解译，但波段组合只是在同一遥感图像中进行，而遥感图像融合可以对多传感器的图像数据和其他信息进行处理。把在空间或时间上冗余或互补的多源数据进行运算处理，获得比任何单一数据更精确、更丰富的信息，生成一幅具有新的空间、波谱、时间特征的合成图像，以达到突出有用的专题信息，消除或抑制无关的信息，改善目标识别的图像环境，从而增加解译的可靠性，减少模糊性（即多义性、不完全性、不确定性和误差）、改善分类、扩大应用范围和效果。

3）时相

植物生长有明显的季节变化特征，地表景观也会由于季节变化产生差异，如气候干湿变化会引起地表土壤含水量的变化，而这些都会对电磁波辐射特性产生影响。所以针对不同的对象和目的，选择适当的时相是提高目视判读效率的有效方法之一。

农作物调查、病虫害监测、估产等，应该选择作物不同生长阶段且在遥感图像上有明显反映的时相。棉花、小麦、水稻和玉米的拔节期至成熟期，其叶面积指数和单位面积的叶绿素含量增长到最多，绿度最大。因此这一时期是利用遥感调查农作物面积、长势和产量的最佳时期。遥感技术估算农作物种植面积和产量的最佳物候期是成熟期前后，但我国地理纬度差异较大，要根据当地农事历来确定最佳物候期，如冬小麦处于拔节-孕穗期，生长旺盛，而同地区玉米、大豆、棉花等作物此时刚播种完或还未播种，油菜处于开花期，对冬小麦光谱不会造成影响，因此，该时节应为冬小麦种植面积遥感估算的最佳时相。而小麦病虫害监测及产量估算则需要在小麦生长的拔节、孕穗、开花、灌浆等多个时期获取生长状况遥感数据。

植被物候变化对植被观测有很大影响，选择不同时相的影像对于研究地面植被覆盖及其变化、植被种属区分十分有效。在地质遥感中，需要避开植被干扰，冬季植被枯谢，岩石土壤裸露，对地质解译有利。

4）比例尺与分辨率

遥感图像的空间分辨率也是影响研究目标判读准确性的因素之一。随着空间分辨率的提高，成像范围受到影响，直接影响地物的判读。自然界的宏观现象如大型的地质构造等，在大比例尺遥感图像中表现得不完整而不容易判读。因此，在选取遥感图像时，需要从研究对象入手，考虑图像能否满足判读和量测的需要。针对变化相对缓慢的目标地物，可采用分析研究地物波谱时序特征，选择特定时间、特定波段、特定比例尺的图像即可判读。对于变化较快的现象如城市扩张、土地利用等，则需要多波段、多时间、多比例尺的影像进行分析才能完全掌握它的动态变化。

3. 遥感图像增强处理——判读前期准备

针对目视效果较差、总体目视效果好但所需要的信息不够突出，或者图像数据量大且各波段信息存在一定相关性的遥感图像，在目视解译前，往往需要对这些遥感图像进行增强处理，改变图像的灰度等级、改善图像质量，提高目视效果，突出所需要的信息，并实现对遥感数据的压缩等。

三、目视解译原则与方法

1. 目视解译原则

遥感图像目视解译，一般应遵循以下原则。

（1）遥感图像目视解译要基于影像特征。为了防止抄图编图现象，以及常规填图现象，特别强调要基于影像的原则。凡是解译图上的线划，一定要有影像特征，而且还要考虑地面的实际情况，即"解译线划、影像特征和地面实况三一致"的原则。

（2）遥感解译分类体系要基于影像解译的可能性。专业领域的分类与遥感影像解译的分类方法是有差别的，因为两者的资料来源不一样，方法不一样。因此，凡是影像上不能识别的类型，就不应列入分类体系。

（3）先图外、后图内，先整体、后局部。先图外、后图内，即在遥感图像目视判读时，首先了解影像图框外提供的诸如影像覆盖区域及所处地理位置、影像比例尺、重叠符号、注记、灰阶等信息后，再进行判断；先整体、后局部，即先整体观察，了解各种地理环境要素在空间上的联系，综合分析目标地物与周围环境的关系。

（4）充分利用影像的信息特征和处理技术。遥感影像要经过合适的放大、校正、增强、信息提取等处理和影像复合技术。充分利用影像的各种信息、已有的资料，进行综合解译和分析，在许可的情况下，要利用每一个像元的信息。

（5）多信息、多方法综合分析。多源遥感图像融合可克服单一传感器图像在几何、光谱和空间分辨率等方面存在的局限性和差异性，提高图像的质量，有利于对物理现象和事件进行定位、识别和解释。在实际的解译工作中，区域地理要素及基本特征资料也可能在解译过程中提供帮助。因此，在遥感图像目视解译过程中，有必要综合多学科、多手段信息来解译，如石油构造判读，要运用重力、航磁、人工地震、化物探等信息；土壤、地质调查需要实地采样分析；植被调查要有实地样方资料。遥感判读过程中也要注意卫片与航片、主图像与辅助图像、图像与地形图、专业图和文字资料相结合，才可以使判读取得更多已知条件，增加更多影像信息，供进一步分析判断。

（6）室内解译与室外判读相结合。遥感图像目视解译主要在室内通过建立解译标志，结合多元信息进行解译。但是，由于自然界本身的复杂性，遥感图像目视解译要求在认知的过程中，仍需要将室内判读与野外实地情况进行对照分析，以便获得更加准确的解译结果。将室内判读与野外实地调查相结合，建立判读标志，用来校核室内判读结果。在必要时，还要补测实地数据，使图像判读的质量得到进一步提高。解译结果精确性通常采用统计抽样方法来衡量，保证判对率在允许范围内，对于重要对象或目标甚至要保证百分之百的准确率。

（7）严格遵循目视解译程序。要重视建立解译标志，逐步完善解译标志，即标准色谱、波谱和图谱，要遵循由已知到未知，先易后难，由大到小的原则，按照解译程序逐步进行解译。

2. 目视解译方法

遥感图像目视解译方法是根据遥感图像目视解译标志和解译经验来识别目标地物的办法和技巧。常用的解译方法有以下几种。

1）直接判定法

直接判定法根据地物色调、图形、大小、形状、阴影、纹理等遥感图像目视解译直接标志，直接判定目标地物属性和范围。在运用直接解译标志判定目标地物时，有些标志有其确定性，或算作充分条件，经这种标志解译出的目标就可以确定下来。例如，在可见光黑白影像上，水体因具有较强的吸收率，反射率较低，呈现黑色到灰黑色，根据这样的特征可以在图像上直接判读水体，依据其分布形态可以进一步判定是河流或者湖泊。在直接判读过程中，有些标志可能是某类地物共有的标志，需要其他更多的标志进一步佐证。一般来说，大比例尺航片以及高分辨率卫星影像上地物几何形态完整，确定性标志更多，利于直接判定。中低分辨率卫星图像由于分辨率相对较低，如资源卫星的 MSS、TM 影像，一般地物个体的形态、细部特征都难以表现出来，这种情况下，部分像元记录的是地物的平均辐射值。因此，在中低分辨率卫星图像上直接判定一般是依据其色调标志和图形标志进行的，一些大尺度的目标或自然现象相对容易直接判定，如山脉、水体、农田、断裂构造等，而有些对象特别是几何尺寸等于或小于像元尺寸的地物，如城市土地利用类型、小区内道路等的判读，需要进行各种标志的综合分析，要与实地调查的结果相互对照、补充和印证。在遥感图像直接判读时，色调标志在判读卫星图像中显得更为重要，但分辨率较低的卫星图像难以精确判读地物时，可以与其他高分辨的卫片进行多元影像数据融合，或者借助于航片、室外判读相结合的方法来综合解译。

2）对比分析法

对比分析法是对不同传感器获取的图像、同一传感器不同波段组合，以及同地区不同时相的图像进行对比分析，将遥感图像与其他非遥感图像，由已知资料、方法获得的结果或实地进行对比分析。不同情况下对比分析的目的和效果不一样，如遥感信息与非遥感信息可能是互为佐证关系，不同波段数据是一种补充关系等。由于地物本身的特征，在不同的空间尺度、不同波段、不同时间段成像的结果不一样，需要通过对比分析，分析不同成像条件下同一地物的差异，进行有效判读。例如，卫片判读发现的隐伏断裂反映的是断裂引起的沉积物厚度、地下水埋深变化造成的色调差异；人工地震反映的是地震波传播过程中在断裂两侧产生的变化，这两种信息互为佐证，对确定断裂存在更有把握。类似的方法在石油地质、工程地质、地质找矿等实际工作中非常实用。又如反映植被在不同时间段的长势、叶绿素含量，作物估产、病虫害监测等，需要不同时期的遥感图像进行对比分析；在分辨率较高的影像中提取居民点、街道等信息时，解译人员可以通过对城市街道纵横交错、反射率较高、图像上表现为呈现大面积的浅色调等特点，与其他居民点进行对比分析，将城市与农村居民点区分开。

地物发射辐射、反射辐射不同，在不同波段范围内响应不同、不同分辨率的影像记录的地物也不一样，利用不同波段不同分辨率遥感图像进行对比分析，可以有效判定地物性质、区分相似目标。一些特殊的现象如城市热岛、地下温泉、煤田自燃、森林火险等，可以在热红外波段中清晰辨别；植被分布在卫星图像中清晰可见，但若要分辨植被种属，需要结合航片，或者通过实地勘察、宏观尺度和微观现象、细部特征等进行综合分析，才能得到更精确的解译结果。

不同时相的遥感图像对比分析，可揭示同一事物的变化趋势，识别不同的地物和现象，常用于监测目标地物动态变化。如在植被判读中，利用不同时段遥感图像可以区分容易混淆的植被群落，对比洪水期和枯水期河流的遥感图像可以评估洪水淹没带来的损失，用作物不同季节的图像分析作物长势、营养成分以及估算产量等。不同时相图像对比分析广泛应用于监测同一事物的变化，如地壳运动、河口海岸变化、水土流失、植被演替、冰川进退等。

　　3）信息复合法

　　信息复合是获取地物属性常用的方法，在解译过程中，将专题地图或地形图等与遥感图像进行叠加分析，可以从专题图或者地形图中获取较多的信息，辅助目标解译。因太阳辐射引起的温度差异、降水量差异等，土壤类型呈现一定规律的变化，在植被类型上有明显的表现。例如，在土壤类型遥感解译中，可以利用植被类型图进行辅助分析。地形数据在识别地貌类型、土壤类型和植被类型时有一定的辅助作用，例如，在卫星影像上，高山和中山多呈条块状、棱状、肋骨状或树枝状图形。因此，等高线可与卫星影像复合提取典型沙漠地貌、泥石流地区地貌、冰缘地貌特征等。使用信息复合法解译图像，要保证参与信息复合的图像或数据在同一空间参照下进行，需要将 DEM 或者其他的图形与遥感图像进行严格配准，才能保证解译结果的精确性。

　　4）地理相关分析法

　　遥感图像视域宽广，能显示较大区域的地物和现象的空间分布规律。但受到地物本身的复杂性、遥感图像分辨率、人眼辨别能力等因素的限制，在遥感图像目视解译中，很多地物没办法通过直接判读获取，需要找寻各地理现象之间的联系、依附等规律，将目标地物和周边环境相结合，应用生物地学、地物分布等规律，分析各种地物和自然现象间的内在联系，间接推论和判断。根据这些地学规律和现象的相互依存关系，运用逻辑推理，由此及彼，由表及里，寻找出识别地物的依据，从而提取更多有用的信息。例如，从水系分布的格局、形态可推断出有关地质地貌方面的信息；从植被类型分布，可推断出土壤类型等方面的信息；洪冲积扇因受比降、动能、流速多重影响，各部分组成物质在遥感图像上呈现一定的规律分布。逻辑推理是确定间接解译标志的依据，是对直接解译的深化，在遥感图像判读过程中，透过已有的判读标志，进行逻辑推理和判断，需要丰富的经验及扎实的专业基础。

四、目视解译的基本步骤

　　遥感图像目视判读依据其特征和解译过程中各环节要求，可以将步骤大致分为准备工作、初步解译与判读区的野外考察、室内判读、野外验证与补判、成果整理五个阶段。

1. 准备工作阶段

　　为了让目视解译的结果更加精确，需要做好前期的准备工作。通常在该阶段要综合考虑遥感图像解译的目的、区域特点，明确解译工作的任务、要求；收集与图像解译相关的遥感与非遥感资料、图件，并分析资料特征；将已有资料或地面实况与图像对应分析，确定"地物原型"与"影像模型"之间的关系；分析影像的物理性质与几何性质，了解可解译的程度；选择符合解译目的要求的遥感图像后，再根据相关特征，选取最佳波段组合、最佳处理方案。

2. 初步解译与判读区的野外考察

　　初步解译的主要任务是掌握解译区域特点，确立典型解译样区，建立目视解译标志，探索解译方法，为全面解译奠定基础。在室内初步解译的工作重点是根据影像色调、阴影、图形、形状、大小、纹理、位置、相关布局特征，建立起原型与模型之间的解译标志。为了保证解译标志的正确性和可靠性，必须进行解译区的野外调查。野外调查之前，需要制定野外调查方案与调查路线，确定野外调查解译标志的点、线。在野外调查中，为了建立研究区的判读标志，必须做大量认真细致的工作，填写各种地物的判读标志登记表，以作为建立地区性的判读标志的依据。在此基础上，制订出影像判读的专题分类系统，根据目标地物与影像特征之间的关系，通过影像反复判读和野外对比检验，建立遥感影像判读标志。

3. 室内判读

初步解译与判读区的野外考察，对遥感图像室内判读提供了必要的知识储备和基础。通过建立遥感影像判读标志，可以遵循"先图外、后图内，先整体、后局部"的原则在室内进行详细判读。判读中，需要注意把握整个遥感图像的全局，全面地观察和分析，通过表象挖掘图像中隐含的信息。遥感图像直接解译标志是识别地物的重要依据，除此之外，地形地貌、土壤、植被、气候、水系等间接解译标志和遥感图像成像季节、目标地物光谱特征等都在一定程度上可应用于解译中。对于复杂的地物现象，宜应用各种解译方法综合分析。例如，利用遥感影像调查地质构造，可以根据色调特征直接识别，同时应用地学相关规律和地质记录资料复合分析，勾绘分布范围、方位等；对一些进行伪装的目标，可以通过间接解译标志和地物波谱变化特征进行对比分析；当遥感图像中目标物的差别较小时，可以通过增强处理的方法提高视觉效果。综合运用各种解译方法，可以避免单一解译方法的局限。解译过程中应综合分析目标地物特征、区域地理环境因素，综合运用直接解译标志和间接解译标志，及时记录解译过程中无法确定的地物的详细信息，待野外验证与补判阶段解决。

4. 野外验证与补判

室内判读的结果需要通过实地勘察来确认。野外验证是指再次到遥感影像判读区去实地核实影像解译的结果。其目的是检验目视判读的质量和解译精度，对于室内判读中出现的疑点进行补充。

根据野外验证的目的，其主要内容包括两方面，一是检验室内解译结果的正确性，二是对不确定的解译区域进行补充。检验室内解译结果的正确性，可以通过野外随机抽样，选择一定量的试验场地进行验证。验证过程中需要记录室内解译结果正误对照，再求出室内解译结果的可信度水平。验证过程也是对解译标志的检验过程，如果由于解译标志错误导致地物类型解译错误，就需要重新建立解译标志，依据新的解译标志重新解译。不确定区域补充判译是对室内目视判读中遗留的疑难问题的再次解译，根据解译过程中的详细记录，定位不确定区域，通过实地勘察，确定地物属性。若疑难问题具有代表性，应建立新的判读标志，根据野外验证情况，对遥感影像进行再次解译。

5. 成果整理

成果整理包括编绘成图、资料整理和文字总结。

1）编绘成图

首先将经过修改的草图审查、拼接，准确无误后着墨上色形成解译原图，然后将解译原图上的专题内容转绘到地理底图上，得到转绘草图；在转绘草图上进行地图编绘，着墨整饰后得到编绘原图；最后清绘得到符合专业要求的图件和资料，即解译草图—解译原图—转绘草图—编绘原图—清绘原图。

2）资料整理和文字总结

将解译过程和野外调查、室内测量中得到的所有资料整理编目，最后进行分析总结，编写说明报告。报告内容包括项目名称、工作情况、主要成果、结果分析评价和存在问题等。

五、目视解译质量要求

已完成的解译的质量应该保证解决目视解译的任务。国家、各行业、各部门不同任务均有相应的解译质量要求，针对同一遥感影像，解译目的不同时，解译质量要求也不尽相同。这些解译要求的种类虽然繁多，但对其质量的要求总体上可归纳为四个标准：解译结果的完整性（详细性）、可靠性、及时性和明显性。

1. 解译结果的完整性

解译结果的完整性是指要求所得出的结果与给定任务的符合程度。它提供关于在解译当中得到的地物特性细节的概念，例如，所描绘复杂地物要素的数量、要素状态的描述深度、细节的特性等。

根据解译结果完整性的要求，地物应分为一定的类型、类、亚类或种。对分类要求的水平（完整性）越高，图像就应该有越多的信息性能。

对解译结果完整性的评价一般以质量指标来表示，即所获得的信息是否满足给定的任务。在个别情况下，也会进行数量的评价，即所获信息占完整信息的比例。

2. 解译结果的可靠性

解译结果的可靠性指解译结果与实际的符合程度。对可靠性的评价要借助于质量和数量的指标来完成。解译可靠性取决于正确的地物数量与它们的总数量的比值关系。因此，可靠性常为识别的概率所代替。

解译过程中，被解译地物的一定数量特征有多少与实际相符合，表示着所完成解译工作在数量上的准确程度。解译的准确程度取决于图像解译任务，且要满足相应的专业解译规范。

3. 解译结果的及时性

解译结果的及时性包括图像资料的及时使用。如果被获取的图像数据长期不能交付解译使用，实际地物与图像之间变化太多会造成数据的浪费。另外，解译的及时性是指在指定的期限内工作的完成情况。这对于所有种类的解译都是重要的，而对于气象、农业、灾害调查及其他一些部门的解译来讲尤其重要。

4. 解译结果的明显性

解译结果的明显性是指解译出来的成果，应当根据任务的目标，用相应的符号、线画进行清绘，或者使成果尽可能可视化，以便人们理解和应用。

六、目视解译实施

遥感图像目视解译的组织方法可分为以下四种。

（1）野外解译，直接在实地完成。该结果可以揭示所有指定的地物，其中包括图像上没有显示的地物。

（2）飞行器目视解译，通常是在飞机或直升机上直接识别目标物而形成的解译结果。

（3）室内解译，是一种无须野外，只需要研究遥感图像性质，以便识别地物并取得地物的特性的方法。

（4）综合解译，以上两种或两种以上方式的结合。一般情况下，找出和识别地物的主要工作在室内条件下完成，而在野外或飞行中，查明或识别那些在室内不可能揭示的地物或者它们的特性。

以上方式毫无例外地都需要至少采用下述三种方法之一来实施并完成工作：目视法、机器法（自动法）和人机交互法。

遥感图像目视解译方法的特点是人工作业，也是当前最主要的解译方法。

第四节　典型遥感图像目视解译

一、单波段/全色图像解译

对于单波段的可见光、近红外图像，主要依据图像上表现出来的色调特征和空间特征进行解译、判读。基本规律是在单波段对应的波谱范围内，反射率高的地物呈现浅色调，反射率低的地物呈现深色调。例如，在绿光波段，健康茂盛的植被因含有大量的叶绿素反射绿光，在绿光波段呈浅色调；在红光波段，由于叶绿素强吸收作用而呈深色调。在近红外波段，水体对近红外强吸收呈现深色调，城市建筑物对近红外光的反射较水体强，色调稍浅。由于大气散射、吸收，雾霾、烟尘等对红外波段影响较小，可以应用红外波段图像进行资源调查、洪水灾害估损、军事侦察等。

全色图像遥感解译方法与单波段遥感图像解译类似。由于可见光全色黑白图像成像范围一般为可见光 0.4～0.7μm，像片上的明暗色调与日常生活中真实景物的色调相近，常用于地形测绘、建筑物判读、规划等，但不利于植物、土地、环境的分类研究。黑白近红外波段遥感图像成像范围一般为 0.4～1.3μm，与日常所见色调不一致，色调受地物在近红外波段的反射能力强弱的影响，但对近红外波段反射能力强的植被易于判读。图 6.8 为可见光全色黑白图像与黑白近红外波段图像的比较。

　　　　(a) 可见光全色黑白图像　　　　　　　(b) 黑白近红外波段图像

图 6.8　全色遥感图像比较

因为人眼区分灰阶的能力有限，有时看似差不多的色调，但实际的地物却不相同，所以需要根据地物本身及其分布的规律来进行判别。可以采用图像增强的方法增大不同地物间的灰度差以达到突出地物边缘的效果，或者进行密度分割，采用假彩色编码填充以增强人眼的敏感性，从而较好地识别地物。

二、多光谱图像解译

多光谱图像中记录的地物光谱特征比单波段多，能够表示地物在不同波谱范围内的反射率，基本上能够反映地物的色彩，地物类型间的差异可以通过多光谱组合的色彩变化表现出来。多光谱遥感图像解译可以运用比较法，将多光谱图像与各种地物的光谱反射特征相联系，以便精确地判断地物的属性及类型。

在多光谱图像中对水体的判读，可以获得水体覆盖分布等资料。影响水体光谱特征的因素较多，如水本身的物质组成、水体状态、水体中的能量-物质相互作用等，在小于 0.6μm

的可见光波段，水的吸收少，反射率较低，存在大量的透射，水面反射率随着太阳高度角的变化在 3%～10%变化。对于清澈的水体，在蓝-绿光波段反射率为 4%～5%，波长在 0.6μm 以下的红光部分反射率为 2%～3%；在近红外-短波红外部分几乎吸收全部的入射能量，因此水体在这两个波段的反射能量很小，与植被、土壤等光谱形成较大的差异，容易被识别出来。但由于受到水体中浮游生物、悬浮泥沙含量、水深以及水温等因素的影响，各水体光谱特征差异明显，图 6.9 是同一景 TM 影像 5、4、2 波段组合显示的水体，分别为湖泊水面和河流水面，因为水体物质组成和水深等因素，在彩色图像上呈现深紫色和淡蓝色。

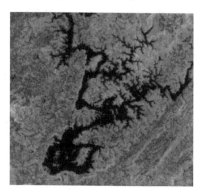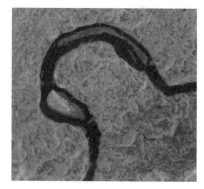

| (a) 湖泊 | (b) 河流 |

图 6.9　多光谱图像解译

遥感图像上的植被信息主要通过绿色植物叶片和植被冠层的光谱特性及其差异、变化反映。不同波段获取的植被信息与植被组成和所处的生长时期相关。植被在不同生长阶段，由于叶片细胞内部组分存在差异，植被与土壤背景处在不断变化中，在遥感图像上表现存在差异。在植被叶片光谱中，可见光波段受叶绿素影响较大，近红外波段则受叶内细胞结构影响，而在短波红外波段受到叶片细胞水分含量的控制。健康的植被因为叶绿素吸收多数的能量而在可见光范围内反射率仅为 10%～20%，在近红外波段的反射率为 40%～50%；在 0.6～0.7μm 的可见光波段，绿色植物因含有叶绿素强烈吸收，在 0.7～0.8μm 形成一个反射陡坡，0.8～1.3μm 形成一个反射率为 40%左右的宽反射坪，其是植物光谱中反映光合作用的重要波段，通常用来建立植被指数。对于复杂的植被遥感，仅用单波段数据分析和对比来提取植被信息是不够的，通常运用多光谱遥感数据经过分析运算，产生具有一定指示意义的数值即植被指数，才能更有效地进行定性和定量的分析。

因为图像上的色调受许多因素的影响而不是固定不变的，所以在具体判读时还要结合具体的情况进行分析。如地形阴影可能会改变阴影区地物的反射率，几何畸变造成地物形状的改变，有可能会影响到解译标志的建立和判读。因此，在单波段图像和多光谱图像的目视解译中，应结合图像上的空间特征和它们的光谱特性进行判读。

典型地物在彩色像片和彩色红外像片上的特征见表 6.2。

表 6.2　彩色像片和彩色红外像片上的典型地物的特征

典型地物		彩色像片上的特征	彩色红外像片上的特征
健康植被	阔叶类	绿色	红到品红色
	针叶类	绿色	红褐到紫色

续表

典型地物		彩色像片上的特征	彩色红外像片上的特征
枯萎的植被	预测阶段	绿色	暗红色
	可见阶段	黄绿色	青色
	秋季叶子	红到黄色	黄到白色
清澈的水体		蓝到绿色	深蓝到绿
含泥沙的水体		浅绿色	浅蓝色
潮湿地面		稍微深色	各种各样的深色调
陆地与水面的界线		不一定容易分辨	容易分辨
阴影		蓝色，可见细部	黑色，可见少量细部

三、热红外图像解译

热红外图像记录地物的热辐射特性，依赖地物的昼夜辐射能量成像，可以不受日照条件的限制，提供其他波段无法提供的信息。地物的辐射功率与温度和发射率成正比，热红外图像上灰度与辐射功率成函数关系。

1. 热红外图像的解译标志

热红外图像的解译标志主要是依据像片解译的影像要素或特征——形状、大小、阴影、周围环境（包括位置、布局）和色调。热红外图像由红外扫描仪遥感地面热辐射能量的分布，并将其转换为图像，所以其解译的影像要素或特征的意义也有相应的变化。

地物的位置与形状在热红外图像与全色像片中是相似的，但是热红外图像具有内在的几何变形。除沿飞行方向的主纵线外，其比例尺随距主纵线的远近而变化，离主纵线越远的物体变形越大。

形状是目标在图像上的影像，但是发热目标呈现的并不是它们真实的形状，而是点状或延展扩散亮斑。目标越热（与背景温度相比），它的热扩散就越强，影像与目标在形状和大小方面的差别也越大，这被称为热晕效应。受热扩散作用的影响，热红外图像所反映的目标地物的信息量较大，边界不清晰，但热红外图像中水体信息与其他地物有明显的不同，对环境中水分含量信息敏感。面积较大的热源，如炼钢车间、冷却池等，往往呈现为轮廓不规则的片状。风能使点热源在图像上产生比原物大几倍的影像，也能使小的点热源消失，但不会导致高温热源在背风面的轮廓模糊。

在多数情况下，热红外图像上所反映的阴影称为热阴影，其和全色像片上见到的阴影区的面积大致相同。全色像片上所见到的云阴影，只要太阳被云遮住便会马上出现，但热阴影通常在太阳被云遮住后一段时间才会出现。热阴影形成与消失的快慢视阴影区域物体的物理属性（比热、热传导系数、密度等）和当时的气象条件而异。比热大的物体，其热阴影形成与消失均比较慢；反之则快。

热红外图像的色调是解译的关键指标，色调的深浅反映了地面物体热辐射（自身发射或反射辐射）能量的状况，这是与全色像片的主要区别。同时，需要特别注意的问题是热红外图像只提供地面物体表面亮度温度信息，并不直接表示物体内部的热结构和热传导的过程。一般情况下，物体温度高，辐射能量大，在热红外图像上则呈白色或浅色调；反之呈黑色调。强辐射地物（物体表面温度较高）呈现浅色调（暖色调），弱辐射地物（物体表面温度较低）呈现深色调（冷色调）。

通常将在昼夜热红外图像上均呈白色的现象，称为热异常。而将在昼夜热红外图像上均呈黑色的现象，称为冷异常。例如，煤气公司、火力发电厂、石油炼制厂等地的上空，因废气排放，大气温度较高，成为热异常区；林间的湿地，白天得不到太阳辐射，湿地水分蒸发还要消耗热量，使其成为冷异常区等。这一类似的情况，在建立解译标志时需要特别注意。

2. 热红外图像典型地物解译

金属、路面、土壤、草地、树木和水面等都是经常遇到的解译目标。这些目标的色调在夜间的热红外图像上变化甚大，每种目标的色调都随着它们的使用状态、气象条件及物理特性的差异而不同。

1）金属表面

在正常条件下，放在室外的金属薄板（不热的），在夜间热红外图像上呈黑色，这是因为金属自身辐射红外的能力和能量远比其他物质低。虽然金属表面是很好的反射体，能够强烈地反射来自天空的辐射能，但是，夜间天空中辐射能的强度是很弱的（特别是晴朗之夜），因此，它反射出来的也很弱。

2）路面

路面在夜间热红外图像上呈现为浅灰到白色（温度十分高时）。这是因为路面的辐射能力强，同时它和地面有良好的热接触，而地面本身就是一个恒定的热源，且路面的热容量很大，它能将白天从太阳那里吸收来的很大一部分热量储存起来并在夜间辐射。这一规律对水泥、沥青及一切黑色的路面都适用。

3）土壤

在正常的条件下，土壤包括各种泥土、沙和石，在夜间热红外图像上呈淡灰色，这是由于地面的热容量大，经过白天太阳照射，使土壤具有高的辐射能力。

4）草地

草地在夜间热红外图像上呈现黑色（很冷）。草的株体小，从地面或太阳辐射取得的热量少，储藏热量的可能性也小，地面增温时它也随之增温。晚上随着地面辐射加强，它很快地把自己所有的热量辐射掉而冷却，逐渐形成晚上近地面层空气温度比地面以上数尺处的气温低的夜间逆温现象。

5）树木

树木在夜间热红外图像上呈现为中灰到浅灰的色调。树的枝干高大，白天由于树叶表面吸收红外线（大于 $2\mu m$）及树叶表面水汽的蒸腾作用，降低了树叶表面的温度，使其比周围地面温度低，在白天热红外图像上呈暗色调；晚上，储有大量热量并具有很高发射率的树和地面都进行辐射，夜间气温的逆温现象却使树吸收热量升高温度，使树冠在夜间热红外图像上呈灰色调。

针叶树的针叶丛合成发射率接近黑体的发射率，故在夜间的辐射能力和温度相对较高，白天则相对较低。依此有可能区分阔叶树和针叶树。

6）水面

水体是流体，水体内热传递是以对流形式进行的，故水体表面保持相对均一的温度，流动水体的温度变化尤其慢。不论在白天或是黑夜，水体的辐射均有明显的特征。水体具有比热大、热惯性大、对红外线几乎是全吸收、自身辐射发射率高等特点。一般情况下，白天水体的温度低于周围物体的温度，在热红外图像上呈暗色调；晚上水体自身发射辐射强于周围地物，因此在夜间的图像上为灰白到白色。

以上典型地物的解译均是热红外扫描仪在无风、晴朗的夜间成像的效果。倘若传感器前有云层遮盖，则会大大减少地面上各种物体的红外线辐射能之间的对比。连续几个阴天，会使热红外图像呈现一片空白，大部分天然的地貌特征融合在均匀一致的背景里，烟囱、散热器、煤气厂等类人工热源，会格外突出。

3. 成像时间对热红外图像特征的影响

地表大部分物体的热辐射源是太阳。在太阳照射下，地表的增温速率取决于地表层物质的热传导系数。地物热传导系数的差异导致了地表温度变化与太阳辐射变化在时间上的不同步。热红外图像正是反映这种差别并以此来区分地面不同物质的。因此，热图像的获取时间比较重要，对于不同的应用目的，最佳成像波段有所变化。

在热图像解译时，需要考虑到地物日温度变化规律的影响。地物日温度变化受光照和太阳高度角以及物体自身热传递能力的影响。在黎明前，普遍处于低温状态，黎明至午后，受太阳光照普遍升温，到午后达到峰值，再之后降温转凉。将地物辐射温度随一天内时间的变化而变化描述成曲线——辐射温度曲线，图 6.10 是土壤和水体一天中辐射温度的变化。该曲线在黎明（日出）后和黄昏（日落）前温度变化最快，尤其以土壤/岩石等变化更明显，其温差也比水体大。通常在黎明前热图像多反映地物在一天中的最低温度，是真正反映地物自身的发射辐射的，此时地面温度低，图像的黑白对比度大，差异显著；上午的热图像反映地物接收太阳辐射后增热的状况，热阴影使图像富有立体感，有助于地形分析；午间 2 点钟左右的热图像多反映一天内的最高温。因此，热红外遥感多选择黎明前和午间 2 点钟左右这两个时间段成像，以构成日间地物温差最大值。

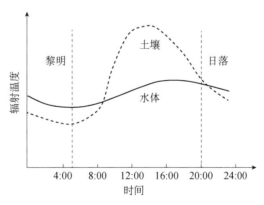

图 6.10　土壤和水体一天中辐射温度的变化

四、多时相图像解译

在遥感应用中，综合分析同一地区或地物多个时间段的遥感图像，对监测地物动态变化较为有效，还可以作为定量分析地物特性的基础。例如，应用河流正常水位和洪水位时的遥感图像，通过对比分析，可以提取洪水淹没区域，初步估计受灾面积和损失。在宏观尺度上，应用卫星热红外图像和云图进行对比，分析大范围的异常高温区，结合地质构造特点，可以为异常的地质活动如地震等作辅助性和预测性分析。运用不同时期的热红外图像解译分析，可监测城市热岛效应变化。利用多时相遥感影像进行动态分析，可研究区域环境变化。图 6.11 为黄河三角洲多时相 Landsat 卫星遥感图像，反映了该地区近四十年来的变化过程。

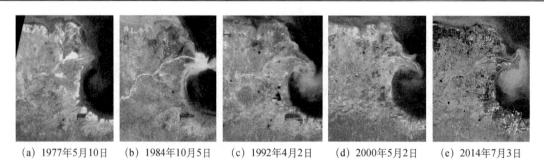

　(a) 1977年5月10日　　(b) 1984年10月5日　　(c) 1992年4月2日　　(d) 2000年5月2日　　(e) 2014年7月3日

图 6.11　黄河三角洲多时相遥感图像

第七章　遥感数字图像计算机解译

第一节　基 础 知 识

　　遥感数字图像计算机解译以遥感数字图像为研究对象，在计算机系统的支持下，综合运用地学分析、遥感图像处理、地理信息系统、模式识别与人工智能技术，实现地学专题信息的智能化获取。其基本目标是将人工目视解译遥感图像发展为计算机支持下的遥感图像解译。

　　利用计算机对遥感数字图像进行解译难度很大。第一，遥感图像是从遥远的高空成像，成像过程受传感器、大气条件、太阳位置等多种因素的影响，影像中所提供的目标地物信息不仅不完全，而且或多或少带有噪声，因此，需要从不完全的信息中尽可能精确地提取出地表场景中感兴趣的目标物。第二，遥感影像信息量丰富，与一般的图像相比，其包含的内容远比普通的图像多，因而，内容非常"拥挤"。不同地物间信息的相互影响与干扰使得要提取出感兴趣的目标变得非常困难。第三，遥感图像的地域性、季节性和不同成像方式增加了计算机对遥感数字图像进行解译的难度。

　　由于利用遥感图像可以客观、真实和快速地获取地球表层信息，在自然资源调查与评价、环境监测、自然灾害评估与军事侦察上具有广泛应用前景。因此，利用计算机进行遥感图像智能化解译，快速获取地表不同专题信息，并利用这些专题信息迅速地更新地理数据库，是实现遥感图像自动理解的基础研究之一，也是地理信息系统中数据采集自动化研究的一个方向，具有重要的理论意义和应用前景。

一、遥感数字图像的基本概念及其特点

1. 遥感数字图像

　　遥感数字图像是以数字形式表示的遥感影像（图7.1），记录了传感器探测目标地物时获取的地物反射、辐射的电磁波信息。

47	55	74	122	163	174	168
50	55	80	101	150	167	158
55	59	64	85	139	153	139
55	59	65	74	101	114	95
55	55	59	59	69	68	57
55	55	60	60	56	59	59
55	55	56	56	59	64	64
55	56	56	56	60	64	64

单波段黑白图像　　　　单波段黑白图像（局部放大）　　　　数字图像

图 7.1　遥感数字图像

　　遥感数字图像的基本单位是像素。像素是成像过程的采样点，也是计算机图像处理的最小单元。像素具有空间特征和属性特征。像素的属性特征用亮度值表达，不同波段上相同地点的亮度值可能是不同的。传感器从空间观测地球表面，因此，每个像素含有特定的地理位置信

息，并表征一定的面积。像素的面积可以根据投影面在地表 X 方向长度和 Y 方向长度来计算。

像素的属性特征采用灰度值表达，在不同波段上相同地点的灰度值可能是不同的，这是因为地物在不同波段上其反射电磁波的特征不同。

遥感数字图像中像素的数值主要由传感器所探测到的地面目标地物的电磁波辐射强度所决定。入射到传感器中的电磁波被探测器元件转化为电信号，经过模/数转换，成为绝对辐射亮度值 R。为便于应用，R 又被转换为能够表征地物辐射亮度的相对值，记录到每个像素中。如果是系统校正过的数据，根据式（7.1）可以把像素数据值 V 变换为绝对辐射亮度值 R：

$$R = V \times \frac{(R_{\max} - R_{\min})}{D_{\max}} + R_{\min} \tag{7.1}$$

式中，$R_{\max}$，$R_{\min}$ 分别为探测器可检测到的最大和最小辐射亮度；$D_{\max}$ 为级数；R 为辐射亮度，$\mathrm{mW/(cm^2 \cdot sr)}$；$V$ 为像素数据值。

2. 遥感数字图像的特点

图像是以离散的点阵来表达客观世界，图形是以线划、多边形、区域刻画客观世界。在图像上点与点之间除了空间上发生距离关系外，在其他意义上都是孤立的。在图形中区域内部一般认为是同质的，线划、区域之间具有明显的空间关系。图像可分为光学图像和数字图像，光学图像是经过光学成像过程得到的图像，它通过感光银盐的密度来表现图像的明暗及色彩；数字图像是数字化后的图像，其明暗色彩被编码为一组二维的数字矩阵。通过显示输出可以得到恢复的图像。数字图像中的数字可以参与所有的数学运算和逻辑运算，所以在以计算机技术为核心的图像处理、识别和理解方面，数字图像比光学图像具有更大的优势。

遥感数字图像是数字图像的一个子集，而数字图像又是图像的一个子集。所以遥感数字图像继承了图像和数字图像的所有特点，又具有自己独有的特点：反映内容的特定性、表达尺度的宏观性和空间分辨率的多样性、成像波段的独立性和多样性以及成像机理的复杂性。

二、遥感数字图像计算机解译与模式识别

1. 遥感数字图像计算机解译

遥感数字图像的计算机解译又称为遥感图像的计算机分类，就是对地球表面及其环境在遥感图像上的信息进行属性识别和分类，从而达到识别图像信息所相应的实际地物，提取所需地物信息的目的。与遥感图像的目视判读技术相比，它们的目的是一致的，但手段不同。目视判读是直接利用人类的自然识别智能，而计算机分类是利用计算机技术来人工模拟人类的识别功能。遥感图像的计算机分类是模式识别的一个方面，它的主要识别对象是遥感图像及各种变换之后的特征图像，识别目的是为地球资源环境研究提供数字化信息。

遥感图像计算机分类的依据是遥感图像像素的相似度。常用距离和相关系数来衡量相似度。采用距离衡量相似度时，距离越小相似度越大；采用相关系数衡量相似度时，相关程度越大，相似度越大。

目前，遥感图像的自动识别分类主要采用决策理论（或统计）方法。按照决策理论方法，需要从被识别的模式（即对象）中，提取一组反映模式属性的量测值，称其为特征，并把模式特征定义在一个特征空间中，进而利用决策的原理对特征空间进行划分，以区分具有不同特征的模式，达到分类的目的。遥感图像模式的特征主要表现为光谱特征和纹理特征两种。基于光谱特征的统计分类方法是遥感应用处理在实践中最常用的方法，也是本章的主要内容。而基于纹理特征的统计分类方法则是作为光谱特征统计分类方法的一个辅助手段，目

前还不能单纯依靠这种方法来解决遥感应用的实际问题。

2. 模式

模式是指某种具有空间或几何特征的某种事物的标准形式。模式识别系统对被识别的模式作一系列的测量，然后将测量结果与"模式字典"中一组"典型的"测量值相比较。若和字典中某一"词目"的比较结果吻合或比较吻合，则得出所需要的分类结果，这一过程称为模式识别（pattern recognition）。对于模式识别来说，这一组测量值就是一种模式，不管这组测量值是不是属于几何或物理范畴的量值。

3. 模式识别

模式识别又常被称作模式分类，是指对表征事物或现象的各种形式的（数值的、文字的和逻辑关系的）信息进行处理和分析，以对事物或现象进行描述、辨认、分类和解释的过程，是信息科学和人工智能的重要组成部分。

计算机遥感图像分类是统计模式识别技术在遥感领域的具体应用。统计模式识别的关键是提取待识别模式的一组统计特征值，然后按照一定准则做出决策，从而对数字图像予以识别。遥感图像分类的主要依据是地物的光谱特征，即地物电磁波辐射的多波段测量值，这些测量值可以用作遥感图像分类的原始特征变量。然而，就某些特定地物的分类而言，多波段影像的原始亮度值并不能很好地表达类别特征，因此需要对数字图像进行运算处理（如比值处理、差值处理、主成分变换以及 K-L 变换等），以寻找能有效描述地物类别特征的模式变量，然后利用这些特征变量对数字图像进行分类。分类是对图像上每个像素按照亮度接近程度给出对应类别，以达到大致区分遥感图像中多种地物的目的。

图 7.2 为一种简单的模式识别系统的模型。对于遥感技术来说，图中接收器可以是各类传感器，接收器输出的是一组 n 个测量值，每一个测量值对应于多光谱遥感图像的一个波段。这一组测量值可以看作是 n 维空间（测量空间或称特征空间）中一个确定的坐标点，测量空间中的任何一点，都可以用具有 n 个分量的测量矢量 X 来表示：$X = [x_1, x_2, \cdots, x_n]^T$。图中的分类器（或判决器），可以根据一定的分类规则，把某一测量矢量 X 划入某一组预先规定的类别。

图 7.2　模式识别系统的模型

三、光谱特征空间

1. 光谱特征

统计模式识别以像素作为识别的基本单元，其本质是地物光谱特征的分类。例如，根据水体的光谱特征，在分类过程中可以识别构成水体的像素，但计算机无法确定一定空间范围的水体究竟是湖泊还是河流。

遥感图像的光谱特征通常是以地物在多光谱图像上的亮度来体现，即不同的地物在同一波段图像上表现的亮度一般互不相同；同时，不同的地物在多个波段图像上的亮度也呈现不同的规律，这就构成了在图像上赖以区分不同地物的物理依据。同名地物点在不同波段图像中亮度的观测量将构成一个多维的随机向量（X），称为光谱特征向量，即

$$X = [x_1, x_2, \cdots, x_n]^T \tag{7.2}$$

式中，n 为图像波段数目；x_i 为地物图像点在第 i 波段图像中的亮度值。

2. 光谱特征空间

为了度量图像中地物的光谱特征，需要建立一个以各波段图像的亮度分布为子空间的多维光谱特征空间。这样，地面上任一点通过遥感传感器成像后对应于光谱特征空间上的一点。各种地物由于其光谱特征不同，将分布在特征空间的不同位置上。图 7.3 描述了地物与特征空间的关系。地物通过传感器生成多光谱遥感影像（图中以两个波段为例），由于地物反射光谱特性不同，三类地物的每个像元亮度不同。如果以两个波段的影像亮度值作为特征空间的子空间（两个坐标轴），从图中可看出，三对同名像元对应特征空间中三个不同的点。

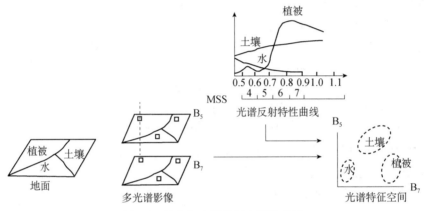

图 7.3　地物与光谱特征空间的关系

3. 光谱特征点集群

每个地物点依其在各个波段所具有的光谱值可以在一个多维空间中找到一个相应的特征点，但由于随机性因素（如大气条件、背景、传感器本身的"噪声"等）影响，同类地物的各取样点在光谱特征空间中的特征点将不可能只表现为同一点，而是形成一个相对聚集的点集群，如图 7.4 中虚线所示，而不同类地物的点集群在特征空间内一般是相互分离的。特征点集群在特征空间中的分布大致可分为如下三种情况：

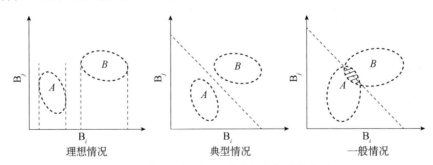

图 7.4　特征点集群的光谱特征空间分布类型

（1）理想情况——不同类别集群至少在一个特征子空间中的投影完全可以相互区分开。这种情况可以用简单的图像密度分割实现。

（2）典型情况——不同类别地物的集群，在任一子空间中都有相互重叠的现象存在，但在总的特征空间中可以完全区分。即任一单波段图像不能实现图像的分类，只有利用多波段图像在多维空间中才能实现精确分类。这时可采用特征变换使之变成理想情况进行分类。

（3）一般情况——无论是在总的特征空间中，还是在任一子空间中，不同类别的集群之间总是存在重叠现象。这时重叠部分的特征点所对应的地物，在分类时总会出现不同程度的分类误差，这是遥感图像中最常见的情况。

四、分类基本原理与技术流程

1. 分类原理

同类地物在相同的条件下（光照、地形等）应该具有相同或相似的光谱信息和空间信息特征。不同类地物之间具有差异，根据这种差异，将图像中的所有像元按其属性的相似性分为若干个类别的过程，称为遥感图像分类。

假设遥感图像有 n 个波段，将 (i, j) 位置的像元视为样本，则像元各波段上的灰度值可表示为 $X = (x_1, x_2, \cdots, x_n)$，称为特征空间。在遥感图像分类中，把图像中的某一地物称为模式，把属于该类的像元称为样本。

以两个波段的遥感图像为例说明计算机分类的原理。

多光谱图像上的每个像元可用特征空间中的一个点来表示。通常情况下，在特征空间中，由于"同类相近，异类相离"的规律，像元聚集形成不同点集群。因此在特征空间中代表该地物的像元将聚集在一起，多类地物在特征空间中形成多个点簇。

在图 7.5 中，设图像上只包含两类地物，记为 A、B，则在特征空间中会有 A、B 两个相互分离的点集。将图像中两类地物分开等价于在特征空间中找到若干条直线或曲线（如果波段大于 3，需找到若干个曲面）将 A、B 两个点集分开。设曲线的表达式为 $f_{AB}(X)$，则方程

$$f_{AB}(X) = 0 \tag{7.3}$$

称为 A、B 两类的判别边界。

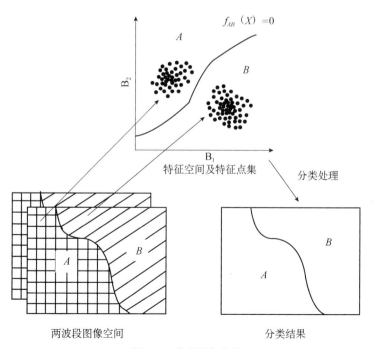

图 7.5　遥感图像分类

$f_{AB}(X)$确定后，可以方便地判定特征空间中的任意一点属于 A 类还是 B 类：

$$当 f_{AB}(X) > 0,\quad X \in A;\ 当 f_{AB}(X) < 0,\ X \in B$$

式（7.3）称为确定样本归属类别准则，$f_{AB}(X)$ 称为判别函数。

遥感图像分类算法的核心就是确定判别函数 $f_{AB}(X)$ 和判别准则。为了保证确定的 $f_{AB}(X)$ 能够较好地将各类地物在特征空间中分开，通常是在一定的准则（如贝叶斯分类器中的错误分类概率最小准则等）下求解判别函数 $f_{AB}(X)$ 和判别准则。

2. 分类技术流程

遥感数字图像分类主要流程（图 7.6）一般包括：了解分类目的及研究区背景，确定分类体系，数据选取，图像预处理，特征选择与提取，分类类别确定和解译标志建立，分类方法选择和相关参数设置，训练样本的选取与评价，图像分类，分类后处理和精度评价。

1）了解分类目的及研究区背景

在进行遥感数字图像分类之前，要先确定分类目的，这将直接决定分类方案的设计和分类结果的表达。了解研究区背景不但有利于分类类别和训练样本的选择，并且可以对分类结果进行初步的精度控制，便于对分类方案进行改进。

2）确定分类体系

在分类前需要确定分类使用的分类体系和解译标志；在分类后，需要根据分类结果完善修改工作区域的分类体系。

土地利用和土地覆盖是常见的遥感图像分类工作，因应用目的不同，其分类标准也不同，在工作前需要查询最新的标准和要求。

3）数据选取

遥感数据的选取应根据不同应用目的综合考虑，包括遥感数据的空间分辨率、光谱分辨率、成像时间、图像质量以及数据成本等问题。

4）图像预处理

图像预处理主要包括对待分类的遥感图像进行辐射校正、几何校正，以及可能涉及的图像裁剪、图像镶嵌等处理，以获得一幅覆盖研究区域的几何位置准确、对比度清晰的图像，确保图像分类的精度满足需要。

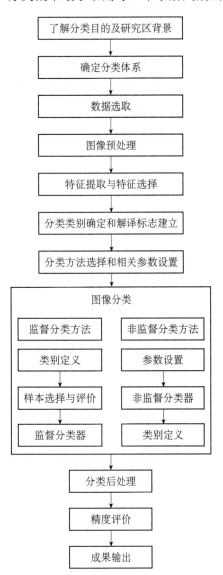

图 7.6　遥感数字图像分类主要流程

5）特征提取与特征选择

特征提取与特征选择是为了获得类间方差大、类内方差小的特征集，从而提高不同地类之间的可分性。前者是利用特征提取算法从原始图像中计算出能反映类别特性的一组新特征，如植被指数、纹理特征、几何特征等；后者是从众多特征中挑选出有利于分类的若干特征。

6）分类类别确定和解译标志建立

图像分类的类别主要根据应用目的和图像数据的特征制定。解译标志是每个类别在遥感图像上的特征，反映了分类者对遥感图像的认知程度，直接决定监督分类样本的选择及非监督分类结果的判定，影响分类结果的精度。

7）分类方法选择和相关参数设置

根据遥感数据特点和分类任务要求，对比各种分类方法的优缺点，设计或选择恰当的分类器及其判别准则，对空间特征进行划分，完成分类工作。

8）训练样本的选取与评价（可选项）

训练样本的选取与评价是监督分类中的一个重要环节，样本质量将直接影响分类结果的可靠性。

9）图像分类

根据所选分类方法及设置的分类参数，执行图像分类。如果是非监督分类方法，其结果还没有定义具体的地物类别（信息类别），需要与先验知识进行比较来确定类别属性。

10）分类后处理

分类后处理的目的是得到与实际情况相符的、满足分类要求的分类结果。对于逐像元分类而言，由于受多种因素的影响，在分类结果中可能会产生一些异于周围类别的噪声或者逻辑关系错误的小图斑，分类处理就是消除这些噪声和错误，一般包括聚类分析、过滤分析和去除分析等。

11）精度评价

利用检验样本对分类结果进行评价，确定分类结果的精度和可靠性。如果分类精度达不到要求，需重新调整分类方法或者训练样本，直到分类精度满足要求。

五、主要分类判别函数

在特征空间已经存在的情况下，每个像元的分类问题，就是判定它与哪个类的特征更相似的问题。

相似性可用"距离"来度量。分类是确定像元距离哪个点集群中心较近，或落入哪个点集群范围可能性大的问题。像元与点集群的距离越近，属于该点集群的可能性就越高。按照一定的准则，当距离小于一定值时，像元被划分给最近的点集群。

根据距离的分类是以地物光谱特征在特征空间中以点集群的方式分布为前提的。也就是说，假定不知道特征的概率分布，但认为同一类别的像元在特征空间内完全聚集成点集群，每个点集群都有一个中心。这些点集群的数目越多，即密度越大或点与中心的距离越近，就越可以肯定它们属于一个类别，所以点间的距离成为重要的判断参量。同一类别中心间的距离一般来说比不同类别间距离要小。也可以认为，一个点属于某一类，那么它与这个类中心的距离要小于到其他类别中心的距离。因此，在点集群中心已知的情况下，以每个点与点集群中心的距离作为判定的准则，就可以完成分类工作。

运用距离判别函数时，要求各个类别点集群的中心位置已知，对于光谱特征空间中的任一点 x，计算它到各类别中心点的距离 d，最小距离对应的类就是 x 像元属于的类。

下面介绍遥感图像分类常用的一些描述相似性的统计量。

设分类时采用 p 个变量（波段），则第 i 个像元和第 j 个像元的特征向量为

$$X_i = [x_{1i}, x_{2i}, \cdots, x_{pi}]^{\mathrm{T}} \tag{7.4}$$

$$X_j = [x_{1j}, x_{2j}, \cdots, x_{pj}]^{\mathrm{T}} \tag{7.5}$$

第 k 类均值向量的特征向量可表达为

$$M_k = [m_{1k}, m_{2k}, \cdots, m_{pk}]^{\mathrm{T}} \tag{7.6}$$

距离系数是指以多维特征空间中的样本矢量点间的距离作为量度分类的相似统计量，具体有以下几种。

1）欧氏距离

欧氏距离（Euclidean distance，欧几里得距离）是多维空间上两点之间的直线距离，应用最多。定义为

$$d_{ij} = \sqrt{\frac{\sum_{k=1}^{p} (x_{ik} - x_{jk})^2}{p}} \quad (i,j = 1,2,3,\cdots,M; i \neq j) \tag{7.7}$$

式中，p 为波段数；d_{ij} 为第 i 像元与第 j 像元在 p 维空间中的距离；x_{ik} 为第 k 波段上的第 i 个像元的灰度值；M 为像元数。

2）绝对距离

绝对距离又称曼哈顿距离（Manhattan distance），是多维空间上两点之间的直接距离。定义为

$$d_{ij} = \sum_{k=1}^{p} |x_{ik} - x_{jk}| \quad (i,j = 1,2,3,\cdots,M; i \neq j) \tag{7.8}$$

式中，d_{ij} 为第 i 像元与第 j 像元在 p 维空间中的矢量点间的距离。

3）明氏距离

明氏距离是明可夫斯基距离（Minkowski distance）的简称，是欧氏距离的推广，是对多个距离度量公式的概括性的表达。定义为

$$d_{ij} = \left[\sum_{k=1}^{p} |x_{ik} - x_{jk}|^q \right]^{\frac{1}{q}} \tag{7.9}$$

当 $q=1$ 时，为绝对距离，当 $q=2$ 时，为欧氏距离。

明氏距离在使用过程中，需要注意以下问题。

（1）特征参数的量纲。具有不同量纲的特征参数常常是无意义的。例如，特征参数为某个波段亮度值和某种波段亮度比值时，波段的亮度值通常是整数，而比值常为小于 1 的数，将这样数量级相差较大的数以同等的权重组合，会突出绝对值大的特征参数的作用而弱化绝对值小的特征参数的作用。解决的办法是在进行分类前对数据进行标准化。

（2）特征参数间的相关性。特征参数间通常（未经正交变换）是相关的，在表征地物特征方面有共性。若大部分特征参数相关性较强，而个别的相关性不大，则一般来说相关的参数和不相关的参数在距离中的权应该是不一致的，但在上述公式中权是相同的，这也是个缺点。

4）极差归一化距离

设 R_k 是第 k 个波段所有像元数据的极差，$R_k = x_{\max, k} - x_{\min, k}$，有

$$d_{ij} = \frac{1}{p} \sum_{k=1}^{p} \frac{|x_{ik} - x_{jk}|}{R_k} \tag{7.10}$$

式中，d_{ij} 为第 i 像元与第 j 像元在 p 维空间中的矢量点间的距离。极差归一化距离是归一化

后取均值，值域为[0，1]，其作用是可以抑制噪声。

5）马氏距离

马氏距离是马哈拉诺比斯距离（Mahalanobis distance）的简称，它是一种加权的欧氏距离，是欧氏距离正态分布的多维延伸，它通过协方差矩阵来兼顾变量的变异性。

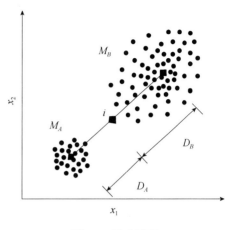

图 7.7　马氏距离

在实际分类中，点集群的形状是大小和方向各不相同的椭球体，如图 7.7 所示。尽管 i 点到 M_A 的距离 D_A 小于到 M_B 的距离 D_B，即 $D_A < D_B$，但由于 B 点集群比 A 点集群更为离散，因而把 i 点划入 B 类更合理。可以这样理解距离中的加权：权重表明计算的距离与各点集群的方差有关，方差越大，计算的距离就越短。如果各个点集群具有相同的方差，则马氏距离是欧氏距离的平方。

当前像元点 i 的值 x 到类别 k 的马氏距离，与类别 k 的均值 M_k 和协方差 S_k 有关，表达式为

$$d_{ik} = \sum (x - M_k)S_k^{-1}(x - M_k)^{\mathrm{T}} \tag{7.11}$$

或

$$d_{ik} = \sum_{j=1}^{p} \left\{ \sum_{m=1}^{p} [(x_{im} - M_m(k))S_{jm}^{-1}(k)](x_{ij} - M_j(k))^{\mathrm{T}} \right\} \tag{7.12}$$

式中，p 为特征个数。

马氏距离的优点在于克服了波段间相关性的影响。

六、特征提取与特征选择

特征提取和特征选择的目的就是区分不同的地物类型并应用于遥感数字图像分类。

1. 特征提取

遥感图像中包含极丰富的目标信息，图像特征结构复杂，其中有些是视觉直接感受到的自然特征，如区域的亮度、边缘的轮廓、纹理或色彩等；而有些则是需要通过变换或测量才能得到的人为特征，如谱、直方图、矩等。总体来说，遥感图像的特征主要有光谱特征、纹理特征和形状特征等。为了有效地实现分类识别，必须对原始采样数据进行变换，得到最能反映目标物本质的特征，这就是特征提取和选择的过程。特征提取和选择作为模式识别、图像理解或信息量压缩的基础，既能减少参加分类的特征图像的数目，又能从原始信息中提取出能更好地进行分类的图像特征。由于图像具有很强的领域性，不同领域图像的特征千差万别，与图像所反映的对象物体的各种物理的、形态的性能有很大的关系，因而有各种各样的特殊方法。

1）光谱特征提取

在遥感图像的所有信息中最直接应用的是地物的光谱信息，地物光谱特性可通过光谱特征曲线来表达。遥感图像中每个像素的亮度值代表的是该像素中地物的平均辐射值，它随地物的成分、纹理、状态、表面特征及所使用电磁波波段的不同而变化。光谱特征是指图像中目标物的颜色及灰度或者波段间的亮度比等，通过原始波段的点运算获得。光谱特征提取的

思想就是对多种光谱属性进行某种线性或非线性组合得到新的综合指标。常用的光谱特征提取方法有代数运算法、导数法和变化法等。

2）纹理特征提取

纹理是指存在于图像中某一范围内形状很小的、半周期性或有规律排列的图案，是图像处理和模式识别的主要特征之一。纹理反映了图像灰度模式的空间分布，包含了图像的表面信息及其与周围环境的关系，更好地兼顾了图像的宏观结构和微观结构。在图像判读中使用纹理表示图像的均匀、细致、粗糙等现象。纹理特征在地质地貌、岩性识别方面起着重要的作用。以纹理为主导的图像称为纹理图像。纹理特征提取方法主要有统计法、模型法、信号处理法和结构法等。

3）形状特征提取

形状特征，也称为轮廓特征，是指整个图像或者图像中子对象的边缘特征和区域特征，也是模式识别的主要特征之一，对图像轮廓的平移和旋转变化的抑制等是其研究的主要内容。对计算机图像识别系统而言，物体的形状是一个赖以识别的重要特征。图像的形状特征不随目标颜色、纹理、背景的变化而变化，是物体稳定的特征。

对形状特征的提取主要是寻找一些几何不变量，目前典型的形状特征描述方法主要有两类：基于边界的形状特征提取方法和基于区域的形状特征提取方法。前者利用图像的边缘信息，而后者则利用区域内的灰度分布信息。基于边界的形状特征提取是在边缘检测的基础上，用面积、周长、偏心率、角点、链码、兴趣点、傅里叶描述子、矩描述子等特征来描述物体的形状，适用于边缘较为清晰、容易获取的图像。基于区域的形状特征提取的主要思路是通过图像分割技术提取图像中感兴趣的物体，依靠区域内像素的颜色分布信息提取图像特征，适于区域能够较为准确地分割出来、区域内颜色分布比较均一的图像。形状特征提取主要方法有地物边界跟踪法、形状特征描述及提取法、空间关系特征的描述与获取法等。

2. 特征选择

在遥感图像自动分类过程中，不仅使用原始遥感图像进行分类，还使用多种特征变换之后的影像以提取更多的地物属性，然而并不是每个属性都能有效区分地物。特别是在对遥感图像进行分类时，并非特征选择越多越好，只有选择适量具有代表性的特征才能取得地物类别识别的准确性，因此在分类之前必须对这些属性进行筛选。因此，特征选择就是在众多的分类特征中选择一组最佳的影像特征，达到最好分类结果的过程。

1）特征选择策略

（1）选择各类平均可分性最大的特征。该策略比较难照顾到分布比较集中的类别，如果使用这个策略，选用能均衡照顾到各类的特征以弥补其不足。

（2）选择最难分的类别具有的可分性最大的特征。该策略能照顾到难分的类别，但是可能会漏掉某些可分性最大的特征，从而使分类精度下降。

实际应用中，要综合两种策略的思想，使效率和模式分布达到平衡。

2）特征选择方法

（1）单独选择法：根据可分性准则函数计算 n 个特征中每个特征可分性，然后根据各个特征的可分性大小进行排序，选择可分性最大的前 m（$n>m$）个特征。

（2）扩充最优特征子集：计算每个特征对应的所有类别的可分性，选择可分性最大的特征进入到最优子集中；增加一个特征构成新的特征集，重新计算特征集合的可分性，选择最大的特征组合作为新的最优子集；重复执行第二步，直到最优的特征子集达到 m 个为止。

（3）选择最难分类但对做出正确分类贡献最大的特征子集：根据类别可分性函数计算每一个类别的可分性，找出最难分的类别；计算各个特征对于最难分的类别的可分性，选择可分性最大的特征进入到最优子集；增加一个特征构成新的特征集，计算新组合对于最难分的类别的可分性，选择可分性最大的特征组合作为新的最优特征子集；重复执行第三步，直到最优的特征子集达到 m 个为止。

（4）去掉最难分类且正确分类贡献最小的特征子集：根据类别可分性函数计算每一个类别的可分性，找出最难分的类别；计算各个特征对于最难分的类别的可分性，去掉可分性最小的特征，剩下的特征作为最优子集。减少一个特征，形成新的组合，计算新组合对于最难分的类别的可分性，选择可分性最大的特征组合作为新的最优特征子集；重复执行第三步，直到最优的特征子集达到 m 个为止。

必须指出的是：以上方法均假设各个特征之间相互独立，没有考虑特征之间的相关性。实际上，各个特征之间存在一定的相关性，因此，首先应该剔除一些可分性小且与其他特征相关性大的特征，选择相关性较小且可分性最大的特征组。

3）特征选择定量指标

除了以上的特征选择方法之外，更多时候必须借助一些定量的方法来进行特征选择。最佳指数法和波段指数法同时兼顾了相关性度量和信息量度量这两种重要指标，因而常用于遥感数字图像分类特征变量的判断与选择。

（1）最佳指数法。最佳指数法（optimum index factor，OIF）综合考虑了特征的标准差和相关性，其原理是图像数据的标准差越大，所包含的信息量越多；而波段的相关系数越小，表明各波段的图像数据独立性越高，信息冗余度也就越小。计算公式为

$$OIF = \frac{\sum_{i=1}^{n} \sigma_i}{\sum_{j=1}^{m} |R_j|} \tag{7.13}$$

式中，n 为波段的分组个数；OIF 为从每组中各选出一个波段进行组合，所以 n 也是最终选择的波段个数，其分组原则是将相关性高的波段归为一组；σ_i 为 n 个波段中第 i 波段的标准差；m 为 n 个波段中两两波段间相关系数的总个数，取值为 C_n^2；R_j 为 m 个相关系数中的第 j 个。

OIF 的判断依据是，当某波段组合的 OIF 值最大时，该组合就是最佳波段组合。由于波长邻近的波段之间相关性较高，根据特征独立性原则常将多光谱数据划分为可见光波段组、近红外波段组和中红外波段组，进行波段组合选择。

（2）波段指数法。标准差越大，表明波段的离散程度越大，所含的信息量越丰富；而波段的总体相关系数的绝对值越小，表明各波段的图像数据独立性越高，信息冗余度也就越小。波段指数的定义为，设 R_{ij} 为波段 i 和波段 j 之间的相关系数，根据 R_{ij} 的大小将多光谱数据分为 k 组，每组的波段数分别为 n_1, n_2, …, n_k，则波段指数的计算公式为

$$P_i = \frac{\sigma_i}{R_w + R_a} \tag{7.14}$$

式中，P_i 为第 i 波段的波段指数；σ_i 为第 i 波段的标准差；R_w 为第 i 波段与其所在组内其他波段的相关系数的绝对值之和的平均值；R_a 为第 i 波段与其所在组外的其他波段的相关系数的绝对值之和。

波段指数法的判断标准是选择每组中波段指数最大的波段作为该组的最优波段，最后选出 k 个波段参与最终分类。

第二节 非监督分类

从处理问题的性质和解决问题的方法等角度，遥感图像的计算机分类方法分为监督分类（supervised classification）和非监督分类（unsupervised classification）两种。二者的主要差别在于，各实验样本所属的类别是否预先已知。一般说来，监督分类往往需要提供大量已知类别的样本，但在实际问题中，这是存在一定困难的，因此研究非监督分类就变得十分有必要了。

非监督分类是指人们事先对分类过程不施加任何先验知识，而仅凭遥感影像数据的光谱特征分布规律，即自然聚类的特性，进行"盲目"的分类，也称聚类分析。非监督分类的结果只对不同类别进行了区分，不能确定类别的属性，其类别属性是通过分类后目视判读或实地调查确定的。非监督分类的思想是边学习边分类，通过学习找到相同的类别，然后将该类与其他类区分开。

一、非监督分类过程

由于没有利用地物类别的先验知识，非监督分类只能假设初始的参数，并通过预分类处理来形成类群，通过迭代使有关参数达到允许的范围为止。在特征变量确定后，非监督分类算法的关键是初始类别参数的选定。

非监督分类的基本过程如图 7.8 所示。

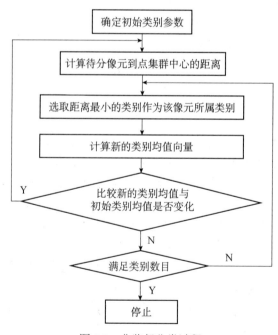

图 7.8 非监督分类过程

（1）确定初始类别参数，即确定最初类别数和类别中心（点集群中心），初始类别数根据分类目的、遥感数据及工作区实际类型等资料确定。

（2）计算每个像元对应的特征向量到各点集群中心的距离。

（3）选取距离最小的类别作为这一向量的所属类别。

（4）计算新的类别均值向量，即将第 3 步的结果作为新类别的个体并计算其类别均值向量。

（5）比较新的类别均值与初始类别均值，如果发生了改变，则以新的类别均值作为聚类中心，再从第 2 步开始进行迭代。

（6）判别，计算归并后的类别数，若满足给定的类别数，则分类结束；若不满足，则重复上述第 3～第 6 步，直到满足给定的类别数为止。

二、非监督分类方法

非监督分类主要采用聚类分析方法，即把一组像素按照相似性归成若干类别，即"物以类聚"。它的目的是使属于同一类别像素之间的距离尽可能小，而不同类别像素间的距离尽可能大。非监督分类有多种方法，主要有 K-均值算法、模糊 C-均值算法、ISODATA（iterative self-organizing data analysis techniques algorithm）算法和等混合算法。其中，K-均值算法和 ISODATA 算法效果较好、使用最多。在图像分类的初始阶段，可用非监督分类方法来探索数据的本来结构及其自然点集群的分布情况。

1. 分级集群法

当同类物体聚集分布在一定的空间位置上时，它们在同样条件下应具有相同的光谱信息特征，其他类别的物体应聚集分布在不同的空间位置。由于不同地物的辐射特性不同，反映在直方图上会出现很多峰值及其对应的一些众数灰度值，它们在图像上对应的像元分别倾向于聚集在各自不同众数附近的灰度空间形成的很多点群，这些点群就称作集群。

分级集群法采用"光谱距离"评价各样本（每个像元）在空间分布的相似程度，把它们的分布分割或者合并成不同的集群。每个集群的地理意义需要根据地面调查或者已知类型的数据比较后方可确定。

分级集群法的分类过程如下。

（1）确定评价各样本相似程度所采用的指标，如光谱距离、相关系数等。

（2）初定分类总数 n。

（3）计算样本间的距离，并根据距离最近的原则判定样本归并到相应类别。

（4）以归并后的类别作为新类，与剩余的类别重新组合，再计算并改正其距离。在达到所要求分类的最终类别数之前，重复样本间相似度的评价和归并，直到所有像素都归入到各类别之中。

分级集群方法的特点是归并的过程分级进行，在迭代过程中没有调整类别总数的措施，如果一个像元被归入到某一类后，就排除了它再被归入到其他类别的可能性。分级集群法可能导致对一个像元的操作次序不同，会得到不同的分类结果，这是该方法的缺点。

2. K-均值算法

K-均值算法也称 C-均值算法，属于动态聚类方法，其特点是要求确定某个评价聚类结果质量的准则函数，并给定某个初始分类，然后用迭代算法找出使准则函数取极值的最好聚类结果。K-均值算法以距离平方和最小作为准则函数，故又称为"距离平方和极小化聚类法"。

K-均值算法的流程见图 7.9，具体计算步骤如下。

假设图像上的目标要分为 K 个已知类别。

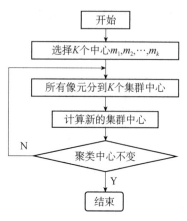

图 7.9 K-均值算法框图

第一步：任意选择 K 个初始中心。初始中心的选择对聚类结果有一定影响，一般选前 K 个样本作为初始中心，其方法有：①根据问题的性质，用经验法确定类别数 K，从数据中找出从直观上看来比较适合的 K 个类的初始中心；②将全部数据随机地分为 K 个类别，计算每类的重心，将这些重心作为 K 个类的初始中心。

第二步：迭代，未知样本 X 分到距离最近的类中。

第三步：重新计算聚类中心。

第四步：每一类的像元数目变化达到要求，算法结束；否则，转入第二步计算。

K-均值算法受到聚类中心数目、初始类别中心的选择、样本输入的次序、数据的几何特性等因素的影响，且在迭代过程中又没有调整类数的措施，因此，不同的初始分类可能得到不同的结果，这也是该方法的缺点。可以通过其他简单的聚类中心方法，例如，最大最小距离定心法、像素光谱特征比较法、总体直方图均匀定心法、局部直方图峰值定心法，确定初始类别中心，进而改进分类效果。

K-均值算法分类方法简单易行，实践表明该方法对卫星数据分类处理效果很好，在诸如地球物理和地质探查等分析中获得了成功应用。

3. ISODATA 聚类法

在初始状态给出图像粗糙的分类，然后基于一定原则在类别间重新组合样本，直到分类比较合理为止，这种聚类方法是动态聚类。ISODATA 算法，也称迭代自组织数据分析算法，是具有代表性的动态聚类方法。

ISODATA 算法与 K-均值算法具有相似性。主要不同在于：第一，它不是每调整一个样本的类别就重新计算一次各类样本的均值，而是在把所有样本都调整完毕后才重新计算，前者称为逐个样本修正法，后者称为成批样本修正法。第二，ISODATA 算法不仅可以通过调整样本所属类别完成样本的聚类分析，而且可以自动地进行类别"合并"和"分裂"。"合并"操作就是当聚类结果某一类中样本数太少，或两个类间距离太近时，进行合并。"分裂"操作是当聚类结果某一类的某个特征类内方差太大时，进行分裂。第三，ISODATA 算法增加了一些针对聚类后的合并和分裂的控制参数，从而得到类数比较合理的聚类结果。例如，设置类别内各特征变量分布的相对标准差上限，如果超过该上限值，该类别就应该被"分裂"；设置每一类允许的最少样本数量，如果类别内样本数小于该值，该类别将会被"合并"；设置两类中心的最小距离下限，如果小于下限值，这两个类别也会被"合并"。

三、非监督分类的特点

1. 非监督分类法的优点

非监督分类法的主要优点表现如下。

（1）非监督分类不需要预先对所要分类的区域有广泛的了解和熟悉，而监督分类需要分析者对所研究区域有很好的了解才能选择训练样本。但是，在非监督分类中分析者仍需要有一定的知识来解释非监督分类得到的类别。

（2）人为误差的机会减少。非监督分类只需要定义几个预先的参数，如类别数量、最大最小像元数量等；监督分类所要求的决策细节在非监督分类中都不需要，因此大大减少了人为误差。即使分析者对分类图像有很强的看法偏差，也不会对分类结果有很大的影响。因此非监督分类产生的类别比监督分类所产生的类别内部更均质。

（3）独特的、覆盖量小的类别均能够被识别，而不会像监督分类那样被分析者的失误所丢失。

2. 非监督分类法的缺点

由于非监督分类对"自然"分组的依赖性以及分类结果的光谱类别与信息类别的不一致性，对分类结果体现出明显的局限性。

（1）非监督分类形成的光谱类别与信息类别并不完全一一对应，因此需要通过目视判读建立两者之间的对应关系。

（2）分析者较难对产生的类别进行控制，人们的知识不能介入分类操作之中，因而产生的类别也许并不能让分析者满意。

（3）图像中各类别的光谱特征会随时间、地形等变化，不同图像以及不同时段的图像之间的光谱类别无法保持其连续性，从而使不同图像之间的对比变得困难。

第三节　监督分类

监督分类又称训练场地法，是以建立统计识别函数为理论基础，依据典型样本训练方法进行分类的技术。即根据已知训练区提供的样本，通过选择特征参数，求出特征参数作为决策规则，建立判别函数以对各待分类影像进行的图像分类，是模式识别的一种方法。

监督分类的思想是：首先根据已知的样本类别和类别的先验知识，确定判别函数和相应的判别准则，其中利用一定数量的已知类别函数中求解待定参数的过程称为学习或训练，然后将未知类别的样本观测值代入判别函数，再依据判别准则对该样本的所属类别做出判定。

一、监督分类概述

1. 监督分类的基本过程

监督分类的基本过程是：首先根据已知的样本类别和类别的先验知识确定判别准则，确定或设计并计算判别函数，然后将未知类别的样本数据代入判别函数，依据判别准则对该样本所属的类别进行判定。在这个过程中，利用已知类别样本的特征值求解判别函数的过程称为"学习"或"训练"，而利用判别函数判定未知样本类别的过程称为"分类"或"测试"。监督分类的基本过程如图 7.10 所示。

2. 监督分类的主要方法

监督分类的算法有很多，有些是基于感兴趣类别的概率分布，计算每类训练区的各种灰度特征，包括灰度平均值、均方差、纹理、波段间灰度值比例等特征，然后依据这些特征对图像各像元进行归类，完成分类任务。另一些算法则将整个多光谱空间划分为几个只包含某一特定类别的区域，这些区域以一些最佳平面作为分界。

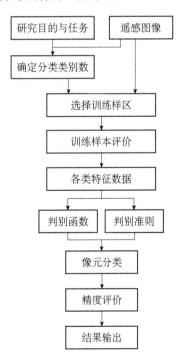

图 7.10　监督分类基本过程

监督分类的主要方法有：平行六面体法、最小距离法、最近邻法、最大似然法、决策树法、光谱匹配法等。

二、训练样区的选择与评价

训练样区用来确定图像中已知类别像元的特征，这些特征对于监督分类来说是必不可少的。数量充足且有代表性的训练样本是成功分类的先决条件。训练样本在监督分类中的作用是获得待分类的地物类型的特征光谱数据，建立判别函数，作为计算机自动分类的依据。因此正确选择训练样区至关重要，其质量直接影响分类成果的可靠性。

在建立训练样区之前，首先要根据工作要求收集研究区资料，包括地形图、土地利用现状图、土壤图、植被图、行政区划图等，以便确定分类对象和分类体系。

1. 训练数据及其选择

在选择训练样区之前，解译者应该对研究区域有一定的了解并对遥感图像的特征有一定的认知。训练样区的来源主要有以下两种：第一，通过全球导航卫星系统（GNSS）实地记录的样本定位和属性信息；第二，在遥感图像上直接选取每一类别代表性的像元区域或是由用户指定一个中心像元，计算机自动评价其周边像元，选择与其相似的像元作为训练样区。

在进行训练数据选择时，主要的步骤如下。

（1）收集信息，包括分类地区的地图、航片等。

（2）进行野外调查获取研究区域的第一手信息。

（3）设计野外调查线路、内容和表格，进行实地调查，记录实地调查的内容，并标注在地图或航片上。

（4）数字影像预分析，即定位训练样区的标志性地物、评价影像质量和分析影像的频率直方图，以及确定是否要进行预处理。

（5）找出潜在的训练样区。依据训练样区选择原则，找出潜在训练样区。训练样区必须位于影像和地图中容易识别的地物要素上，而航空像片可以作为校正信息。

（6）定位和绘制训练样区。确保训练样区在地块边界内，从而避免训练样区内包含混合像元。

（7）检查每个训练样区的各波段直方图及其均值、方差和协方差等，确定训练数据的可用性。

（8）合并训练数据信息并用于分类，进行计算机监督分类。

2. 训练样区选择

训练样区中应该包括研究范围内的所有要区分的类别，通过它可以获得需要分类的地物类型的特征光谱数据，并由此建立判别函数，作为计算机分类的依据。因此，为确保选择的训练样区的有效性，在选择训练样区时应注意以下几方面。

（1）训练样区必须具有典型性和代表性，即所含类型应与研究区域所要区分的类别一致，且训练场地的样本应在各类地物面积较大的中心部位选择，而不应在各类地物的混交地区或类别的边缘选取，以保证数据具有典型性，从而能进行准确分类；代表性一方面指所选择样区为某一地物的代表，另一方面还要考虑到地物本身的复杂性，所以训练样区必须在一定程度上反映同类地物光谱特性的波动情况。

（2）对所有使用的图件要求时间和空间上的一致性，以确定数据图像与地形图或其他专题图的对应关系时，所用的两类图件在时间上一致且在空间上能很好匹配。

（3）训练样区的数量要满足训练要求。训练样区最佳数量取决于监督分类的信息类别的多少、类别的多样性以及可选作训练样区的数据量。一般每个信息类别要有多个训练样区（至少 5 个以上），以确保能够代表该类别的光谱特征。

（4）根据影像及地物特征确定训练样区的大小。每个训练样区像元数量一般不宜少于 100 个，以便准确统计每个信息类别的光谱特征。但训练样区也不宜过大，否则会因地物不纯而产生光谱特征不一致的问题。一般而言，在确定遥感影像分辨率的情况下，训练样区的最佳面积随地物均一性的不同而变化，地物类型简单，训练样区可以较大，而地物类型复杂，则训练样区以偏小为宜。

（5）训练样区的位置。训练样区的位置一般要考虑两个因素，一是每个信息类别的训练样区应尽可能分布在影像的不同位置，以代表整个影像的特征；二是训练样区位置能便于从地图或航片上精确地转换到数字影像上，即要有明显的地物标志，便于地图、航片和地面的识别。

3. 训练样区的评价

训练样本采集完成后，需要评价样本的质量，主要计算各类别训练样本的基本光谱特征信息，通过每个类别样本的基本统计值（如均值、标准方差、最大值、最小值、方差、协方差矩阵等）检查训练样本的代表性，判断其是否能表现不同类别的光谱特征，即不同类别的光谱特征的分离程度。如果两个类别样本特征向量的分离程度较小，应该重新选择训练样本；混分现象严重时，应该考虑把两个类别合并。训练样本质量评价主要有图表法和统计测量法两类方法。

三、监督分类方法

监督分类的方法有很多，本书仅介绍常见最小距离分类法（minimum distance classifier）、最大似然分类法（maximum likelihood classifier）。

1. 最小距离分类法

最小距离法（minimum distance）是一种简化的分类方法，前提是假定图像中各类地物光谱信息呈多元正态分布，每一个类在 K 维特征空间中形成一个椭球状的点集群，依据像元距各类中心距离的远近决定其归属。

假设 K 维特征空间存在 m 个类别，某一像元 x 距哪类距离最小就判定归为哪类，即

$$d_i = \min_j d_{xj} \quad (j = 1, 2, \cdots, m) \tag{7.15}$$

式中，j 为类别序号；d_{xj} 为待分像元 x 到类 j 中心的距离，常用的有欧氏距离和马氏距离。

计算流程为：假定有 N_c 个类别，分别确定各个类别的训练区；根据训练区计算每个类别的平均值，作为类别中心；计算待判像元 x 与每一个类别中心的距离，并分别进行比较，取距离最小的类作为该像元的分类。据此方法逐个对每个像元判别归类。

最小距离法与非监督分类方法的统计量和分类原理是一致的。不同的是，监督分类是通过事先训练样本的方式确定类别数和类别中心，然后再进行分类。分类的精度取决于训练样本准确与否。

最小距离法的优点是处理简单，计算速度快，可以在快速浏览分类概况中使用。缺点在于分类精度不高，需要较多的训练样本以统计各类别的均值向量。

2. 最大似然分类法

最大似然分类法是基于贝叶斯分类准则的、应用最广泛的监督分类方法之一。这种方法

主要依据光谱性质的相似性属于某类的概率最大的假设来判定每个像元的类别。有时也可以设定一个可能性阈值，那么最大的概率还小于该阈值的像元将不会被分类。

最大似然分类法通过求出每个像元对于各类别归属概率（似然度）（likelihood），把该像元分到归属概率（似然度）最大的类别中去。最大似然法假定训练区地物的光谱特征和自然界大部分随机现象一样，近似服从正态分布，利用训练区可求出均值、方差以及协方差等特征参数，从而可求出总体的先验概率密度函数。当总体分布不符合正态分布时，其分类可靠性将下降，这种情况下不宜采用最大似然分类法。最大似然分类法在多类别分类时，常采用统计学方法建立起一个判别函数集，然后根据这个判别函数集计算各待分像元的归属概率（似然度）。这里，归属概率（似然度）是指对于待分像元 x，它从属于分类类别 k 的（后验）概率。

假设遥感图像上有 k 个地物类别，第 i 类地物用 ω_i 表示，每个类别发生的先验概率为 $P(\omega_i)$。设有未知类别的样本 X，在 ω_i 类中出现的条件概率为 $P(X|\omega_i)$（也称为 ω_i 的似然概率），则根据贝叶斯定理可以得到样本 X 出现的后验概率 $P(\omega_i|X)$ 为

$$P(\omega_i \mid X) = \frac{P(X \mid \omega_i)P(\omega_i)}{P(X)} = \frac{P(X \mid \omega_i)P(\omega_i)}{\sum_{i=1}^{k} P(X \mid \omega_i)P(\omega_i)} \tag{7.16}$$

因为 $P(X)$ 对每个类别都是一个常数，所以，判别函数可以简化为

$$P(\omega_i \mid X) = P(X \mid \omega_i)P(\omega_i) \tag{7.17}$$

贝叶斯分类器以样本 X 出现的后验概率为判别函数来确定样本 X 的所属类别，判别规则为：若对于所有可能 $j=1,2,\cdots,k$，$j \neq i$ 有 $P(\omega_i|X) > P(\omega_j|X)$，则 X 属于 ω_i 类。

贝叶斯分类器实际上是通过把观测样本的先验概率转化为它的后验概率，以此确定样本的所属类别。在贝叶斯分类器中，先验概率 $P(\omega_i)$ 通常可以根据对采样样本的统计计算给出，而类的条件概率 $P(X|\omega_i)$ 则需要根据问题的实际情况做出合理的假设。若假设 $P(X|\omega_i)$ 服从正态分布，则贝叶斯分类器可转化为最小距离分类器进行分类。

按照贝叶斯分类器对样本进行分类，其优越性在于能利用各类型的先验性分布知识及其概率，使错误分类的概率最小。

四、监督分类特点

1. 监督分类的优点

与非监督分类方法相比，监督分类方法具有以下优点。

（1）可以控制适用于研究需要以及区域地理特征的信息类别，即可以有选择性地决定分类类别，避免出现不必要的类别。

（2）可以控制训练样区和训练样本的选择。

（3）光谱类别与信息类别的匹配。

（4）通过检验训练样本数据可以确定分类的准确性，估算分类误差。

（5）避免了非监督分类对光谱集群类别的重新归类。

2. 监督分类的缺点

虽然监督分类有其优点，但也存在局限性，主要表现在以下几方面。

（1）分类体系和训练样区的选择有主观因素的影响。有时定义的类别也许并不是影像中存在的自然类别，在多维数据空间中这些类别的区分度并不大。

（2）训练样区的代表性有时不够典型。训练数据的选择通常是先参照信息类别，然后再参照光谱类别，因而其代表性有时不够典型。如选择的纯森林训练样区对于森林信息类别来说似乎非常精确，但由于区域内森林的密度、年龄、阴影等有许多差异，从而导致训练样区的代表性不高。

（3）只能识别训练样本所定义的类别，对于某些未被定义的类别则不能被识别，容易造成类别的遗漏。

第四节　遥感数字图像计算机分类的其他问题

一、监督分类与非监督分类的区别

监督分类和非监督分类的根本区别在于是否利用训练样区来获取先验的类别知识，监督分类根据训练样区提供的样本选择特征参数，建立判别函数，对待分类像元进行分类。因此，训练样区选择是监督分类的关键。对于不熟悉区域情况的人来说，选择足够数量的训练场地带来很大的工作量，操作者需要将相同比例尺的数字地形图叠在遥感图像上，根据地形图上的已知地物类型圈定分类用的训练样区。由于训练样区要求有代表性，训练样本的选择要考虑到地物光谱特征，样本数目要能满足分类的要求，有时这些不易做到，这是监督分类的不足之处。

相比之下，非监督分类不需要更多的先验知识，它根据地物的光谱特征统计特性进行分类。因此，非监督分类方法简单，且分类具有一定的精度。严格说来，分类效果的好坏需要经过实际调查来检验。当光谱特征能够和唯一的地物类型（通常指水体、不同植被类型、土地利用类型、土壤类型等）相对应时，非监督分类可取得较好分类效果。当两个地物类型对应的光谱特征类型差异很小时，非监督分类效果不如监督分类效果好。

二、监督分类与非监督分类的集成

监督分类与非监督分类各有其优缺点。实际工作中，常常将监督分类与非监督分类相结合使用，取长补短，使分类的效率和精度进一步提高。基于最大似然原理的监督分类的优势在于如果空间聚类呈现正态分布，那么它会减小分类误差，而且，分类速度较快。监督分类的主要缺陷是在分类前必须划定样本性质单一的训练样区，而这可以通过非监督分类法来进行。即通过非监督分类法将一定区域聚类成不同的单一类别，监督法再利用这些单一类别区域"训练"计算机。通过"训练"后的数据将其他区域进行分类，避免了使用速度比较慢的非监督分类法对整个影像区域进行分类，在分类精度得到保证的前提下，分类速度得到了提高。具体可按以下步骤进行。

第一步：选择一些有代表性的区域进行非监督分类。这些区域尽可能包括所有感兴趣的地物类别。这些区域的选择与监督分类训练样区的选择要求相反，监督分类训练样区要求尽可能单一，而这里选择的区域包含类别尽可能多，以便使所有感兴趣的地物类别都能得到聚类。

第二步：获得多个聚类类别的先验知识。这些先验知识的获取可以通过判读和实地调查来得到。聚类的类别作为监督分类的训练样区。

第三步：特征选择。选择最适合的特征图像进行后续分类。

第四步：使用监督法对整个影像进行分类。根据前几步获得的先验知识以及聚类后的样本数据设计分类器，并对整个影像区域进行分类。

第五步：输出标记图像。因为分类结束后影像的类别信息也已确定，所以可以将整幅影像标记为相应类别输出。

三、影响遥感图像分类的主要因素

遥感图像计算机分类算法设计的主要依据是地物光谱数据，影响图像分类精度的因素主要有以下两类。

1. 未充分利用遥感图像提供的多种信息

遥感数字图像计算机分类的依据是像素具有的多光谱特征，并没有考虑相邻像素间的关系。例如，被湖泊包围的岛屿，通过分类仅能将陆地和水体区分，但不能将岛屿与邻近的陆地（假定二者地面覆盖类型相同，具有同样的光谱特征）识别出来。这种方法的主要缺陷在于地物识别与分类中没有利用到地物空间关系等方面的信息。

统计模式识别以像素作为识别的基本单元，未能利用图像中提取的形状和空间位置特征，其本质是地物光谱特征的分类。例如，根据水体的光谱特征，在分类过程中可以识别构成水体的像素，但计算机无法确定一定空间范围的水体究竟是湖泊还是河流。这个问题如果引入地物形状特征则可以识别。显然，遥感图像计算机分类未能充分利用遥感图像提供的多种信息。因此，图像分类后，可以利用分类的结果，将这些目标对象进行重组，在区域分割或边界跟踪的基础上抽取遥感图像形态、纹理特征和空间关系等特征，然后利用这些特征对图像进行解译。

2. 提高遥感图像分类精度受到限制

这里的分类精度是指分类结果的正确率，包括地物属性被正确识别，以及它们在空间分布的面积被准确地度量。遥感数字图像分类结果在没有经过专家检验和多次纠正的情况下，分类精度一般不超过90%，其原因除了与选用的分类方法有关外，还存在着影响遥感图像分类精度的几个客观因素。

1）大气状况的影响

地物辐射的电磁波信息必须经过大气层才能到达传感器，大气的吸收和散射会对目标地物的电磁波产生影响，其中大气吸收使得目标地物的电磁波辐射被衰减，到达传感器的能力减少，散射会引起电磁波行进方向的变化，非目标地物发射的电磁波也会因为散射而进入传感器，这样就导致遥感图像灰度级产生一个偏移量。对多时相的图像进行分类处理时，由于不同时间大气成分以及湿度的不同，散射影响也不同。因此，遥感图像中的灰度值并不完全反映目标地物辐射电磁波的特征。为了提高遥感图像分类的精度，必须在图像分类之前进行大气纠正。

2）下垫面的影响

下垫面的覆盖类型和起伏状态对分类具有一定影响。下垫面的覆盖类型多种多样，受传感器空间分辨率的限制，农田中的植被、土壤和水渠，石质山地中稀疏的灌丛和裸露的岩石均可以形成混合像元，它们对遥感图像分类的精度影响很大。这种情况可以在分类之前进行混合像元的分解，把它们分解成子像元后再分类。分布在山区向阳面与背阳面的同一类地物，单位面积上接收太阳光的能量不同，地物电磁波辐射能量也不同，其灰度值也存在差异，容易造成分类错误。在地形起伏变化较大时，可以采用比值图像代替原图像进行分类，以消除地形起伏的影响。

3）其他因素的影响

图像中的云朵会遮盖目标地物的电磁波辐射，影响图像分类。对于图像中仅有少量云朵时，分类之前可以采用去噪声的方法进行清除。

多时相图像分类时，不同时相的图像由于成像时光照条件的差别，同一地物电磁波辐射量存在差别，这也会对分类产生影响。

地物边界的多样性使得判定类别的边界往往很困难。例如，湖泊和陆地具有明确的界线，但森林和草地的界线则不明显，不少地物类型间还存在着过渡地带，要精确地将其边界区别出来，并非是一件容易的事情。因此，提高遥感图像分类精度，既需要对图像进行分类前处理，又需要选择适当的分类方法。

四、非光谱信息在遥感图像分类中的应用

非光谱信息也称辅助数据，是指用于帮助图像分析和分类的非图像信息，包括航空像片、地面摄影像片、野外考察资料、各种专题地图、报告和文献等。在数字图像分析中，辅助数据通常被转换成数字化的格式，如 GIS 中的各种地形图、土壤图、植被图等。

数字化的辅助数据一般有两种方式：一是将辅助层简单地加到图像现有的光谱数据中，将辅助层看成是另一个单一的图像波段，并将这种复合数据的图像进行监督或非监督分类；二是使用分类分层法，将光谱图像先进行分类，然后利用辅助数据将其分成几个层，将每个层按照一定的规则重新分类或者精确化初始的分类结果。这种方法可以根据辅助数据将所研究的重点类别或者难以分类的类别独立出来，允许复杂的分类算法有效运用于这些类别中，从而提高分类精度。

利用辅助数据的一个主要障碍是辅助数据和遥感数据之间的不匹配。因为多数辅助数据并不是服务于遥感数据应用的，所以其数字化辅助数据对应的比例尺、分辨率、时间、精度以及记录格式很少与遥感图像相匹配。当其应用于遥感图像分类时，应对其进行预处理，以保证与图像之间的物理匹配。但这种处理易引起额外的误差，阻碍了辅助数据的有效应用。另外，随着数字化辅助数据的增多，特别是各种地理信息库的建立，选择哪种辅助数据也成为一个重要的决策问题。

在实际分类过程中，一些非光谱形成的特征，如地形、纹理结构等与地物类型的关系也十分密切。因此也可以将这些信息的空间位置与影像配准，然后作为一个特征参与分类。

1. 高程信息在遥感图像分类中的应用

受地形起伏的影响，地物的光谱反射特性产生变化，并且不同地物的生长地域往往受到海拔高度或坡度、坡向的影响，因此，将高程信息作为辅助信息参与分类将有助于提高分类的精度。例如，引入高程信息有助于针叶林和阔叶林的分类，这是因为针叶林与阔叶林的生长与海拔高度有密切关系。另外，土壤类型、岩石类型、地质类型、水系及水系类型也都与地形有着密切的关系。

地形信息可以用地形图数字化后的数字地面模型作为地面高程的"影像"。地面高程的"影像"可以直接与多光谱影像一起对分类器进行训练，也可以将地形分成一些较宽的高程带，将多光谱影像按高程带切片（或分层），然后分别进行分类。

高程信息在分类中的应用主要体现在不同地物类别在不同高程中出现的先验概率不同。假设高程信息的引入并不显著地改变随机变量的统计分布特征，则带有高程信息的贝叶斯判决函数只需将新的先验概率代替原来的先验概率即可，余下的运算相同。这种方法在实际处

理时，根据地面高程的"影像"确认每个像元的高程，然后选取相应的先验概率，应用一般的监督分类法进行分类。

按高程带分层分类法，将高程带的每一个带区作为掩膜图像，并用数字过滤的方法把原始图像分割成不同的区域图像。每个区域图像对应于某个高程带，并独立地在每个区域图像中实施常规的分类处理，最后把各带区分类结果图像拼合起来形成最终的分类图像。两种方法的实质是一样的，同理可利用坡度、坡向等地形信息。

2. 纹理信息在遥感图像分类中的应用

纹理特征有时也用来提高分类的效果，特别是在地物光谱特性相似，而纹理特征差别较大的场合，如树林与草皮，草皮的纹理比树林的纹理要细密得多，但二者的光谱特性相似，这时候加入纹理信息辅助分类是比较有效的。提取纹理的方法较多，在此不做赘述。

纹理信息参与分类的方法与前面讲述的引入高程参与分类的方法类似，也是通过改变判决函数中的先验概率实现。通过计算每个像元的纹理特性，选取不同的先验概率对不同纹理的地物进行加权，使分类结果更加合理。另外一种方法是先利用多光谱信息对遥感图像进行自动分类，再利用纹理特征对光谱分类的结果进行进一步的细分。例如，在光谱数据分类的基础上，对属于每一类的像素，再利用纹理特征进行二次分类。

第五节　计算机解译的其他方法

遥感图像的监督分类和非监督分类方法是图像分类最基本、最常用的两种方法。无论是监督分类还是非监督分类，都是依据地物的光谱特性的点独立原则来进行分类的，且都采用统计方法。监督分类和非监督分类方法只是根据各波段灰度数据的统计特征进行分类，受遥感数据的分辨率的限制，且一般图像的像元很多是混合像元，带有混合光谱信息的特点，致使计算机分类面临着诸多模糊对象，不能确定其究竟属于哪一类地物，因此人们不断尝试新方法来加以改善。

近年来的研究大多将传统方法与新方法加以结合，即在非监督分类和监督分类的基础上，运用新方法来改进，减少错分和漏分情况，不同程度地提高了分类的精度。新方法主要有决策树分类法、模糊分类法、神经网络分类法、专家系统分类法、多特征融合法以及基于频谱特征的分类法等。

一、面向对象分类方法

1. 面向对象分类方法概述

面向对象分类方法，又称为基于分割的图像分类方法，是 2000 年后出现的遥感图像分类方法。与传统分类方法不同的是，它首先对遥感图像进行分割，继而提取分割单元（图像分割）后所得到的内部属性相对一致或均质程度较高的图像区域，在地表覆盖中，这种单元就是斑块的各种特征，并在特征空间中进行对象标识，从而完成分类。

面向对象的遥感图像分类需要：①充分挖掘图像各种特征，建立面向多特征的遥感图像分析理解方法体系；②改进已有的智能计算方法模型，包括基于统计的方法模型和基于人工神经网络的方法模型，使它们能够适应基于多种特征的遥感图像分析，能够融合知识处理的机制，提高遥感图像分析的效果；③基于计算机视觉中图像理解分层的思想，将知识划分为不同的层次，按照知识层次融合人工神经网络方法与专家系统方法，实现对遥感图像的高层次理解。

　　面向对象的遥感图像分类的思想首先应用于商业遥感分类软件 eCognition 中,并在 2000 年推出了 1.0 版本(目前为 9.x 版本)。利用 eCognition 软件,用户可通过一种被称为多分辨率分割(multiresolution segmentation)的方法,将遥感图像分割成一系列的对象,计算和提取对象的相应特征,继而将分类方法应用于所获得的特征,从而最终完成相应的分类任务。

2. 面向对象遥感图像分类基本流程

　　面向对象的遥感图像分类可分为图像分割和图像分析两个阶段(图 7.11)。

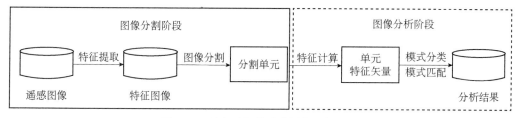

图 7.11　面向对象的遥感图像分析流程

1)图像分割

图像分割阶段包括特征提取和图像分割。

特征提取。面向对象的图像分类并不以像元作为识别的基本单元,而是充分利用图像对象及其相关信息,对地物特征进行详细的划分。可用于对象分类的特征主要有:形状特征、纹理特征、灰度特征和层次特征等。通过这些特征的提取可以较容易地区分不同类型的对象,如利用对象之间的距离特征,可以区分出水体和房屋的阴影。

图像分割。图像分割就是给图像目标多边形一个特定的阈值,根据指定的色彩和形状的同质准则,基于对象异质性最小原则,将光谱信息类似的相邻像元合并为有意义的对象,使整幅图像的同质分割达到高度优化的程度。图像分割的目的是将图像划分成有意义的分离区域,形成初级的图像对象,为下一步分类提供信息载体和构建基础。分割的结果作为目标对象用于下一步分类。

2)图像分析

图像分析阶段包括特征计算和图像分类两部分。

特征计算。第一步,建立分类体系:面向对象的分类方法在分割后的图像上提取地类的特征信息,创建类的成员函数,进行类别信息的提取。高分辨率多光谱遥感数据具有丰富的光谱和空间信息,便于认识地物目标的属性特征,有助于提高地物定位和判读精度,使得认识地物的内部差异、地表细节成为可能。第二步,选择训练样本:训练样本的选择需要对待分类图像所在的区域有所了解,或进行过初步的野外调查,或研究过有关图件和高精度的航片。训练样本的选择是监督分类最关键的部分,最终选择的训练样本应该能准确地代表整个区域内每个类别的光谱特征差异,同一类别训练样本必须是均质的,不能包含其他类别,也不能是其他类别之间的边界或混合像元,其大小、形状和位置必须能同时在图像和实地(或其他参考图)容易识别和定位。通过以上步骤获得关于单元的特征向量(也称模式)。

图像分类。通过模式识别方法或模式匹配,分割单元被归类到对应的模式(分类),或者特定的目标(目标识别)。可以进行基于样本的监督分类和基于知识的模糊分类以及二者结合分类。面向对象的信息提取有两种方法:标准最邻近法和成员函数法。eCognition 有最邻近(nearest neighbor,NN)和标准最邻近(standard NN)两种最邻近表达式。

　　最邻近分类器需要对每一个类别都定义样本和特征空间,此特征空间可以组合任意的特征，利用给定类别的样本在特征空间中对图像对象进行分类。初始选用较少的样本，如 3 个样本进行分类，分类结果必然会有一些错分，但可以反复增加错分类别的样本，然后再次进行分类，不断优化分类结果。

标准最邻近法是基于样本的分类方法，即选取样本后再分类。通过定义特征空间，计算特征空间中图像对象间的距离，选择具有代表性的样本来实现某种信息的提取。标准最邻近分类方法是一种特殊的监督分类方法，只能建立一级分类，对于高分辨率遥感图像来说，其可分类别增多，类别内部异质性增大，基本不可能只在一种等级上提取每种地物类别，因此地物类别信息分级提取是信息提取的一种发展趋势。

3. 面向对象遥感图像分类的优点

（1）改善图像分析和处理的结果。与直接基于像元的处理方式相比，基于对象的遥感图像分析和处理更符合人的逻辑思维习惯。通过合适的特征表达方法，可提取基于分割单元的各种特征，如形状特征、邻接特征、方位特征或距离特征等。通过这些特征，特定领域知识和专家经验能以规则的形式融合到各类图像分析任务（如分类、目标识别等）中，通过不同程度的"推理"，改善图像分类结果。

（2）提升空间分析功能。通过引入各种空间特征，如距离、拓扑邻接、方向特征等，使得地理学的核心概念得以引入。分割获得的图斑使空间分析变得容易，从而提升图像的应用价值。

（3）促成多源数据的融合，引导 GIS 和 RS 的整合。对于具有地理参考的数据而言，图像区域间的拓扑特征能够使这些不同的数据间建立具体的局部联系（concrete local relation），从而使多源数据的融合成为可能，并在很大程度上引导 RS 和 GIS 高度整合。

与传统的分析和处理相比，面向对象的遥感图像分类增加了图像分割这一环节，并需要计算分割产生的图斑的几何特征。因此，面向对象的分类需要选择更多的特征和计算资源。如果图像的噪声较多或几何特征的差异不明显，面向对象的分类可能不会表现出更多的优越性。

二、模糊聚类法

遥感图像每一像元中包括了多种地物，在分类处理时有两种情形。其一为特殊情形，即将遥感图像上的每一像元看作地面上一个单一的地物，有 0 或 1 两种取值状态。这是常规分类方法产生的分类结果。其二为一般情形，将遥感图像上的每一像元看作地面上多种地物的混合，具体属于哪种地物具有模糊性。换言之，一个像元可以不同的隶属值隶属于不止一个地物类，遥感图像分类处理的大多数问题均属此类，这只有应用模糊数学理论才能解决。

模糊聚类法的基本思想是基于事物的表现有时不是绝对的，而是存在着一个不确定的模糊因素。同样在遥感影像计算机分类中也存在着这种模糊性，因此，划分类别的分类矩阵最好也是一个模糊矩阵，即 $A=[a_{ij}]$ 满足以下条件。

（1） $a_{ij} \in [0，1]$，表示样本属于第 i 类的隶属度。

（2） A 中每列元素之和为 1，即一个样本对各类的隶属度之和为 1。

（3） A 中每行元素之和大于 0，即表示每类不为空集。

进行模糊分类，关键在于隶属函数的确定和计算。隶属函数定义了遥感图像中像元与地物类的隶属关系，据此进行的分类会得到更为合理的结果。

三、神经网络分类法

人工神经网络（artificial neural network，ANN）是由大量处理单元（神经元）相互连接的网络结构，是人脑的某种抽象、简化和模拟。ANN 的信息处理是由神经元之间的相互作用来实现的，知识和信息的存储是分布式的网络结构，网络的学习和决策过程取决于各神经元的动态变化过程。ANN 神经元通常采用非线性的激活函数，可模拟大规模的非线性复杂系统。

　　ANN 可以模拟人脑神经元活动的过程，其中包括对信息的加工、处理、存储、搜索等过程。ANN 以信息的分布存储和并行处理为基础，具有自组织、自学习的功能，在许多方面更接近于人脑对信息的处理方法。其具有模拟人的形象思维的能力，反映了人脑功能的若干基本特性。与传统统计方法相比，在数据具有不同的统计分布时，可能会获得理想的分类结果。因此 ANN 方法在遥感图像信息提取和分类中得到了广泛应用。

　　人工神经网络中的处理单元是人类大脑神经元的简化。如图 7.12 所示，一个处理单元（人工神经元），将接收到的信息 $x_0, x_1, \cdots, x_{n-1}$，通过用 $w_0, w_1, \cdots, w_{n-1}$ 表示的互联强度，以点积的形式合成为自己的输入，并将输入与以某种方式设定的阈值 θ 作比较，再经某种形式的作用函数的转换，便得到该处理单元的输出 y。

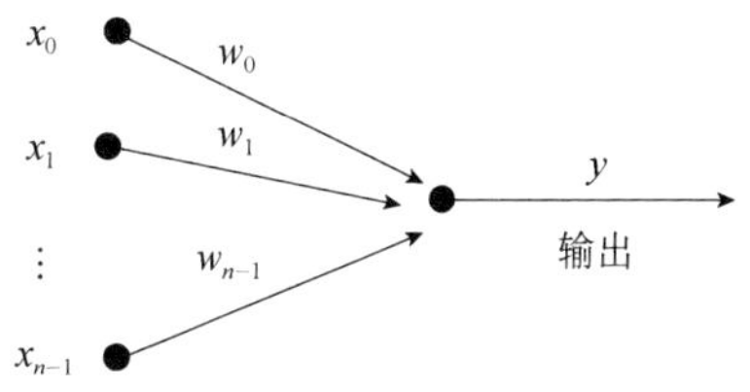

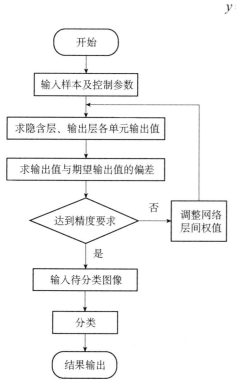

图 7.12　一个人工神经元的输入及输出

　　神经网络分类法的形状主要有三种，常用的一种被称为 Sigmoid 型，简称 S 型。处理单元的输入和输出关系式为

$$y = f\left(\sum_{i=0}^{n-1} w_i x_i - \theta\right) \tag{7.18}$$

式中，x_i 为第 i 个输入元素；w_i 为第 i 个输入与处理单元间的互联权重；θ 为处理单元的内部阈值；y 为处理单元的输出。

　　人工神经网络能够进行大规模的并行处理和分布式信息存储，是一个具有良好自适应性和自组织性的非线性系统，并有较强的学习功能、联想功能和容错功能，适合模拟人的形象思维。

　　神经网络分类流程如图 7.13 所示。

　　人工神经网络方法在遥感图像识别中具有以下两个方面的功能。

　　第一，神经网络用于遥感图像目标地物特征提取与选择。通常直接将遥感图像输入网络进行学习训练，神经网络所"提取"的特征并无明显的物理含义，它只是将"提取"的特征储存在各个神经元的连接之中，特征提取的方法与实现过程完全由神经网络自行决定。

　　第二，神经网络用于学习训练及分类器的设计。ANN 可以作为单纯的分类器（不包含特征提取和选择），用作学习训练及分类的设计。由于 ANN 分类器是一种非线性的分类器，它可以提供复杂的类间分界面，这为多目标地物识别提供了一种可能的解决方法。

图 7.13　人工神经网络分类流程

　　神经网络是人工智能的一个分支。可以用于目标地物识别的 ANN 模型有：前向多层神经网络（如 BP 算法、RBF 网络等）、ART 网络、Hopfield 神经网络、自组织特征映射网络模型、认知器模型等。尽管 ANN 中的各个神经元的结构与功能较为简单，但大量的简单神经元组合却可以非常复杂，从而可以通过调整神经元间的连接权重完成地物特征提取、目标地物识别等复杂的功能。

　　ANN 分类方法的优点：第一，神经网络是模拟大脑神经系统储存和处理信息过程而抽象出来的一种数学模型，具有良好的容错性和鲁棒性，可通过学习获得网络的各种参数，无须像统计模式识别那样对原始类别作概率分布假设，这对于复杂的、背景知识不够清楚的地区图像的分类比较有效。第二，在输入层和输出层之间增加了隐含层，节点之间通过权重来连接，且具有自我调节能力，能方便地利用各种类型的多源数据（遥感的或非遥感的）进行综合研究，有利于提高分类精度。第三，判别函数是非线性的，能在特征空间形成复杂的非线性决策边界进行分类。

　　ANN 分类方法的不足：第一，对训练数据集的选择较为敏感。第二，需要花费大量的时间进行学习；建立训练模型；相关的参数多且需不断调整才能得到较好的分类结果；如果训练数据集大、特征多、特征选择和模型建立需要很多时间。第三，学习容易陷入低谷而不能跳出，有时网络不能收敛。第四，神经网络模型被认为是黑箱的，很难给出神经元之间权值的物理意义，无法给出明确的决策规则和决策边界。

　　由于这些原因，在处理现实世界中的一些关键问题时，神经网络通常被认为是不可信赖的。在使用神经网络时，分析人员可能发现很难理解手头上的问题，这是因为神经网络缺乏洞察数据集特性的解释能力。由于同样的原因，很难整合专业化知识来简化、加速或改进图像分类。但是，在样本充分逼近总体、特征有效的情况下，神经网络建立的分类模型具有实际应用的价值，可能会解决其他方法无法解决的分类问题。

四、专家系统分类法

　　专家系统是 20 世纪 60 年代逐渐发展起来的，并很快成为人工智能的一个重要分支。它通过计算机模拟专家的思维、推理、判断和决策过程解决某一具体问题。建立专家系统需要很长的时间和知识的积累，所建立的系统在专题领域内往往是有效的或是有参考价值的。

　　遥感图像解译专家系统是模式识别与人工智能技术相结合的产物。它应用人工智能技术，运用遥感图像解译专家的经验和方法，模拟遥感图像目视解译的具体思维过程并进行遥感图像解译。它使用人工智能语言基于某一领域的专家分析方法或经验，对地物的多种属性进行分析判断、确定类别。专家的经验和知识以某种形式表示，如规则 IF〈条件〉THEN〈结果〉〈CF〉（其中 CF 为可信度），诸多知识产生知识库。待处理的对象按某种形式将其所有属性组合在一起作为一个事实，然后由一条条事实组成事实库。每一个事实与知识库中的每一个知识按一定的推理方式进行匹配，当一个事物的属性满足知识中的条件项，或大部分满足时，则按知识中的 THEN 以置信度确定归属。

　　遥感图像解译专家系统的组成主要包括图像处理与特征提取子系统、知识获取系统和狭义的专家系统三大部分（图 7.14）。

　　以城镇分类为例，专家分类器可以让专业人员输入 IKONOS 的 1m 分辨率图像和高程DEM 来区分某些光谱相似却是不同材料的屋顶和道路表面。同样，基于 DEM 信息，在几何形状上相似的两个要素可以区分为建筑物屋顶和停车场。

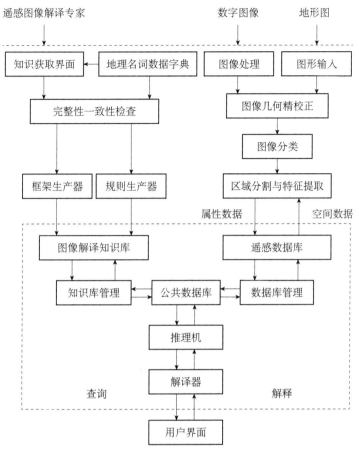

图 7.14 遥感图像解译专家系统结构

此外，用户还可以给某些变量设置可变的置信度来表达其重要性。例如，土壤数据在土地覆盖制图方面通常是最重要的，但是高程数据在林业应用中可能是关键因素。

专家分类器建立了两个机制。第一，它使各领域专家能够通过简单的拖拉图解界面的方式建立决策树以形成一个新的知识库，这一树形图包括专家在对同样的数据进行人工分析时所考虑的规则、条件和变量的顺序。第二，它给了一个导引（wizard）帮助，有助于非专家的普通用户将知识库应用到自己的数据中。它提示用户输入所需要的数据集，自动地按应用软件提供的功能通过决策树进行分析以得到一个相应的结论。

五、支持向量机分类法

传统的统计模式识别方法只有在样本趋向无穷大时，其性能才有理论的保障。根据统计学习理论，学习机器的实际风险由经验风险值和置信范围值两部分组成。而基于经验风险最小化准则的学习方法只强调了训练样本的经验风险最小误差，没有最小化置信范围值，因此其推广能力较差。

Vapnik 提出的支持向量机（support vector machine，SVM）以训练误差作为优化问题的约束条件，以置信范围值最小化作为优化目标，即 SVM 是一种基于结构风险最小化准则的学习方法，其推广能力明显优于一些传统的学习方法。SVM 在解决小样本、非线性及高维模式识别问题中表现出许多特有的优势，并能够推广应用到函数拟合等其他机器学习问题中。

SVM 方法的特点：非线性映射是 SVM 方法的理论基础，SVM 利用内积核函数代替向高维空间的非线性映射；对特征空间划分的最优超平面是 SVM 的目标，最大化分类边界的思想是 SVM 方法的核心；支持向量是 SVM 的训练结果，在 SVM 分类决策中起决定作用的是支持向量。

SVM 是一种有坚实理论基础的新颖的小样本学习方法。它基本上不涉及概率测度及大数定律等，因此不同于现有的统计方法。从本质上看，它避开了从归纳到演绎的传统过程，实现了高效的从训练样本到预报样本的"转导推理"，大大简化了通常的分类和回归等问题。

SVM 的最终决策函数只由少数的支持向量所确定，计算的复杂性取决于支持向量的数目，而不是样本空间的维数，这在某种意义上避免了"维数灾难"。少数支持向量决定了最终结果，这不但可以帮助抓住关键样本、"剔除"大量冗余样本，而且注定了该方法不仅算法简单，还具有较好的"鲁棒"性。

近年来，SVM 方法已经在图像识别、信号处理和基因图谱识别等领域得到了成功的应用，显示了它的优势；通过核函数实现了高维空间的非线性映射，所以，其适合于解决本质上非线性的分类、回归和密度函数估计等问题；SVM 方法也为样本分析、因子筛选、信息压缩、知识挖掘和数据修复等提供了新工具。

第六节　分类精度的评价

分类精度的评价是通过某种方法，将分类图与假定标准图进行对比，分析它们之间的吻合度，然后用正确分类的百分比来表示分类精度的方法。

遥感数据分类的精度直接影响由遥感数据生成的地图和报告的正确性，以及将这些数据应用于土地管理的价值和用于科学研究的有效性。因此，研究不同分类方法的精度评价对于遥感数据使用是非常重要的。

图像的分类精度分为非位置精度和位置精度。非位置精度是一个数值，如用面积、像素数量等表示分类精度。这种精度评价方法没有考虑位置因素，使得分类精度偏高。早期的精度评价方法主要是使用这种方法。位置精度分析是将分类的类别与其所在的空间位置进行统一检查，目前，普遍采用的对遥感影像模式识别结果进行精度评定的方法是混淆矩阵法。

一、精度的相关概念和意义

1. 精度

精度是指"正确性"，即一幅不知道质量的图像和一幅假设准确的图像（参考图）之间的吻合度。如果一幅分类影像的类别和位置都和参考图接近，那么称这幅分类影像是"精确的"，精度较高。

2. 详细度

详细度是指"细节"，通过降低详细度可以提高精度，即分类类别减少，有利于分类精度的提高。例如，将植被分为森林、针叶林、松树林、短叶松树林或成熟短叶松树林等，分类越详细，越容易产生误差。虽然分类类别详细度越低，分类精度就越高，但类别详细度要能满足研究的需要。例如，区分水体和森林的精度可以达到 95%，但这种分类结果对于确定森林地区常绿林和落叶林类别的分布是没有意义的。

二、分类误差的来源及特征

1. 分类误差来源

任何分类结果都存在误差，并且造成误差的原因有很多。

第一，遥感图像目视解译产生的误差，指在遥感图像目视解译过程中，由地物类别的误分、过度概括、配准误差、解译详细程度等因素引起的误差。

第二，在计算机分类过程中，由于同物异谱和同谱异物、混合像元以及不合理的预处理等因素引起的误差。如裸露花岗岩与城市混凝土的光谱值很容易混淆，分类过程中可能错误地将信息类别指定给光谱类别。另外混合像元值可能不同于任何一种类别的光谱值，而被误分到其他类别。混合像元主要出现在地块边界，无论使用哪种分类方法，都不可避免地产生误分的现象。此外，在遥感图像的预处理中进行的辐射和几何校正可能对后续分类引入某些误差，如几何校正的重采样可能会改变某些像元的原始数据，导致分类结果的不正确。

第三，遥感图像分类时所采用的分类系统或分类方法不同而产生的分类结果误差。一般来说，非监督分类结果误差比监督分类结果误差要大。遥感图像分类时所采用的分类方法、步骤等对分类结果都有一定的影响。例如，监督分类中，对于一般的遥感影像，最大似然分类法精度要比监督分类中其他分类方法的精度要高。

第四，地面景观特征差异产生的误差。简单、均一的地表分类误差比较小；复杂、多样化的地区误差比较大。影响地面景观变化的主要因素包括：地块大小、地块大小的变化、地块特征、类别数量、类别排列、每种类别的地块数量、地块形状和与周围地块的光谱反差等。不同区域、同一区域的不同季节地面景观因素都呈现不同特征。因此，某一具体影像的误差不能根据其他区域或其他时间已有的经验进行预测。

第五，人为因素对分类精度的影响，如特征样本的选择、分类参数的设置等均可能对分类精度产生影响。

2. 误差类型与特征

遥感图像分类产生的误差主要有位置误差和分类误差两种类型。位置误差是指各类别边界不准确；分类误差也称属性误差，是指类别识别错误。误差的主要特征有以下几个。

（1）误差并非随机分布在影像上，而是显示出空间上的系统性和规律性。不同类别的误差并非随机分布，而是可能优先与某一类别相关联。

（2）一般来说，错分像元在空间上并不是单独出现的，而是按照一定的形状和分布位置成群出现。如误差像元往往成群出现在类别的边界附近。

（3）误差与地块有着明确的空间关系，例如，它们出现在地块边缘或地块内部。

三、精度评价方法

精度评价就是进行两幅地图的比较，其中一幅是基于遥感数据的分类图，也就是需要评价的图，另一幅是假设精确的参考图，作为比较的标准。参考图本身的准确性对评价非常重要。如果假定的标准图本身存在较大误差，那么基于假定标准图所进行的精度评定也不正确。因此，在进行精度评定时，必须首先分析假定标准图的准确度。假定标准图尽量选时间一致的，并且，假定标准图应该是经过野外勘察、实地调查、确定分类正确的图。

精度评价有时只是比较两幅图之间是否有差异和差异的大小，并不需要假设一幅图（参考图）比另一幅图更精确，如比较不同传感器获得的同一区域数据的差异，或是比较由不同解译人员对同一区域的影像分类的结果图的差异，这时就不需要假设哪幅图的精度高，这是因为评价的目标只是要确定两幅图之间的差异有多大。

一般认为参考图是"正确的"地图，另一幅图要进行精度评价，两幅地图必须进行配准，使用相同的分类系统，以及具有相当的详细度。如果两幅图在细节度、类别数量或内容等方面不一致，就不适合进行精度定量评价。

1. 采样方法

采样的目的是给分类精度评价提供样本数据，这些样本将直接代表总体。目前在实际应用中最常采用的采样方法有简单随机采样、系统随机采样、分层随机采样、分层系统分散采样以及随机聚类采样等方法。各种方法各具优缺点，经实践与研究证实，简单随机采样与分层随机采样的结果更可靠。

1）简单随机采样

简单随机采样是在分类图上随机地选择一定数量的像元，然后比较这些像元的类别和标准类别之间的一致性。这种采样方法的优点在于其统计上和参数上的简易性。因为这种采样方法中，所有样本空间中的像元被选中的概率是相同的。因此，所计算出的有关总体的参数估计也是无偏的。但是，这种方法采样出的像元类别和标准类别对应的时候所花费的时间相对比较多，且容易忽略或遗漏稀少类型，使精度评价不可靠。

2）分层随机采样

分层随机采样是分别对每个类别进行随机采样。这种采样方法能够保证在采样空间或者类型选取上的均匀性及代表性。分层的依据可因精度评价的目标而异，常用的分层有地理区、自然生态区、行政区或者分类后的类别等。在每层内采样的方式可以是简单随机或系统采样。一般情况下，随机采样就可以取得很好的样本。另外，在利用分层采样时应该注意类别在空间分布上的自相关性。采样时应该抽取空间上相互独立的样本，避免空间分布上的相关关系。

2. 精度评价方法

精度评价方法一般有面积精度评价法、位置精度评价法和误差矩阵评价法。

1）面积精度评价法

面积精度评价法又称非具体位置精度评价法，是比较两幅图上每种类别的数量差异，如用面积、像元数目等表示分类精度。它仅考虑两幅图类别数量的一致性，而没有考虑在位置上的一致性，类别之间的错分结果彼此平衡，在一定程度上抵消了分类误差，使分类精度偏高。例如，在影像的某些区域估计的森林面积比例参考值偏大，而在另一区域却偏小，两者可以补偿，因此在类别总面积的报表中并不能把该误差显示出来。如图 7.15 所示，三种地物类型面积精度都非常高，接近 100%，但每一类地物的位置精度却非常低。

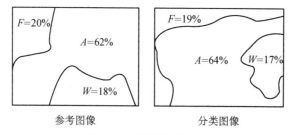

图 7.15　面积精度评价

2）位置精度评价法

位置精度评价法是通过比较两幅图位置之间一致性的方法进行评价。一般两幅图进行位置比较时是以遥感影像中的像元为单元，也可以是两幅图中以均质像元形成的范围为单元进行比较。位置精度评价方法有很多种，通常把用于影像分类的训练数据分为两组，一组进行监督分类，另一组用于评价分类精度。位置精度评价目前普遍采用混淆矩阵的方法，即以 Kappa 系数评价整个分类图的精度，以条件 Kappa 系数评价单一类别的精度。

3）误差矩阵评价法

误差矩阵又称混淆矩阵，是表示误差的标准形式，主要反映分类结果对实际地面类别的表达情况。它不仅能表示每种类别的总误差，还能表示类别的误分（混淆的类别）。误差矩阵一般由 $n \times n$ 矩阵组成，用来表示分类结果的精度，其中 n 代表类别数（表 7.1）。

表 7.1　误差矩阵表

实测数据类型/ 参考图	分类数据类型						实测总和	PA/%	EO/%
	1	2	⋯	i	⋯	n			
1	P_{11}	P_{21}	⋯	P_{i1}	⋯	P_{n1}	P_{+1}	P_{11}/P_{+1}	$(P_{+1}-P_{11})/P_{+1}$
2	P_{12}	P_{22}	⋯	P_{i2}	⋯	P_{n2}	P_{+2}	P_{22}/P_{+2}	$(P_{+2}-P_{22})/P_{+2}$
⋯	⋯	⋯	⋯	⋯	⋯	⋯	⋯	⋯	⋯
j	P_{1j}	P_{2j}	⋯	P_{ii}	⋯	P_{nj}	P_{+i}	⋯	⋯
⋯	⋯	⋯	⋯	⋯	⋯	⋯	⋯	⋯	⋯
n	P_{1n}	P_{2n}	⋯	P_{in}	⋯	P_{nn}	P_{+n}	P_{nn}/P_{+n}	$(P_{+n}-P_{nn})/P_{+n}$
分类总和	P_{1+}	P_{2+}	⋯	P_{i+}	⋯	P_{n+}	P		
CA/%	P_{11}/P_{1+}	P_{22}/P_{2+}	⋯	P_{ii}/P_{i+}	⋯	P_{nn}/P_{n+}			
EC/%	$(P_{1+}-P_{11})/P_{1+}$	$(P_{2+}-P_{22})/P_{2+}$	⋯	⋯	⋯	$(P_{n+}-P_{nn})/P_{n+}$			

表 7.1 中，n 为类别数量；P_{ij} 为当 $i \neq j$ 时，分类数据类型中第 i 类在实测数据类型第 j 类所占的组成部分，即非对角线上的元素为被混分的样本数；P_{ii} 为第 i 类样本的判定正确数，即对角线上的元素表示为被正确分类的样本数；P_{i+} 为分类所得到的第 i 类的总和；P_{+j} 为实际观测的第 j 类的总和；P 为样本总数。主对角线代表正确分类一致的情况，非主对角线代表错误分类，即不一致的情况。

混淆矩阵可以提供三种描述性精度指标：总体精度（overall accuracy，OA）、制图精度（producer accuracy，PA）和用户精度（consumer accuracy，CA）。同时，误差矩阵能反映各类别的漏分误差（error of omission，EO）和错分误差（error of commission，EC）。各精度指标的计算方法见表 7.1。

总体精度（OA）：误差矩阵中正确的样本总数与所有样本总数的比值，它表明了每一个随机样本的分类结果与真实类型相一致的概率。如果按先验概率相同计算，则

$$OA = \sum_{i=1}^{n} P_{ii} / P \tag{7.19}$$

如果先验概率不同，则总体精度应为各分类正确率的加权和，即

$$OA = \sum_{i=1}^{n} PA_i R_i \tag{7.20}$$

式中，PA_i 为第 i 类的制图精度，即第 i 类的正确率；R_i 为第 i 类的先验概率。

制图精度（PA）：某类别的正确像元占该类总参考像元的比例，它表示实际的任意一个

随机样本与标准图上同一地点的分类结果相一致的条件概率。

用户精度（CA）：某类别的正确像元总数占实际被分到该类像元的总数比例，它表示从分类结果图中任取一个随机样本，其所具有的类型与地面实际类型相同条件下的概率。

漏分误差（EO）：指地面上的某类别在待评价分类图上被错误地分到了其他类别的比例，即该类型在分类图上被遗漏了的比例。

错分误差（EC）：指其他类别被错误地划分为某类别的比例。

3. Kappa 分析

1）Kappa 系数的计算

利用总体精度、制图精度和用户精度等指标评价分类精度时，其客观性依赖于采样样本及方法，主要缺点是像元类别的小变动可能导致其百分比的变化。Kappa 系数是测定两幅图之间吻合度或精度的指标，能够全面地反映图像分类的总体精度。Kappa 分析产生的评价指标被称为 Kappa 系数，其计算公式为

$$K = \frac{P\sum_{i=1}^{n}P_{ii} - \sum_{i=1}^{n}(P_{i+} \cdot P_{+i})}{P^2 - \sum_{i=1}^{n}(P_{i+} \cdot P_{+i})} \qquad (7.21)$$

式中，n 为混淆矩阵中总列数（即总的类别数）；P_{ii} 为混淆矩阵中第 i 行、第 i 列上像素数量（即正确分类的数目）；P_{i+} 和 P_{+i} 分别为第 i 行和第 i 列的总像素数量；P 为用于精度评估的总像素数量。

2）Kappa 系数与分类总精度的关系

误差矩阵的总精度只用到了位于对角线上的像元数量，而 Kappa 系数既考虑到了对角线上正确分类的像元，同时又考虑到了不在对角线上各种漏分和错分的误差。因此，这两个指标往往不一致。在一般精度评价中，应同时计算以上各种指标，以便尽可能地得到更多的信息。

研究认为，Kappa 系数与分类精度有如表 7.2 所示的关系。

表 7.2　分类质量与 Kappa 统计值

K（Kappa 系数）	分类质量
<0.00	很差
0.00～0.20	差
0.20～0.40	一般
0.40～0.60	好
0.60～0.80	很好
0.80～1.00	极好

3）Kappa 系数值的含义

在统计学中，一般把 Kappa 系数列为非参数统计（检验）方法，用来衡量两个人对同一物体进行评价时，其评定结论的一致性。1 表示有很好的一致性，0 表示一致性不比可能性（偶然性）更好。大于 0.75 表示评价人之间有很好的一致性，而小于 0.40 则表示一致性不好（表 7.3）。

表 7.3　Kappa 系数值的意义

K（Kappa 系数）	意义
1	评价者间的意见完全一致。说明两次判断的结果完全一致
0	评价者间的意见一致程度是偶然的。说明两次判断的结果是偶然造成的
<0	评价者间的意见程度还不如偶然的。说明一致程度比偶然造成的还差，两次检查结果很不一致，在实际应用中无意义
>0	说明有意义。Kappa 越大，说明一致性越好
≥0.75	说明已经取得相当满意的一致程度
<0.40	说明一致程度不够理想

第八章　遥感专题制图

第一节　遥感专题信息提取

一、制图数据源与比例尺的选择

1. 遥感数据源

不同的卫星系列所获得的遥感数据有不同的特征，它们常被应用于不同的领域。在进行应用研究时，需要根据不同的应用研究目的和卫星资料特点，选择不同的遥感数据。在遥感制图时，根据研究对象及区域范围的不同，空间分辨率从千米级、十米级、米级到厘米级的遥感影像均可成为遥感制图的数据源。

2. 比例尺的选择

遥感数据的空间分辨率决定了专题地图的比例尺。一般来说，为了保持地表细节的清晰度，比例尺越大，要求影像的空间分辨率也就越高。对于确定成图比例尺的遥感影像，若空间分辨率过高则存在信息和数据的冗余；空间分辨率过低，则不适合进行该比例尺的制图。空间分辨率和比例尺的选择同时也需要考虑影像所包含的地物内容和纹理特征，如果制图内容是以大面积的流域、海域和植被为主，可以适当降低分辨率，或缩小比例尺。各比例尺地图对卫星遥感影像空间分辨率的需求见表 8.1。

表 8.1　成图比例尺对遥感影像空间分辨率的需求

成图比例尺	空间分辨率
1∶250000	Landsat-7/8（15m）
1∶100000	Landsat-7/8（15m），SPOT-4、5（10m）
1∶50000	SPOT-4（10m），SPOT-5（10m、5m、2.5m），SPOT-6（6m）
1∶25000	SPOT-5（2.5m），IKONOS（1m） QuickBird（0.61m），WorldView-1/2（0.5m）
1∶10000	IKONOS（1m），QuickBird（0.61m） WorldView-1/2（0.5m），SPOT-6（1.5m）
1∶5000	IKONOS（1m），QuickBird（0.61m） WorldView-1/2（0.5m）

对于已有旧版实测地形图的地区，若有足够密度的图上参考点作为范围控制，在地形图局部快速更新（修、补测）时，可以考虑适当放宽对分辨率的要求，如可用 2.5m 分辨率遥感影像局部修、补测 1∶10000 地形图，用 10m 分辨率卫片局部修、补测 1∶50000 地形图等。

二、影像解译

影像解译的首要一步是影像识别，它其实只是个分类过程，即根据遥感影像的光谱特征、空间特征、时相特征，按照解译者的认知程度，或自信程度和准确度，逐步进行目标的探测、识别和鉴定过程。遥感影像的解译是从遥感影像的特征入手的。遥感影像特征不外乎色、形、位几方面。"色"指影像的色调、颜色、阴影等，其中色调与颜色反映了影像的物理性质，是地物电磁波能量的记录，而阴影则是地物三维空间在影像色调上的反映。"形"指目标地物在遥感影像上的形状，包括目标地物的形状、大小、纹理、图形、图案等。"位"则指目标地物在遥感影像上的空间位置，包括目标地物分布的空间位置、相关布局等。它是色调、颜色的空间排列，反映了影像的几何性质和空间关系。遥感影像的解译依赖于具体应用的目的和任务。但是，任何目的的解译都要通过基本解译要素和具体解译标志来完成。

三、遥感专题信息提取技术

遥感专题信息提取不同于一般意义上的遥感影像分类，它以区别影像中所含的特定专题目标对象为目的。传统的解译方法不仅速度慢，而且精度和准确度受判读员的经验制约，不能满足大量遥感信息提取的需要。利用计算机自动解译是当今遥感信息提取的主要研究课题。随着遥感技术的改进与遥感应用的深入，遥感专题信息的提取方法也在不断改进，经历了目视解译、自动分类、光谱特性的信息提取及光谱与空间特征的专题信息提取等多个阶段，目前正在向全智能化解译的方向发展。但无论解译方法如何，遥感信息提取的基本过程是比较稳定的，如图 8.1 所示。

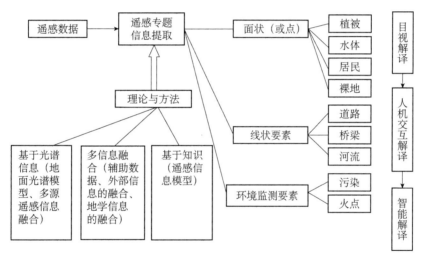

图 8.1　遥感专题信息提取过程

1. 目视解译

目视解译，又称目视判读，是指判读者通过直接观察和借助判读仪器研究地物在遥感影像上反映的各种影像特征，并通过地物间的相互联系推理分析，达到识别所需地物信息的过程。

目视解译提取是一种传统的人工提取信息的方法，它使用眼睛进行目视观察（可借助一些光学仪器），并凭借判读员的知识、经验和掌握的相关资料，通过大脑分析、推理和判断，提取有用的信息。长期以来，目视解译提取是地学专家获取区域地学信息的主要手段。

因为目视判读能够综合利用地物的色调或颜色、阴影、大小、形状、纹理、图案、位置、组合等影像特征知识，以及有关地物的专家知识，并结合其他非遥感数据资料进行综合分析和逻辑推理，所以目视解译能达到较高的专题信息提取精度，尤其是在提取具有较强纹理结构特征的地物时更是如此。然而，目视解译提取工作还是存在一定的局限性，主要包括以下几方面。

第一，目视解译要求解译人员具有相当丰富的知识，知识储备时间漫长；要求解译者在心理和生理上对解译工作有一定的经验。

第二，工作效率较低。很多解译工作属于重复性、大批量的作业，需耗费很长的时间，如一个大区域的土地现状的航片解译需要一年左右的时间。

第三，主观因素影响大，容易产生误判。目视解译主要根据解译者对影像理解程度和自身的知识积累进行定性判读。因此，人为因素影响较大，不同解译人员解译结果差别可能会较大。

第四，不能完全实现定量解译。有些目标除进行定性解译外，还需进行定量描述，由于目视解译采用的仪器有限，只能达到简单粗略估计目标量的描述，与数字时代定量化、模型化、系统化的现实情况很难适应。

第五，无法实现遥感与地理信息系统的集成。目视解译只是通过人工的方法对遥感影像上的部分信息进行语义描述，还无法实现计算机描述，所以在进行 RS 和 GIS 的集成过程中使用目视解译信息比较困难，不能把遥感信息及时、有效地用于 GIS 实时更新、编辑。

2. 计算机辅助下的交互式提取

从 20 世纪 70 年代起，随着 Landsat 卫星的成功发射以及计算机技术的发展，人们开始利用计算机进行卫星遥感影像的解译。最初是利用数字影像处理软件对卫星数字图像进行几何纠正与坐标配准，在此基础上开始采用人机交互方式从遥感影像中获取有关地学信息。

随着现代化生产规模的不断扩大，数据源越来越多，数据量越来越大，对解译工作高速度、大范围的需求，几乎超越了目视解译的极限，这些迫使人们越来越多地依赖计算机处理。因此，计算机图像分析处理已成为一个十分活跃和具有发展前景的研究领域。在完全智能解译处理无法短期实现的情况下，提出了人机交互解译的方法来提高解译的效率和精度。人机交互式解译就是人机交互影像判读，以遥感数字影像为基本数据源，在相应软硬件工作环境下，利用计算机高速的数据处理和图像处理软件对图像的提取和编辑处理功能，帮助解译人员进行遥感影像解译的一种方法。人机交互式解译具有以下优点。

第一，人机交互式解译是全数字化操作，可以进行一些基本的信息增强处理和图形编辑。

第二，人机交互式解译实现了影像、数据和解译结果的对比与合成。利用人机交互式解译方法，在信息识别过程中和解译结果的验证时，可以按解译人员的要求进行各种影像和解译结果标注的叠加，也可以把影像数据和解译数据以及图形数据集成在一起输入到 GIS 中，从而实现数字条件下的影像解译。

第三，人机交互式解译可以通过分析遥感影像的光谱特性，进而对影像进行监督分类或非监督分类，实现遥感影像专题信息的半自动解译，提高解译效率。

3. 基于影像分类的信息提取

自动分类是计算机图像处理初期便涉及的问题，但作为专题信息提取的一种方法，则有其完全不同的意义，从应用的角度赋予其新的内容和方法。传统的遥感影像自动分类主要依赖地物的光谱特性，采用数理统计的方法，基于单个像元进行，如监督分类和非监督分类方法，对于早期的 MSS 这样较低分辨率的遥感影像在分类中较为有效。后来人们在信息提取中引入空间信息，直接从影像上提取各种空间特征，如纹理、形状特征等。另外是各种数学方法的引进，典型的有模糊聚类方法、神经网络方法及小波和分形等。

监督分类和非监督分类是影像分类的最基本、最概括的两种方法，在影像分类技术中，这两种方法不能完全分开，而需要从实际情况出发灵活运用，甚至将监督分类与非监督分类综合使用。智能方法以及计算机技术的引进，促进了遥感影像分类方法的发展。近年来，随着模糊数学分析方法和人工智能方法的出现，基于光谱信息的分类方法也朝着智能方向发展，影像分类结果将具有更高的准确性与精度。

4. 基于知识的专题信息提取

基于知识发现的遥感专题信息提取是遥感专题信息提取的发展趋势，基本内容包括知识的发现并应用知识建立提取模型，利用遥感数据和模型提取遥感专题信息。在知识发现方面包括从单期遥感影像上发现有关地物的光谱特征知识、空间结构与形态知识、地物之间的空间关系知识，其中，空间结构与形态知识包括地物的空间纹理知识、形状知识以及地物边缘形状特征知识；从多期遥感影像中，除了可以发现以上知识外，还可以进一步发现地物的动态变化过程知识；从 GIS 数据库中可以发现各种相关知识。在利用知识建立模型方面，主要是利用所发现的某种知识、某些知识或所有知识建立相应的遥感专题信息提取模型。

四、遥感专题信息提取模型

应用遥感技术研究地球的实质是以各种数字或模拟影像来模拟地表景观，用物体的光谱特征来刻画地面的物理、化学、形态等方面的属性。因此遥感信息是地面物体的一种映射，两者间存在数学和地学意义上的对应关系。在进行信息提取时，可以借助遥感影像上的各种丰富的信息以及相关的知识建立一定的模型进行遥感专题信息的提取。

遥感技术所获取的信息，除少数可以直接用来作专题信息提取外，绝大多数需要经过某种模型完成信息的转换后才能被应用。根据地面特征在遥感影像上的表现能力，信息提取可分为直接信息提取和隐藏信息提取。直接信息提取是根据影像的光谱信息、空间结构等表观数据来提取信息的方法。而隐藏信息的提取则需要根据地物本身的内在规律和相关要素间的关系才能确定，如土壤肥力的差异性只能根据其地表植被长势好坏、周围环境或参考其他辅助信息予以确定。

遥感信息是一种综合的信息，为特定环境的综合反映，不同地面特征由于其对可见光、红外及微波辐射、散射能力不同，其影像的表现力差别很大。因此不可能按统一的程式建立专题信息提取模型。

另外，遥感影像可以提供的信息很有限。一般说来，遥感传感器获取的是地表各要素的综合光谱，主要反映的是地物的群体特性而不是地物的个体特性，细碎的地物及地物的细节通常得不到反映。因此，当影像上的信息不能满足所要解决的问题时，就要设法增加信息或引入知识。

遥感专题信息提取模型的建立与提取的信息有关。在实际应用中，根据模型建立时所依赖的信息，可以将遥感专题信息提取模型分为：基于光谱信息的提取模型、基于空间特征的提取模型、基于知识的提取模型和基于 GIS 的遥感专题信息提取模型。

1. 基于光谱信息的提取模型

地物的光谱信息是遥感专题信息提取中最重要的知识。在多光谱影像的地物识别中，光谱数据是最直接的知识源。遥感影像上的一些目标，如水体、植被等具有独特的多波段光谱特征，地面目标和光谱可能具有一对一的对应关系，光谱数据自然成为最直接的知识源，从而可以把信息提取直接转换到光谱特征空间中去完成。

基于光谱信息的信息提取，需要地物与背景之间在光谱上是可分的，与背景之间存在较少的同谱现象，并且地物内部的光谱最好要一致。当地物内部光谱不一致时，可以借助于地物内部的特征成分光谱进行提取，当地物内部成分的光谱与背景之间存在较多同谱现象时，须借助于地物的其他知识进行提取。

2. 基于空间特征的提取模型

在进行遥感影像专题信息提取时，除了利用地物的光谱信息以外，还可以利用地物形状特征和空间关系特征。例如，高分辨率遥感影像通过目视的方法就可以清楚地观察到丰富的空间形态，如城市是由许多街区组成的，每个街区又是由多个矩形的楼房构成的，其中人造地物具有明显的形状和结构特征，如建筑物、厂房、农田田埂。因此，可以设法利用这类地物的形状特征和空间关系特征进行专题信息的提取。

遥感影像上反映的地物，从其分布特征来看，主要表现为三种形式：点状地物、线状地物和面状地物。随着遥感影像空间分辨率的变化，相同地物的分布特征是可变的。例如，一种地物在高空间分辨率影像上反映为面状地物，但在低分辨率影像上可能表现为点状地物。反之，点状地物在高空间分辨率影像上也可以表现为面状地物。

遥感影像上地物空间关系是指遥感影像中两个地物或多个地物之间在空间上的相互关系，这种联系主要是由地物的空间位置决定的。遥感影像上地物的空间关系主要包括方位关系、包含关系、相邻关系、相交关系等。

3. 基于知识的提取模型

有些地面目标或现象，尤其是隐藏遥感信息的提取，需要进行复杂的处理和深入的分析才能识别。这类地面特征的遥感信息模型不仅要包含地面特征的光谱矢量特征，而且还要加入地学知识和专家经验，以及对知识和经验的运行操作过程。因此这类模型的研究比较复杂，涉及区域较广泛，其基本内容包括知识的发现、应用知识建立提取模型、利用遥感数据和模型提取遥感专题信息等几个部分。

具体的地学知识包括地学辅助数据、专家解译知识、经验和常识、地物波谱特性、地学空间分布及空间关系、地物纹理特征、地物时相分布特征和发展规律等。

4. 基于 GIS 的遥感专题信息提取模型

随着 GIS 应用的发展和深入，将 GIS 应用于遥感影像处理领域，结合地学信息、领域知识及 GIS 的空间分析功能，建立相关模型进行专题信息的提取，已经是目前专题信息提取中经常使用的方法。这种模型可以有效提高专题信息提取的精度，同时也促进了遥感与 GIS 集成技术的发展。

基于 GIS 的遥感影像处理，国内外都已做了大量的研究工作。当前应用较多的专题信息提取方法是将提取目标作为一个类别，在分类影像中确定目标类别。GIS 支持下的遥感信息提取方法包括：①分层分类方法，应用 GIS 提取有关地形因子（如高程、坡度、坡向），将遥感影像中的待分类地区进行区分，形成多个亚分类区，然后对各个亚分类区分别进行最有效的光谱特征分类提取；②分类分层方法，直接按地物光谱特征进行分类之后，在 GIS 支持下再次进行分类提取；③从 GIS 数据库中发现知识，建立知识库，对以光谱信息为基础的分类结果进行推理与后处理，最终确定像元所属类别；④ GIS 数据直接纳入遥感专题信息提取。因为分类的工作量大、影响因素多，所以根据提取目标所具有的光谱特性、地学特征、领域知识等，直接在 GIS 支持下进行专题信息提取的方法得到了较多的应用。

第二节　遥感专题制图方法

以遥感影像为编制专题地图的基本资料进行的专题制图称为遥感专题制图。遥感专题地图的编制过程是综合运用遥感、制图学与地学等原理和方法的过程。遥感资料是专题地图的信息源，地图是地理信息的表达形式，地学规律是地面信息经过综合、概括和分类的结果，这里所说的遥感专题地图的制作是指在计算机制图环境下。利用遥感资料编制各类专题地图，是遥感信息在测绘制图和地理研究中的主要应用之一。

计算机辅助遥感制图是在计算机系统支持下，根据地图学制图原理，应用数字图像处理技术和数字地图编辑加工技术，实现遥感专题地图制作和成果表现的技术方法。计算机辅助制图的基本过程（图8.2）和方法如下。

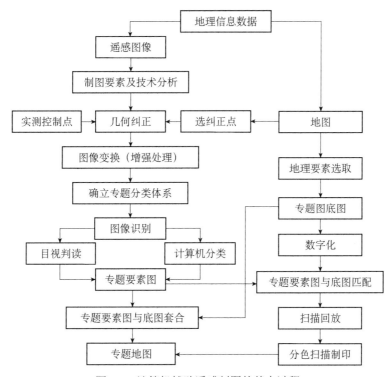

图8.2　计算机辅助遥感制图的基本过程

一、资料的收集和分析

遥感专题制图所需资料较多，一般需要收集以下资料。

1. 遥感资料

根据影像制图的要求，选取合适时相、恰当波段与指定地区的遥感影像，需要镶嵌的多景遥感影像宜选用同一颗卫星获取的图像或胶片，非同一颗卫星图像时也应当选择时相接近的影像或胶片。检查所选的影像的质量，制图区域范围内不应该有云或云量低于10%。遥感影像的空间分辨率、波谱分辨率和时间分辨率是遥感信息的基本属性，在遥感应用中，它们通常是评价和选择遥感影像的主要指标。

1）空间分辨率和地图比例尺的选择

在遥感制图中，选用适宜的空间分辨率的遥感影像十分重要，这关系到地图成图的精确度以及地物信息的丰富程度。因为遥感制图是利用遥感影像来提取专题制图信息，所以在选择影像的空间分辨率时要考虑以下两个因素：①解译目标的最小尺寸；②成图的比例尺。不同规模的制图对象的识别，在遥感影像的空间分辨率方面都有相应的要求。

遥感影像的空间分辨率和地图比例尺有着密切的关系。在遥感制图中，不同平台的传感器所获取的图像信息满足成图精度的比例尺范围是不同的。一般来说，为了保持地表细节的清晰度，比例尺越大，要求影像的空间分辨率也就越高。对于一个固定空间分辨率的遥感影像来说，若空间分辨率过高，则存在信息和数据的冗余；空间分辨率过低，则不适合进行该比例尺的制图。空间分辨率以及比例尺的选择也要考虑影像包含的地物内容和纹理特征，如果制图内容是以大面积的流域、海域为主，可以选择空间分辨率较低的影像或者降低成图比例尺。因此，利用遥感影像进行遥感专题制图和普通地图的修测更新时，对不同平台的影像信息源，应该结合研究宗旨、用途、精度和成图比例尺等要求，予以分析选用，以达到实用、经济的效果。

2）波谱分辨率和波段的选择

波谱分辨率是传感器所使用的波段数目（通道数）、波长、波段的宽度。通常情况下，各种传感器的波谱分辨率的设计都是有针对性的，这是因为地表物体在不同光谱段有不同的吸收、反射特征。同一类型的地物在不同波段的图像上，不仅影像灰度有较大差别，而且影像的形状也有差异。因此，在专题处理与制图研究中，波段的选择对地物的针对性识别非常重要。

在考虑遥感信息的具体应用时，必须根据遥感信息应用的目的和要求，选择地物波谱特征差异较大的波段图像，即能突出某些地物（或现象）的波段图像。对于单波段遥感影像的分析选择，通常有两种方法：一是根据已有的地物波谱特征曲线，直观地进行分析比较，根据特征曲线差异的程度，找出与之对应的传感器的工作波段。二是利用数理统计方法，选择不同波段影像密度方差较大且相关程度较小的波段图像。

此外，通常更多的是对若干波段进行优化组合，即进行影像的合成分析与制图。如要获得丰富的地质信息和地表环境信息，可以选择 TM7、4、1 波段的组合。该波段组合影像清晰度高，干扰信息少，地质可解译程度高，各种构造形迹（褶皱及断裂）显示清楚。若要获得监测火灾前后变化分析的影像，可以选择 TM7、4、3 波段的组合，它们组合后的影像接近自然彩色，所以可通过 TM7、4、3 彩色合成图的分析来掌握林火蔓延与控制及灾后林木的恢复状况。若要获得砂石矿遥感调查情况，可以选择 TM5、4、1 波段组合。

3）时间分辨率和时相的选择

遥感影像的时间分辨率差异很大，用遥感制图的方式反映制图对象的动态变化时，不仅要弄清楚研究对象本身的变化周期，同时还要了解有没有与之相应的遥感信息源。遥感影像的成像时间直接影响专题内容的解译质量。对其时相的选择，既要根据地物本身的属性特征，又要考虑同一地物不同地域间的差异。

在一系列按时间序列成像的多时相遥感影像中，必然存在着最能揭示地理现象本质的"最佳时相"图像。"最佳时相"主要包含以下两个方面：第一，为了使目标不仅能被"检出"，还能被"识别"，这就要求信息量足够多，并且是地理现象呈节律性变化中最具本质特性的信息；第二，探测目标与环境的信息差异最大、最明显。"最佳时相"受到地物或现象本身的光谱特性等多种因素的综合影响。例如，解译农作物的种植面积最好选在八九月份作物成熟之际，方便各种作物的区别；解译海滨地区的芦苇地及其面积宜用五六月份的影像；

解译黄淮海地区盐碱土分布宜用三、四月份的影像。

总之，遥感影像时相的选择，既要考虑地物本身的属性特点，又要考虑同一种地物的空间差异。

2. 制图地区的普通地图

编图地区的普通地图比例尺尽可能与成图比例尺一致，或稍大于成图比例尺，用作编绘专题地区的基础底图或编绘专题图的参考图件。选用普通地图时要注意地图的现势性和投影性质。因为通常都要在成图后量算各类专题要素的面积，所以宜用面积变形较小的地图投影。

3. 其他资料

编制专题图时，还需要收集编图区域的自然要素和人文要素等资料。例如，编制土地资料评价图时就需要广泛收集诸如地形、土壤、植被、土地利用、地下水、气象等要素资料，进而分析其土地的适宜性和限制因素，并按土地质量划分土地等级。因此，有关编图地区及其编图内容的地图资料、统计资料、研究报告、政府文件、地方志等均有必要收集。

二、遥感专题地图设计

遥感专题地图的设计就是根据遥感专题图性质，选择合适的编图技术与方法，以达到地图数学基础的精确性、地理规律的严密性和图面清晰易读性的要求。遥感专题图的设计一般包括以下内容和程序。

1. 专题要素分类系统的确定

遥感专题地图与普通专题地图一样，也需要根据要素的质量特征和数量指标进行分类和分级，且这种分类和分级可能与表示专题的学科分类一致，也可能不一致。例如，按发生学或形态学的分类原则，专题要素可以多级连续分为一定的等级系列，但地图由于受到负载量及表示方法的限制，一般只能分为很有限的几个级别。专题要素的学科分类不受图斑大小的影响，可以根据需要划分为多种类型，而成图时的分类受到最小图斑的限制。因此，要根据制图对象的学科特点及制图学的特点制定分类原则、依据和指标，进行合理分类。

2. 成图比例尺的选择

遥感专题图成图比例尺的选择受多种因素的影响，主要取决于制图区域的面积及地图的用途。一般而言，应在遥感影像空间分辨率允许范围内，根据制图区域及用途选择成图比例尺。如土地利用现状图，一般有如下比例尺可供选择：乡镇级 1：1 万～1：5000；区县级 1：10 万～1：5 万；省级 1：100 万 ～1：50 万。

3. 基础底图的编制

遥感专题地图的目的是说明专题要素的空间分布规律，因此需要编制相应的基础底图。基础底图的编制工作关系到专题地图的质量。用于遥感影像资料制图的底图必须满足一定的数学基础和地理基础，以便为转绘影像图上的专题内容提供明显而足够的定性、定量、定位的控制依据，提高专题要素所描述的内容的准确性和科学性。

因此，基础底图的编制必须解决两个方面的问题：一是底图的数学基础，必须满足由影像图转化为线划图对数学基础的要求；二是底图的地理基础，必须使国家基本地形图的地理基础和影像相吻合。目前，数字化基础图件越来越丰富，可以直接选用相关信息层作为遥感专题地图制作的基础底图。如果是模拟图件，则需要进行数字化工作。

1）准备工作

底图的数字化工作之前，必须进行图面质量检查，主要包括两个方面：地图的变形情况和图面的清晰程度。

第一，地图的变形情况。因为温度、湿度等保存条件的影响，地理底图可能会产生扭曲和伸缩等变形，使得图廓的理论值与实际量测值不一致，若误差大于制图精度要求，则应进行变形校正。

第二，图面的清晰程度。底图数字化工作多数是在复印的地理底图上进行的，有些直接使用地理底图，因此需要检查底图是否存在线划模糊不清或断线等现象，在数字化之前应先用笔在地里底图上描绘清楚。

2）底图数字化

经过底图数字化之前的准备工作之后，就可以开始数字化工作。操作人员先将底图放置在数字化板中央并固定在数字化仪上（或通过扫描仪将底图输入计算机中），启动数字化应用程序，进入数据采集状态，操作人员拿着定标器去跟踪底图上的各种要素，如跟踪道路和等高线等。地图数字化的质量与地图本身的精度、操作者的经验和对数字化工作的负责程度有关。底图数字化工作完成后，检查人员应严格按照质量评定的各项标准对数字化产品进行检查和评定，最后给出数字化产品的质量等级。

4. 遥感影像镶嵌与地理基础底图拼接

如果制图区域范围很大，一景遥感影像不能覆盖全部区域，或一幅地理地图不能覆盖全部区域，则需要进行遥感影像镶嵌或地理基础底图拼接。

1）遥感影像镶嵌

遥感影像镶嵌的目的是便于目视解译和影像地图的使用。

镶嵌的第一种情况是把左右相邻的两幅或两幅以上的图像准确拼接在一起；另一种是把一幅小图像准确地嵌入另一幅大图像中。一般情况下，影像镶嵌应把握以下原则。

第一，镶嵌时，要注意使镶嵌的影像投影相同、比例尺一致，有足够的重叠区域。

第二，影像的时相应保持基本一致，尤其是季节差异不宜过大。

第三，多幅影像镶嵌时，应以最中间一幅影像为基准，进行稽核拼接和灰度平衡，以减少累积误差。

第四，镶嵌结果在整体质量满足要求，但局部的几何和灰度误差不符合要求时，应对影像局部区域进行二次几何校正和灰度调整。

影像镶嵌方法是读取已经纠正的影像和影像的四周角点地理坐标。如果需要的话，将影像地理坐标换算成影像像元坐标。将影像放在同一坐标系平面内，按像元坐标值确定各影像的相对位置。利用相邻影像中同名地物点作为镶嵌的配准点，对区域相邻的影像进行拼接，把多景遥感影像镶嵌成一幅包括研究区域范围的遥感影像。镶嵌过程可以利用通用遥感影像处理软件，也可以针对影像特点开发专用镶嵌软件。

通过测量检查拼接误差情况，误差符合精度要求后，再进行下一步的灰度平衡。

统计各图像直方图，以其为依据调整图像的灰度动态范围，按照要求实现各图像间的灰度过渡。

图像无地理坐标时，可利用数字地形图的同名地物点测出相应的地理坐标，再进行将图像地理坐标换算成图像像元坐标的操作；也可以直接测出各图像间相同地物点的像元坐标，确定其相对位置，完成镶嵌。

镶嵌的质量要求在不同影像之间接缝处几何位置相对误差不大于 1 个像元。图像之间灰度过渡平缓和自然，接缝处过渡灰度均值不大于两个灰度等级并看不出拼接灰度的痕迹。

图像范围应满足使用要求，灰度反差适中，有良好的视觉效果。

镶嵌后的影像应是一幅信息完整、比例尺统一和灰度一致的图像。

2）地理基础底图拼接

多幅地理基础底图拼接可以利用 GIS 提供的地图拼接功能进行，依次利用两张底图相邻的四周角点地理坐标进行拼接，将多幅地理地图拼接成一幅信息完整、比例尺统一的制图区域底图。

5. 专题要素图和地理底图的复合

遥感影像与地理底图的复合是将同一区域的影像与图形准确套合，但它们在数据库中仍然是以不同数据层的形式存在。遥感影像与地理底图复合的目的是提高遥感专题地图的定位精度和解译效果。

遥感影像与地理底图之间复合操作包括：利用多个同名地物控制点作遥感影像与数字底图之间的位置配准；将数字专题地图与遥感影像进行重合叠置。

6. 地图符号及注记设计

专题地图的内容涉及自然界和人类社会的多个方面，其时空分布特征也多种多样。专题地图上既要反映其时空分布，又要表示其数量和质量特征以及现象之间的联系。表示专题现象的基本方法有：定点符号法、线状符号法、范围法、质底法、等值线法、定位图表法、点数法、运动线法、分级统计图法、分区统计图表法。

以上表示法之间具有相似之处，但它们也是有严格区别的，需要了解它们的实质才能准确而恰当地使用它们。通常来说，对于点状分布地物常用定点符号法表示；对于线状分布地物则多用线状符号法表示；对间断、成片分布的地物或现象来说，主要用范围法来表示；对连续分布而布满某个区域的地物，可以选择等值线法和定位图表法、分区统计图表法来表示。同时，为了反映专题现象多个方面的特征，在一幅地图上常常同时配合使用几种方法来表示它们（表 8.2）。

表 8.2　专题现象表示方法配合使用情况

表示方法	定点符号法	线状符号法	范围法	质底法	等值线法	定位图表法	点数法	运动线法	分级统计图表法	分区统计图表法
定点符号法	可以	可以	良好	可以	可以	不常用	可以	可以	可以	不常用
线状符号法		可以	良好	可以	可以	可以	可以	可以	可以	可以
范围法			可以	不常用	可以	可以	可以	良好	不常用	不常用
质底法				不常用	可以	可以	不常用	可以	不常用	不常用
等值线法					可以	可以	可以	不常用	不常用	不常用
定位图表法						可以	可以	不常用	不常用	不常用
点数法							可以	可以	不常用	不常用
运动线法								可以	不常用	不常用
分级统计图表法									不能用	良好
分区统计图表法										可以

地图符号可以突出表现制图区域内一种或几种自然要素或社会经济要素，如人口密度、

行政区划界限等。为反映专题对象的位置、类别、级别及各种不同的含义，构成符号时要使其保持一定的差别。地图符号之间的差别通过改变 6 个图形变量（形状、尺寸、方向、彩色、亮度、密度）中的一个、多个或全部来实现。通过它们来构成符号的形态、尺寸、颜色变化。

形态变化主要用于点状和线状符号设计，用不同的图形及其方向变异来实现。它只反映制图对象间质的差别，不反应数量关系。

尺寸变化在符号设计中具有广泛的用途，用于表达点状符号的各种数量关系。

颜色变化通过改变色相、饱和度和亮度来实现，密度变量也可以造成颜色上的差异。颜色变化应用于各种符号。一般来说，点状符号只用色相，只有当它的尺寸被足够的夸张或作为统计图表时才能使用亮度和饱和度的变化。线状符号通常也只使用色相的变化，极少使用亮度和饱和度的变化。面状符号则广泛地使用颜色变化的各个方面。单色地图上也有颜色变化，利用灰度梯度上的亮度变化可以产生不同的数量效果，甚至密度变化也可以产生某种数量感。

注记是对某种地图属性的补充说明，如在影像图上可注记街道名称、山峰和河流名称，标明山峰的高程，这些注记可以提高专题地图的易读性。

7. 地图色彩选择

色彩在地图上的利用可以包括色彩三属性的利用及色彩的感觉和象征意义的利用。专题地图多使用彩色符号来表征专题要素，其根本原因是色彩具有强烈的表现力，它能清晰地表现制图对象而使人们易于理解和认识，而且由于地图色彩协调而富有韵律，可产生很强的感染力，增强了地图的传输效果。

1）色彩的作用

色彩的使用对于专题地图的作用包括以下几方面。

第一，色彩可以突出专题地图的主题。

第二，色彩可以提高专题地图的显明性和表现力。

第三，色彩可以增加专题地图的信息。

第四，色彩可以增强专题地图的艺术性。

2）色彩的属性

从人的视觉系统看，色彩可用色相、饱和度和亮度来描述。人眼看到的任一彩色光都是这三个特性的综合效果，这三个特性可以说是色彩的三要素，其中色调与光波的波长有直接关系，亮度和饱和度与光波的幅度有关。

色相又称色别，是指颜色的相貌，即颜色的类别。如品红、黄、绿、橙、黑等。色相的不同在地图上多用于表达类别的差异。例如，在地形图上多用蓝色表示水系，绿色表示植被，棕色表示地貌；色相在专题图上表现不同对象的质量特征等，分类概念特别明显。

亮度又称明度，是色彩本身的明暗程度。在地图上，多运用不同的明度来表现对象的数量差异，特别是同一色相的不同明度更能明显地表达数量的增减，例如，用蓝色的深浅表示海水深度的变化。

饱和度又称纯度，是指色彩接近标准色的纯净程度。色彩越接近标准色，其纯度就越大，色彩越鲜明；反之，纯度越小，色彩就越暗淡。

3）地图色彩的选择

色彩在地图上的表现形式，可分为点状色彩、线状色彩、面状色彩三大类。

（1）点状色彩。点状色彩指表示点位数据的点状符号色彩，由于图表符号可以作为定点符号来使用，也包括统计图表的色彩。

在点状色彩的选择过程中，需要注意以下几方面：用色相变化表示专题要素的类别、性质，以及反映数量级别变化，用亮度或纯度的变化表示专题要素的动态发展，点状符号色彩应尽量和专题要素的自然色一致，与地图的性质和用途一致，符号设色面积宜与纯度成反比。

（2）线状色彩。

界线色彩设计：界线是非实体符号，但它们有主次之分。主要界线用色应该鲜、浓、深、艳，以提高其对视觉的冲击力；次级界线用灰、浅、淡色表示。用色相表示其质量、类型的差异，用浓淡、粗细表示不同等级和重要性的差异。

线状物体色彩设计：与界线色彩设计相同，所用颜色应该鲜、浓、深、艳，用色相表示质量、类型的差异，用浓淡、粗细表示不同等级和重要性的差异。

运动线符号色彩设计：运动线也需要根据地图用途区分出主次关系，同样沿用如上的用色原则。不同的是由于运动线是向量线，宽度较大，对它的修饰与一般线划不同。同时，运动线的宽度应当用来表示专题现象的数量关系。

（3）面状色彩。面状色彩指在一定的面积范围内设色，又分为质别底色、区域底色、色级底色和大面积衬托底色。

质别底色：用不同的颜色、晕线、花纹填充在面状符号的边界范围内，区别区域的不同类型和质量差别。例如，地质图、土壤图、作物分布、森林类型等地图上的底色都是质别底色。

区域底色：用不同的颜色、晕线、花纹显示区域范围，但并不代表任何的质量和数量意义。例如，政区底色、表示某种现象分布区域（范围）的底色就是这种底色。区域底色的设色目的在于标明某一个区域范围，没有主次的区别，选色时宜选用对比色且不必设置图例。

色级底色：按照色彩渐变的色阶表示现象数量关系的设色形式称为色级底色。常用的是分级统计图的底色和分层设色表示地貌时的分级底色。

大面积衬托底色：为衬托和强调图面上的其他要素，使图面形成不同层次，有助于读者对主要内容的阅读。这种底色的作用是辅助性地装饰色彩，应是不饱和的原色或肉色、淡黄、米色、淡红等，其不影响其他要素的显示。

4）地图色彩的要求

一副优秀的专题地图，除了科学性之外，它的色彩设计还必须悦目、协调、吸引读者。所以色彩设计是专题地图编制的重要因素之一。专题地图必须主题明确，层面丰富、内容清晰、色彩协调、表现力强。概括地说，就是既要有对比性，又要有协调性，内容和形式达到统一。专题地图的色彩设计实际上是在对比中求协调，在协调中求对比，正确地处理协调和对比这一对矛盾。具体有以下几方面。

第一，层面清晰，用色不能杂乱。一副专题地图是由多个层面构成的，通过设色理清层面之间的关系，突出主题。第二，不同色相的色彩既要有对比性，又要有协调性。第三，同一色相不同亮度或纯度的色彩对比要能分清楚。第四，主题要素色彩突出，底图要素色彩要淡雅。底图要素反映了专题要素和环境背景之间的关系，起衬托作用，用色不宜太重，避免"喧宾夺主"；专题要素为主体内容，用色相对浓艳，放在突出的层面上。第五，尽量和专题要素的自然色、惯用色一致。第六，有效利用色彩的象征性。第七，大面积图斑用色浅、小面积图斑用色浓，即色斑的浓淡要和图斑的面积成反比。第八，非制图区域用色浅，宜用冷色或中性色；制图区域用色浓，且宜用暖色。第九，充分利用色彩的色相、纯度和亮度的变化，达到最佳表达效果。

8. 地图图面配置

图面配置指主图及图上所有辅助元素，包括图名、图例、比例尺、插图、附图、附表、文字说明及其他内容在图面上放置的位置和大小。图面配置的要求是保持影像底图上信息量均衡和便于用图者使用。一般商业 GIS 软件和计算机辅助制图软件都提供了交互式图面配置功能。

专题地图放置的位置：一般将底图放置在图的中心区域以便突出和醒目。

标题：标题是对制图区域以及专题内容的说明，一般置于图面顶端或右边。

图例：为了便于阅读专题地图内容和符号，需要增加图例来说明，图例一般放在地图的右侧或下部。

参考图：参考图可以对地图内容起到补充和说明的作用，其可以作为平衡图面的一种手段，放在图的四周任意位置。

比例尺：比例尺一般放在地图图面的下部中间或右侧。

指北针：指北针可以说明地图所表示区域的方向，通常将指北针放在地图的右上侧。

图幅边框生成：地图图幅边框是地图区域范围的界线，可以根据需要指定图幅边框线宽与边框颜色。

第九章　遥　感　应　用

第一节　遥感应用模式与流程

遥感技术从 20 世纪 60 年代提出至今，经历了约 60 年的发展，在遥感平台与观测技术、定位技术、处理技术以及应用领域均得到了快速发展。特别是在应用需求的推动下，遥感在多领域、多层次的深入应用，推动了遥感应用的拓展和深入。

一、遥感应用的基本模式

根据分析角度的不同，遥感应用模式有不同的划分方式，常见的有以下几种。

1. 基于数据（信息）的应用模式

遥感应用的核心内容是数据，应用模式可以分成五种：地理底图、地理要素、即时信息、定量信息、地表形变信息。每种应用模式涉及众多的应用。

地理底图是以遥感传感器获取的原始数据为基础，用于编绘专题地图的基础底图，它是专题内容在地图上定向、定位的地理骨架，是遥感应用的最基本模式。

地理要素是通过遥感图像处理与分析，从遥感数据中获取的地理信息。地理要素的应用需要对原始遥感数据进行信息提取，信息提取的方法包括遥感人工目视解译和计算机自动提取方法，如土地覆被/土地利用、植被分类等。

即时信息的应用模式不仅要求对遥感数据及时进行信息提取，而且往往对数据获取的时间分辨率具有一定的要求。这种应用模式主要发生在突发性自然灾害或城市变化研究中，如火山爆发，滑坡、泥石流等灾害爆发，海洋表面的石油污染等。

定量信息是在原始遥感数据分析的基础上，根据一定的物理模型或经验模型进行定量分析的遥感数据产品。这种应用模式主要集中在与人类活动和社会发展相关的资源及生态环境领域的研究中，如植被的生物量、地面气温、耕地面积、水资源储量等。

地表形变信息是在对一种或多种遥感数据产品的综合分析、判断的基础上，对地球表层发生的各种变化信息进行提取的应用模式，是遥感应用的最高应用模式。它不仅对原始遥感数据进行预处理、信息提取和定量分析，还对多种数据进行综合分析来获取地表变化信息，揭示地表信息的分布情况和变化规律。

在传统的遥感发展中，主要以遥感数据为主导，更多地关注遥感信息提取和图像预处理过程，也就是遥感应用模式的地理底图。随着遥感应用的扩大和普及，遥感的主导开始转向以数据为基础的信息提取和遥感数据产品，其应用也逐渐扩展到以定量遥感产品为主的地理要素及其即时信息获取的应用模式中，用户也将遥感产品应用到了更广阔的地理环境及变化分析的应用领域。

2. 基于应用方法的应用模式

综合当前遥感的主要应用领域与应用方法，遥感应用可分为目视解译、遥感分类、参数反演、统计分析、动态监测和遥感制图等几种模式。

1）基于遥感图像目视解译或专题信息提取的单要素识别分析

对于一些简单的、精度要求不高的应用可以通过对图像目视解译、交互编辑进行识别分析。如提取水域、城乡边界、主要道路等，可由对该地区比较熟悉、具有一定解译知识和经验的人员或应用人员进行目视解译。

目视解译一方面受图像质量、解译人员个人能力的影响，另一方面与交互绘制边界等的精度有关，因此，基于专题信息提取的单要素识别分析也是一种常用的处理方法，如建筑用地提取、植被提取、水体提取等。首先提取图像上的一定区域并进行统计分析，获得该类别的特征值（如灰度、NDVI 等），进而依据该特征值建立提取模型（一般可用简单的数学运算表达式实现），实现专题信息提取。

2）基于遥感分类的地表多要素识别分析

图像分类是遥感应用中最重要的处理内容，如土地利用/覆盖分类、地理信息采集等。通过遥感影像分类，判定每一像素归属的类别，为进一步的分析提供依据。遥感分类后，可以基于分类结果进行制图（影像地图或矢量地图），也可以以分类结果为基础进行进一步处理。

3）地表参数遥感定量反演

应用遥感图像（特别是多波段遥感数据）之间的关系，或者遥感数据与地表参数之间的关系，实现地表参数反演也是遥感应用的重要模式之一。遥感的主要目标是从遥感信息中估计地表目标的状态参数信息。在遥感信息提取中，反演遥感物理模型往往需要利用遥感数据提供的信息与遥感物理模型，融合一定的先验知识来实现对地表参数真实状态的估计。因此，地表参数遥感定量反演主要是用一种或多种遥感反演方法，针对某一个具体的地表参数，如雪水当量、地表反射率、LAI 等详细阐述反演流程，其关键是反演模型的建立、图像处理以及反演精度检验等。

4）遥感数据与辅助信息结合的统计分析

单纯的遥感数据分析虽然可以从状态分布的角度定量反映地表现象、地表参数的静态属性和动态规律，但对于地学过程与相关背景因子的关联规则、地学过程的驱动机制与演变模式、地学现象与地学过程的影响因素等问题却无能为力。因此，有必要将遥感数据分析的结果与各种辅助信息及背景数据（如地理、气候、地质、交通、社会、经济、人文等方面的信息）结合，一方面反映状态，另一方面揭示影响因素、动力学规律与驱动机制，从而更好地为模拟、反演、预测与调控服务。

5）遥感动态监测

遥感动态监测就是从不同时期的遥感数据中，定量地分析和确定地表变化的特征与过程。它通过多时相遥感影像分类后比较或者变化检测后进行分类统计，实现从动态的角度研究地学过程，如城市扩展、水土流失、土地利用变化的动态、趋势，并将这些变化与相关因子结合，发现过程演变的规律与驱动机制。它涉及变化类型、分布状况与变化量，即需要确定变化前后的地表类型、界线及变化趋势，提供地物的空间分布及其变化的定性和定量信息。

6）遥感制图

遥感制图主要体现在两个方面：一是地形制图，即通过遥感获取反映地形起伏的信息，当前主要的应用方式是通过遥感图像处理构建数字高程模型，如应用遥感立体像对或应用InSAR 技术生成 DEM 等；二是进行地表覆盖制图与更新，以生成和更新普通地图和各种专题地图。

3. 基于技术的应用模式

遥感应用的技术模式包括图像预处理、遥感信息提取、遥感信息制图、影像管理、业务化遥感平台开发、云计算等。

二、遥感应用技术流程

遥感应用的技术流程总体上可分为问题分析与遥感信息源选择、遥感图像处理、数据统计分析与建模、结果解释表达与应用四个阶段，如图9.1所示。

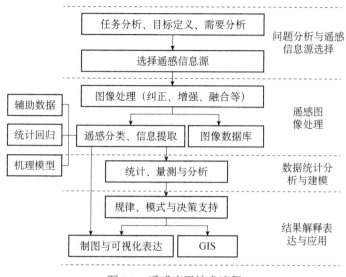

图9.1 遥感应用技术流程

1. 问题分析与遥感信息源选择

首先应对任务进行分析、定义。遥感应用的任务可以分为地面覆盖分类、专题信息提取与典型目标识别、遥感制图与基础空间信息采集、地表参数反演、遥感动态监测、遥感模型建立六大类，每一类应用都有其规律、性质和适用的信息源。通过对任务的分析，明确所要达到的目标，特别是从需求结果、要求精度、成果方式等方面进行综合考虑，从获取时间、空间分辨率、波段组合、成像方式以及性价比等方面选择合适的遥感信息源。

2. 遥感图像处理

遥感图像处理是整个遥感应用中最关键、最重要的一环。影像系统处理工作一般已在遥感数据提供机构实施完毕，所以，这一阶段主要是进行应用处理，主要包括几何纠正、参考数据获取、特征提取与选择、分类（或信息提取）等几方面。

3. 数据统计分析与建模

遥感图像处理结果往往以分类图、专题图、变化矩阵等方式表达。对结果进行统计、分析与处理，进而与模型相结合以提供更高层次的信息是这一阶段的主要任务。图像处理结果的统计分析常常与GIS相结合，通过空间分析实现对规律、动态的分析。多时相遥感数据通过分类后比较转移矩阵，可以对动态过程进行分析。主成分分析等可以对过程的主要影响因子等进行分析。一些领域模型则可以进一步对遥感数据的生态环境效应等进行分析。通过遥感数据与计量模型的结合，可以进行预测、模拟，建立相应的分析模型。

4. 结果解释表达与应用

通过以上的分析处理，可以专题图、综合图、影像图、效果图、图表、统计数据等表达方式提供分析结果，如何应用结果进行相应的分析、评价，进而为决策、管理服务，则是这一阶段的主要任务。这一阶段往往要充分应用多学科领域的知识，特别是从应用领域出发，对遥感分析结果进行深层次的挖掘和推理，从而为决策的科学性、合理性和先进性提供支持。

目前，遥感的主要应用领域有资源普查、城市遥感、环境监测、灾害监测及农业遥感监测等很多方面。

第二节　资源遥感

资源遥感是以地球资源的探测、开发、利用、规划、管理和保护为主要内容的遥感技术及其应用过程。资源可以通过多平台、多时相、多波段的数据采集，直接或间接地由遥感信息表达出来，因而对遥感数据进行图像处理可以从遥感数据中获取隐含在遥感信息内的自然资源的数量、空间分布和随时间变化的信息。资源与人类生活和社会发展密不可分，因此，资源遥感可以通过对资源分布的位置、条件和数量等分布状态进行综合评价，了解某一地区资源对人类活动和社会发展需求的满足情况，并确定资源匮乏或富足程度。例如，某一地区的耕地和水资源是否满足人类基本生活需求、区域内铜矿分布位置及给城市带来的经济效益、某一区域有哪些条件适合发展旅游等，这些问题都可以直接或间接地通过资源遥感方法得到很好的解决。

资源遥感过程包括获取资源与环境数据的过程及综合研究和系统分析数据的过程。其中，资源与环境数据获取过程是资源遥感的基础环节，综合研究和系统分析数据过程是资源遥感的核心环节。资源遥感应用的具体步骤如下。

（1）分析资源的形成条件、赋存环境、分布状态。

（2）根据有利于资源调查的最佳时间及波段，选择遥感平台、传感器和遥感影像数据。

（3）按资源分布特点、类型差异、赋存状态，确定影像分析、判读的方法。

（4）遥感影像处理技术方案的设计。

（5）地面实况调查和验证方案的设计与实施。

（6）资源遥感信息特征的概括、分析模型的研究与优化。

对于不同的资源应用，资源调查与监测方法有所差异，因此在实际应用过程中，要注重针对不同的应用方向选择合适的遥感影像处理技术方案、遥感信息提取方法和分析优化模型。

一、水资源遥感

水资源遥感是遥感技术在水资源调查与分析评价领域的重要应用。水资源遥感的依据并不仅仅是水分的光谱特征，还往往依靠与水分密切相关的其他地物类型和地貌信息。因为水资源遥感可以解决诸如地球陆地表面水资源总量与分布状况、地下水资源储量与不同区域地下水分布情况、全球降水量与分配，以及不同地区水资源现状的分析与评价等问题，所以在全球水资源调查与分析评价中具有举足轻重的地位。

1. 遥感技术在地表水资源调查中的应用

地表水资源遥感的主要目的是掌握水资源分布状况、获取不同区域陆地表面降水和全球陆地表面的水资源总量等热点问题。

在全球陆地表面的水资源调查与分布方面，利用水体明显区别于其他地物的特殊光谱特性，直接从遥感图像上提取水体信息；利用不同时相的遥感数据，经计算机几何纠正、叠加配准等处理，可以定量地提取江河、湖泊水体的动态变化信息，从而推测江河、湖泊与海岸线的演变规律。

在全球降水方面，目前降水获取主要有两种常用方法，全球气象站地面测量资料和气象卫星测雨资料。全球气象站地面测量资料可以测量几小时内降水量，继而获取降水总量。但是，该方法采用离散气象站点资料，无法反映连续空间内的降水量，尽管陆地表面的降水具有一定的地带性分布规律，可以通过气象站资料的空间插值方法获取降水量，但其准确度有待考证。另外，受气象站分布的限制，获取的数据具有较大的偏差。与全球气象站地面测量资料相比，气象卫星测雨资料具有一定的优势，一方面它能够获取全球范围的降水量，另一方面它受其他因素的影响较少，因而能够相对客观地反映降水量，但受空间分辨率限制，估测精度还不够高。目前，全球能够监测降雨的卫星和遥感数据集有很多，如热带测雨卫星（TRMM）、亚洲陆地降水数据集（APHRO）等。

全球陆地表面水资源总量是遥感技术在地表水资源调查中的一个难点，主要原因是地表水的存在形式多样，如土壤水、河流、湖泊等。对于河流、湖泊而言，径流深度或湖泊深度一般通过流域观测站点获取资料，但并非所有流域内均有观测资料；尽管微波遥感可以在某种程度下探测水深，但微波遥感的分辨率往往很低，因而探测精度低。因此，陆地表面水资源总量的遥感调查存在很大难度，目前大多是对地表水资源量的年内变化和年际变化进行研究，如青藏高原湖泊面积的扩张、河流水系断面宽度的变化、冰川退缩导致冰雪融水的增加等。此外，土壤水分也是陆地表面水资源研究的一个热点内容，土壤水分主要与土壤岩性和降水等特征密切相关，不同岩性的土壤，其吸水性、保水性、透水性以及土壤含水量都存在很大差异。此外，土壤含水量与降水关系密切，降水丰富的地区其土壤含水量往往较大，反之降水较少的地区土壤含水量要相对小些，如我国西北地区的黄土尽管土壤保水、吸水性较强，但降水不够丰富，其土壤含水量也较低。基于遥感方法获取土壤含水量往往与地面实测资料相结合，可以建立含水量和遥感光谱参数的经验模型，获取区域土壤含水量，这种土壤含水量的遥感反演算法与技术研究已经广泛开展。

2. 遥感技术在地下水勘查中的作用

地下水资源储量十分丰富，对其勘查一直是水资源调查中的一个重要课题。遥感技术不仅可以实现对地下水资源的勘查，还可以分析地下水位的可能变化趋势。

地下水埋藏于地表之下，在地表上是不能直接观察到地下水赋存状况的，但地下水可以通过某些地表现象间接地得到反映。遥感图像能够真实反映地表地形、地貌、岩性、第四纪沉积物、地质构造、水系、植被覆盖等水文地质要素的空间分布特性及相互联系，以便于人们了解地下水的运动和赋存状态。在地下水勘查中运用遥感技术对勘查区各类地质要素进行解译和提取，并结合多学科、多信息的综合分析，可以对区域的水文地质条件和地下水的分布特征得出系统、客观的结论。

对第四纪松散层中的孔隙潜水来说，其水文地质条件通常与地貌、第四纪地质、新构造和植被覆盖等要素有着极为密切的联系。利用遥感图像上的色调、形态、纹理、结构等影像特征提取这些要素，对于圈定相对富水地段、判断含水层的层位和各种边界条件具有良好的效果。在此基础上，综合常规勘探资料，可以较准确地评价地下水资源。

3. 遥感技术在水资源分析与评价中的应用

遥感技术不仅在地表水和地下水资源的勘查中具有巨大的优势，而且在水资源分析与评价中发挥了很大的作用。

1）水文地质编图

近 40 年来，国土资源部（2018 年并入自然资源部）在各种比例尺的水文地质调查中都广泛采用了遥感技术。遥感方法作为先导，密切配合常规调查方法，有效地减少了野外调查的工作量，减轻了水文科技工作者的劳动强度，加快了调查速度，提高了成果质量。尤其在一些人迹罕至或根本难以抵达的高山、密林、沼泽、滩涂、盐湖等地区，遥感方法更加体现出了它在技术上的先进性和优越性。

利用遥感技术，采用人工解译或计算机信息提取技术，可以获取区域地质水文要素，进行水文地质图的填补。通常，应根据应用需求确定解译的精细程度或地图要素综合程度，进行不同比例尺的水文地质图的编制。

2）水资源分析

遥感技术能够实现对水资源的分析。对于降水而言，遥感方法不仅可以分析降水量的时空分布规律，而且通过分析降水量的年内变化情况可以确定丰水期、枯水期，对作物灌溉、防洪抗旱具有一定的指导作用；通过分析降水量的年际变化情况可以阐明近年来降水量的变化趋势，并由此指示气候变化情况。对地表水资源而言，遥感方法可以分析河流、湖泊、海岸带的变化情况，以及水利工程对水资源分配的影响等。对地下水资源而言，可以分析地下水的分布位置、水位高度、不同地貌形态地下水分布规律等信息。例如，从山口至其下部边缘长几千米到几十千米的冲洪积扇的地下水分带规律：潜水深埋带位于冲洪积扇上部，地面坡度大，透性强，是冲洪积扇的补给区和补给水源，埋深可达数十米或更深；潜水溢出带，此处坡度变缓，冲洪积物粒度变细，黏性土成分增加，在扇形地面与潜水面相交处形成；潜水下沉带，溢出带向下，地下水由于向河流排泄和蒸发，潜水埋深又略增加，一般为 1～3m，本带的冲洪积物多为黏性土，多形成沼泽。

此外，遥感技术还可以通过对地貌、岩性与构造等信息全面而系统的分析，建立"遥感找水模式"，为高原地区地下水的寻找提供了一种新的思路。

3）水资源评价

遥感技术可以实现对水资源的评价，如对区域内水资源和经济作物、人口进行综合分析，可以确定该区域内的水资源的赋存状态能否满足人类生活需求和耕作需求等；对区域内地下水资源储量及目前利用情况进行评价，也可以对地下水资源的未来供给情况进行预测等。

二、土地资源遥感

土地资源遥感就是利用遥感技术对土地资源进行勘查与评估。土地资源遥感的研究重点主要有土地利用/土地覆被的分类与变化、土地退化监测与评价方面。

1. 遥感技术在土地利用/土地覆被的分类与变化中的应用

土地利用/土地覆被的遥感研究是遥感技术应用最早的方向之一，其前提是土地资源分类体系的建立。土地资源按照土地利用类型可分为已利用土地，如耕地、林地、草地以及工矿交通、居民点用地；适合开发利用土地，如宜林荒地、宜牧荒地、宜垦荒地、沼泽滩涂水域；暂时难利用的土地，如沙漠、戈壁、裸岩裸土地以及冰川，这种分类注重的是土地的开发利用，研究的重点在土地利用所带来的经济、社会和生态环境效益。

土地利用/土地覆被的遥感研究多采用多光谱遥感图像或高光谱遥感图像，不同光谱波段组合适合不同类型土地资源的信息提取；土地利用/土地覆被遥感研究的基础是不同类型的土地资源在遥感图像中呈现出的形状、纹理、大小、色调、位置等存在一些差异。例如，在真彩色合成的遥感图像上，林地、草地和耕地呈现绿色，而假彩色合成的遥感图像上，林地、草地和耕地往往呈现红色。耕地通常具有较规则的边界，因此可以通过纹理特征将耕地信息提取出来；林地和草地的色调深浅、明暗程度不同，也可以加以区分，而且假彩色合成图像上植被的颜色更丰富，更容易识别不同植被类型。人工建筑如居民点用地、工矿交通用地具有很强的纹理特征，在遥感图像上多呈现灰白色，较容易提取。河流、湖泊的形状和色调也是较容易识别的土地资源类型。沼泽地一般表现为具有多处水洼地的植被区，且色调较陆地植被深。不容易区分的土地资源类型就是暂时难利用的土地，如沙漠、戈壁和裸岩裸土地，因此应用遥感技术识别这类土地资源时，需要借助一定的辅助条件，如地形地貌、土壤类型和海拔等，这是因为沙漠、戈壁和裸土裸岩的分布具有一定的地带性，包括水平地带性和垂直地带性。

土地利用/土地覆被分类的遥感研究方法主要包括两类：人工目视解译和计算机分类。两种方法各有利弊，前者需要具备遥感基础的专业人员，而且费时费力，但解译精度较高，在小区域应用广泛；后者受遥感数据源的影响较大，分辨率和云雾遮挡是目前的主要问题，而且在样本选择、后期分类结果修正和验证中需要人工干预。

土地利用/土地覆被的变化分析主要依靠遥感手段。变化分析方法主要有转移矩阵法（即各类土地资源向其他类型土地转移面积）、景观生态学方法（如景观斑块数、景观破碎度等）和动态变化监测方法（如重心转移、代数运算、图像变换、图像分类、特征描述的变化监测等）。通过分析，可以获取一个地区土地利用的变化情况，如退耕还林面积、城市扩张程度、道路交通建设情况等。此外，土地利用/土地覆被变化的遥感研究还涉及驱动力分析，包括由气候、水文、土壤、地质地貌等组成的自然驱动力和由对土地的投入、城市化程度、土地权属、土地利用政策、人口变化、技术发展、经济增长以及价值取向等组成的社会经济驱动力。通过驱动力分析，可以说明土地资源利用现状的成因、模拟和预测未来土地利用变化情况等。

2. 遥感技术在土地退化监测与评价中的应用

土地资源在社会生产发展中具有十分重要的地位，土地退化监测与评价工作是土地资源调查分析和评价中的一项重要工作。近年来，我国不断加大土地退化监测与评价工作的力度，不仅提出了"生态文明建设"的口号，而且开展了全国第一次水利普查的水土保持项目普查工作，其目的都是监测我国土地退化程度，评价全国水土流失面积、土壤侵蚀程度。遥感技术在这其中发挥了巨大作用。

土地退化现象一般有土壤侵蚀、土地沙化或荒漠化等。土壤侵蚀监测与评价最初是通过小流域实验建立模型完成的，随着模型的不断发展，将较成熟的实验模型引入到遥感图像中，便实现了基于遥感技术的大区域土壤侵蚀的监测与评价。目前国际上常用的通用水土流失方程USLE已得到普遍认可和广泛应用，我国学者也根据不同研究区域对该模型进行了修正，并应用于土壤侵蚀监测与评价研究中。通过研究，一般可以确定我国土壤侵蚀的总面积（包括水力侵蚀、风力侵蚀和冻融侵蚀）、分布区域、强度（如轻度、中度、强烈和剧烈侵蚀分布位置、面积和占所在地区的比例），以及土壤侵蚀分布的一些规律等。土地沙化和荒漠化可以通过遥感解译获取两个或多个时间段的沙地分布、沙地面积等信息来反映，也可以通过能够代表沙化和荒漠化的评价指标的变化来反映。

三、林业资源遥感

遥感技术是森林资源调查中应用较早、较广泛、较成熟的重要技术之一。因为林业资源分布具有广阔性、复杂性、地域性特点，所以对林业资源进行的实际调查工作难度大、成本高、效率低。遥感技术在林业资源调查中具有独特的优势。利用不同遥感数据源的彩红外图像与其他波段图像进行叠加和融合，产生增强效果，并根据典型地物在影像上的色调（颜色）变化规律，可以有效地调查森林资源空间分布、森林郁闭度、森林蓄积量和森林资源动态变化。

1. 林业资源遥感调查的特点

卫星遥感在空间分辨率和时间分辨率方面的提高，为林业资源调查提供了丰富的信息源。林业资源遥感调查的特点主要体现在以下几方面。

（1）遥感影像能够真实、客观地反映地表森林的影像特征，这是遥感影像林业资源调查的基础。

（2）调查和制图速度快、精度高。以目视解译为例，它仅为常规调查工作量的10%～25%，制图精度高。

（3）调查和制图费用低。与常规林业资源调查相比，采用目视解译进行林业资源遥感调查只是常规工作费用的15%～50%。

（4）动态监测效果好。现代遥感时间分辨率高，短时间内可获得林业资源信息，为林业资源动态监测和管理决策提供了新手段。

2. 林业资源遥感调查的内容与方法

林业资源遥感调查的主要内容根据调查任务、要求以及遥感影像的空间分辨率确定，调查的目的是获得森林的面积、蓄积数据，确定森林的类型与分布。当前，从遥感数据中可获得的地类及林业资源信息主要有以下几方面。

（1）土地利用的一、二级地类信息，如耕地、林地（有林地、灌木林地、其他林地）、园地等。

（2）与林地蓄积密切相关的测树因子，如郁闭度、林种、龄组、等树高线、冠幅、单位面积株数等。

（3）同类型森林资源的分布区域、面积。

（4）树木的长势与病虫害发生情况。

（5）与林地类型、分布相关的环境因子，如坡度、坡向、坡位等。

3. 林业资源遥感调查的过程

林业资源遥感调查一般采用遥感、统计抽样与实地调查相结合的方法，并结合GIS、GNSS技术来弥补遥感定位精度的不足，以满足成图精度要求。遥感方法对林业资源的解译主要是通过遥感图像的目视解译、外业调查以建立解译标志，然后对一定范围内的林业资源进行全面判读或使用计算机进行自动分类，在此基础上进行人机对话解译、区划、外业检查、汇总与成图等过程。

1）准备工作

收集满足工作要求的遥感影像及相关资料，对遥感图像进行处理、制定调查规程、培训相关人员，并进行遥感影像的预判等工作。

2）建立解译标志

遥感影像林业资源解译是应用遥感技术进行森林调查的关键步骤之一，形状、色调、大小、阴影、纹理以及地物边界等因子是目视解译的直接依据。不同树种或树种的组合都有其适合的生态环境，是解译分类的间接或称林学依据。

根据林业资源的光谱特征，在室内预判、典型样地调查的基础上，初步确定解译标志，并经过核查、初步应用、修改最终确定解译标志，其基本流程见图9.2。

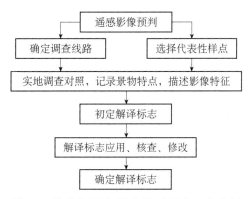

图9.2　林业资源遥感解译标志建立工作流程

3）黑白航空像片的解译特征

疏林地的影像稀疏，树木的垂直能见度大，林中空间明显可见，由灰色地表影像与黑色的树木颗粒相间组成，树木投落阴影完整，有利于判读冠形与树种。有林地的树冠影像颗粒密而均匀，树木的垂直能见度小，一般看不到树木的投落阴影，个别地方有深灰色斑点状天窗。森林一般表现为轮廓比较明显的颗粒状图形。幼林树冠影像的颗粒小且较均匀紧密，树冠间空隙小，群体纹理细致、平滑，色调比中成林浅，呈灰白色。火烧迹地形状不规则，色调多为浅灰色。采伐迹地有规则的几何图形，色调较浅，呈灰白色。灌木林地影像为密集的灰黑色小点，在高原山区阴坡多与林地交错分布，色调偏深；阳坡多与草地复区分布，色调偏浅。阔叶林呈较浅的色调，颗粒感强，呈不规则的绒球粒状图形，其影像的形状因树种不同而异：桦木呈卵圆形，山杨呈圆形；针叶林色调较深，树冠多为椭圆形或尖塔形；针阔混交林是锥状与球状林冠镶嵌，颗粒大小不均；竹林影像为密集的海绵状，表面较为均匀平整。

4）彩红外影像的解译特征

林地的郁闭度高，水分条件好，长势好，其红色的饱和度高；反之，其红色的饱和度低。针叶林反射红外光的能力较弱，故多呈紫红色；由常绿阔叶林演化而来的多呈暗红色。阔叶林多呈鲜红色，幼林为鲜艳的红色。针阔混交林呈暗红色（锥状）与鲜红色球状镶嵌。竹林受长势影响，呈浅红至鲜红色。

在真彩色影像上，林地的色调与实地基本一致，易于判读。

5）解译步骤

林业资源遥感调查解译主要步骤如下。

第一，地理数据采集。为了实现工作区成果图的拼接，做到资源调查不重不漏，必须将各工作区的行政区划界线、主要公路、铁路、水系等主要要素数字化并转换为统一的地图投影及坐标体系。

第二，林地解译。林地判读的对象主要有：林地的地类判读；树种判读：先进行实地踏勘，了解和分析待判读区有哪些树种或树种组及其生物学特性、生长和分布规律以及影像特征，然后建立判读标志并在室内进行解译；龄组判读：树龄一般划分为幼龄林、中龄林和成熟林。判读龄组的标志有树冠影像的形状、大小、林木影像高度和它们的可辨程度；郁闭度判读：在中、小比例尺像片及卫星影像上，一般用目测法和比较法判读郁闭度，将郁闭度划分为疏（0.1～0.3）、中（0.3～0.6）、密（0.7 以上）三级。林冠间的空隙投影、树冠影像颗粒的疏密程度和垂直能见度等都可作为判读因子。

第三，室内人机对话解译。在计算机上用遥感或 GIS 软件，将工作区的行政界线叠加在相应的遥感影像底图上，根据相关资料、林地分布规律及它们在遥感影像上的表现特征规律，进行判读区划，并添注相应属性。

在室内进行遥感影像林地判读时，为尽可能降低误差，需要按遥感影像解译的一般步骤进行野外补充调查，并到实地进行检查与验证工作。因此，需要确定调查线路，开展林地遥感外业调查，确定森林类型及其分布界线等。完成以上工作后，可根据所有资料信息，利用遥感图像编制林业系列专题地图，统计汇总并最终输出成果。

第三节　城　市　遥　感

城市遥感是遥感技术在城市建设各领域的具体应用，涉及遥感影像获取、预处理、数据存储和管理、信息提取、专题图制作、网络传输、与 GIS 的集成应用等过程，是一个从遥感数据到城市空间信息再到城市管理知识的一体化处理和应用的过程。城市遥感调查的主要技术流程如图 9.3 所示。目的、内容和要求由城市遥感调查项目的需要决定；遥感图像包括航天遥感图像（主要用于区域性和市域性的宏观调查）和航空遥感图像（主要用于建成区和城市局部地区的较微观调查）两种主要类型；地形图主要用于划分调查的空间层次、地理单元和影像解译时的参考以及作为遥感调查的基础底图。

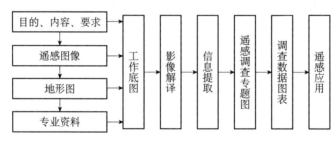

图 9.3　城市遥感流程

城市遥感中的主要信息处理方法包括：利用遥感影像提取城市综合或专题要素信息；应用遥感影像进行城市土地利用分类；基于遥感信息和统计分析计算预测城市信息；遥感信息与其他多源信息、水利模型结合评价城市生态环境、城市化水平等；应用多时相遥感信息对城市扩展进行检查；面向城市应用的遥感与 GIS 集成。

一、城市主要地物影像特征

城市遥感主要的研究对象为城市地表的区域环境，即研究城市人工地物、地质构造、地形地貌、城市植被、城市水系等几何特征和光谱特征。

1. 城市建筑物影像特征

城市建筑物的遥感影像特征由不同的建材（如沥青、水泥、瓦片、油毡等）构成的顶部波谱特性所决定，总体来看建筑物顶部的遥感影像特征主要表现在：一是反射率较高（与材料有关）；二是具有一定的热辐射能力；三是在微波遥感图像上由于建筑物高低不齐造成表面粗糙，雷达回波反射较强。

建筑物识别特征主要可分为三类：建筑物的几何特征、建筑物成像的投影关系特征和建筑物的高度特征。

建筑物的几何特征是以建筑物的形状和几何关系为基础的特征，通常包括建筑物屋顶轮廓线段、屋顶轮廓边缘相互间的夹角、侧墙棱线、屋顶面积等。其中，最重要的是线段的提取，因为夹角、角点、棱线等都是基于边缘线段产生的。几何特征是建筑物最显著的特征，而且是最可靠的特征。

由于影像中的建筑物在真实世界中是立体的，利用相机进行拍摄地表图像时，实际上是在进行坐标变换。换句话说，就是将真实三维空间中的场景投影到二维图像平面中。这种坐标变换产生了图像中建筑物的一些投影规律。其中，由于太阳角等引起的建筑物在地面的阴影是建筑物识别的一大重要特征。虽然地表其他地物如树木也会有阴影，但是建筑物的阴影和它们最大的区别点在于，建筑物阴影轮廓边缘齐整，大多数存在对应建筑物屋顶角的棱角。

建筑物的高度特征最为简单，且是最有效的特征。提取高度特征主要有两条途径，一是根据 DEM 数据或者激光扫描数据，直接获得高度信息；二是利用已知的太阳角、相机参数和阴影长度，根据空间投影关系计算高度。后者不太方便获得图像参数，而且计算方法复杂，最常见的就是前一种方法，其实用方便，效果很好。而且，前者获得的信息不仅包括高度，还包括了地表突起物的形状信息。因此，这一特征在数据源保证的条件下，非常有效。

2. 城市道路影像特征

城市道路属于线状地物，在卫星遥感影像上呈亮色调网状线条，道路的色调与铺设材料有关。根据线状地物的特性定义，在高分辨率遥感影像中道路的特征可以总结为以下几个方面。

（1）几何特征：长条状，有一定的长度且有大的长宽比，曲率有一定的限制，宽度变化比较小，道路走向变化比较慢。

（2）辐射特征：城市道路的主要铺面材料为水泥和沥青两大类，在城乡接合部有少量的土路，这三种铺面的反射波谱特性如图 9.4 中曲线所示。一般来说，在 0.4~0.6μm 波段缓慢上升，后趋于平缓，至 0.9~1.0μm 波段处逐渐下降。

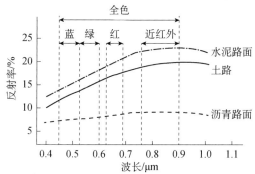

全色：0.45~0.9μm；蓝：0.45~0.52μm；绿：0.52~0.60μm；
红：0.63~0.69μm；近红外：0.76~0.90μm

图 9.4 各种道路材质反射波谱特性及 QuickBird 卫星波谱范围

在遥感影像中，道路的内部灰度比较均匀，与其相邻区域灰度反差较大，一般有两条明显的边缘线；道路的色调与道路的铺设材料有关，如沙石路、水泥路的色调较浅；沥青路、潮湿的土路色调较深。

（3）拓扑特性：不会突然中断，相互有交叉，连成网络；交叉点是网络的节点。道路的交叉处一般呈现"十"字形、"T"形、"Y"形等。

（4）功能特征：一般都有指向，与植被或建筑物相连接。

（5）关联特征：与道路相关的影像特征，如建筑物产生的阴影可能会遮盖道路表面。城市道路周边常常伴随出现道路绿地，道路绿地的形状多为细长形、块状、圆形等，且这些形状区域与道路大致平行，区域间距离间隔大致相等。

3. 城市绿地影像特征

城市绿地的光谱特征与一般的植被类似，因此在遥感影像上可有效地与其他地物区别，同时，不同类型植被及其长势的区分还应结合自身的波谱特征。

绿地在彩红外遥感影像上一般呈红色，生长茂盛的植被呈亮红色，生长状态不佳或者遭受病虫害的植被呈深红色或粉红色。通过影像的颜色、色调、形状、分布及位置还可判断植被的种类，如深红色条状、暗红色条状或黑色块状的区域，一般为山间林地；位于城市内部的红色地块，一般为城市绿地或公园；城市外围的规则红色地块，一般为水田，而不规则的红色地块，一般为旱地；位于城市边缘的粉红色规则地块，一般为菜地。

4. 城市水体影像特征

城市水体的光谱特性与一般水体类似。一般情况下，在近红外的遥感影像上，清澈的水体呈现黑色。为区分水体界限，确定地面上有无水体覆盖，应该选择近红外的影像；当水体受污染且浓度较大时，在可见光波段会显著地变黑、变红或变黄，并与背景水色有较大的差异，易于识别；当水体受到富营养化或其他有机物污染时可以在近红外波段识别其与正常水体的差异；当水体受到热污染，与周围水体有明显的温差时，这可以在热红外波段影像上被识别。

对于水体的研究通常还包括宏观水系生态环境的研究。水体光谱特征的解译内容包括：水体界限的确定，水体悬浮物质的确定，水温的探测，水体污染的探测，水深的探测等。

二、城市遥感的主要应用

遥感技术可以快速、准确地获取城市发展、建设的有关信息，既有城市宏观的全貌和综合数据，又有城市的一屋一桥等微观图像和数据，可以全面、高效、实时地了解城市的发展变化。正是由于这种有别于以往任何常规方法的优势，遥感技术已经被越来越广泛地运用于城市建设的各个领域。

1. 遥感在城市规划中的应用

在城市规划中，现势性的基础资料对规划部门和规划人员十分重要。传统的基础数据获取需要大量的人力、物力和时间。特别是近年来我国城市发展十分迅速，不少城市都进行了大量的房屋建设和道路修建，城市规模不断扩大。许多基础资料的更新跟不上城市的发展速度，因此采用传统测量的方法获取基础数据满足不了规划的需要。遥感技术可以快速实现城市范围内的国土资源与生态环境数据的多层次全方位的综合调查，充分发挥了遥感技术多平台、多分辨率、多时相的综合技术优势。

目前，遥感技术已广泛应用于城市布局、城市规划的调整、土地变更、旧城改造、历史文化保护、城市交通规划、城市规划动态监测、违法建设用地查处等方面。国外一些国家已经将遥感技术引进城市规划的编制过程中，这充分说明了遥感技术在城市规划中的重要作用。

2. 遥感在城市环境监测中的应用

城市遥感的目的之一就是使人们能够掌握城市的环境状况，为分析、研究及治理城市服务。环境质量是指城市各个环境要素本身及其组合受到污染影响的程度。随着环境遥感的兴起，遥感技术在这方面发挥了很大的作用。

1）固体废弃物监测

因为固体废弃物自身的物理化学分解作用，其温度一般比周围地面的温度要高，所以在热红外遥感图像上表现出明显的亮色调特征，从而可以利用遥感图像对固体废弃物进行调查。

2）大气污染监测

城市大气污染监测主要包括城市大气污染源监测和大气污染物扩散规律研究。常规的大气污染监测的做法是在典型区域布点、采样，在室内分析大气中污染物的含量，以此来监测城市大气污染。这种方法有一定的局限性，用少量点的监测数据来评价整个区域，代表性和可靠性均差。遥感技术的发展，为大气污染监测提供了有效的途径：一方面遥感可观测到大气中气溶胶类型及其含量、分布与大气微量气体的垂直分布；另一方面，可以通过城市的植被对大气环境的指示作用来对城市大气环境质量进行判别，利用地物的波谱测试数据、彩色红外遥感图像及少量常规大气监测数据，获取关于城市环境质量的基本数据，并建立城市大气污染的评价模型。

3）热污染监测

城市热污染主要包括由臭氧层被破坏导致的"温室效应"和表现为城市市区温度高于郊区的"热岛效应"。

城市热岛是城市气候中最普遍的气候分布特征。快速城市化进程改变了地表下垫面的理化性质。原本是土壤、草地和水体等比热大的自然表面被水泥、沥青等比热小的表面代替，这不仅改变了反射和吸收面的性质，还改变了近地面层的热交换和地面的粗糙度，使大气的物理状况受到影响。多年的气象数据资料仅是设置在某些固定位置、单元的观测记录，难以详尽、全面地反映整个城区热特征的空间分布。现代遥感技术的蓬勃发展，为全面分析、研究热量资源和热场分布变化提供了无比优越的手段。利用热红外遥感，对城市的热辐射进行白天和夜间扫描，通过影像判读分析，可以查明城市热源、热场位置和范围，并对城市热岛的分布规律、形态特征等进行研究，从而可以对城市热环境进行科学合理的规划、整治和管理。

4）水污染监测

由于溶解或悬浮于水中的污染物成分、浓度不同，水体的颜色、密度、透明度、温度产生差异，导致水体反射率变化，因而在遥感图像上表现出色调、灰阶、纹理特征等方面的差别。在彩红外航片上，较清洁的水质呈浅蓝色，水体受污染时，其影像色调、表面亮度值都会产生相应的变化，排污口一般分布在工厂边缘或居住区较密集点。城市管理者根据这些遥感信息，可以判别出水体污染的分布、类型及程度，从而调整城市的不合理布局，整治和关闭污染超标的工厂，妥善安置工业和生活垃圾。

3. 遥感在城市公共安全领域中的应用

遥感在城市公共安全方面的应用领域主要包括城市交通系统、应急系统（110、119、120等）、防洪系统、突发公共安全事件（如突发流行病、突发自然灾害）等。

在交通方面，获取同一瞬间市区总体交通状况，分析不同地段的机动车密度、流量、平均车速及其空间分布规律，特别是获取车流高峰时期的数据，有利于分析城市交通堵塞的主要原因。

在应急系统方面，主要是利用遥感图像结合GIS、GNSS为应急指挥决策提供服务。获取遥感图像，建立图像数据库，结合GIS数据库，利用GNSS进行精确定位，对发生应急事件的地区进行分析，以便做出最快速、最有效的措施。如120指挥中心接到求救电话后，立即进入应急系统，查询求救者的位置，将GIS矢量数据叠加到相应的遥感图像上，可直观、准确地知道求救者的地点与周边环境的关系（包括与周边医院的位置关系、道路交通状况等），指挥中心可根据系统分析迅速做出营救方案。

在突发公共安全事件方面，遥感也发挥着重要作用。在利用遥感研究流行病学方面，已经取得了许多成果。遥感作为一种流行病学研究的信息源，尤其在获取有关社会、经济状况的基础数据方面十分有益。它已经被世界卫生组织确认为"人人享有健康"的全球战略的关键之一。

三、城市遥感的发展前景

在未来一段时期，城市遥感技术将在以下一些方面有较大的发展。

1. 遥感数据获取技术的发展

随着新型传感器研发水平的提高以及城市遥感对各类数据需求的增加，高分辨率卫星遥感数据在城市中得以广泛应用，尤其是IKONOS、QuickBird、GeoEye-1、WorldView等一系列商业卫星的成功发射和运行，将逐步取代航空遥感数据成为城市遥感的主要数据源。高分辨率卫星数据在城市规划、城市土地调查、环境监测、城市地图和专题地图更新等方面发挥了重要的作用。对于全球用户而言，无论你身在何处，都能够更方便地采用联机方式直接定购和接收产品，相关遥感数据信息能以数字方式传输，在几小时内就可以获取相关数据。

2. 构建新型城市遥感信息模型

遥感信息模型集地形模型、数学模型和物理模型之大成。它是利用遥感信息和地理信息影像化方法建立起来的一种可视化模型，是一种注重知识表达和影像理解的模型。城市遥感信息模型是遥感技术应用深入发展的关键，构建各类针对具体研究对象的城市遥感信息模型，可计算和反演对实际应用非常有价值的城市环境参数。在过去几十年中，尽管人们发展了许多遥感信息模型，如植被指数和植被覆盖度模型、地表蒸散估算模型、城市地表不透水层模型、地表温度指数及归一化水体指数模型等，但远不能满足当前城市遥感应用的需要，因此发展新的遥感信息模型仍然是当前城市遥感技术研究的前沿。

3. "3S"信息技术的集成应用

由遥感（RS）、地理信息系统（GIS）和全球导航卫星系统（GNSS）作为主体构成的空间信息集成技术系统，将进一步深化从理论、方法、技术框架到实施步骤的研究和应用，最终形成具有多维城市信息获取与实时处理特点的新的综合技术领域。其中，遥感可为地理信息系统提供海量的空间数据信息，地理信息系统为遥感影像处理分析提供高效的辅助工具，全球导航卫星系统为遥感对地观测信息提供实时的定位信息和地面高程模型。"3S"一体化集成将最终建成新型的城市三维信息获取系统，并形成高效、高精度的信息处理分析流程，这将对遥感技术在城市系统的应用与发展产生深远的影响。

4. 全面推进"智慧城市"的建设

"智慧城市"是城市信息化的战略目标和城市现代化的重要标志。遥感技术发展在"智慧城市"的建设过程中将扮演举足轻重的角色，遥感信息是"智慧城市"多源信息的一个重要分支，与城市发展的其他信息相比，有其显著的特点和应用优势。作为"智慧城市"建设中的关键性支撑技术之一，遥感信息的获取与处理技术随着数字化时代的到来正在高速发展，人们对遥感信息内在规律与实用价值的认识也越加深入。因此，遥感技术在城市领域的应用将越来越广泛，这必将推动"智慧城市"的建设。

随着全球城市化的加速推进、人类航空航天技术的进步，遥感技术已成为快速获取城市空间信息的一种强有力的技术手段。它在城市现代化建设和科学管理中逐渐得到广泛的应用，广度和深度呈现日新月异的态势。高分辨率的遥感数据、新型城市遥感信息模型的发展将会进一步提高其应用精度和实用价值。在时空一体化的基础上，"3S"信息集成技术、"智慧城市"的建设将成为必然趋势，城市遥感技术的应用成果将更好地服务于城市建设与规划管理的客观需要，其强大的技术优势与应用潜力也将得到充分体现。

第四节　环 境 遥 感

环境遥感是以探测地球表层环境的现象及其动态为目的的遥感技术。环境遥感的内容涉及资源、大气、海洋、生态等多个方面，其目的是探测和研究环境破坏及污染的空间分布、时间尺度、性质、发展动态、影响和危害程度，以便采取环境保护措施或制订生态环境规划。环境遥感在数据获取上具有多层次、多时相、多功能、多专题的特点；在应用方面具有多源数据处理、多学科综合分析、多维动态监测和多用途的特点。

1962 年"环境遥感"首次出现在国际科技文献中。1964 年美国国家航空航天局、国家科学院和海军海洋局联合发起举行"空间地理学"的专题讨论会，讨论如何从空间上研究地球环境，提出了一个以地球为目标的空间观测规划。1964 年 10 月，一架装有微波辐射计、摄影测量照相机、多光谱照相机、紫外照相机、红外扫描仪、多普勒雷达等遥感仪器的遥感飞机投入使用。1967 年在美国国家航空航天局主持下制定了地球资源和环境观测计划，并制成"地球资源技术卫星"（后改称陆地卫星）。卫星每 18 天将整个地球拍摄一遍，获得了大量的环境信息。携带遥感仪器的飞机（或气球）的飞行高度一般不超过 20km，人造卫星（或空间载人飞船和火箭）的飞行高度一般为几百千米。航空和航天飞行证明，地球的大气、陆地和海洋环境中不少现象及其运动变化都能用遥感仪器进行观测，因此就出现了对大气、陆地和海洋环境进行遥感监测的环境卫星系列。

环境卫星的任务是定时提供全球或局部地区的环境图像，从而取得地球的各种环境要素的定量数据。这种数据是每隔一定时段的观测记录，具有动态性。环境卫星能向区域接收中心输送所收集的资料，并由区域接收中心汇总提供给有关部门使用。

环境卫星的飞行轨道一般有两种。一种是近极地太阳同步圆形轨道，陆地卫星用的就是这种轨道。轨道尽可能靠近极地并呈圆形，能保证在同一地方时经过观测点上空，以便具有相同的照明条件和足够的太阳辐射能量，较好地获得全球环境图像。二是地球同步圆形轨道，某些气象卫星使用这种轨道。这种卫星在地球赤道平面内沿圆形轨道运行，运行方向和地球自转方向相同，绕地球一周时间为 24 小时，与地球自转同步。这种卫星相对静止在地球赤道上空的一个点上，对大面积地球环境进行连续监测。

一、大气环境遥感

大气环境遥感（或大气遥感）是遥感传感器在一定距离以外测定某一区域的大气成分、运动状态和气象要素值的探测方法和技术。大气不仅本身能够发射各种频率的流体力学波和电磁波，而且当这些波在大气中传播时，会发生折射、散射、吸收、频散等经典物理或量子物理效应。由于这些作用，当大气成分的浓度、气温、气压、气流、云雾和降水等大气状态改变时，波信号的频谱、相位、振幅和偏振度等物理特征就会发生各种特定的变化，从而储存了丰富的大气信息，向远处传送。研制能够发射、接收、分析并显示各种大气信号物理特征的实验设备，建立从大气信号物理特征中提取大气信息的理论和方法，即反演理论，是大气环境遥感研究的基本任务。因此，大气环境遥感需要应用红外、微波、激光、声学和电子计算机等一系列的新技术成果，揭示大气信号在大气中形成和传播的物理机制和规律，区别不同大气状态下的大气信号特征，确定描述大气信号物理特征与大气成分浓度、运动状态和气象要素等空间分布之间的定量关系，从而达到监测大气环境变化的目的。大气环境遥感主要应用于气溶胶、臭氧、城市热岛、沙尘暴和酸沉降等方面的监测研究中。

1. 主动式大气遥感和被动式大气遥感

主动式大气遥感是由人工采用多种手段向大气发射各种频率的高功率的波信号，然后接收、分析并显示被大气反射回来的回波信号，从中提取大气成分和气象要素信息的方法和技术。主动式大气遥感有声雷达、气象激光雷达、微波气象雷达及甚高频和超高频多普勒雷达等。这些雷达都能发射很窄的脉冲信号。激光气象雷达发射的光脉冲宽度只有 10ns 左右，利用它探测大气，空间分辨率可高达 1m 左右。此外，雷达脉冲信号发射的重复频率，已经高达 10^4Hz 以上，应用信号检测理论和技术，可以有效地提高探测精度和距离。在量子无线电物理和技术发展以后，雷达能够发射频率十分单一、稳定且时空相干性非常好的波信号。由此产生的大气信号回波的多普勒频谱结构非常精细，从中可以精确地分析出风、湍流、温度等气象信息。这些都是主动式大气遥感的突出优点，但因为增加了高功率的信号发射设备，探测系统的体积、质量和功耗比被动式大气遥感要增加几十倍以上，所以其较多地应用于地面大气探测和飞机探测。它可提供从几千米到几百千米范围内大气的温度、湿度、气压、风、云和降水、雷电、大气水平和斜视能见度、大气湍流、大气微量气体的成分等分布的探测资料，是研究中小尺度天气系统结构和环境监测的有效手段。随着空间实验室、航天飞机等空间技术的发展，主动式大气遥感应用于空间大气探测的现实性也越来越大。

被动式大气遥感是利用大气本身发射的辐射或其他自然辐射源发射的辐射同大气相互作用的物理效应，进行大气探测的方法和技术。其辐射源有：①星光以及太阳的紫外、可见光和红外辐射信号。②锋面、台风、冰雹云、龙卷风等天气系统中大气运动和雷电等所激发的重力波、次声波和声波（见大气声学）辐射信号。③大气本身发射的热辐射信号，主要是大气中二氧化碳在 4.3μm 和 1.5μm 吸收带的红外辐射；水汽在 6.3μm 和大于 18μm 吸收带的红外辐射，以及在 0.164cm 和 1.35cm 吸收带的微波辐射；臭氧在 9.6μm 吸收带的红外辐射和氧在 0.5cm 吸收带的微波辐射等。④大气中闪电过程以及云中带电水滴运动、碰并、破碎和冰晶化（见云和降水微物理学）过程所激发的无线电波信号。

被动式大气遥感探测系统主要由信号接收、分析和结果显示等 3 部分组成。由于这种遥感不需要信号发射设备，探测系统的体积、质量和功耗都大为减小。被动式大气遥感技术从

20世纪60年代开始便用于气象卫星探测，获得了大气温度、水汽、臭氧、云和降水、雷电、地-气系统辐射收支等全球观测资料。但是，被动式大气遥感系统探测器所接收到的是探测器视野内整层大气的大气信号积分总效应，要从中足够精确地反演出某层大气成分或气象要素铅直分布（廓线）的精细结构还很困难。比较成功的方法有两种：一种是频谱法，即观测分析大气信号的频谱，以反演大气成分和气象要素廓线；另一种是扫角法，即观测大气信号某一物理特征在沿探测器不同方位视野上的分布，以反演大气成分和气象要素的廓线。

2. 星载大气遥感和地基大气遥感

星载大气遥感是指利用卫星搭载的大气红外超光谱探测器来获得大气数据。气象卫星分为两类：极轨气象卫星和静止气象卫星。

极轨气象卫星大气探测的主要目的是获取全球均匀分布的大气温度、湿度、大气成分（如臭氧、气溶胶、甲烷等）的三维定量遥感产品，为全球数值天气预报和气候预测模式提供初始信息。其优点是分辨率较高，但是对于某一特定地区，其扫描周期较长，这样的卫星每天在固定时间内经过同一地区2次，因而每隔12小时就可获得一份全球的气象资料，由于有6颗卫星在同时运转，因而对全球大气监测可以每2小时更新一次。

静止气象卫星大气探测的主要目的是获取高频次区域大气温度、湿度及大气成分的三维定量遥感产品，为区域中小尺度天气预报模式以及短期和短时天气预报提供热力场和动力场（温度、湿度、辐射值）、空间四维变化信息，进而达到改进区域中小尺度天气预报、台风、暴雨等重大灾害性天气预报准确率的目的。其优点是覆盖区域广，5颗卫星便可形成覆盖全球中、低纬度地区的观测网，可每30分钟更新一次。但分辨率较低，低空位置的精度由于云层、气溶胶及其他地表气体温度的影响而降低。

地基大气遥感是将红外超光谱探测器放置于地面，测量大气向下的辐射来获得大气数据的。相对于卫星大气遥感，地基大气遥感能够避免高空大气成分随温度、压力的不同，导致辐射红外光对探测器测量精度的影响，从而获取精度较高的行星边界层数据，并结合卫星及地基光谱仪的测量，提供完整和准确的气候信息。

二、水体环境遥感

水体环境遥感的目的是试图从传感器接收的辐射中分离出水体后向散射部分，并据此提取水体分布、组分、深度和水温等信息。水体环境遥感主要应用于海洋、湖泊和河流的监测中，通过获取一个地区水体组分（泥沙、叶绿素、有机质等）的状况和水深、水温等要素信息，对该地区的水环境做出评价。

水体环境遥感的监测机理是水体通过不断地向周围辐射电磁波能量，同时，水体表面会反射（或散射）太阳和人造辐射源（如雷达）照射在其表面的电磁波能量，利用遥感传感器将这些能量接收、记录下来，再经过传输、加工和处理，就能够获取水体的图像和数据资料。如水面受到污染后，被油污覆盖的水面，蒸发受到抑制，温度高于四周水面，在遥感图像上，油污处出现浅色。从卫星像片上可发现大工厂排出的废水有时形成一股污染流，产生周期性的水团运动，形成复杂的水混合和扩散现象。水体受污染后，水的物理、化学和生物特性都有变化。富营养化的水体中某些藻类繁殖生长，与普通水体相比叶绿素含量高，其光谱特征有所差异，这在遥感图像上能反映出来。

水体环境遥感监测系统必须具备以下性能：①具有同步、大范围、实时获取资料的能力，观测频率高，满足在同一时间获取完整水体信息的要求和对大面积水体的动态观测和预报；②测量精度和资料的空间分辨能力应达到定量分析的要求，能够准确获取水体的组成成分；③具备全天时（昼夜）、全天候工作能力和穿云透雾的能力；④具有一定的透视水体能力，可以获取水体深部的信息。

目前，法国、日本、美国都已应用遥感技术开展了水体环境遥感监测研究，对水体特征进行了连续长期的观测，其观测领域甚至超过了传统观测领域，如水体表面水温、水流移动、水体分布、波浪、水体内泥沙混浊流，以及赤潮、水面的污染等。美国 1978 年 6 月发射了第一颗海洋卫星，每 36 小时的观测面覆盖约 95% 的全球海洋面积，该海洋卫星装有微波和红外仪器等，获取的海洋遥感图像能够识别出浮游生物富集区位置、赤潮、各种自然和人为原因造成的混浊流、倾倒的垃圾污物、河口地区及沿海地带的环境特征、海上油污等。我国自 1980 年开始比较系统地应用遥感技术探测天津市和渤海湾海面的污染特征。近年来，对鄱阳湖的研究也是水体环境遥感研究的一个典型案例。

三、陆地环境遥感

陆地环境遥感是环境遥感领域中应用最为广泛的技术，目前研究主要集中在植被生态遥感、土壤遥感和土地利用/土地覆被三个方面。

1. 植被生态遥感

植被生态调查是环境遥感的重要应用领域。植被是环境的重要组成因子，是反映区域生态环境的最好标志之一，同时也是土壤、水文等要素的解译标志。植被生态遥感监测不仅可以确定植被的分布、类型、覆盖度/郁闭度、生物量、植被生物多样性等植被的基本信息及其变化信息，还可以通过植被的初级生产力分析植被固定的碳储量，从而确定植被对全球碳循环，乃至全球气候变化的生态意义。

目前，国内外对植被分布、覆盖度/郁闭度的研究已经趋于成熟，与此相关的遥感产品也层出不穷，比较常见的植被产品是 MODIS 的 NDVI 数据集和 EVI 数据集，另外还有 GIMMS/AVHRR NDVI 数据集、Pathfinder/AVHRR NDVI 数据集等，这些植被产品已经做到逐月甚至逐日监测植被信息的能力，对植被监测的分辨率也不断提高。植被类型的研究也从早期的植被和非植被的划分逐渐转变为以植被类型为基础的精细划分。对植被的初级生产力、固碳能力以及植被的光合、呼吸等生态过程的研究是植被生态遥感的重要研究方向。

2. 土壤遥感

土壤是覆盖地球表面的具有农业生产力的资源，它与很多环境问题相关，如流域非点源污染、沙尘暴等。土壤遥感的任务是识别和划分土壤类型，分析土壤分布规律，并在此基础上研究土壤的环境问题。

早期的土壤环境研究主要采用遥感解译方法确定土壤类型。然而，随着土壤环境问题不断增加，土壤遥感也逐渐转向以土壤类型为基础的土壤环境遥感研究，如土壤侵蚀、土壤流失问题、土地沙化、荒漠化问题，以及不同类型土壤的 N、P、K、pH、有机质含量、土壤含水量、温度等。

3. 土地利用/土地覆被

土地利用/土地覆被是人类生存和发展的基础，也是流域（区域）生态环境评价和规划的基础。同时，土地利用/土地覆被变化是目前全球变化研究的重要部分，是全球环境变化的重要研究方向和核心主题。进入 20 世纪 90 年代以来，国际上加强了对土地利用/土地覆被在全球环境变化中的研究工作，使之成为目前全球变化研究的前沿和热点课题。监测和测量土地利用/土地覆被变化过程是进一步分析土地利用/土地覆被变化机制并模拟和评价其不同生态环境影响所不可缺少的基础。

纵观遥感技术在环境领域的应用：一方面环境问题为遥感技术的应用提供了舞台，另一方面环境问题的研究也促进了遥感技术的进一步发展。这两个方面相互促进，使作为环境科学和遥感科学的交叉学科的环境遥感成为研究热点之一。目前，环境遥感已经成为全球性、区域（流域）性乃至城市层次的生态环境问题研究的重要手段，为生态环境规划和环境系统研究提供了强有力的工具。

第五节　灾　害　遥　感

灾害发生前获取孕灾因子并预测灾害发生时间与范围、灾害过程中实时监测灾害演变趋势与规律以辅助救灾减灾、灾害结束后获取灾区信息以辅助灾区重建与救济等都要求能够获得实时、准确、动态的灾情信息。因为各种灾害一般都发生在地表一定空间范围内，且对区域地面环境、生活设施、人类生活产生明显的影响，所以应用遥感信息特别是卫星遥感影像能够从多视角、动态的角度进行灾害预测、监测、评价，并指导灾区重建。防灾减灾是遥感应用的重要方面。

灾害遥感的主要应用方式包括以下几种。

（1）直接提取遥感信息。通过不同的信息提取模型，对孕灾因子、灾区背景数据、灾情态势等信息进行直接提取。

（2）遥感图像分类。综合遥感数据和其他辅助信息，对灾害区域进行预测分类、灾情严重程度分类或根据地表覆盖变化对受灾程度进行分级划分。

（3）灾害演变遥感动态监测。通过多传感器、多时相、多分辨率遥感影像，按照一定数据处理和数据融合方法，结合灾害相关专业知识，对灾害程度和趋势进行分析评价。

（4）灾害遥感信息模型。将孕灾因子、遥感数据与灾害机理机制等结合，形成灾害遥感信息模型，以对灾害的发生机制和演变规律进行研究。

通过遥感与 GIS 平台的集成，建立完善的防灾减灾一体化信息系统，进行灾害遥感监测、灾情信息管理、灾害分析与预测、灾害防治专家级决策支持。

一、地质灾害遥感

常见的地质灾害主要包括地壳变动类（火山爆发、地震）、岩土位移类（滑坡、泥石流）和地表变形类（地面沉降、地裂缝、采矿塌陷等）。

地震是一种由于缓慢累积起来的能量突然释放而引起的地壳运动，是一种潜在的自然灾害，常常能导致巨大的生命、财产损失。利用各种先进的技术手段，特别是卫星遥感进行地震预报、监测和灾情评估具有重要意义。2008 年中国汶川地震发生以后，光学遥感影像和雷达遥感影像、机载和星载数据等遥感数据都被用来对汶川地震灾区进行灾害监测、灾后评估。

图 9.5 为用差分雷达干涉技术生成的灾区地表形变图，从图中可以看出红色五角星标记区域为地表形变最大区域，可以划定为潜在重灾区。

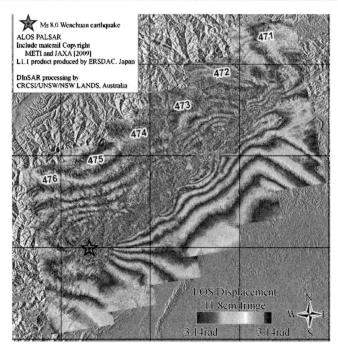

图 9.5　汶川地震差分雷达干涉图

　　相对于常规地质调查手段，遥感技术获得地面实况资料的手段机动灵活，可以快速地收集到所需的灾情资料，而且通过对灾区一定周期内多时相数据的对比，既可以分析灾害孕育的机制，又可以定性或定量地恢复和追踪灾害发生前后的全过程。国内外的实践研究表明，遥感技术能够使对地质灾害的防治，由盲目被动转为"耳聪目明"，能够及时发现并超前预报，为主管部门提供决策依据，有效地保护人民生命财产安全，最大限度地减少损失。

　　对于典型的滑坡来说，滑坡后壁、滑坡体、滑动带和滑坡床是所有滑坡都具备的基本要素。就遥感解译而言，由于不能直接观察滑坡的地下部分，只有滑坡体和滑坡后壁两项基本要素。滑坡周边一般呈簸箕形，也有些呈舌形、梨形、勺形等地貌特征。老滑坡体上冲沟发育，边缘有耕地和居民点，发育在江河岸边的滑坡的斜坡呈弧形外突，河床被淤堵变窄。新滑坡体在彩色红外航片上呈较均匀的灰白色调，或品红色调间杂绿色斑点，这种特征反映了地表裸露程度较高。

　　泥石流多发育在汇水面积数平方千米的沟谷中，物源丰富，纵向坡降大，植被稀疏等特征。常见的泥石流有沟谷泥石流和坡面泥石流两种类型。沟谷泥石流发生在沟谷中，形成区地形较陡，堆积区位于沟谷出口处，堆积物形成的冲出锥在图像上的标志十分明显，呈明显的扇形形态，色调较浅，呈灰白色。坡面泥石流一般有选择地发育在破裂面，有利于水的渗入，在遥感图像上呈灰白色调，与周边深色调背景形成鲜明对比，呈蝌蚪状、条带状，结构光滑。

二、洪灾遥感

　　洪水灾害是世界上最严重的灾害之一。快速评估洪水灾害对于减轻洪水造成的损失是非常重要的。遥感为快速评估洪水灾害提供了先进的技术。

　　水体光谱曲线是洪灾光学遥感的基础。水体最明显的光谱特征是在 $1.00 \sim 1.06 \mu m$ 处有一个强烈的吸收峰，在 0.80μm 和 0.90μm 处有两个较弱的吸收峰，在 0.54～0.7μm 处反射率最高并随着波长的增加光谱反射率呈下降趋势。利用水体在整个红外波段相对于植被或土壤来说具有很明显的低反射特征，可以把水体识别出来，包括水体边线的圈定和面积计算。洪灾遥感中常用的光学遥感数据有 NOAA/AVHRR、Landsat TM/ETM+、SPOT 等。但是，洪水发生时往往伴随着多云多雨的天气，光学传感器难以成像，而 SAR 影像则可以全天候、全天时成像，两者结合进行洪灾监测是较好的选择，图 9.6 为 1998 年长江洪灾遥感监测图。

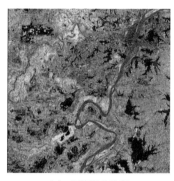 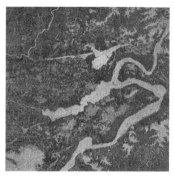 

(a) 光学洪水监测　　　　　　　(b) SAR洪水监测　　　　　　　(c) 光学–SAR洪水监测

图 9.6　1998 年长江洪灾遥感监测图

三、火灾遥感

利用遥感技术监测火灾在国外始于 20 世纪 60 年代的航空热红外探测，但目前大都是利用对地观测卫星对火灾进行监测，主要集中在对森林火灾的监测方面。通常用于森林火灾监测的主要有热红外数据、TM、MODIS、NOAA 和雷达数据等。

火灾监测可以通过对遥感影像中的高温目标识别来实现，但是并非所有的热点都是火点，为排除这些干扰信息，除综合利用多种遥感影像外，往往还需要加入一些其他辅助信息（如 GIS 数据），以提高火灾监测评估的正确性和可靠性。3.0～5.0μm 是监测森林火灾的最佳波段，这是因为该波段的遥感影像能非常清楚地显示火点的形状、大小和位置，对于较小的隐火、残火有较强的识别能力。当林火温度达到 1300K 左右时，其辐射峰值正处于 TM7 的光谱响应范围，所以 TM 影像能监测温度很高的森林火灾，TM6 在夜间能进行热红外成像，对暗火、残火有一定的探测作用。

火灾区域的识别也可以通过植被归一化指数（NDVI）的变化来进行检测，因为火灾前后地表植被覆盖会发生较大的变化，所以通过检测植被区域位置、大小等变化可以进行灾后评估。

另外，火灾发生时往往伴随着浓烟或者阴雨天气，严重影响光学传感器的成像。近年来，随着 SAR 传感器越来越多，雷达影像也越来越多地用于火灾监测。通过检测雷达像素亮度值的变化和火灾前后雷达图像相干性的大小可以对火灾区域进行定位和范围的计算。

2013 年澳大利亚发生森林火灾，中国科学院遥感与数字地球研究所利用中国"环境一号 A"（HJ-1A 卫星）CCD 影像（图 9.7）和"天宫一号"对悉尼周边地区火灾地点、范围、走势等进行了初步解译、评估，帮助澳大利亚进行火灾监测和防控。

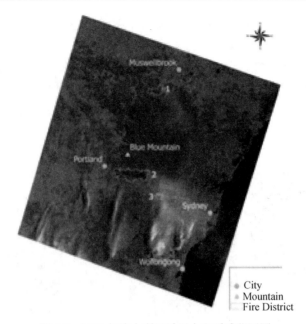

图 9.7　2013 年澳大利亚悉尼火灾遥感监测图

HJ-1A 卫星 2013 年 10 月 20 日 CCD 影像，标记区域为火灾发生地点

第六节　农业遥感

　　遥感技术可以客观、准确、及时地提供作物生态环境和作物生长的各种信息，它是获得田间数据的重要来源。根据遥感监测波段的不同，遥感监测可以分为多光谱遥感监测和高光谱遥感监测。前者对农作物的监测主要是确定农作物的种植区域和种植面积，而高光谱遥感具有光谱分辨率高、波段多、信息量大等优点，是农业遥感应用的主要遥感数据源，包括地面高光谱遥感数据源和卫星高光谱遥感数据源。其中，地面高光谱遥感数据源是目前农业遥感中应用较广的数据源。

　　农业遥感的基础是植被的波谱特征。植被的波谱特征是植被自身固有的特性，是植被对太阳辐射的反射、散射能力随波长而变的规律。

一、农业资源调查

　　农业资源调查主要包括农业资源清查与数量统计、资源质量评价与利用规划、资源变更调查与监测及其科学管理等。

　　不同作物在遥感影像上呈现不同的颜色、纹理、形状等特征信息。例如，在假彩色合成的遥感影像上，耕地通常呈现比较规整的形状，并具有一定的纹理信息，其颜色为红色，红色的深浅程度与作物种植密度、产量相关，红色越深表示作物种植密度越大、产量越高。

　　获取作物种植区域和种植面积是农作物长势监测、产量估算、病虫害、灾害应急、动态变化等监测的前提。利用信息提取的方法，可以提取出作物种植区域，从而得到不同农作物的种植面积和种植区域。

　　我国在农业资源调查中尤其注重耕地资源的调查，利用遥感方法可以确定耕地分布区域、耕地数量，以及耕地的年内和年际变化情况，保证耕地的最低面积和产量需求，实现对农业资源科学地规划和利用，达到科学管理的目的。

二、农作物长势监测

农作物长势监测是指对作物的苗情、生长状况及其变化的宏观监测，即对作物生长状况及趋势的监测。作物长势评估包括个体和群体两方面的特征。叶面积指数（LAI）是与作物个体特征和群体特征有关的综合指标，可以作为表征作物长势的参数。归一化植被指数（NDVI）与 LAI 有很好的关系，可以用遥感图像获取作物的 NDVI 曲线来反演计算作物的 LAI，进行作物长势监测。在高光谱农业遥感研究中，能够利用光谱特征参数进行农作物长势监测。

农作物长势监测的基础是作物识别，农业遥感中，一般根据农作物的光谱特征加以区分。作物识别中，主要利用可见光红色波段和近红外波段的光谱特征，尤其是"三边"特征和近红外波段的特征，这是因为这个波段范围内主要是植被的叶片结构、组分（如叶绿素、类胡萝卜素、叶黄素等）等起决定作用。

农业长势监测的一个重要方向是作物生理化学参数研究。因为作物生理化学参数是植物内部特征，所以农业遥感中一般以高光谱遥感进行反演，尤其是地面高光谱遥感应用居多。卫星高光谱遥感精度低，因此应用相对较少。对农作物生理化学参数的高光谱监测中，不仅可以提取不同类型农作物（如水稻、小麦、玉米、油菜等）的叶绿素含量、类胡萝卜素、有机质（N、P、K 等）含量，还可以通过一定时期的连续监测获取该时期内作物生理化学参数的变化规律。

作物生长时期（如出苗期、返青期、生长期、抽穗期等）的研究是当前农业长势监测的另一个热点课题。与作物生理化学参数研究相同，作物生长时期的研究也多采用地面高光谱遥感，根据农作物不同生长时期在遥感影像或波谱信息上的反映，可以鉴别作物的不同生长阶段，并针对不同生长阶段对农作物采取必要措施，能够达到对农作物科学灌溉、施肥等管理的目的。

三、农作物产量估算

遥感估产是基于作物特有的波谱反射特征，利用遥感手段对作物产量进行监测预报的一种技术。利用影像的光谱信息可以反演作物的生长信息（生长时期、生物量等），通过建立生长信息与产量间的关联模型（可结合一些农学模型和气象模型），便可获得作物产量信息。在实际工作中，常用植被指数（由多光谱数据经线性或非线性组合而成的能反映作物生长信息的数学指数）作为评价作物生长状况的标准。在高光谱遥感研究应用中，用于反演作物生物量的光谱参数更多，如原始光谱反射率、光谱导数、"红边""黄边""蓝边"参数、窄波段光谱指数、波段深度等。

农业遥感对农作物产量进行估算时，小区域精细估算以地面高光谱遥感为主，大面积农业估产则以卫星遥感为主。在小区域精细估算中，首先根据作物之间的光谱特征差异识别不同作物类型，再根据单位面积的不同类型作物光谱特征与产量之间的关系建立各种作物的产量估算模型，最后获取每种作物的产量，并计算总产量。对于大面积农业估产而言，一般选择一个或多个与产量相关性较高的光谱指数，建立光谱指数与产量之间的经验模型，通过遥感图像得到区域农业产量分布图和总产量。

四、农作物生态环境监测

农作物的生态环境主要是土壤，涉及土壤水分（也称土壤含水量）监测、土壤肥力监测、土壤结构信息提取等方面。

土壤在不同含水量下的光谱特征不同。土壤水分的遥感监测主要在可见光—近红外、热红外及微波波段进行。微波遥感精度高，具有一定的地表穿透性，不受天气影响，但是成本高，成图的分辨率低，其应用也受到限制。因此，土壤水分的遥感监测常用方法还是可见光和热红外遥感。通过与反映土壤含水量相关的参数建立关系模型，反演土壤水分。

用于土壤水分监测的方法比较多，主要包括：基于植被指数类的遥感干旱监测方法，如简单植被指数、比值植被指数、归一化植被指数、增强植被指数、归一化水分指数、距平植被指数等；基于红外的遥感干旱监测方法，如垂直干旱指数法、修正的垂直干旱指数法等；基于地表温度（LST）的遥感干旱监测方法，如热惯量法、条件温度指数、归一化差值温度指数、表观热惯量植被干旱指数等；基于植被指数和温度的遥感干旱监测方法，如条件植被温度指数、植被温度梯形指数、温度植被干旱指数模型等；基于植被与土壤的遥感监测方法，如地表含水量指数、作物缺水指数法等。总的来说，就是利用光学-热红外数据，选择参数建立模型进行含水量的反演。此外，也可以进行土壤肥力监测、土壤结构信息的提取等。

五、农业灾害监测

植被对诸如病虫害、肥料缺乏等胁迫的反应随胁迫的类型和程度的不同而变化，包括生物化学变化（纤维素、叶片等）和生物物理变化（冠层结构、覆盖、LAI 等），植物特征吸收曲线特别是红光波段和红外波段的光谱特性就会发生相应变化，所以在病害早期可通过遥感探测获得相关信息。在病虫害监测中，可以选择病害叶片中对叶绿素敏感的波段，结合实测叶绿素含量，建立叶片叶绿素含量的估算模型，提取病虫害信息，并可周期性提取病虫害作物面积、空间分布等。在水分、肥料缺乏等胁迫反应研究中，通常在作物生长过程中进行胁迫实验，掌握不同作物在不同胁迫作用下的光谱特征并作为对照，根据正常与胁迫因素作用下作物的光谱特征差异确定作物生长中的一种或多种胁迫因素。这种胁迫反应对农业生产意义重大，在农作物生长的不同阶段对其进行预判，确定生长状态，可以及时采取合理的措施（浇水、施肥等），以促进高效农业生产。

除与作物生长相关的农业灾害外，还有诸如干旱、洪涝、雪灾、土壤侵蚀等自然灾害和火灾等其他因素对农业作物造成的灾害，这些灾害也属于农业灾害范畴，可以通过遥感方法对其监测。

第七节　基础性地理国情监测与国土资源调查

一、基础性地理国情监测

基础性地理国情监测在我国国民经济建设、社会发展、国家安全和国防等领域发挥着十分重要的作用。地理国情监测工作分为三个阶段：普查阶段、监测阶段和成果发布阶段。基础性地理国情监测是监测阶段的重要基础性工作，它充分利用第一次全国地理国情普查成果，开展相应基础性地理国情监测，形成相应监测成果，为我国的经济建设、社会发展、国防建设等提供重要的基础性地理国情监测成果数据。

因此，开展基础性地理国情监测具有重要的战略意义和现势意义，并为常态化、业务化地理国情监测提供技术依据和基础。

1. 监测目标与任务

基础性地理国情监测基于第一次全国地理国情普查标准时点核准成果或上一期（以下简

称"基期"）地理国情监测成果，利用收集的监测年份（以下简称"监测期"）最新的航空、航天遥感影像、基础地理信息成果等资料，并结合相关行业专题资料，按照第一次全国地理国情普查的内容与指标和相关技术规定与要求，开展监测工作，形成监测成果。

主要监测内容包括地表覆盖、地理国情要素、正射影像等监测数据生产，以及监测区地表覆盖、地理国情要素变化监测，形成相应监测成果数据。

2. 监测数据与资料

基础性地理国情监测涉及的主要数据与资料包括：地理国情普查数据、基础地理信息数据、遥感影像资料和专题资料。

1）地理国情普查数据

覆盖监测区的第一次全国地理国情普查标准时点核准后成果，主要包括正射影像成果、地表覆盖分类数据和地理国情要素数据等。

第一次全国地理国情普查的正射影像成果以 WorldView-1、WorldView-2、QuickBird 等为主要影像数据源，坐标系为 2000 国家大地坐标系，现势性为 2013～2015 年，主要作为监测期影像纠正的控制影像，同时结合第一次全国地理国情普查标准时点核准影像成果，作为第一次基础性地理国情监测的基期对比影像。

地表覆盖分类数据主要包括耕地、园地、林地、草地、房屋建筑（区）、道路、构筑物、人工堆掘地、荒漠与裸露地表、水域，作为第一次基础性地理国情监测基期的矢量数据使用。

地理国情要素数据主要包括道路、水工设施、交通设施、尾矿堆放物、水域和地理单元等，作为第一次基础性地理国情监测基期的矢量数据使用。

2）基础地理信息数据

监测期的 1∶50000 DLG 数据按 ArcGIS File Geodatabase 格式存储，1∶50000 DEM 数据格式为 GRID，坐标系为 2000 国家大地坐标系，高程基准为 1985 国家高程基准，现势性接近监测期，且满足监测内容需要。DLG 数据作为监测期地表覆盖分类和地理国情要素数据采集属性填写的参考数据源，DEM 数据作为监测期正射影像生产的控制资料。

3）遥感影像资料

基础性地理国情监测主要利用的卫星影像数据见表 9.1。监测期影像优先选用分辨率优于 1.5m、时相更接近生长季节的影像，主要影像时相为监测期上一年 7 月至当年 6 月，同时应选择各地物纹理、结构等特征表现明显、现势性更新的影像，且满足监测内容需要。

表 9.1 基础性地理国情监测主要卫星遥感影像

影像源	影像类别	影像地面分辨率/m	影像类别	影像地面分辨率/m
WorldView-1、2、3	全色	0.5	全色	0.5
资源三号（ZY-3）	全色	2.1	多光谱	6.0
天绘一号（TH-1）	全色	2.0	多光谱	10.0
SPOT-5	全色	2.5	多光谱	10.0
SPOT-6、7	全色	1.5	多光谱	6.0

4）专题资料

根据监测内容的需要，需收集现势性满足监测内容要求的相关专题资料，主要包括交通资料，水利普查资料，土地利用规划数据，林业、农业数据和统计资料等。

3. 成果主要技术指标和规格

1）数学基础

平面坐标采用 2000 国家大地坐标系；地图投影按分幅存储的基础性地理国情监测成果数据采用高斯-克吕格投影，按 6°分带，投影带的中央经线与赤道的交点向西平移 500km 后的点为投影带坐标原点，坐标单位为"米"，至少保留 4 位小数。按各省市监测区存储的基础性地理国情监测成果数据集采用地理坐标，坐标单位为"度"，至少保留 6 位小数。高程基准采用 1985 国家高程基准，高程系统为正常高，坐标单位为"米"，至少保留 2 位小数。

2）产品模式及规格

产品模式及规格主要涉及数字正射影像数据、地表覆盖和地理国情要素监测成果数据及变化监测成果数据。

数字正射影像数据的生产依据《数字正射影像生产技术规定》（GDPJ 05—2013）相关规定执行，其纠正精度相对于最近野外控制点的平面位置中误差不得大于表 9.2 中的规定。

表 9.2　DOM 平面精度

地形类别	1∶25000 成图精度影像平面中误差/m	1∶50000 成图精度影像平面中误差/m
平地、丘陵地	12.5	25
山地、高山地	18.75	37.5

不同监测时相的 DOM 套合精度不大于 5 个像元，特殊区域（如遮挡、阴影区域等）不大于 10 个像元，不同源卫星遥感数字正射影像套合时，以低精度的套合限差为准。

利用相同影像源的遥感数字正射影像接边时，接边误差满足第一次全国地理国情普查相应技术规定，且相邻景或分幅的影像重叠区域内的纹理、色调基本一致。不同源卫星遥感数字正射影像接边时，要求地物几何位置接边，接边精度按照第一次全国地理国情普查相应技术规定，且以低精度的接边限差为准，重叠区域内影像色调可不接边。

地表覆盖和地理国情要素成果数据以各监测区为空间单元。监测区基期和监测期的地表覆盖监测数据和地理国情要素监测数据（其中监测区基期的地表覆盖数据和地理国情要素监测数据为 2015 年标准时点核准后的成果数据），通过增量更新技术手段获得。监测分类指标按照《地理国情普查内容与指标》（GDPJ 01—2013）的相关要求采集至二级类或三级类。数据的采集精度、分类精度、属性精度、属性定义等要求按照《地理国情普查数据规定与采集要求》（GDPJ 03—2013）相关规定执行。元数据按照《地理国情普查数据生产元数据规定》（GDPJ 04—2013）中的相关规定执行。

变化监测成果数据平面精度仅限于发生变化达到提取指标的地物，也是基于监测期正射影像的采集精度。影像上分界明显的地表覆盖分类界线和地理国情要素的边界以及定位点，采集精度应控制在 5 个像素以内。特殊情况，如高层建筑物遮挡、阴影等，采集精度原则上应控制在 10 个像素以内。对于地表覆盖分类数据，没有明显分界线的过渡地带内地表覆盖分类应至少保证上一级类型的准确性。分类精度需要达到《地理国情普查检查验收与质量评定规定》（GDPJ 09—2013）的要求。获取的定量属性值保留的小数位及数量单位、各属性项赋值均应符合《地理国情普查数据规定与采集要求》（GDPJ 03—2013）中各具体属性项的要求，并且取值与地物实际属性相符。

变化监测成果数据内容包含地表覆盖变化监测成果数据和地理国情要素变化监测成果数

据，均为监测区基期至监测期的变化监测成果，详细度至二级类或者三级类。按照《地理国情普查内容与指标》（GDPJ 01—2013）的相关要求，最小图斑对应的地面实地面积要求见表9.3，线状要素最小提取单元对应的地面实地宽度要求见表9.4，点状要素提取要求参考《地理国情普查内容与指标》（GDPJ 01—2013）相关规定。

表 9.3 地表覆盖最小图斑对应的地面实地面积表

普查最小图斑面积/m²	监测最小图斑面积/m²（2m 分辨率影像）	监测最小图斑面积/m²（5m 分辨率影像）	监测最小图斑面积/m²（10m 分辨率影像）
200	200	800	3200
400	400	1600	6400
1000	1000	4000	16000
1600	1600	6400	25600
2000	2000	8000	32000
5000	5000	20000	80000
10000	10000	40000	160000

表 9.4 地理国情要素最小提取单元对应的实地宽度表

普查最小宽度/m	监测最小宽度/m（2m 分辨率影像）	监测最小宽度/m（5m 分辨率影像）	监测最小宽度/m（10m 分辨率影像）
3	3	6	12
5	5	10	20
20	20	40	80

4. 技术路线与工艺流程

1）技术路线

以 2015 年第一次全国地理国情普查标准时点核准的普查成果作为基期监测数据，利用基期的正射影像成果及监测期的高分辨率多源航空航天遥感影像为主要数据源，收集、整理、分析基础地理信息成果及多行业专题资料数据，采用增量更新、遥感影像解译、变化信息提取、数据编辑与整理等技术手段和方法，实现监测期地表覆盖和地理国情要素的解译获取及变化监测，得到初步监测成果数据，对初步监测成果数据中存在疑问的要素开展外业核查与调绘，通过内业编辑与整理，得到监测期的地表覆盖、地理国情要素及变化监测成果数据，并进行"两级检查，一级验收"，得到经质检合格的监测成果数据，同时，对其开展统计分析，得到统计分析成果，制作监测图件，编制监测报告。总体技术路线如图9.8所示。

2）工艺流程

基础性地理国情监测主要实施的工艺流程大致包括以下几方面。

收集监测区基期普查成果、正射影像、外业核查数据、调绘数据、专题数据、基础地理信息数据等，进行整合分析、数据提取与整理，形成监测区基期地表覆盖、地理国情要素、正射影像监测成果数据。

利用监测区基期监测成果数据，结合监测期正射影像成果，采用增量更新的技术方法，得到监测区基期至监测期监测时段的变化监测过程数据集，通过变化分析、发现与提取得到基期至监测期的变化监测初步成果；同时，通过数据编辑与整理得到监测期地表覆盖和地理国情要素监测初步成果。

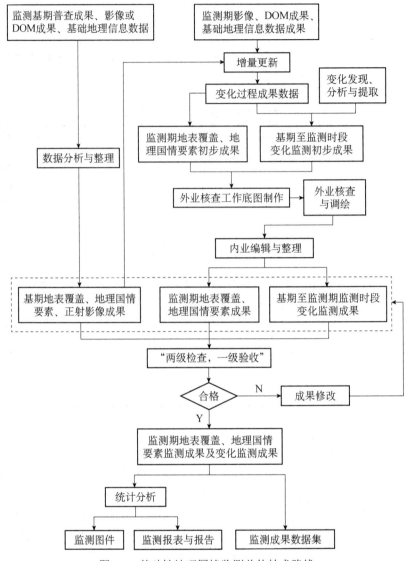

图 9.8　基础性地理国情监测总体技术路线

对得到的地表覆盖、地理国情要素及变化监测初步成果中内业判读无法确定、存在疑问或信息不完整的地表覆盖、地理国情要素及变化监测初步成果进行外业核查与调绘，并对经外业核查与调绘的地表覆盖、地理国情要素及变化监测初步成果进行内业编辑与整理，形成相应监测成果。

收集行业专题资料，并对其进行整合和预处理，采用"两级检查、一级验收"的模式对成果进行质量控制。若存在成果不合格，应对照质检报告和监测指标分析不合格的原因并认真修改，直到成果通过质检为止，以确保监测成果的质量，得到基期、监测期地表覆盖、地理国情要素和变化信息最终成果。

利用监测区基期和监测期相应的地表覆盖和地理国情要素及变化监测成果数据，结合相应时相的其他资料，采用空间分析、统计分析、地理相关分析等方法，开展相应的统计分析工作，得到相应的统计分析成果，并制作相应专题图件，编辑相应报告报表。

5. 监测方法

1）数据资料分析与整合

在收集获取各类资料的基础上，开展资料整合分析与预处理。对收集到的基础测绘资料、专题资料的权威性、准确性、数据内容、数据精度、数据时相进行分析，符合要求的直接采用，其他作为参考资料使用。

同时，对收集到的基础测绘资料和专题资料进行坐标系统转换，使之与地理国情普查成果数据空间坐标信息一致，并满足基础性地理国情监测的需要。多期数据间的相对精度也应满足基础性地理国情监测的需要，矢量数据相对精度不大于5m，影像数据相对精度不大于5个像素，以低精度影像为准，尽量避免多期数据间的相对位置偏差引起的伪变化。

对收集到的基础测绘资料和专业资料的现势性进行分析，优先选用和监测年份接近的资料及成果，当收集到的多期资料和监测年份前后相差时间段较小，且同一个地方的地物有变化时，则需要结合影像选择更准确的专题资料进行利用。对于收集到的权威部门的专业资料，对其内容、精度、现势性进行分析，符合要求的可直接或经过预处理后采用，其他可作为参考资料使用。对水利、林业、国土、铁路、各级公路、道路等专题数据进行甄选分析、数字化、空间化等预处理，作为地表覆盖和地理国情要素解译获取以及属性信息填写的主要参考数据源。

2）正射影像生产

监测期的影像若为正射影像成果，且现势性满足监测内容的要求，可直接使用或经过坐标转换后使用。若为相应时相的原始影像，可利用第一次全国地理国情普查的正射影像成果及相应的1∶50000 DEM作为控制资料，结合遥感图像处理软件对原始影像进行正射纠正处理，得到相应正射影像成果。正射影像纠正技术流程如图9.9所示。

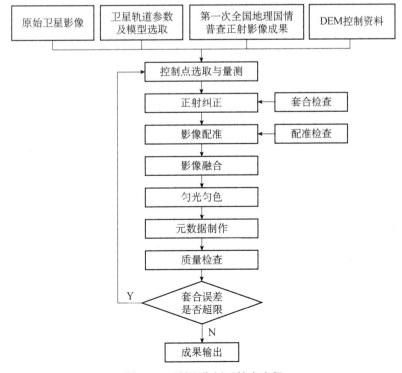

图9.9 正射影像纠正技术流程

3）变化信息提取

变化信息提取方式主要有两种，第一种是通过基期数据叠加基期和监测期影像，配合相关专业资料进行提取，主要用于地理国情要素变化信息的提取；第二种是通过对基期和监测期数据叠加对比分析，开发相关程序提取变化信息，从而在一定程度上提高自动化生产水平，主要用于地表覆盖变化信息的提取。具体提取流程如图 9.10 所示。

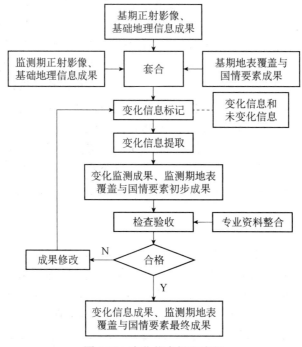

图 9.10　变化信息提取流程

地表覆盖分类数据、地理国情要素数据解译提取应按《地理国情普查内容与指标》（GDPJ 01—2013）、《地理国情普查数据规定与采集要求》（GDPJ 03—2013）和《地理国情普查内业编辑与整理技术规定》（GDPJ 12—2013）执行。

在解译提取过程中，结合基期地表覆盖和地理国情要素监测数据，参照基期和监测期正射影像成果，采用增量更新技术方法提取基期至监测期的变化信息，即变化监测过程数据集，通过数据分析与整合，得到监测期的地表覆盖和地理国情要素监测成果；同时，对得到的变化监测过程数据集，通过变化发现、分析与提取，得到基期至监测期监测时段的变化监测成果数据集。

不能确定当期地表覆盖、地理国情要素信息时，应结合辅助资料，对内业采集的地表覆盖分类图斑和地理国情要素的变化、类型、边界、属性等信息内容进行综合分析，必要时开展相应的外业核查与调绘。

4）外业核查与调绘

内业地理国情要素和地表覆盖监测数据采集后，需要进行外业核查与调绘，主要工作内容包括以下几方面。

通过对内业已采集的地理国情要素和地表覆盖监测数据进行甄选、分析等，结合《地理国情普查外业调查技术规定》（GDPJ 11—2013）相关规定，同时参照《地理国情普查底图制作技术规定》（GDPJ 10—2013）相关要求，制作相应外业普查工作底图，用于后续外业核查与调绘。

在已有的外业普查工作底图基础上，制定可行的外业调查路线，利用已有的外业数字调绘系统对内业采集的地理国情要素和地表覆盖分类的类型、边界、属性等信息内容进行外业实地抽样核查，并进行结果统计，发现和更正内业判读采集过程中存在的错误，同时检验内业判读解译的正确率。

补充和完善内业判读工作中无法确定的、存在疑问的或信息内容不完整的地理国情要素和地表覆盖分类的类型、边界、属性等内容。

重点核查内业标记有疑问的地理国情要素、地表覆盖分类及变化监测数据，同时补绘内业采集中存在遗漏且达到相应监测指标要求的地理国情要素或地表覆盖分类等图斑。

外业调绘的同时，依据外业调查路线，选择具有代表性或典型性的地物类型，实地采集相应遥感影像解译样本数据，作为内业判读解译的参考数据源，从而有效提高内业判读解译的正确率。

二、第三次国土调查

第三次全国国土调查（简称第三次国土调查）是在第二次国土调查成果基础上，按照国家统一标准，利用遥感、测绘、地理信息、互联网等技术，统筹利用现有资料，以正射影像图为基础，实地调查土地的地类、面积和权属，全面掌握不同地类分布及利用状况，建立互联共享的集影像、地类、范围、面积和权属为一体的土地调查数据库，完善互联共享的网络化管理系统，健全土地资源变化信息的调查、统计和全天候、全覆盖遥感监测与快速更新机制。

1. 主要技术指标及要求

平面坐标系统采用"2000 国家大地坐标系"，高程系统采用"1985 国家高程基准"，投影方式采用高斯-克吕格 3 度分带投影，中央子午线为 108°。

土地利用现状分类采用《第三次全国国土调查工作分类》（以下简称《工作分类》），包含 13 个一级类，55 个二级类。

第三次国土调查采用高分辨率遥感影像，农村部分采用国家下发的 2017 年 0.5m 高分辨率影像，辅助开展农村土地利用现状调查；城市部分采用 2015 年初的 0.2m 高分辨率航空正射影像，提取城镇村庄内部调查信息，制作城镇村庄内部土地利用现状调查底图。

2. 技术路线

第三次国土调查采用高分辨率航天航空遥感影像，充分利用现有基础资料及调查成果，按照国家整体控制和地方细化调查相结合的原则，利用影像内业比对提取和"3S"一体化外业调查等技术，准确查清城乡每一块土地的利用类型、面积、权属和分布情况，采用"互联网+"技术核实调查数据的真实性，充分运用大数据、云计算和互联网等新技术，建立土地调查数据库，经逐级完成质量检查合格后，建立土地调查数据库及各类专项数据库。第三次国土调查技术路线见图 9.11。

3. 技术方法

1）影像分析与处理

第三次全国国土调查采用高分辨率遥感影像，农村部分采用 2017 年 0.5m 影像，辅助开展农村土地利用现状调查；城市部分采用 2015 年初的 0.2m 航空正射影像，提取城镇村庄内部调查信息，制作城镇村庄内部土地利用现状调查底图。

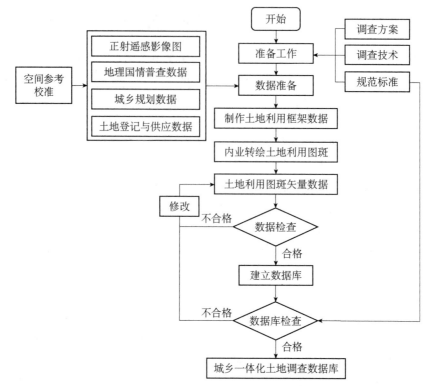

图 9.11 第三次全国国土调查总体技术路线

2）解译样本的建立

遥感解译样本采集对地理环境的正确认知是保证解译结果正确的基本前提。利用具有对照关系的地面照片和遥感影像为主的解译样本数据，可以为遥感影像解译者对相关地域的正确认识提供支持，也可在解译结果的质量控制方面发挥重要作用。

遥感解译样本数据指在外业调绘核查阶段或通过其他途径实地采集获得的有助于遥感解译识别的样本数据，包括：高质量、具有位置参数并能反映地面一定范围自然景观的实地照片、对应地面点的高分辨率遥感影像实例以及相对应的文字说明。具体要求遵照《遥感影像解译样本数据技术规定》执行。

3）内业编辑与修改

依据影像的几何形状、大小、色彩、色调、阴影、反差、位置和相互关系等直接判别或经过分析，补绘图斑、地类和线状地物等信息。

（1）线状地物判读。线状地物主要包括道路、河流、林带、沟渠、管道等。在影像上，道路一般表现为白色条带状，随路的湿度和光滑程度不同而变化，一般湿度小、光滑，色调浅，反之深暗。铁路一般呈浅灰色到黑褐色的平滑线状图形，转弯处圆滑或为弧形，且一般与其他道路直角相交；河流表现为蓝到深蓝色，部分宽度较小的线状地物在影像上难以辨清，需到实地调查绘制。

（2）地类图斑判读。地类的判定根据影像颜色、纹理及合理情况进行勾绘，判定前，先对影像呈现的普遍规律进行分析，再认定地类。主要地类认定如下。

耕地：平坦的农田面积较大，有明显的几何形状、有道路与居民点相连。一般湿度大的色调较暗、干燥的较浅；农作物未成熟的耕地色调较暗、成熟的较浅；农田灌溉时较暗、不灌溉时浅。沟谷中的农田呈不规则状，大部分呈窄而长的条状。水田田块分割小而整齐，地面平整，周围有田埂，影像一般呈淡蓝色，比旱地深。山区水田一般形状不规则，水浇地少，大部分为旱地。

园地：种植有果树的在影像上一般呈颗粒状，排列整齐、颜色较深，这也是与林地的重要区别。

林地：森林在影像上一般界线轮廓明显、色调呈暗绿色、主要分布在山区，呈颗粒状图案。

草地：草地在影像上一般呈均匀的绿色或淡绿色，纹理光滑细腻，形状不规则。在牧区草地较易判别，但人工牧草地与天然牧草地不易判别。

居民地：在影像上呈由若干小的矩形（屋顶形状）紧密相连在一起的成片图形，边缘轮廓较规则。由于阴影的存在，居民地更易呈白色或亮白色。城市居民地一般面积大、街道比较规则，常有林荫大道、公园、广场等；城镇居民地一般分布在公路、铁路沿线，房屋多而密集；农村居民地一般与农田联系在一起，有道路相连，部分农村居民点被树林遮盖。注意区分部分采矿用地，如采石场也呈现亮白色，但其边缘不规则，中间全片都为亮白，无长方形纹理。

4）调查工作底图的制作

预判完成后，制作并打印输出第三次国土调查外业工作底图。图面要求包含：图名、图号、卫星影像、地类界线、线状地物、地类编码、行政区注记等；图名、图号、图廓、行政区注记为黑色；图斑线为白色（不确认的为红色）；道路为红色，公路为实线，耕作路为虚线；水系为蓝色；分乡镇打印出图。

5）外业调查

外业调查对内业判读分类成果以及内业无法定性的类型、边界和属性进行实地调查，利用外业调查工作底图（电子版），采用数字调查系统，依据《第三次全国国土调查技术规程》，对内业分类与判译工作中无法确定边界和属性的地理要素实体，以及无法准确确定类型的地表覆盖分类图斑，采用图上标绘和填写调查表格相结合的形式，开展实地核实确认和补调。

外业调查工作采用全野外调绘方式，按照《第三次全国国土调查技术规程》要求进行补调、复核，抓重点兼顾其他。

（1）设计调查路线：根据调查区域交通及地形等具体情况，绘制调查路线，做到既少走路又不会漏调需重点复核的内容，沿居民点外围和主要道路调绘；丘陵山区可沿连接居民点的道路调绘，或沿山沟形成之字形路线。当山坡调绘内容较多时，一般沿半山腰等高线调绘、城市、建制镇、村庄、采矿用地、风景名胜及特殊用地只需沿其外围调绘其外围界线。河流、铁路、道路等线状地物可沿着线状地物边走边调绘。坚持"四到"原则：即必须走到、看到、问到、画到。

（2）核实、调查：采取"远看近判"的方法，即远看可以看清物体的总情况及相互位置关系，近判可以确定具体物体的准确位置，将地类的界线、范围、属性等调查内容调绘准确。通过"远看近判"相结合，将视野范围内的内业解译内容依据实地现状进行核实。

（3）确立站立点：到达调查区域后，首先在地势高、视野广、看得全的地方确定站立点在图上的位置，一般可选路的交叉点、河流转变处、小的山顶、居民点、明显地块处等，然后找出一两个实地、影像能对应的明显地物点进行定向，使调查底图方向与实地方向一致。

（4）边走点调：根据调查底图比例尺，建立实地地物与影像之间的大小距离的比例关系，在到达下一站立点途中，可边走、边看、边想、边判、边记、边画，在到达下一站立点后，再进行核实。这里要注意的是，两个站立点之间所调绘的各种界线、线状地物、地类名称、权属性质等调绘内容须衔接，不能产生丢漏。

6）内业编辑与修改

外业核查结束后，以内业形成的空间数据为基础，对照外调底图、外调属性表对空间数据的图形及属性进行修正与补充。基于外业调查与核查成果，对内业解译判读成果进行编辑、修改，以及属性完善等，形成满足技术规定的地类图斑和其他数据成果。

7）数据库建设

第三次国土调查数据库建设采用国家规范标准、分级建设、成果统一汇交的模式开展。省市县按照统一的数据库标准，重新建立土地调查数据库。

县级土地调查数据库主要内容包括：基础地理信息、土地利用数据、土地权属数据、永久基本农田数据、专项调查数据等矢量数据，数字高程模型数据、DOM 数据、扫描影像图数据等栅格数据和元数据。某县土地调查数据成果见图 9.12。

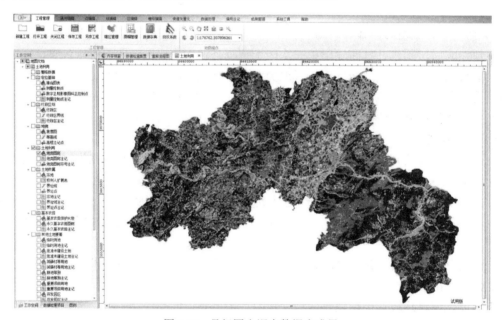

图 9.12　县级国土调查数据库成果

主要参考文献

奥勇，王小峰. 2009. 遥感原理及遥感图像处理实验教程. 北京：北京邮电大学出版社.

卜兆宏. 1987. 资源遥感与制图. 南京：南京工学院出版社.

曹五丰，秦其明. 1998. 基于知识的卫星数字图像公路信息提取研究. 北京大学学报（自然科学版），34（2-3）：254-263.

常庆瑞，蒋平安，周勇，等. 2004. 遥感技术导论. 北京：科学出版社.

陈钦峦. 1988. 遥感与像片判读. 北京：高等教育出版社.

陈述彭，赵英时. 1990. 遥感地学分析. 北京：测绘出版社.

陈志刚，束炯. 2008. 高光谱图像光谱域噪声去除的经验模态分析方法. 红外与毫米波学报，27（5）：378-382.

戴昌达，姜小光，唐伶俐. 2004. 遥感图像应用处理与分析. 北京：清华大学出版社.

党安荣，王晓栋，陈晓峰，等. 2003. ERDAS IMAGINE 遥感图像处理方法. 北京：清华大学出版社.

杜培军. 2006. 遥感原理与应用. 徐州：中国矿业大学出版社.

冯纪武，潘菊婷. 1991. 遥感制图. 北京：测绘出版社.

冯燕，何明一，宋江红，等. 2007. 基于独立成分分析的高光谱图像数据降维及压缩. 电子与信息学报，29（12）：2871-2875.

关泽群，刘继琳. 2007. 遥感图像解译. 武汉：武汉大学出版社.

郭德芳. 1987. 遥感图像的计算机处理和模式识别. 北京：电子工业出版社.

郭志强. 2005. 基于区域特征的小波变换图像融合方法. 武汉理工大学学报，27（2）：65-71.

国家遥感中心. 2009. 地球空间信息科学技术进展. 北京：电子工业出版社.

韩玲，张若岚，谢秋昌. 2011. 结合地物空间特性的高光谱图像分类方法研究. 测绘科学，36（3）：150-151.

华瑞林. 1981. 遥感制图. 北京：商务印书馆.

黄慧萍，吴炳方，李苗苗，等. 2004. 高分辨率影像城市绿地快速提取技术与应用. 遥感学报，8（1）：68-74.

黄仁涛，庞小平，马晨燕. 2003. 专题地图编制. 武汉：武汉大学出版社.

蒋卫国，王文杰，李京，等. 2015. 遥感卫星导论. 北京：科学出版社.

李国元，胡芬，张重阳，等. 2015. WorldView-3 卫星成像模式介绍及数据质量初步评价. 测绘通报，（S1）：11-26.

李俊生，张兵，申茜，等. 2007. 航天成像光谱仪 CHRIS 在内陆水质监测中的应用. 遥感技术与应用，22（5）：593-597.

李素菊，王学军. 2002. 内陆水体水质参数光谱特征与定量遥感. 地理学与国土研究，18（2）：26-30.

李小文，王炜婷. 2013. 定量遥感尺度效应刍议. 地理学报，68（9）：1163-1169.

梁顺林. 2009. 定量遥感. 北京：科学出版社.

梁尧钦，曾辉. 2009. 高光谱遥感在植被特征识别研究中的应用. 世界林业研究，22（1）：41-47.

刘良云，宋晓宇，李存军，等. 2009. 冬小麦病害与产量损失的多时相遥感监测. 农业工程学报，25（1）：137-144.

柳钦火. 2010. 定量遥感模型及应用与确定性研究. 北京：科学出版社.

卢小平，王双亭. 2012. 遥感原理与方法. 北京：测绘出版社.

陆风，张晓虎，陈博洋，等. 2017. 风云四号气象卫星成像特征及其应用前景. 海洋气象学报，37（2）：1-12.

吕国楷，洪启旺，郝允充，等. 1995. 遥感概论（修订版）. 北京：高等教育出版社.

马娜，胡云锋，庄大方，等. 2010. 基于最佳波段指数和 J-M 距离可分性的高光谱数据最佳波段选取研究.
　　　遥感技术与应用，25（3）：358-365.

马文. 2006. 高分辨率遥感影像道路分割算法研究. 南京：河海大学硕士学位论文.

梅安新，彭望琭，秦其明，等. 2001. 遥感导论. 北京：高等教育出版社.

苗俊刚，刘大伟. 2012. 微波遥感导论. 北京：机械工业出版社.

濮静娟. 1992. 遥感图像目视解译原理与方法. 北京：中国科学技术出版社.

浦瑞良，宫鹏. 2000. 高光谱遥感及其应用. 北京：高等教育出版社.

日本遥感研究会. 2011. 遥感精解（修订版）. 刘勇卫译. 测绘出版社.

沙晋明. 2012. 遥感原理与应用. 北京：科学出版社.

邵振峰. 2009. 城市遥感. 武汉：武汉大学出版社.

舒宁. 2003. 微波遥感原理（修订版）. 武汉：武汉大学出版社.

苏东林. 2009. 电磁场与电磁波. 北京：高等教育出版社.

孙家广，杨长贵. 1995. 计算机图形学. 北京：清华大学出版社.

谭昌伟，王纪华，黄文江，等. 2005. 高光谱遥感在植被理化信息提取中的应用动态. 西北农林科技大学学
　　　报（自然科学版），33（5）：151-155.

田村秀行. 2004. 计算机图像处理. 金喜子，乔双译. 北京：科学出版社.

田野，赵春晖，季亚新. 2007. 主成分分析在高光谱遥感图像降维中的应用. 哈尔滨师范大学自然科学学
　　　报，23（5）：58-60.

王泉斌. 2016. 中日韩海洋水色卫星计划对比分析. 海岸工程，35（2）：59-64.

王昱，张广友，李新涛，等. 2007. 卫星遥感影像预处理中噪声去除方法的研究. 遥感技术与应用，22
　　　（3）：455-459.

韦小琴. 2008. 北京地面站卫星遥感资料信息管理系统. 海洋预报，（2）：74-79.

乌拉比 F T，穆尔 R K，冯建超. 1987. 微波遥感（第二卷）：雷达遥感和面目标的散射、辐射理论. 黄培
　　　康，汪一飞译. 北京：科学出版社.

吴静. 2018. 遥感数字图像处理. 北京：中国林业出版社.

吴立新，刘善军，陈云浩. 2008. 汶川地震前卫星热红外异常与云异常现象. 科技导报，26（10）：32-36.

吴信才. 2011. 遥感信息工程. 北京：科学出版社.

邢立新，陈圣波，潘军. 2003. 遥感信息科学概论. 长春：吉林大学出版社.

邢著荣，冯幼贵，李万明，等. 2010. 高光谱遥感叶面积指数（LAI）反演研究现状. 测绘科学，35（S1）：
　　　162-164，62.

徐涵秋，陈本清. 2003. 不同时相的遥感热红外图像在研究城市热岛变化中的处理方法. 遥感技术与应用，
　　　18（3）：12-133.

徐丽萍. 2002. SPOT-5 卫星系统性能概述. 航天返回与遥感，23（4）：9-13.

荀毓龙. 1991. 遥感基础实验与应用. 北京：中国科学技术出版社.

阎欢欢，陈良福，陶金花，等. 2012. 基于 OMI 传感器的二氧化硫的反演研究以及地面仪器验证比对. 遥感
　　　学报，16（2）：390.

叶树华，任志远. 1993. 遥感导论. 西安：陕西科学技术出版社.

尹京苑，赵俊娟，李成范，等. 2012. 遥感技术在城市防灾减灾中的应用. 北京：华文出版社.

尹占娥. 2008. 现代遥感导论. 北京：科学出版社.

张建国. 2010. 陆地观测卫星地面系统喀什站的建设. 中国航天，（6）：12-16.

张沁雨，李哲，夏朝宗，等. 2019. 高分六号遥感卫星新增波段下的树种分类精度分析. 地球信息科学学报，21（10）：1619-1628.

张煜星. 2007. 遥感技术在森林资源调查中的应用. 北京：中国林业出版社.

张占睦，芮杰. 2007. 遥感技术基础. 北京：科学出版社.

赵宪文. 1997. 林业遥感定量评估. 北京：中国林业出版社.

赵英时. 2013. 遥感应用分析原理与方法. 2 版. 北京：科学出版社.

郑威，陈述彭. 1995. 资源遥感概要. 北京：中国科学技术出版社.

周成虎，骆剑承，杨晓梅，等. 1999. 遥感影像地学理解与分析. 北京：科学出版社.

周军其，叶勤，邵永社，等. 2014. 遥感原理与应用. 武汉：武汉大学出版社.

Farrell Jr M D，Mersereau R M. 2005. On the impact of PCA dimension reduction for hyperspectral detection of difficult targets. IEEE Geoscience and Remote Sensing Letters，2（2）：192-195.

Guindon B. 1998. Multi-temporal scene analysis：A tool to aid in the identification of cartographically significant edge features on satellite imagery. Canadian Journal of Remote Sensing，14（1）：38-45.

Kartikeyan B，Majumder K L，Dasgupta A R. 1995. An expert system for land cover classification. IEEE. Transactions on Geoscience and Remote Sensing，33（1）：58-66.

Kraus J D，Fleisch D A. 2000. Electromagnetics with Applications. 5th ed. New York：McGraw-Hill.

Lee J S，Pottier E. 2013. 极化雷达成像基础与应用. 洪文，李洋，尹嫱，等译. 北京：电子工业出版社.

Lillesand T M，Kiefer R W. 1986. 遥感与图像判读. 黎勇奇，吴振鑫，晓岸译. 北京：高等教育出版社.

Liu J P，Zhao Y S. 1999. Methods on optimal bands selection in hyperspectral remote sensing data interpretation. Journal of Graduation School Academia Sinica，16（2）：152-161.

Richards J A. 2008. Radio Wave Propagation：An Introduction for the Non-Specialist. Berlin：Springer.

Richards J A. 2009. Remote Sensing with Imaging Radar. Berlin：Springer.

Strickland R N，McDonnell W F. 1996. Luminance，hue and saturation processing of digital color image. SPIE，679：286-292.

Svein S，Erik N. 2006. Mapping defoliation during a severe insect attack on scots pine using airborne laser scanning. Remote Sensing Environment，102：364-376.